分 析 化 学

主　编　高金波
副主编　杨　铭　张羽男
编　委　丁立新　王　莹

哈尔滨工程大学出版社

内容简介

本书是按照医学检验专业分析化学教学大纲要求编写的。结合医学检验专业的特点和实际情况对所编入内容进行了精选。全书共十五章,第一章至第八章为化学分析部分;第九章至第十五章为仪器分析部分。全书例子大部分与临床医学、药物学及环境监测相关。为了提高读者分析问题和解决问题的能力,每章都附有思考题和习题,部分还附有答案以利自学。本书主要作为医学检验专业本科生学习分析化学的教材,也可供农林院校有关专业学习分析化学参考用书。

图书在版编目(CIP)数据

分析化学/高金波主编. —3 版. —哈尔滨:哈尔滨工程大学出版社,2009.9(2019.7 重印)
ISBN 978 – 7 – 81073 – 189 – 8

Ⅰ. 分… Ⅱ. 高… Ⅲ. 分析化学 – 高等学校 – 教材
Ⅳ. O65

中国版本图书馆 CIP 数据核字(2009)第 168600 号

出版发行 哈尔滨工程大学出版社
社   址 哈尔滨市南岗区南通大街 145 号
邮政编码 150001
发行电话 0451 – 82519328
传   真 0451 – 82519699
经   销 新华书店
印   刷 北京中石油彩色印刷有限责任公司
开   本 787mm × 1 092mm   1/16
印   张 22.75
字   数 554 千字
版   次 2009 年 2 月第 3 版
印   次 2019 年 7 月第 7 次印刷
定   价 33.00 元
http://www.hrbeupress.com
E-mail:heupress@ hrbeu.edu.cn

前　言

　　本教材是根据医学检验、生物技术等相关专业的《分析化学教学大纲》进行编写的。自2001年第一版问世以来,已第二次修订,受到了广大师生的广泛好评,收到了良好的教学效果,取得了巨大的社会效益,获得佳木斯大学优秀教材二等奖。在我校使用四年后,于2005年第一次修订,本次修订不但根据教学的实际需要,经过认真修改,补充了许多新知识,增加了一些新内容,还在各章前增加了学习提要,各章后增加了本章小结,又对部分习题作了调整和修改,使其更加充实和完善,非常适合医学检验类专业、生物技术类专业作为教材,也可供其他专业学生学习使用。

　　为了适应教学改革新形势的需要,此次是在第一次修订的基础上,又经过了三年的实际教学和使用,对书中出现的错误与不足进行校正和补充,改动的内容虽然不多,但更加实用了。这一版教材,除保持前几版教材的长处外,还具有以下特点:

　　1. 本教材编写的宗旨是力求循序渐进,语言精练,文字流畅,系统性强,便于阅读;

　　2. 删除一些陈旧、重复的内容,尽量保持少而精,如对一些习题作了适当删减;

　　3. 理论进一步联系实际,提高学生的基本素质。

　　本教材由高金波主编,杨铭、张羽男担任副主编。第1章、第12章至第15章由高金波编写;第2章至第6章由杨铭编写;第7章至第11章由张羽男编写。在编写的过程中,丁立新、王莹老师也做了大量工作,并提出了许多宝贵意见,在此表示感谢。由于水平有限,本教材疏漏之处在所难免,敬请读者指正。

编　者
2009 年 1 月

目　　录

第一章
绪　　论

学习提要：

熟悉什么是分析化学、分析化学的任务及分析方法的分类，了解分析化学的发展趋势。

The brief summary of study：

Acquaint with the concept of analytical chemistry，task and its classification，comprehend the development trend of analytical chemistry.

第一节　分析化学的任务与作用

分析化学是研究物质化学组成的分析方法及其有关理论的一门学科。

分析化学主要包括定性分析和定量分析两部分。定性分析的任务是研究和确定试样中含有哪些组分，即鉴定试样是由哪些元素、离子、官能团或化合物所组成的；定量分析的任务是研究试样中有关组分的含量测定，即测定试样中组分的相对含量。

分析化学是化学学科的一个重要分支，它对国民经济，医药卫生事业和学校教育等方面都起着重要作用。

在国民经济方面，分析化学具有很大的实用意义。在现代化工业中，工业原料和成品的检验，新技术、新工艺的探索和推广，生产过程的现代化管理与控制等常以分析结果作为重要依据。在现代化农业中，土壤改良、科学施肥、农药分析、优良育种技术的开展等都广泛地应用到分析化学的理论和技术。在现代化国防中，人造卫星、核武器的研制，侦破敌特活动和打击犯罪分子等也经常需要分析化学的紧密配合。在现代化科学技术中，分析化学已渗透到新兴的环境科学、材料科学、生命科学和宇宙科学等领域。在几乎任何涉及到化学现象的科学技术中，分析化学往往是它们不可缺少的研究手段。

在医药卫生事业方面，分析化学也具有重要的作用。如环境监测、食物营养分析、药品检验、中草药剂型改善、制剂稳定性和有效性的研究、病因调查、体内代谢的考查及微量元素病的探讨等都与分析化学有着密切的关系。近年来，随着医学科学技术的飞速发展，医学检验的方法和技术也在不断地革新与提高。在检验过程中常常使用分析化学的各种方法对人体试样进行分析，从而，精确地反映了人体组织器官的生理和病态情况。如果没有分析化学为完成这些工作提供数据，要想有效地预防、诊断和治疗疾病，达到保障人民健康的目的，显然是难以做到的。临床化学检验的形成和发展，就是分析化学向医学渗透的结果。因此，分析化学在医学检验中有着极其重要的作用。

在学校教育方面,分析化学是医学检验专业的主干课程之一。它是一门实践性很强的应用学科,实验部分占有很大的比重,因此,学生不仅要学好课程的有关理论,树立正确的量的概念,还要重视实验技能的训练。通过实验,训练学生的科学思维方法,提高动手能力;培养观察、查阅和表达等能力;培养科学精神和品德等非智力因素,使学生初步具有分析问题和解决问题的能力,为学习专业课和今后参加工作打下良好的基础。

第二节　分析化学的分类

分析化学的内容十分丰富,为了便于学习和研究,常根据分析任务、分析对象、试样用量、分析原理及工作性质进行分类。

（一）根据分析任务分类

根据分析任务的不同,分析化学常分为定性分析和定量分析。一般先进行定性分析再进行定量分析,因为只有了解了试样的定性组成后,才能选择适当的方法确定试样的定量组成。但在通常情况下,试样的来源、主要成分和杂质都是已知的,这样,也可不进行定性分析而直接进行定量分析。

（二）根据分析对象分类

根据分析对象的不同,分析化学可分为无机分析和有机分析。前者的分析对象是无机物;后者的分析对象是有机物。由于分析对象的不同,因而在分析要求和方法上各有其不同的特点。无机物所含的价态复杂,种类繁多,通常要求分析结果以元素、离子、化合物的种类及相对含量表示。而有机物则不同,组成的元素的种类虽较少,但因为异构体较多,形成的有机物多达数百万种,且大多结构复杂,所以对有机物不仅要进行元素分析,而且主要是进行官能团分析和结构分析。

（三）根据试样用量分类

根据试样的用量不同,分析方法常分为常量分析、半微量分析、微量分析和超微量分析。各种分析方法的试样用量,见表1-1。

表1-1　根据试样用量分类表

分析方法	固体试样用量/mg	试样溶液用量/mL
常量分析	>100	>10
半微量分析	10～100	1～10
微量分析	0.1～10	0.01～1
超微量分析	<0.1	<0.01

由于试样用量的不同,上述各种分析方法所使用的仪器及操作也各不相同。应当指出,上述划分不是绝对的,并且各行各业划分的情况也不一致,因此只具有相对意义。

（四）根据组分含量分类

根据组分含量不同,分析化学常分为主组分分析、微量组分分析和痕量组分分析。含量在1%以上组分的分析称为主组分分析;含量在0.01%～1%之间组分的分析称为微量组分分析或次组分分析;含量在 0.01% 以下组分的分析称为痕量组分分析,简称痕量分析。

（五）根据分析原理分类

根据分析原理的不同,分析化学分为化学分析和仪器分析。

以试样的化学反应为基础的分析方法称为化学分析。化学分析历史悠久,故又称为经典分析。化学定性分析主要有干法分析和湿法分析;化学定量分析主要有重量分析和滴定分析。

以试样的物理性质为基础的分析方法称为物理分析;以试样的物理化学性质为基础的分析方法称为物理化学分析。进行物理分析和物理化学分析时,大多需要精密的仪器,故这两种分析方法常统称为仪器分析。仪器分析的方法很多,大体上分为光学分析、电化学分析和色谱分析等三大类。

化学分析和仪器分析都是分析化学的重要组成部分。化学分析的特点是设备简单、结果准确,适用于常量分析,但操作较费时,不适于微量分析和快速分析;仪器分析的特点是方法灵敏、测定快速,适用于微量分析和痕量分析,但设备较复杂,有的设备价格较昂贵。现在仪器分析已日益广泛地应用到科学研究和生产部门中,成为分析化学发展的方向。但是,目前化学分析仍然是分析化学的基础,如试样的处理、微量组分的分离或富集、方法效验及新方法的研究等,往往离不开化学分析,故化学分析在近代分析中仍起着重要的作用。通常进行复杂试样分析时,往往不是应用一种方法,而是根据具体情况将化学分析和仪器分析相互配合,取长补短,因此,它们之间是相互联系、相互补充、相辅相成的。

（六）根据工作性质分类

根据工作性质不同,分析化学还可分为常规分析、快速分析和仲裁分析等。常规分析是指一般实验室中日常进行的例行分析。快速分析是常规分析的一种,主要用于为生产过程提供信息,要求在尽量短的时间报出分析结果,这种分析一般允许有稍大的误差。仲裁分析是指对某一分析结果发生争议时,委托有关单位用指定的方法对同一试样进行分析,以裁判原分析结果是否正确,显然这种分析要求分析方法和分析结果有较高的准确度。

第三节　分析化学的发展趋势

近年来,随着生产的发展和科学的进步,一方面给分析化学提供了新的理论和手段;另一方面也给分析化学提出了新的课题和更新的要求。例如,将电子计算机与分析仪器联用,这样不但可以自动报出数据,而且还可以控制仪器的操作程序,使分析过程自动化,它既节省了时间和精力,也大大提高了分析工作的水平;测定血清钾、钠时,20 世纪 30 年代用重量分析,需要血清 10 mL,60 年代后采用火焰光度法,只需血清 1 mL,现在生化多道自动分析仪器仅需 0.5 mL 的血样,3 min 即可进行 40 个项目的测定;航天事业要求对宇航员的血、尿进行自动遥测分析;食物中汞的检测下限已经从 10^{-6} g,10^{-9} g 下降到 10^{-12} g 数量级;药品片剂由崩解时限的物理性质检查向溶出度测定方向发展等。当前医药卫生领域的科学技术正在不断前进,生物医学、生物工程、遗传工程、药品分析、环境科学和医学检验等方面的研究也在不断地深化,显然需要分析化学继续提高分析水平。

分析化学的发展趋势是:

1. 改进分析方法　提高分析方法的准确度、提高分析方法的灵敏度和提高分析速度,发展无损伤分析、自动分析和遥测分析等,这是当前分析化学发展的主流。今后还要继续改进分析方法,努力创造新方法。

2.发展新技术　各门学科之间的相互渗透已经是当今科技发展一个重要特点,特别是物理学、电子学和电子计算机向分析化学的渗透,使分析化学发生了很大的变化。今后更应利用其他科技成果,发展分析新技术。

3.研究分析理论　今后还应加强基础理论和应用基础理论的研究,不断开拓、完善分析化学的新理论。

总之,随着生产和科学的飞速发展,分析化学将不断地建立新方法,发展新技术,研究新理论,为人类做出更大的贡献。

思　考　题

1.什么是分析化学,分析化学的任务有哪些?

2.分析化学可分为哪几类?

3.化学分析与仪器分析的特点是什么?

4.分析化学目前发展的主要趋势是什么?

5.定量分析的一般过程。

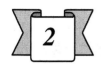

第二章
误差及分析数据的处理

学习提要：

在定量分析（quantitative analysis）误差（error）中，需要掌握误差（error）和偏差（deviation）的概念及表示方法，掌握准确度（accuracy）与精密度（precision）的关系，熟悉提高分析结果准确度的方法。在分析数据的处理中，需要掌握有效数字（significant figure）及其运算规则，熟悉离群数据（outlier）的取舍原则和方法。

The brief summary of study：

In the section of quantitative analysis error, master the concept and definition of error and deviation and the relationship between accuracy and precision, acquaint with the method to improve the accuracy of analysis result. In the procedure of processing the analysis data, be aware of the significant figure and its algorithm. Be familiar with the principle and method of accepting or rejecting the outlier data.

第一节　定量分析误差

定量分析的任务是测定试样中有关组分的相对含量。不准确的分析结果可能导致生产上的损失，资源上的浪费，甚至在科学上得出错误的结论。但是，在分析过程中，即使是技术很娴熟的人，在对某一试样用同一种方法仔细地进行多次分析测定时，所测定的分析结果也不可能完全一致，即产生一定的误差，误差是客观存在的。

在医学检验中，错误的分析结果可能导致临床诊断和治疗上的错误，给患者带来不可预料的危害和损失。因此，在进行定量分析时，不仅要对试样认真仔细地分析，以便得出准确的分析结果，还要对分析过程中的每一个环节认真仔细地研究，了解其误差产生的原因及其规律，采取相应的有效措施来减小误差，使分析结果尽可能接近真值。

一、误差、误差的表示与分类

（一）误差

测得值与真值之间的差值称为误差。

（二）误差的表示

误差可用绝对误差和相对误差来表示

1. 绝对误差　绝对误差是指测得值 x 与真值 T 之差,即:

$$E = x - T \qquad (2-1)$$

例 2-1　用分析天平称得两物体的质量分别为2.013 2 g和0.201 1 g,若二者真实质量分别为2.013 4 g 和0.201 3 g,求二者称量的绝对误差。

解　$E_1 = x_1 - T_1 = 2.013\ 2 - 2.013\ 4 = -0.000\ 2$ g

　　　$E_2 = x_1 - T_2 = 0.201\ 1 - 0.201\ 3 = -0.000\ 2$ g

绝对误差是以测量值的单位为单位,可以是正值,也可以是负值,即测量值可能大于或小于真值。测量值越接近真值,绝对误差越小;反之,越大。

为了将绝对误差在真值中占的比例反映出来,故用相对误差表示。

2. 相对误差　相对误差是指绝对误差在真值中占的比例,即:

$$E_r = \frac{E}{T} \times 100\% \qquad (2-2)$$

例 2-2　求上例中,二者称量的相对误差。

解　$E_r = \dfrac{E}{T} \times 100\% = \dfrac{-0.000\ 2}{2.013\ 4} \times 100\% = -0.01\%$

　　　$E_r = \dfrac{E}{T} \times 100\% = \dfrac{-0.000\ 2}{0.201\ 3} \times 100\% = -0.1\%$

由此可知,两物体称量的绝对误差虽然相等,但称取量不同,其相对误差也就不同,称取量越大,相对误差越小,准确度越高。因此,用相对误差来表示分析结果的准确度更为确切。

例 2-3　测得 NaCl 中 Na 的含量为39.25%,而其真值含量为39.14%,求其测定的绝对误差和相对误差。

解　$E = x - T = 39.25\% - 39.14\% = 0.11\%$

　　　$E_r = \dfrac{E}{T} \times 100\% = \dfrac{0.11\%}{39.14\%} \times 100\% = 0.28\%$

注意,绝对误差和相对误差都有正、负之分,正值表示分析结果偏高,负值表示分析结果偏低。实际分析工作中,真值往往是不知道的,只知道绝对误差,在这种情况下,常以多次测量结果的平均值代替真值来计算结果的相对误差值,即:

$$E_r = \frac{E}{\bar{x}} \times 100\% \qquad (2-3)$$

例 2-4　用某一分析方法对某一试样进行分析,总测量次数为五次,分别为0.038 24%,0.038 26%,0.038 23%,0.038 25%和0.038 28%。已知该分析方法的绝对误差为0.000 41%,求相对误差为多少?

解　$\bar{x} = \dfrac{1}{n} \sum x_i = \dfrac{x_1 + x_2 + x_3 + x_4 + x_5}{5} =$

$$\frac{0.038\ 24 + 0.038\ 26 + 0.038\ 23 + 0.038\ 25 + 0.038\ 28}{5} = 0.038\ 25$$

$$E_r = \frac{E}{T} \times 100\% = \frac{0.000\ 41}{0.038\ 25} \times 100\% = 1.072\%$$

(三)误差的分类

根据误差的性质和产生的原因,可将误差分为系统误差和随机误差(偶然误差)两类。

1. 系统误差　系统误差也叫可定误差。是由某些比较确定的原因所引起的。一般它有固定的大小和方向(正或负),重复测定时可重复出现。因此,它对分析结果的影响比较恒定,在同一条件下重复测定时会重复出现,使分析结果系统偏高或偏低。这种误差的大小,正、负是可以测定的,所以又称为可测误差。

系统误差的主要来源如下:

(1)仪器误差:仪器误差是由于仪器不够准确所引起的误差,如等臂天平两臂不相等,天平砝码缺损及滴定管刻度不准确等。

(2)试剂误差:试剂误差是由于试剂不纯所引起的误差,如蒸馏水不合格,标准溶液浓度不准确及容器和试剂中含有微量被测组分或干扰杂质。

(3)操作误差:操作误差是由于操作不规范所引起的误差,如沉淀洗涤过分,称量速度太慢所引起试样吸潮及辨别滴定终点的颜色习惯偏深等。

(4)方法误差:方法误差是由于方法本身不完善所引起的误差,如干扰物的共沉淀,沉淀溶解损失及滴定终点与化学计量点不符合等。

根据系统误差的来源,可把系统误差分为方法误差、仪器误差、试剂误差及操作误差四种误差。

在定量分析中,这四种系统误差都有可能存在。另外,根据具体情况不同,系统误差可能是恒定的也可能是随试样用量或组分含量的增大而增大。如果在多次测定中系统误差的绝对值保持不变,但相对值随被测组分含量的增大而减小,这种系统误差称为恒定误差。容量分析中的指示剂误差便属于这种情况。如果系统误差的绝对值随样品量的增大而成比例地增大,相对值不变,这种系统误差称为比例误差。例如在测定铁时,若试剂中含有微量的铁,当取样量多时所需要的试剂也多就属于这种情况。无论如何,系统误差是重复的,以固定的方向和大小出现,因为可以测量,所以可以用校正的方法予以减免,用增加平行测定次数的方法不能消除这种误差。

2. 随机误差　随机误差是由于某些偶然因素所引起的误差。这种误差的值时大、时小,时正、时负,是可变的,是难以测定的。所以又称为不可测误差或偶然误差。

随机误差的来源很多,如温度、气压、湿度或电压的微小波动,天平刀口与刀承的接触情况稍有变动,砝码在天平盘中的位置两次不一致,滴定管读数估计不够准确及仪器的稳定性稍差等。

随机误差的出现表面上似乎没有规律,但经过大量的实践发现,随机误差仍有规律可循。此规律是:

(1)绝对值小的误差出现的几率大(几率:次数),绝对值大的误差出现的几率小,特大的误差出现的几率最小;

(2)大小相近的正误差和负误差出现的几率大致相等。

这样,就可以通过增加平行实验测定的次数,求平均值的方法来减小分析结果中的随机误差。

系统误差和随机误差同时存在于测量之中,常不能截然划分。例如,观察滴定终点时,有人习惯颜色偏深或偏浅,因而产生系统误差中的操作误差。但在多次测定中,观察滴定终点的深浅程度又不可能完全一致,因而也会产生偶然误差。当然,终点习惯偏深,主要是操作误差。

除上述两类误差外,还有过失误差。过失误差是由于分析工作者的粗心大意,或不按操作规程办事所引起的误差。如看错砝码、加错试剂、读错刻度、沉淀散落、试样溶液溅失、记录及计算错误等,这些都是不应有的过失,不属于误差讨论范畴。含有过失误差的分析结果是错误的结果,在分析工作中,一经查明,则应将其分析结果弃去。

二、偏差和偏差的表示

(一)偏差

测得值与多次测定结果(即实验分析结果)的平均值的差值称为偏差。

(二)偏差的表示

偏差可分别表示为绝对偏差、平均偏差、相对平均偏差、标准偏差、相对标准偏差等等。

1. 绝对偏差 各单次测得值与多次测量结果的平均值之差为绝对偏差 d。

设一组测得值为 $x_1, x_2, x_3, \cdots, x_n$,其平均值 $\bar{x}$ 为:

$$\bar{x} = \frac{\sum\limits_{i=1}^{n} x_i}{n} \tag{2-4}$$

$$
\begin{aligned}
d_1 &= x_1 - \bar{x} \\
d_2 &= x_2 - \bar{x} \\
&\vdots \\
d_n &= x_n - \bar{x}
\end{aligned}
\tag{2-5}
$$

很明显,在这些偏差中,一部分为正偏差,一部分为负偏差,还有一部分可能为零。如果将各测得值的绝对偏差相加,则其和必将等于零或接近于零。

2. 平均偏差 平均偏差是各次绝对偏差的绝对值的平均值。

$$\bar{d} = \frac{\sum\limits_{i=1}^{n} |d_i|}{n} = \frac{\sum\limits_{i=1}^{n} |x_i - \bar{x}|}{n} \tag{2-6}$$

应当注意,平均偏差没有负值。

3. 相对平均偏差 定义如下:

$$\overline{dr} = \frac{\bar{d}}{\bar{x}} \times 100\% \tag{2-7}$$

例 2 - 5 测定芒硝中的水分含量时,三次结果分别为 52.36%,52.47% 和 52.43%,试计算测定结果的平均偏差和相对平均偏差。

解 $\bar{x} = \dfrac{1}{n} \sum\limits_{i=1}^{n} x_i = \dfrac{52.36\% + 52.47\% + 52.43\%}{3} = 52.42\%$

$d_1 = x_1 - \bar{x} = 52.36\% - 52.42\% = -0.06\%$

$d_2 = x_2 - \bar{x} = 52.47\% - 52.42\% = +0.05\%$

$d_3 = x_3 - \bar{x} = 52.43\% - 52.42\% = +0.01\%$

$\bar{d} = \dfrac{1}{n} \sum\limits_{i=1}^{n} |d_i| = \dfrac{0.06\% + 0.05\% + 0.01\%}{3} = 0.04\%$

$\overline{dr} = \dfrac{\bar{d}}{\bar{x}} = \dfrac{0.04\%}{52.42} = 0.0008 = 0.08\%$

用平均偏差和相对平均偏差来表示精密度比较简单、方便,一般常规分析中经常采用。但在一组测定中,小偏差占多数,大偏差占少数,这样,用绝对偏差的绝对值之和除以测定次数所求的平均偏差必然偏小,故不能反映一组数据的波动情况,即分散程度。近年来分析化学中广泛地采用标准偏差和相对标准偏差来表示分析结果。

4. 标准偏差和相对标准偏差　用统计方法处理数据时,广泛采用标准偏差和相对标准偏差来衡量数据的分散程度。标准偏差是指各单次绝对偏差的平方和除以测定次数减 1 的平方根,即:

$$S = \sqrt{\frac{\sum_{i=1}^{n} d_i^2}{n-1}} = \sqrt{\frac{\sum_{i=1}^{n} (x_i - \bar{x})^2}{n-1}} \qquad (n \leqslant 20) \qquad (2-8)$$

式中,$n-1$ 为自由度,常用 f 表示。它表明在 n 次测定中,只有 $n-1$ 个可变的偏差。

相对标准偏差是指标准偏差在平均值中所占的比例,即:

$$RSD\% = \frac{S}{\bar{x}} \times 100\% \qquad (2-9)$$

相对标准偏差过去常称变异系数,用 CV 表示。但国际纯粹化学和应用化学联合会(IUPAC)建议不用变异系数一词。

例 2 - 6　测定某患者血清钙时,得到下列两组数据:

第 1 组:122,123,118,119,118 (mg/L);

第 2 组:125,120,119,116,120 (mg/L)。求其相对平均偏差和相对标准偏差。

解　(1) 平均值 $\bar{x}_1 = \dfrac{\sum_{i=1}^{n} x_{1i}}{n} = \dfrac{122 + 123 + 118 + 119 + 118}{5} = 120$ mg/L

$$\bar{x}_2 = \frac{\sum_{i=1}^{n} x_{2i}}{n} = \frac{125 + 120 + 119 + 116 + 120}{5} = 120 \text{ mg/mL}$$

(2) 绝对偏差:按式 2 - 4,求得其绝对偏差分别为:

1 组: + 2, + 3, - 2, - 1, - 2 mg/L

2 组: + 5,0, - 1, - 4,0 mg/L

(3) 相对平均偏差:

$$\bar{d}_1 = \frac{\sum_{i=1}^{n} |d_{1i}|}{n} = \frac{2 + 3 + 2 + 1 + 2}{5} = 2.0 \text{ mg/L}$$

$$\bar{d}_2 = \frac{\sum_{i=1}^{n} |d_{2i}|}{n} = \frac{5 + 0 + 1 + 4 + 0}{5} = 2.0 \text{ mg/L}$$

$$dr_1 = \frac{\bar{d}_1}{\bar{x}_1} = \frac{2.0}{120} = 1.7\%$$

$$dr_2 = \frac{\bar{d}_2}{\bar{x}_2} = \frac{2.0}{120} = 1.7\%$$

(4) 相对标准偏差:

$$S_1 = \sqrt{\frac{\sum_{i=1}^{n} d_{1i}^2}{n-1}} = \sqrt{\frac{2^2 + 3^2 + 2^2 + 1^2 + 2^2}{5-1}} = 2.3 \text{ mg/L}$$

$$S_2 = \sqrt{\frac{\sum_{i=1}^{n} d_{2i}^2}{n-1}} = \sqrt{\frac{5^2 + 0 + 1^2 + 4^2 + 0}{5-1}} = 3.2 \text{ mg/L}$$

$$S_{r1} = \frac{S}{\bar{x}} = \frac{2.3}{120} = 1.9\%$$

$$S_{r2} = \frac{S_2}{\bar{x}} = \frac{3.2}{120} = 2.7\%$$

通过上述计算可知,第2组的数据较为分散,其中有两个数据的偏差较大。但第1、第2两组的平均偏差和相对平均偏差相同,反映不出两组数据精密度上的差异,而两组的标准偏差和相对标准偏差却有明显的差别,说明第2组的精密度较低。由于在计算标准偏差时,将各单次绝对偏差加以平方,这样,不仅避免了各单次绝对偏差相加时的正、负抵消,而且能使大偏差变得更大,更明显地反映出来,更好地说明了数据的分散程度。故在科研中普遍采用可靠性较高的相对标准偏差来表示分析结果的精密度。

三、准确度和精密度

(一)准确度

准确度是指测得值与真值接近的程度,通常用误差来表示。误差越小说明测得值与真值越接近,准确度越高。在不知真实值的情况下,无法计算准确度,故只好用精密度来表示分析结果的好坏。

(二)精密度

精密度是测得值与多次测量的测得值的平均值相接近的程度,即指各测得值相互接近的程度,通常用偏差来表示。偏差越小,说明各测得值之间越接近,精密度则越高。主要用相对平均偏差或相对标准偏差来表示。

(三)准确度与精密度的关系

准确度和精密度虽然在概念上有严格的区别,但相互之间又有密切的联系。例如,对某试样的含氯量测定时,进行了四组测定,每组测定五次,其四组结果如图2-1所示。

由图可知,第1组结果既精密又准确,随机误差和系统误差都很小;第2组结果虽然精密但

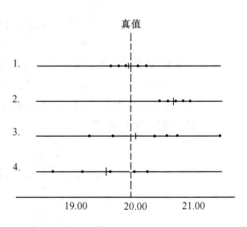

图2-1　准确度与精密度关系示意图
(·表示测量结果,l表示平均值)

不准确,几个结果之间相差很小,随机误差很小,但平均值与真值之间相差较大,存在较大的系统误差;第3组结果很不精密,几个结果之间相差很大,即随机误差很大,尽管结果的平均值很接近于真值。造成这种结果的原因是由于正、负误差相互抵消所产生的,是出于偶然原因,如果任取2~3次结果再计算,平均值与真值之间可能会相差很大。第4组结果既不精密又不准确,随机误差和系统误差都很大。

根据以上讨论可知,系统误差影响结果的准确度,随机误差影响结果的精密度,准确度表示结果的正确性,精密度表示结果的重现性,精密度高是保证准确度高的先决条件,精密度差,其所得结果不可靠,就失去了衡量准确度高的前提。因此,我们在评价分析结果的时

候,必须将系统误差和随机误差的影响一起来考虑,如果未消除系统误差,即使有很高的精密度,也不能说明分析的结果准确,只有在消除了系统误差也减小了随机误差时,才能提高分析结果的准确度。

四、提高分析结果准确度的方法

要想得到准确的分析结果,就必须设法减小分析过程中带来的各种误差,从误差产生的原因可知,只有尽可能地减小系统误差才能提高分析结果的准确度;只有在消除了偶然误差的前提下,才能保证分析数据的可靠性。下面简单地介绍减小分析误差的具体方法。

(一)采用校准的方法,减免系统误差

1. 校准实验　校准实验主要用于校准仪器。仪器误差可以通过校准试验求出。如天平砝码、容量仪器和分光光度计等,在分析使用前必须进行检定或校准,求出校正值,并在计算结果时予以扣除,从而消除由仪器不准带来的误差。

2. 空白试验　试剂误差主要是通过空白试验加以减免的。空白试验是指用溶剂代替试样,按照与测定试样相同的条件下所进行的平行试验。通过空白试验可得到空白值,从试样分析结果中扣除空白值,以减免试剂、蒸馏水和容器中含有被测组分或干扰组分的影响,从而提高分析结果的准确度。空白值通常较小,如果空白值较大,从分析结果中扣除空白值后可能引起较大的误差,此时应更换成纯度较高的试剂、蒸馏水或合格的容器。

3. 对照试验　很多系统误差都可用对照试验进行校正,它是检验系统误差的有效方法。对照试验是指用纯品或标准试样代替试样,按照与测定试样相同的条件所进行的平行试验。此外,还可用标准方法及其他可靠的方法进行分析对照,也可由不同人员,不同单位进行分析对照(即通常说的内检和外检),根据对照试验的结果判断测定试样中有无系统误差。

4. 回收试验　如果试样的组成不完全清楚,即无法制得标准试样,这时为了消除方法误差,可以用回收试验加以校正。回收试验的步骤是取两份相同质量的试样,用相同的方法进行处理。于一份试样中加入含有已知量的被测组分的纯物质,然后平行测定这两份试样,两份测定结果的差值即为加入纯物质的质量,最后计算加入的纯物质的量是否定量回收,从而判断分析过程是否存在系统误差。

(二)增加平行测定次数,减小随机误差

增加平行测定的次数,可以减小随机误差。在减免系统误差的前提下,平行测定次数越多,则测得值的平均值越接近于真值。因此,常借助于增加测定次数的方法来减小随机误差,以提高分析结果的准确度。在一般定量分析实验中,对于同一试样,平行测定3~5次即可;当要求分析结果的准确度较高时,可适当增加测定次数至10次左右,但更多的增加测定次数,不仅费时费事,而且效果也并不太显著。

第二节　分析数据的处理

一、有效数字和计算规则

为了得到准确的分析结果,不仅要准确地测定,而且还要准确地记录和计算,即记录的数字不仅要表示数量的大小,而且还要正确地反映测定的准确程度,否则分析结果是难以令人相信的。

（一）有效数字

1.有效数字的意义　有效数字是指在分析工作中,实际上能测量得到的、有实际意义的数字。记录和计算应是几位数字,必须根据测定时所使用的测量方法和测量时所使用仪器的准确度来决定。在所保留的数字中,只有最后一位是欠准的数字,其误差是末位数的 ±1 个单位,任意增加或减少所记录数字的位数都是错误的。

例如:用分析天平称得某物体的实际质量为 0.496 0 g,在这一数据中,0.496 是准确的,最后一位 0 是欠准的,可能有正负一个单位的误差,即其物体的实际质量为 0.496 0 ± 0.000 1 g,为四位有效数字,此时称量的绝对误差为 ±0.000 1 g。如果将上述数字写成 0.496 g,则表示该物体的质量为 0.496 ±0.001 g,此时称量的绝对误差为 ±0.001 g;如果将上述数据写成 0.496 00 g,此时称量的绝对误差为 ±0.000 01 g。由此可知,记录时少写一位或多写一位"0",对其数值没有多大影响,但记录所反映的测量精度无形中被缩小或夸大了 10 倍。因此,分析工作者必须根据所用仪器的精度,正确记录所测得的数据。

又如,用 50 mL 量筒量取 25 mL 溶液,由于该量筒可能有 ±1 mL 的误差,因此应记为 25 mL,即两位有效数字;而用 50 mL 滴定管放出 25 mL 溶液,由于滴定管能准确量至 ±0.01 mL,则应记录为四位有效数字,不能写成 25.0 mL 或 25.000 mL,应正确地记录为 25.00 mL。

2.有效数字的位数确定　从 0 ~ 9 这十个数字中只有 0 既可以是有效数字,也可以是做定位用的无效数字。

（1）"0"的作用:数据中有"0"时它可能是有效数字,也可能不是有效数字,只起定位作用,故应作具体分析。例如,某物体在分析天平上称得其质量为 0.508 0 g,则数据中,5 和 8 中间的 0 和数字 8 后面的 0 都是有效数字,而数字 5 前面的一个 0 则不是有效数字。因为如果以 mg 为单位,则其质量应记 508.0 mg,数字 5 前面的那个 0 就没有了,故只起定位作用,而数字 8 后面的 0 仍为有效数字,不能任意舍去,故该数据仍为四位有效数字。如果以 kg 为单位,则此质量应记为 0.000 508 0 kg,数字 5 前面的四个 0 都不是有效数字,只起定位作用;相反,如果以 ng 为单位,则此质量应记为 508 000 ng,则数字 8 后面的三个 0 中,最后两个 0 只起定位作用。为了避免有效的"0"与定位的"0"相混淆,常将定位用的"0"以指数形式表示,并且习惯上将小数点前只留一位有效数字。这样,0.508 0 g 可记为 5.080×10^{-4} kg 或 5.080×10^5 ng。总之,有效数字一般都是依测量仪器能够测到的且有实际意义的数字为准。

（2）倍数或分数的位数:因为倍数或分数是自然数,非测量所得,故它们的有效数字的位数不受限制,可以认为是无穷多位。

（3）常数(如 π、e 等)的位数:常数有效数字的位数可视为无限的,在计算中需要几位就可以取几位。

（4）对数的位数:如 pH,pK,pM,lgC,lgK 等对数有效数字的位数应与真数的位数相同。因为整数(首数部分)只与该数的方次有关,其有效数字的位数只取决于小数(尾数)部分的位数。例如 pH = 4.36,其有效数字的位数为二位,而不是三位,因为其 [H^+] = 4.4 × 10^{-5} mol/L 为二位有效数字。

变换单位时,有效数字的位数必须保持不变。

看看下面各数的有效数字的位数:

43.283	0.534 72	五位
10.82	2.163×10^{-3}	四位
1.00	0.324	三位
54	0.0020	二位
0.05	2×10^{5}	一位

（二）修约规则

在处理数据过程中,涉及到各测量值的有效数字的位数可能不同,舍弃多余数字的过程称为数字修约。过去人们习惯采取四舍五入的修约规则,见五就入,这样必然会使修约后的数据系统偏高。现在多采用四舍六入五留双的修约规则,就可以使由五本身引起的舍入误差自相抵消。

四舍六入五留双修约规则,即数据中被修约的那个数等于或小于4时,该数应舍去。数据中被修约的那个数等于或大于6时,该数应进一位。数据中被修约的那个数等于5时,而其后还有不为0的任何数时,该5应进位;若其后的数均为0时,则看其5前保留下来的末位数是奇数还是偶数,如果是奇数就把5进位,如果是偶数(包括0)则将5舍去,总之,使保留下来的末位数为双数。另外,不能连续修约,即要一次修约到所需要的位数,不能分次修约。按照此修约规则,将下列数据修约为四位有效数字时,结果应为:

6.234 4——6.234	0.031 085 0——0.031 08
2.034 82——2.035	10.305——10.30
39.045 03——39.05	1.035 46——1.035
0.745 56——0.745 6	

（三）计算规则

在计算分析结果时,不是保留的位数越多越准确,必须按照一定的计算规则进行,合理地取舍各数据的有效数字的位数。这样,既能正确地反映测量的准确度,又可节省时间,还能避免因计算麻烦引起的差错。有效数字的计算规则如下。

1. 加减法　当几个数相加减时,和或差的有效数字位数的保留,应以小数点后位数最少的那个数据为依据,即绝对误差最大的那个数据。例如,求10.375 0,31.34,0.021 7三数之和,由有效数字的定义可知,三个数据中最后一位均是欠准的,在这三个数据中31.34最后一位数据4是欠准的,有±0.01的误差,其绝对误差最大,小数点后的位数最少,故以该数中小数点后的位数为依据,因此,将其余两个数据先修约再求和,即其和的绝对误差为±0.01,与绝对误差最大的31.34的绝对误差一致,如果不管各数据的准确度,一律相加,将其和算成41.726 7,则其绝对误差为±0.000 1,尽管比数据31.34的绝对误差还小两个数量级,但这是不合理的。

2. 当几个数据相乘除时积或商的有效数字位数的保留,决定于相对误差最大的那个数据,即以有效数字位数最少的那个数据为依据进行修约。例如,求10.375 0,31.34,0.021 7三个数相乘之积。它们的相对误差分别为:

$$\frac{\pm 0.000 1}{10.375 0} = \frac{\pm 1}{103 750} = \pm 0.000 1\%$$

$$\frac{\pm 0.01}{31.34} = \frac{\pm 1}{3 134} = \pm 0.03\%$$

$$\frac{\pm 0.000\ 1}{0.021\ 7} = \frac{\pm 1}{217} = \pm 0.5\%$$

其中数据 0.0217 是三位有效数字。它的有效数字的位数最少,相对误差也最大。因此,应以 0.0217 为依据,将其余两个数据先修约后再求积,即:

$$10.4 \times 31.3 \times 0.021\ 7 = 7.06$$

其相对误差为 0.1%,与相对误差最大的 0.021 7 的相对误差级数相一致,所以,此积取三位有效数字已足够准确了。如果按题中所给数据直接计算,得到 7.055 809 25,最后又不取舍,则是错误的。

注意事项如下。

(1)在乘除运算中,如果数据中第一位(最高位)有效数字是 8 或 9 时,则其有效数字的位数可多记一位。例如,数据 8.46,其相对误差约为 0.1%,与 10.48,11.06 等四位有效数字的数据的相对误差相近,故 8.46 可按四位有效数字看待。

(2)在运算过程中,为了提高计算结果的可靠性,对相对原子质量、相对分子质量或换算因数等可暂时多保留一位有效数字,但其结果的位数仍应按规则保留。

(3)用电子计算器计算分析结果时,仍是先修约,后计算。虽然在运算过程中不必对每一步的计算结果进行修约,但其最后结果的位数仍应按规则保留,以正确表达其应有的准确度。切不可照抄计算器上显示的过多或过少数字。

二、随机误差的分布

随机误差的大小及方向难以预测,且难以找到确定的原因,但是,对同一试样在相同条件下进行多次测定就会发现随机误差的分布符合正态分布规律,这种规律是大家已学过的统计学的重要内容,在此,我们主要只引用其结论。

(一)正态分布曲线

正态分布又称高斯分布,其数学表达式为:

$$y = f(x) = \frac{1}{\sigma\sqrt{2\pi}}e^{-\frac{(x-\mu)^2}{2\sigma^2}} \qquad (2-10)$$

式中　y——概率密度,它是 x 的函数;

　　　μ——总体平均值;

　　　σ——总体标准偏差,它是总体平均值 μ 到拐点间的距离;

　　　$x-\mu$——随机误差。

式中有两个参数,一个参数是 μ,在消除系统误差的前提下,总体平均值 μ 可视为真值,此时 y 值最大,是正态分布曲线的最高点,而大多数分析数据集中在 μ 附近,它说明分析数据的集中趋势;另一个参数是 σ,σ 越大,分析数据落在 μ 附近的概率越小,测定的精密度越差,正态分布曲线越平坦,它说明分析数据的分散程度。测定的精密度高,σ 值小,分布曲线又高又瘦;测定的精密度差,σ 值大,分布曲线矮胖,如图 2-2 所示。故通常只

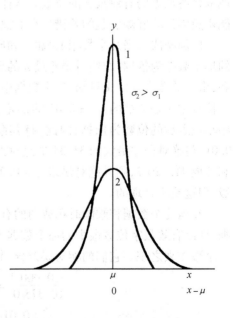

图 2-2　正态分布曲线

要知道总体平均值 μ 和标准偏差 σ 就可以将正态分布曲线确定下来。

（二）标准正态分布曲线

正态分布曲线随 μ 和 σ 的不同而不同，应用起来不太方便。为简便起见，通常将横坐标改为以 u 为单位来表示。

令： $$u = \frac{x - \mu}{\sigma}$$

即： $$y = \varphi(u) = \frac{1}{\sqrt{2\pi}} e^{-\frac{u^2}{2}} \qquad (2-11)$$

用 u 和概率密度表示的正态分布曲线称为标准正态分布曲线，如图 2-3 所示。

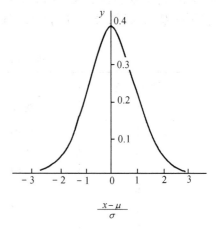

图 2-3　标准正态分布曲线

这样，对于不同总体平均值 μ 及不同标准偏差 σ 的分析数据，标准正态分布曲线都是适用的。即把所有的正态分布曲线全部变换成了一条（标准正态分布）曲线。

（三）随机误差的区间概率

由随机误差的标准正态分布曲线图 2-3 可以看出，标准正态分布曲线与横坐标 $-\infty$ ~ $+\infty$ 之间所夹的总面积，表示所有分析数据出现的概率的总和，其值应为 1，即 100%。因此，随机误差在某一区间出现的概率就等于其所占的面积除以总面积。

从数学计算或图 2-3 可知，当随机误差在 -1σ 到 $+1\sigma$ 时，曲线与横坐标所包围的面积占总面积的 68.3%，即概率为 68.3%。同样，可算出随机误差在 $\pm 1.64\sigma$，$\pm 2\sigma$，$\pm 3\sigma$ 区间出现的概率分别为 90.0%，95.5%，99.7% 等。

通常将分析数据在某一区间出现的概率称为置信概率，常称做置信度 P，又称置信水平。由此可见，分析数据落在 $\mu \pm 3\sigma$ 范围内的置信度达 99.7%，即超过 $\pm 3\sigma$ 的分析数据只占全部分析数据的 0.3%。即在一组测定中，随机误差的绝对值大于 3σ 的概率是极小的，每 1 000 次测定中，只有 3 次几率，所以在实际工作中，常将误差超出某一置信度的离群值弃去。

三、离群值的取舍

在平行测定所得的一组数据中，常有个别数据与大多数的数据相差较远，这种明显的偏离其他数据的数据称为离群值，又称可疑值或逸出值。

离群值在计算中是留还是舍弃一定要有根据。如果将偏离较大而本来属于过失误差的数据保留下来，势必影响所得平均值的可靠性；如果把虽然有一定偏离，但仍属于随机误差范畴内的数据弃去，这是不科学的；如果为使精密度较高，任意挑选数据，这是不严肃的。因此，离群值的取舍宜慎重，在准备舍弃某一个测量值之前，首先应检查该数据是否有记录错误，或实验过程中是否有不正常的现象发生等，如果找到了原因，就有了舍弃这个数据的根据。否则，就要以随机误差分布规律为依据，用统计学的方法进行处理，以决定是否取舍。下面介绍目前广泛采用的 Q 检验法和 G 检验法。

（一）Q 检验法

Q 检验法又称舍弃商法，它是国际标准化组织（ISO）推荐的方法，在测定的次数为

$3\sim10$ 次时,用 Q 检验法决定离群值取舍是比较合理的方法。根据统计学家制定的不同置信度下的 Q 值表(见表 $2-1$),按照下列方法进行离群值的取舍。

表 $2-1$　不同置信度下的 Q 值表

测定次数	置　信　度　P		
n	90%	95%	99%
3	0.94	0.98	0.99
4	0.76	0.85	0.93
5	0.64	0.73	0.82
6	0.56	0.64	0.74
7	0.51	0.59	0.68
8	0.47	0.54	0.63
9	0.44	0.51	0.60
10	0.41	0.48	0.57

首先将分析数据由小到大进行排列: $x_1, x_2, x_3, \cdots, x_n$,然后依照下列步骤进行。

(1)算出分析数据的极差: $x_n - x_1$。

(2)算出离群值 x_1 或 x_n 与其紧邻值之差: $x_2 - x_1$ 或 $x_n - x_{n-1}$。

(3)用极差除邻差,得舍弃商 Q:

$$Q_1 = \frac{x_2 - x_1}{x_n - x_1} \quad \text{或} \quad Q_n = \frac{x_n - x_{n-1}}{x_n - x_1} \qquad (2-12)$$

(4)比较舍弃商:如果计算的舍弃商 Q 大于或等于表中的舍弃商 $Q_{表}$,则该离群值就应舍弃,否则应保留。

例 $2-7$　在一组平行测定中,测得试样中氯的含量分别为 13.93%,14.27%,13.98%,13.02%,14.31% 和 14.22%,试用 Q 检验法判断在 99% 的置信水平条件下有无舍弃的数据。

解　由小到大排列如下:13.02%,13.93%,13.98%,14.22%,14.27%,14.31%。

极差: $x_n - x_1 = 14.31\% - 13.02\% = 1.29\%$

邻差: $x_2 - x_1 = 13.93\% - 13.02\% = 0.91\%$

$\qquad x_n - x_{n-1} = 14.31\% - 14.27\% = 0.04\%$

$$Q_1 = \frac{x_2 - x_1}{x_n - x_1} = \frac{13.93\% - 13.02\%}{14.31\% - 13.02\%} = 0.71$$

$$Q_6 = \frac{x_n - x_{n-1}}{x_n - x_1} = \frac{14.31\% - 14.27\%}{14.31\% - 13.02\%} = 0.031$$

查表 $2-1$,$n=6$,$P=99\%$ 时,$Q_{表}=0.74$,$Q_1 < Q_{表}$,$Q_6 < Q_{表}$,所以数据 13.02% 和 14.31% 均应保留。

(二) G 检验法

G 检验法又称格鲁布斯检验法,当离群值不止一个时,最好采用 G 检验法。根据统计学家制定的不同置信度下的 G 值表(见表 $2-2$)按照下列步骤决定离群值的取舍。

（1）算出包括可疑值在内的平均值；

（2）算出离群值 x_1 或 x_n 与平均值之差；

（3）算出包括可疑值在内的标准偏差；

（4）用标准偏差除离群值与平均值之差，得统计量 G 值；

$$G_1 = \frac{\bar{x} - x_1}{S} \quad 或 \quad G_n = \frac{x_n - \bar{x}}{S} \tag{2-13}$$

（5）比较统计量，如果计算的统计量 G 大于或等于表中的统计量 $G_表$，就应将该离群值舍弃，否则应该保留。

表 2-2 不同置信度下的 G 值表

测定次数	置 信 度 P			测定次数	置 信 度 P		
n	90%	95%	99%	n	90%	95%	99%
3	1.15	1.15	1.16	12	2.13	2.29	2.55
4	1.42	1.46	1.49	13	2.18	2.33	2.61
5	1.60	1.67	1.75	14	2.21	2.37	2.66
6	1.73	1.82	1.94	15	2.25	2.41	2.70
7	1.83	1.94	2.10	16	2.28	2.44	2.74
8	1.91	2.03	2.22	17	2.31	2.47	2.73
9	1.98	2.11	2.32	18	2.34	2.50	2.82
10	2.04	2.18	2.41	19	2.36	2.53	2.85
11	2.49	2.24	2.48	20	2.38	2.56	2.88

例 2-8 上例的分析数据中，用 G 检验法判断有无舍弃的数据？（置信度为 99%）

解 $\bar{x} = 13.96\%$

$S = 0.48\%$

$$G_1 = \frac{\bar{x} - x_1}{S} = \frac{13.96\% - 13.02\%}{0.48\%} = 2.0$$

$$G_n = \frac{x_n - \bar{x}}{S} = \frac{14.31\% - 13.96\%}{0.48\%} = 0.73$$

查表 2-2，$n = 6$，$P = 99\%$ 时，$G_表 = 1.94$，$G_1 > G_表$，$G_6 < G_表$，所以数据 13.02% 应舍弃，数据 14.31% 应保留。此结论与上题的结论不同，一般以 G 检验法为准。因为 G 检验法最大的优点是在判断可疑值取舍的过程中，将正态分布的两个最重要的样本参数 $\bar{x}$ 及 S 引入进来了，故方法的准确性较高。这种方法的缺点是需要计算 $\bar{x}$ 和 S，手续稍麻烦。

最后应当指出，离群值的取舍是一项十分关键的工作，因为计算平均值、标准偏差及其他数据处理工作多在离群值取舍后进行。

四、少量分析数据的处理

（一）t 分布曲线

在实际分析工作中，提供的分析数据常是有限的（$n < 20$）。正态分布曲线为分析数据

处理提供了理论依据,但它只适用于无限次测定的情况。为了解决这个矛盾,1908 年英国化学家古瑟特(Cosset)用 S 代替 σ 来估计测量数据的分散程度,提出了 t 分布曲线,从而圆满地解决了少量分析数据的处理问题。t 分布曲线如图 2-4 所示。

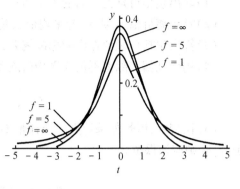

图 2-4 t 分布曲线

在 t 分布曲线中,纵坐标仍为概率密度,横坐标为统计量 $t = (x - \mu)/S$。由图 2-4 可见,t 分布曲线与标准正态分布曲线相似,只是 t 分布曲线随自由度 f 而改变。当 f 趋近 ∞ 时,t 分布曲线就趋于正态分布曲线。

与正态分布曲线一样,t 分布曲线下面一定范围内的面积,也反映了在该范围内分析数据出现的概率。不同的是,当正态分布曲线的 μ 值一定时,相应的概率一定;但是,当 t 分布曲线的 t 一定时,由于 f 不同,出现的概率也不同,即曲线包围的面积不同。不同的 f 值及概率所对应的 t 值,已由统计学家算出,表 2-3 列出了最常用的部分 t 值。表中的置信度常用 P 表示,因为 t 值与自由度及置信度有关,故引用时常加下角标说明,通常用符号 $t_{p,f}$ 表示。

表 2-3 不同自由度和置信度下的 t 值表

自由度 f	置 信 度 P			自由度 f	置 信 度 P		
	90%	95%	99%		90%	95%	99%
1	6.31	12.71	63.66	7	1.90	2.36	3.50
2	2.92	4.30	9.92	8	1.86	2.31	3.36
3	2.35	3.18	5.84	9	1.83	2.26	3.25
4	2.13	2.78	4.60	10	1.81	2.23	3.17
5	2.02	2.57	4.03	20	1.72	2.09	2.84
6	1.94	2.54	3.71	∞	1.64	1.96	2.58

由表可见,测定 20 次与测定无限多次时的 t 值已十分接近,说明测定次数超过 20 次对提高测定的准确度已没有多大意义了。

(二)平均值的置信区间

在有限次测定中,只能求得样本(有限次测量结果)的平均值,而不可能求得总体(无限次测量结果)的平均值。通常在对少量的分析数据进行统计处理后,再根据在一定置信度下样本的平均值来估计总体平均值(在消除系统误差的前提下,即为真值)可能存在的范围。其计算式为:

$$\mu = \bar{x} \pm \frac{t_{1-p,f} \cdot S}{\sqrt{n}} \tag{2-14}$$

此式表示了总体平均值 μ 与样本平均值 $\bar{x}$ 的关系,即表示在有限次测定中,消除了系统误差后,分析数据的真值落在以样本平均值为中心的可靠范围,这个范围常称为平均值的置信区间。

现以银量法测定某患者血清氯含量为例,说明分析数据处理的全过程。

例 2 - 9 测定血清氯时,校正系统误差后的 7 次平行测定的数据以 NaCl 计分别为:
6 958,6 987,6 945,6 947,6 960,6 940,6 951 mg/L,求置信度为 95% 时的平均值的置信区间(以报告正确的分析结果)。

解 在统计处理之前首先对其数据进行离群值(可疑值)的检验。

(1)离群值的取舍:

$$G_1 = \frac{\bar{x} - x_1}{S} = \frac{6\ 955 - 6\ 940}{16} = 0.94$$

$$G_7 = \frac{x_7 - \bar{x}}{S} = \frac{6\ 987 - 6\ 955}{16} = 2.0$$

查 G 值表,$n = 7$,$P = 95\%$ 时,$G_表 = 1.94$,$G_7 > G_表$,故数据 6987 应弃去。$G_1 < G_表$,故数据 6 940 应保留。

(2)平均值:

$$\bar{x} = \frac{\sum x_i}{n} = \frac{6\ 958 + 6\ 945 + 6\ 947 + 6\ 940 + 6\ 960 + 6\ 951}{6} = 6\ 950\ \text{mg/L}$$

(3)标准偏差:

$$S = \sqrt{\frac{\sum d_i^2}{n-1}} = \sqrt{\frac{8^2 + 5^2 + 3^2 + 10^2 + 10^2 + 1^2}{5}} = 7.7\ \text{mg/L}$$

(4)平均值的置信区间:

$$\mu = \bar{x} \pm \frac{t_{1-p,f} \cdot S}{\sqrt{n}} = 6\ 950 \pm \frac{2.57 \times 7.7}{\sqrt{6}} = 6\ 950 \pm 8\ \text{mg/L}$$

即 $\mu = 6\ 942 \sim 6\ 958\ \text{mg/L}$。

最后必须指出,运用统计方法进行分析数据处理时,只是根据随机误差的分布规律,估计随机误差对分析结果影响的大小,对分析结果的可靠性和精密程度做出正确的表述,对分析结果做出正确的科学评价,但不能消除误差本身,只有严密细致地实验,才能提高分析结果的精密度和准确度。

本章小结

1. 基本概念

(1)准确度:分析结果与真实值接近的程度,其大小可用误差表示。

(2)精密度:平行测量的各测量值之间互相接近的程度,其大小可用偏差表示。

(3)系统误差:是由某种确定的原因所引起的误差,一般有固定的方向(正负)和大小,重复测定时重复出现。包括方法误差、仪器或试剂误差及操作误差三种。

(4)偶然误差:由某些偶然因素所引起的误差,其大小和正负均不固定。

(5)有效数字:在分析工作中实际上能测量到的数字。

2. 基本理论

(1)准确度与精密度具有不同的概念:当有真值作比较时,它们从不同的侧面反映了分析结果的可靠性。准确度表示测量结果的正确性,精密度表示测量结果的重复性或再现性。

精密度是保证准确度的先决条件,只有精密度与准确度都高的测量值才是可取的。

(2)由于系统误差是以固定的方向和大小出现,并具有重复性,故可用加校正值的方法予以消除;而偶然误差的出现服从统计规律,因此,适当地增加平行测定次数,取平均值表示测定结果,可减小偶然误差。

(3)保留有效数字位数的原则是:只允许在末位保留一位可疑值。有效数字的修约规则为"四舍六入五留双"。几个数据相加减时,和或差有效数字保留的位数,应以小数点后位数最少(绝对误差最大)的数据为依据。几个数据相乘除时,积或商有效数字保留的位数,应以相对误差最大(有效数字位数最少)的数据为准。

3. 基本计算

(1)绝对误差:$\delta = x - \mu$

(2)相对误差:相对误差 $\% = \dfrac{\delta}{\mu} \times 100$ 或相对误差 $\% = \dfrac{\delta}{\mu} \times 100$

(3)绝对偏差:$d = x_i - \bar{x}$

(4)平均偏差:$\bar{d} = \dfrac{\sum\limits_{i=1}^{n} |x_i - \bar{x}|}{n}$

(5)相对平均偏差:相对偏差 $\% = \dfrac{\bar{d}}{\bar{x}} \times 100 = \dfrac{\sum\limits_{i=1}^{n} |(x_i - \bar{x})|/n}{\bar{x}} \times 100$

(6)标准偏差:$S = \sqrt{\dfrac{\sum\limits_{i=1}^{n} (x_i - \bar{x})^2}{n-1}}$

(7)相对标准偏差:$RSD\% = \dfrac{S}{\bar{x}} \times 100$

(8)G 检验:$G = \dfrac{|x_q - \bar{x}|}{S}$

思 考 题

1. 什么是误差与偏差、准确度与精密度?

2. 什么是系统误差、什么是偶然误差,各自的特点是什么,如何消除?

3. 为何标准偏差能更好地衡量一组数据的精密程度?

4. 指出下列各种误差是系统误差还是偶然误差? 如果是系统误差,请区别方法误差、仪器和试剂误差或操作误差,并给出它们的消除办法。

(1)砝码受腐蚀;(2)天平的两臂不等长;(3)容量瓶与移液管不配套;(4)在重量分析中,样品的非被测组分被共沉淀;(5)试剂含被测组分;(6)样品在称量过程中吸湿;(7)化学计量点不在指示剂的变色范围内;(8)在分光光度测量中,吸光度读数不准(读数误差);(9)在分光光度测量中,波长指示器所示波长与实际波长不符;(10)pH 测定中,所用的基准物不纯。

5. 甲、乙两人同时分析血清中的磷时,每次取样 0.25 mL,分析结果分别报告为甲:

0. 63 mmol/L;乙:0. 627 8 mmol/L,试问哪一份报告是合理的,为什么？

习 题

1. 进行下述运算,并给出适当位数的有效数字。

(1) $\dfrac{2.52 \times 4.10 \times 15.14}{6.16 \times 10^4}$ (2) $\dfrac{3.10 \times 21.14 \times 5.10}{0.0001120}$ (3) $\dfrac{51.0 \times 4.03 \times 10^{-4}}{2.512 \times 0.002034}$

(4) $\dfrac{0.0324 \times 8.1 \times 2.12 \times 10^2}{1.50}$ (5) $\dfrac{2.2856 \times 2.51 + 5.42 - 1.8940 \times 7.50 \times 10^{-3}}{3.5462}$

(6) pH = 2.10。求 $[H^+]$ = ？

$(2.54 \times 10^{-3}; 2.98 \times 10^6; 4.02; 37.1; 3.144; 7.9 \times 10^{-3} \text{mol/L})$

2. 两人测定同一标准样品,各得一组数据的偏差如下:

(1) 0.3　 -0.2　 -0.4　 0.2　 0.1　 0.4　 0.0　 -0.3　 0.2　 -0.3

(2) 0.1　 0.1　 -0.6　 0.2　 -0.1　 -0.2　 0.5　 -0.2　 0.3　 0.1

① 求两组数据的平均偏差和标准偏差;

② 为什么两组数据计算出的平均偏差相等,而标准偏差不相等?

③ 哪组数据的精密度高?

(① 多保留一位有效数字: $\bar{d}_1 = 0.24$, $\bar{d}_2 = 0.24$, $S_1 = 0.28$, $S_2 = 0.31$。数字修约后: $\bar{d}_1 = 0.3$, $\bar{d}_2 = 0.3$, $S_1 = 0.3$, $S_2 = 0.4$。② 因为标准偏差能突出大偏差。③ 第一组数据的精密度高)

3. 测定碳的原子量所得数据:12.008 0,12.009 5,12.009 9,12.010 1,12.010 2,12.010 6,12.011 1,12.011 3,12.011 8 及 12.012 0。求算:(1) 平均值;(2) 标准偏差;(3) 平均的标准偏差。   ((1) 12.010 4;(2) 0.001 2;(3) 0.000 38)

4. 甲、乙两人,同时用同一方法,测定同一试样 AR 级乙酸的含量(%)。分析结果如下:

甲:36.50,36.42,36.39,36.41,36.40 及 36.40(%)

乙:36.44,36.47,36.43,36.46,36.44,36.43,36.46 及 36.39(%)

问:(1) 是否有逸出值(置信度为90%);(2) 平均值各是多少?(3) 谁的精密度好?

((1) 甲有逸出值,乙没有逸出值;(2) 36.40,36.44;(3) 甲的精密度好 $S_甲 = 0.012$, $S_乙 = 0.020$)

第三章
滴定分析概述

学习提要：

在滴定分析（titrimetric analysis）的特点、分类与要求一节中，掌握滴定分析常用的基本术语，熟悉滴定分析的分类及对滴定反应的要求；在滴定方式一节中，熟悉各种滴定方式及应用的条件；在标准溶液（standard solution）中，掌握标准溶液的配制与标定（standardization）方法和滴定分析的基本计算。

The brief summary of study：

Among the characteristics, classifacation and request of titrimetric analysis, master the basic common terms of titrimetric analysis, acquaint with the classification of the titrimetric analysis and the request of the titration reaction. In the section of titration method, acquaint with various titration methods and the conditions that they can be applied. In the section of standard solution, grasp the preparation and standardization method of the standard solution and the basic caculation of titrimetric analysis.

第一节 滴定分析的特点、分类与要求

一、滴定分析的特点

滴定分析是将已知准确浓度的试剂溶液滴加到试样溶液中，直到所加的溶液与被测组分完全作用为止，然后通过测量试剂溶液体积来测定被测组分的含量。它也是经典的定量分析方法之一。通常将已知准确浓度的试剂溶液称为标准溶液或滴定剂，将标准溶液从滴定管滴加到试样溶液中的操作过程称为滴定。滴入标准溶液的量与被测组分的量相当时（即按一定的化学反应关系作用完全时）称为化学计量点，简称计量点。在实际操作时，为了确定计量点，常在试样溶液中加入一种辅助试剂，借助于它的颜色变化作为计量点到达的指示信号，这种能在计量点附近发生颜色变化的试剂称为指示剂。在指示剂发生颜色改变时停止滴定。此时称为滴定终点，简称终点。但指示剂不一定恰好在计量点时变色，由滴定终点与计量点不符合而引起的误差称为终点误差或滴定误差，它是滴定分析误差的主要来源之一。

滴定分析具有操作简便、测定快速和应用广泛的特点。本法通常用于常量组分的测定，有时也可用于一些含量较低组分的测定，它是分析化学中最基本的方法之一，在生产实践和

科学实验中具有很大的实用价值。

二、滴定分析的分类

滴定分析按照标准溶液与被测组分之间所发生的化学反应类型的不同,可分为下列四类。

(一)酸碱滴定法

酸碱滴定法是以质子转移反应为基础的滴定分析方法。例如,用 NaOH 标准溶液测定醋酸时,其主要反应为下式:

$$OH^- + HAc \Longrightarrow Ac^- + H_2O$$

(二)沉淀滴定法

沉淀滴定法是以沉淀反应为基础的滴定分析方法。例如,用 $AgNO_3$ 标准溶液测定 Cl^- 离子时,其主要反应如下式:

$$Ag^+ + Cl^- \Longrightarrow AgCl \downarrow$$

(三)配位滴定法

配位滴定法是以配位反应为基础的滴定分析方法。例如,用乙二氨四乙酸标准溶液(Y^{4-})测定 Mg^{2+} 时,其主要反应如下式:

$$Mg^{2+} + Y^{4-} \Longrightarrow MgY^{2-}$$

(四)氧化 - 还原滴定法

氧化还原滴定法是以氧化还原反应为基础的滴定分析方法。例如,用 $KMnO_4$ 标准溶液测定 Fe^{2+} 时,其主要反应如下式:

$$MnO_4^- + 5Fe^{2+} + 8H^+ \Longrightarrow Mn^{2+} + 5Fe^{3+} + 4H_2O$$

上述四种类型方法是滴定分析的基本方法,是今后学习的重点,以后将分章讨论。

三、滴定分析对滴定反应的要求

滴定反应是指标准溶液和被滴定组分间发生的化学反应,化学反应很多很多,但并不都能用于滴定分析。能用于滴定分析的化学反应,必须符合下列要求或条件。

(一)反应必须定量地完成

被测组分与标准溶液间的反应必须按确定的反应方程式进行完全(通常反应完全的程度要求≥99.9%),这是定量计算的基础。

(二)反应必须迅速地完成

滴定反应要求瞬间完成。对于反应速度较慢的化学反应,可采取适当的措施(加热、加入催化剂等方法)来加快反应速度,也是允许的。

(三)必须无副反应

在滴定过程中,除主反应外,不允许有副反应发生。若有副反应发生,应采取适当的方法消除,或副反应的进行程度对主反应完全程度影响很小。

(四)必须要有适当的指示剂

要有确定计量点的方法。适当的指示剂或其他简便可靠的方法可确定反应的计量点。

凡能满足上述要求的滴定反应,都可以用标准溶液直接滴定。

第二节　滴定方式

滴定分析可采用下列滴定的方式进行。

一、直接滴定

如果滴定反应能符合滴定分析对滴定反应的要求,就可用标准溶液直接滴定试样溶液中的被测组分,这种方式称为直接滴定。直接滴定是滴定分析中最常用和最基本的滴定方式。它的优点是快捷方便,引入误差小等。如以 HCl 为标准溶液滴定 NaOH,以 $KMnO_4$ 为标准溶液滴定 Fe^{2+} 或 $H_2C_2O_4$ 等等,都属于直接滴定。但是,当滴定反应不符合滴定分析对滴定反应的要求时,则应考虑采用下述的几种滴定方式进行。

二、剩余滴定

当试样溶液中被测组分与标准溶液反应速度较慢时,或反应物为固体时,或没有适当的指示剂指示滴定终点时,可先加入准确过量的标准溶液,使之与试样中被测组分进行反应,待反应完全后,再用另一种适当的标准溶液滴定反应剩余的前一种标准溶液。这种滴定的方式称为剩余滴定,也称返滴定或回滴定。

例如,测定试样中 $CaCO_3$ 的含量时,由于 $CaCO_3$ 难溶于水,可先加入准确过量的 HCl 标准溶液,待 $CaCO_3$ 与 HCl 定量反应完全后,剩余的 HCl 用 NaOH 标准溶液返滴定,从而求出 $CaCO_3$ 的含量。其主要的反应如下:

$$CaCO_3 + 2H^+_{(过量)} \rightleftharpoons Ca^{2+} + CO_2 \uparrow + H_2O$$
$$H^+_{(余量)} + OH^- \rightleftharpoons H_2O$$

三、置换滴定

对于不按一定反应方程式进行或伴有副反应发生的滴定反应,可先用适当的试剂与试样中被测组分起反应,置换出一定量某生成物,然后用适当的标准溶液滴定其反应的生成物。这种滴定方式称为置换滴定。

例如测定试样中 $K_2Cr_2O_7$ 的含量时,由于 $K_2Cr_2O_7$ 在酸性溶液中使 $Na_2S_2O_3$ 标准溶液氧化成 $S_4O_6^{2-}$ 或 SO_4^{2-} 等而没有准确的定量关系。但可先加入过量 KI,使产生一定量的 I_2,然后用 $Na_2S_2O_3$ 标准溶液滴定生成的 I_2,从而计算出 $K_2Cr_2O_7$ 的含量。其主要反应式如下:

$$Cr_2O_7^{2-} + 6I^- + 14H^+ \rightleftharpoons 2Cr^{3+} + 3I_2 + 7H_2O$$
$$I_2 + 2S_2O_3^{2-} \rightleftharpoons 2I^- + S_4O_6^{2-}$$

四、间接滴定

当被测组分不能与标准溶液直接反应时,可将试样通过一定的试剂处理后,将其转化为可被适当的标准溶液滴定的物质,再用标准溶液滴定。这种滴定方式称为间接滴定。

例如,测定试样中 $CaCl_2$ 的含量时,由于钙盐不能直接与 $KMnO_4$ 标准溶液反应,可先加入过量 $(NH_4)_2C_2O_4$,使 Ca^{2+} 定量沉淀为 CaC_2O_4,然后用 H_2SO_4 溶解,再用 $KMnO_4$ 标准溶液

滴定与 Ca^{2+} 结合的 $C_2O_4^{2-}$,从而可间接算出 $CaCl_2$ 的含量。其主要反应如下:

$$Ca^{2+} + C_2O_4^{2-} \rightleftharpoons CaC_2O_4 \downarrow$$

$$CaC_2O_4 + 2H^+ \rightleftharpoons H_2C_2O_4 + Ca^{2+}$$

$$2MnO_4^- + 5H_2C_2O_4 + 6H^+ \rightleftharpoons 2Mn^{2+} + 10CO_2 \uparrow + 8H_2O$$

在滴定分析中由于采用了剩余滴定、置换滴定、间接滴定等滴定方式,从而扩大了滴定分析的应用范围,使滴定分析更加广泛。

第三节 标准溶液

一、标准溶液浓度的表示法

标准溶液是已知准确浓度的试剂溶液,其浓度的表示方法,通常有以下两种。

（一）物质的量浓度

物质 B 的物质的量浓度又称物质 B 的浓度,用符号 C_B 表示。

设 V 为溶液的体积, n_B 为溶液中溶质 B 的物质的量,则 C_B 可由下式求得:

$$C_B = \frac{n_B}{V} \tag{3-1}$$

物质 B 的浓度 C_B 的 SI(国际单位制)单位为 mol/m^3,在化学中常用的单位为 mol/L,它是我国允许使用的法定计量单位。本教材中采用的物质的浓度单位为 mol/L。

若物质 B 的质量为 m_B,其摩尔质量为 M_B,可求得 B 的物质的量 n_B,即:

$$n_B = \frac{m_B}{M_B} \tag{3-2}$$

由此可导出溶质 B 的质量 m_B 与物质 B 的量浓度 C_B,溶液的体积 V_B 和摩尔质量 M_B 间的关系:

$$C_B = \frac{m_B}{M_B V_B} \tag{3-3}$$

$$m_B = C_B \cdot M_B \cdot V_B \tag{3-4}$$

M_B 的 SI 单位为 kg/mol,在化学中常用单位为 g/mol。本教材中采用的摩尔质量单位为 g/mol。

例 3-1 称取草酸($H_2C_2O_4 \cdot 2H_2O$)3.152 g 溶于水并稀释至 500.0 mL,求该草酸溶液的浓度。

解
$$n_{H_2C_2O_4 \cdot 2H_2O} = \frac{m_{H_2C_2O_4 \cdot 2H_2O}}{M_{H_2C_2O_4 \cdot 2H_2O}} = \frac{3.152}{126.07} = 0.025\ 00\ mol$$

$$C_{H_2C_2O_4 \cdot 2H_2O} = \frac{n_{H_2C_2O_4 \cdot 2H_2O}}{V} = \frac{0.025\ 00}{500.0/1\ 000} = 0.050\ 00\ mol/L$$

（二）滴定度

滴定度是指每毫升标准溶液相当于被测组分的质量。常以 $T_{A/B}$ 表示,A 为标准溶液中溶质的化学式,B 是被测组分的化学式,单位为 g/mL。

这种浓度表示方法在常规分析中经常使用,因为要用同一标准溶液测定大批试样中同一种组分的含量,所以如果知道了标准溶液对测定物质的滴定度,可省去很多计算,很快得出分析结果,使用起来很方便。例如,某 $KMnO_4$ 标准溶液 1.000 mL 恰好能与 0.005 687 g 的 Fe^{2+} 作用,则其滴定度为 $T_{KMnO_4/Fe^{2+}}$ = 0.005 687 g/mL。若用该 $KMnO_4$ 标准溶液测定某一含铁试样时,已知用去该标准溶液的体积 V = 22.04 mL,则试样中含铁(Fe^{2+})的质量应为

$$m_{Fe^{2+}} = T_{KMnO_4/Fe^{2+}} \cdot V_{KMnO_4} = 0.005\ 687 \times 22.04 = 0.125\ 4\ g$$

此外,滴定度还可用每毫升标准溶液中含有的溶质的克数或毫克数表示,符号为 T_B。如 T_{I_2} = 0.014 68 g/mL,即每毫升标准溶液碘液中含有 I_2 为 0.014 68 g,这种表示方法的应用不及前一种广泛,所以不常使用。

二、标准溶液的制备

(一)试剂

制备标准溶液需要试剂,而化学试剂有许多的级别与规格,只有符合一定级别与规格的试剂才能用于制备标准溶液。

试剂的级别与规格是根据试剂自身的纯度及试剂中含的杂质限量的多少来划分的。现将国产试剂的规格列入表 3-1 中。

表 3-1 国产试剂的规格

品级	规格	符号	瓶签颜色	用途
一级品	保证试剂(优级纯)	GR	绿色	精密分析工作
二级品	分析试剂(分析纯)	AR	红色	一般分析工作
三级品	化学纯试剂	CP	蓝色	一般教学工作
四级品	实验室试剂	LR	棕色	一般教学工作

此外,还有色谱纯试剂、光谱纯试剂、生物试剂等。化学试剂的等级划分及有关名词术语在国内外尚未统一。作为分析工作者,应对化学试剂规格有一明确的认识,应根据分析工作的要求选用适当级别的试剂,做到合理使用,既不超规格造成浪费,又不随意降低规格而影响分析结果的准确度。

(二)基准物质

基准物质是指能用来直接制备标准溶液或标定标准溶液浓度的物质。作为基准物质必须具备下列条件。

1.纯度高　杂质的含量应少到不影响分析结果的准确度,一般要求纯度在 99.9% 以上。

2.组成要固定　其组成要与它的化学式完全相符。若含结晶水,如草酸 $H_2C_2O_4$ · $2H_2O$、硼砂 $Na_2B_4O_7$ · $10H_2O$ 等,其结晶水的含量也应与化学式相符。

3.性质要稳定　在保存或称量过程中,组成与质量应不变,即见光、加热和干燥时不分解,不吸收空气中的水分、CO_2,不易被空气氧化等。

4.应具有较大的摩尔质量　这样可以减少称量误差。

（三）标准溶液的配制

标准溶液的配制通常有下列两种方法，即直接法和间接法。

1. 直接法　凡符合基准物质条件的试剂，均可用直接法配制标准溶液。

首先准确称取一定量的试剂（基准物质）用适量溶剂溶解，然后定量转移至容量瓶中，再用溶剂稀释至标线（即稀释至一定体积），根据被称取试剂的质量和溶液的体积，即可计算出该标准溶液的准确浓度（物质的量浓度）。例如，称取 1.471 g 的优级纯 $K_2Cr_2O_7$，加蒸馏水溶解后，转移至 250.00 mL 容量瓶中，加蒸馏水稀释至标线，即可得 0.020 00 mol/L 的 $K_2Cr_2O_7$ 标准溶液。

2. 间接法　对于不符合基准物质条件的试剂，如 HCl、NaOH 等，可用间接法配制其标准溶液。

配制过程为先配成近似一定浓度的试剂溶液，然后再用基准物质或其他标准溶液来确定出它的准确浓度。这种用基准物质或其他标准溶液来确定标准溶液准确浓度的操作过程称为标定。

综上所述，凡是基准物质均可用直接法配制标准溶液，凡不是基准物质均应采用间接法配制标准溶液。

（四）标定

标定标准溶液浓度的方法有两种。

1. 用基准物质标定　准确称取一定量的基准物质，溶解后用被标定的溶液进行滴定，然后根据基准物质的质量及标定溶液所用去的体积，即可计算出被标定溶液的准确浓度（见滴定分析的计算）。

例如，配制 0.10 mol/L 的 HCl 标准溶液，先用浓盐酸配制成近似 0.10 mol/L 的稀溶液，然后再用无水 Na_2CO_3 作为基准物质进行标定，从而计算出被标定的 HCl 溶液的准确浓度。

2. 与其他标准溶液进行比较　准确吸取一定量已知准确浓度的某标准溶液，用被标定的溶液进行滴定，根据两种溶液用去的体积和该标准溶液的浓度，即可求出被标定溶液的准确浓度（见滴定分析的计算）。

例如，用被标定的 HCl 溶液去滴定一定量的 NaOH 标准溶液，根据两种溶液用去的体积和 NaOH 标准溶液的浓度，从而计算出被标定的 HCl 溶液的准确浓度。

标定时，无论采用哪种方法，一般规定要平行测定 3~4 份，并且相对平均偏差不大于 0.2%。标定好的标准溶液要妥善保存。对不稳定的溶液还要定期进行标定。例如，对见光易分解的 $AgNO_3$、$KMnO_4$ 等标准溶液应储存在棕色瓶中，并放置暗处。对 NaOH、$Na_2S_2O_3$ 等不稳定的标准溶液若放置 2~3 个月后，应重新标定。

第四节　滴定分析的计算

在滴定分析中，掌握正确的计算方法很重要。滴定分析计算涉及面较广，包括溶液的配制与标定、浓度换算及分析结果计算等。首先就计算中涉及到的物质量的关系先作一介绍，再举例说明。

一、滴定分析计算的依据

滴定分析的计算,一般可采用两种途径:一是利用等物质量规则;二是引入换算因数,即利用摩尔比关系进行计算。本教材在滴定分析中一律采用摩尔比的关系进行计算。

若滴定反应的通式为:

$$bB + tT + \cdots \Longrightarrow pP + qQ + \cdots$$

则计量点时有下列基本关系:

$$n_B : n_T = b : t \qquad (3-5)$$

式中 $b:t$ 或 $t:b$——换算因数,即反应方程式中两物质的计量系数之比,通常称为摩尔比;

n_B——物质 B 的量;

n_T——物质 T 的量(这是计算的依据)。

二、滴定分析计算的基本公式

求物质的量的公式。若物质 B 质量 m_B 以 g 为单位,溶液的浓度 C_B 以 mol/L 为单位,溶液的体积 V 以 L 为单位,则有以下关系存在:

$$n_B = C_B \cdot V \qquad (3-6)$$

若物质 B 的摩尔质量为 M_B 时,则:

$$n_B = \frac{m_B}{M_B}(\text{mol}) \quad \text{或} \quad n_B = \frac{m_B}{M_B} \times 1\,000(\text{单位为 mmol}) \qquad (3-7)$$

$$n_B = \frac{T_{T/B} \cdot V_T}{M_B} \qquad (3-8)$$

若取试样的质量为 m_S,则试样的质量分数 w 为:

$$w = \frac{m_B}{m_S} \qquad (3-9)$$

用百分数表示时,即为百分含量。

若所取试样为液体,量取的是液体体积 V_S,测定的是质量 m_B。则:

$$\rho = \frac{m_B}{V_S} \quad (\text{称为试样的质量浓度}) \qquad (3-10)$$

三、计算示例

例 3-2　用 0.099 04 mol/L 的 H_2SO_4 标准溶液,滴定 20.00 mL 的 NaOH 溶液时,用去硫酸 22.40 mL,计算该 NaOH 溶液的浓度。

解　　　　　　　$H_2SO_4 + 2NaOH \Longrightarrow Na_2SO_4 + 2H_2O$

因为　　　　　　　　$n_{H_2SO_4} : n_{NaOH} = 1 : 2$

$$n_{NaOH} = 2n_{H_2SO_4}$$

$$C_{NaOH} \cdot V_{NaOH} = 2 \times C_{H_2SO_4} \cdot V_{H_2SO_4}$$

所以　　$C_{NaOH} = \dfrac{2 \times C_{H_2SO_4} \cdot V_{H_2SO_4}}{V_{NaOH}} = \dfrac{2 \times 0.099\,04 \times 22.40}{20.00} = 0.221\,8$ mol/L

例 3－3　取 25.00 mL 氰化物,用 0.100 0 mol/L 的 AgNO₃ 标准溶液滴定至生成 [Ag(CN)₂]⁻计量点时,用去 20.20 mL,计算该氰化物的浓度。

解
$$Ag^+ + 2CN^- \rightleftharpoons [Ag(CN)_2]^-$$

因为　基本关系:$n_{Ag^+}: n_{CN^-} = 1:2$　即:$n_{CN^-} = 2n_{Ag^+}$,$C_{CN^-} \cdot V_{CN^-} = 2C_{Ag^+} \cdot V_{Ag^+}$

所以
$$C_{CN^-} = \frac{2 \times C_{Ag^+} \cdot V_{Ag^+}}{V_{CN^-}} = \frac{2 \times 0.100\ 0 \times 20.20}{25.00} = 0.161\ 6\ mol/L$$

例 3－4　已知浓盐酸浓度为 12 mol/L,若配制 0.10 mol/L 的 HCl 溶液 1L,应取浓盐酸多少毫升?

解
$$n_浓 = n_稀 \qquad C_浓 \cdot V_浓 = C_稀 \cdot V_稀$$
$$V_浓 = \frac{C_稀 \cdot V_稀}{C_浓} = \frac{0.10 \times 1\ 000}{12} = 8.3\ mL$$

例 3－5　准确称取基准物质 1.471 0 g 的 K₂Cr₂O₇,溶解后定量转移至 250.0 mL 容量瓶中。问这样配制的 K₂Cr₂O₇ 标准溶液的浓度是多少?

解　因为
$$\frac{m_{K_2Cr_2O_7}}{M_{K_2Cr_2O_7}} \times 1\ 000 = C_{K_2Cr_2O_7} \cdot V_{K_2Cr_2O_7}$$

所以　$C_{K_2Cr_2O_7} = \dfrac{m_{K_2Cr_2O_7}}{V_{K_2Cr_2O_7} \cdot M_{K_2Cr_2O_7}} \times 1\ 000 = \dfrac{1.471\ 0 \times 1\ 000}{250.0 \times 294.2} = 0.020\ 00\ mol/L$

例 3－6　用 0.203 6 g 无水 Na₂CO₃ 作基准物质,以甲基橙为指示剂,标定 HCl 溶液时,用去 HCl 溶液 36.06 mL,计算 HCl 溶液的浓度。

解
$$Na_2CO_3 + 2HCl \rightleftharpoons 2NaCl + H_2O + CO_2$$

因为
$$n_{Na_2CO_3}: n_{HCl} = 1:2 \quad 即:n_{HCl} = 2n_{Na_2CO_3}$$
$$C_{HCl} \cdot V_{HCl} = 2 \times \frac{m_{Na_2CO_3}}{M_{Na_2CO_3}} \times 1\ 000$$

所以　$C_{HCl} = \dfrac{2 \times m_{Na_2CO_3}}{M_{Na_2CO_3} \cdot V_{HCl}} \times 1\ 000 = \dfrac{2 \times 0.203\ 6 \times 1\ 000}{105.99 \times 36.06} = 0.106\ 5\ mol/L$

例 3－7　标定 NaOH 溶液时,希望滴定时用去 0.10 mol/L NaOH 溶液 22 mL,问应称取邻苯二甲酸氢钾基准物质多少克?

解
$$KHC_8H_4O_4 + NaOH \rightleftharpoons KNaC_8H_4O_4 + H_2O$$

因为
$$n_{NaOH}: n_{KHC_8H_4O_4} = 1:1 \quad 即:n_{KHC_8H_4O_4} = n_{NaOH}$$
$$\frac{m_{KHC_8H_4O_4}}{M_{KHC_8H_8O_4}} \times 1\ 000 = C_{NaOH}V_{NaOH}$$

所以　$m_{KHC_8H_4O_4} = \dfrac{C_{NaOH}V_{NaOH} \cdot M_{KHC_8H_4O_4}}{1\ 000} = \dfrac{0.10 \times 22 \times 204}{1\ 000} = 0.45g$

例 3－8　试计算 0.250 00 mol/L 的 HCl 溶液对 Na₂CO₃ 的滴定度。(以甲基橙为指示剂)

解
$$Na_2CO_3 + 2HCl \rightleftharpoons 2NaCl + H_2O + CO_2$$

因为
$$n_{Na_2CO_3}: n_{HCl} = 1:2 \quad 即:n_{HCl} = 2n_{Na_2CO_3}$$
$$C_{HCl} \cdot V_{HCl} = 2 \times \frac{m_{Na_2CO_3}}{M_{Na_2CO_3}} \times 1\ 000$$

所以
$$T_{HCl/Na_2CO_3} = \frac{m_{Na_2CO_3}}{V_{HCl}}$$

$$T_{HCl/Na_2CO_3} = \frac{C_{HCl}M_{Na_2CO_3}}{2 \times 1\ 000} = \frac{0.250\ 0 \times 105.99}{2\ 000} = 0.013\ 25\ \text{g/mL}$$

例 3 - 9 某 $AgNO_3$ 标准溶液的滴定度为 $T_{AgNO_3/NaCl} = 0.005\ 858\ \text{g/mL}$，试计算该 $AgNO_3$ 标准溶液的浓度。

解
$$AgNO_3 + NaCl \Longrightarrow AgCl \downarrow + NaNO_3$$

因为
$$n_{AgNO_3} : n_{NaCl} = 1 : 1$$

所以
$$C_{AgNO_3}V_{AgNO_3} = \frac{m_{NaCl}}{M_{NaCl}} \times 1\ 000$$

又因为
$$T_{AgNO_3/NaCl} = \frac{m_{NaCl}}{V_{AgNO_3}} = 0.005\ 858\ \text{g/mL}$$

所以
$$C_{AgNO_3} = \frac{m_{NaCl} \times 1\ 000}{V_{AgNO_3} \cdot M_{NaCl}} = \frac{T_{AgNO_3/NaCl} \times 1\ 000}{M_{NaCl}} = \frac{0.005\ 858 \times 1\ 000}{58.55}$$
$$= 0.100\ 1\ \text{mol/L}$$

例 3 - 10 称取碳酸氢钠试样 0.467 1 g，溶解后，用 0.187 0 mol/L 的 HCl 标准溶液滴定，终点时用去 20.36 mL，求试样中 $NaHCO_3$ 的含量。（质量分数）

解
$$NaHCO_3 + HCl \Longrightarrow NaCl + CO_2 \uparrow + H_2O$$

因为
$$n_{HCl} = n_{NaHCO_3}$$

即
$$C_{HCl} \cdot V_{HCl} = \frac{m_{NaHCO_3}}{M_{NaHCO_3}} \times 1\ 000$$

所以
$$m_{NaHCO_3} = \frac{C_{HCl}V_{HCl}M_{NaHCO_3}}{1\ 000}$$

$$w = \frac{m_{NaHCO_3}}{m_S} = \frac{C_{HCl} \cdot V_{HCl}M_{NaHCO_3}}{1\ 000 m_S} = \frac{0.187\ 0 \times 20.36 \times 84.01}{1\ 000 \times 0.467\ 1}$$
$$= 0.684\ 8 = 68.48\%$$

例 3 - 11 称取 $CaCO_3$ 试样 0.250 1 g，用 25.00 mL 的 0.2602 mol/L 的 HCl 标准溶液溶解，过量的 HCl 用去 0.245 0 mol/L 的 NaOH 标准溶液 6.50 mL，求 $CaCO_3$ 的质量分数含量。

解
$$CaCO_3 + 2HCl_{(过量)} \Longrightarrow CaCl_2 + CO_2 \uparrow + H_2O$$
$$HCl_{(余量)} + NaOH \Longrightarrow NaCl + H_2O$$

因为
$$n_{HCl} = 2n_{CaCO_3}$$

即
$$2 \times \frac{m_{CaCO_3}}{M_{CaCO_3}} \times 1\ 000 = C_{HCl} \cdot V_{HCl}$$

又因为
$$C_{HCl} \cdot V_{HCl} = C_{HCl} \cdot V_{过量} - C_{HCl} \cdot V_{剩余} = C_{HCl} \cdot V_{HCl} - C_{NaOH} \cdot V_{NaOH}$$

所以
$$m_{CaCO_3} = \frac{C_{HCl} \cdot V_{HCl} \cdot M_{CaCO_3}}{2 \times 1\ 000} = \frac{[C_{HCl} \cdot V_{HCl} - C_{NaOH} \cdot V_{NaOH}] \cdot M_{CaCO_3}}{2 \times 1\ 000}$$

$$= \frac{(0.260\ 2 \times 25.00 - 0.245\ 0 \times 6.50) \times 100.09}{2 \times 1\ 000} = 0.245\ 8\ \text{g}$$

$$w = \frac{m_{CaCO_3}}{m_S} = \frac{0.245\ 8}{0.250\ 1} = 0.982\ 8 = 98.28\%$$

例 3-12 量取过氧化氢试样 1.00 mL,在酸性溶液中用 0.02038 mol/L 的 $KMnO_4$ 标准溶液滴定,终点时用去 17.33 mL,试求试样中 H_2O_2 的含量(质量分数)。

解
$$2MnO_4^- + 5H_2O_2 + 6H^+ \Longrightarrow 2Mn^{2+} + 5O_2 + 8H_2O$$

因为
$$2n_{H_2O_2} = 5n_{KMnO_4}$$

即
$$2 \times \frac{m_{H_2O_2}}{M_{H_2O_2}} \times 1\ 000 = 5 \times C_{KMnO_4} \cdot V_{KMnO_4}$$

所以
$$m_{H_2O_2} = \frac{5 \times C_{KMnO_4} \cdot V_{KMnO_4} \cdot M_{H_2O_2}}{2 \times 1\ 000} = \frac{5 \times 0.020\ 38 \times 17.33 \times 34.01}{2 \times 1\ 000}$$
$$= 0.030\ 03\ g/mL = 3.003\ (g/100\ mL)$$

例 3-13 称取含铁试样 0.307 1 g,经处理为 Fe^{2+} 后,用 0.019 38 mol/L 的 $K_2Cr_2O_7$ 标准溶液滴定,用去 20.42 mL,以 Fe_2O_3 计算,求试液中铁的含量。

解
$$Cr_2O_7^{2-} + 6Fe^{2+} + 14H^+ \Longrightarrow 2Cr^{3+} + 6Fe^{3+} + 7H_2O$$
$$Fe_2O_3 \rightarrow 2Fe^{2+}$$

因为
$$Cr_2O_7^{2-} \longleftrightarrow 6Fe^{2+} \longleftrightarrow 3Fe_2O_3$$
$$n_{Fe_2O_3} = \frac{3 \cdot C_{K_2Cr_2O_7} \cdot V_{K_2Cr_2O_7} \cdot M_{Fe_2O_3}}{1\ 000}$$

所以
$$w = \frac{m_{Fe_2O_3}}{m_S} = \frac{3 \cdot C_{K_2Cr_2O_7} \cdot V_{K_2Cr_2O_7} \cdot M_{Fe_2O_3}}{1\ 000 m_S} = 0.617\ 3 = 61.73\%$$

例 3-14 生理盐水快速测定时,取试样溶液 10.00 mL,用 0.103 5 mol/L 的 $AgNO_3$ 标准溶液滴定,用去 15.30 mL,每 1.00 mL 的 0.100 0 mol/L 的 $AgNO_3$ 标准溶液相当于 0.005 844 g 的 NaCl,求试样中 NaCl 的质量浓度。

解 因为 $C_1 = 0.100\ 0\ mol/L$ $C_2 = 0.103\ 5\ mol/L$ $T_1 = 0.005\ 844$

$$T_2 = T_1 \cdot \frac{C_2}{C_1} = 0.005\ 844 \times \frac{0.103\ 5}{0.100\ 0} = 0.006\ 048\ g/mL$$

$$m_{NaCl} = T_2 \cdot V_{AgNO_3} = 0.006\ 048 \times 15.30 = 0.092\ 53\ g$$

所以
$$\rho = \frac{m_{NaCl}}{V_S} = \frac{0.092\ 53}{10} = 0.925\ 3\%\ (g/100\ mL)$$

本章小结

1. 基本概念

(1)化学计量点:滴定剂的量与被测物质的量正好符合化学反应式所表示的计量关系的一点。

(2)滴定终点:指示剂颜色改变(滴定终止)的一点。

(3)滴定误差:滴定终点与化学计量点不完全一致所造成的相对误差。

(4)指示剂:滴定过程中通过改变颜色确定化学计量点的试剂,有两种不同颜色的存在型体。

(5)标准溶液:已知准确浓度的试剂溶液。

(6)基准物质:可用于直接配制或标定标准溶液的物质。

2.基本计算

(1)滴定分析的化学计量关系:$b\text{B} + t\text{T} + \cdots \Longleftrightarrow p\text{P} + q\text{Q} + \cdots$

$$n_\text{B}/n_\text{T} = b/t$$

(2)溶液中物质的量:$n_\text{B} = C_\text{B}V$

(3)固体物质的量:$n_\text{B} = (\text{mol})$

(4)百分含量; $X\% = \dfrac{被测组分的质量}{样品的质量} \times 100\%$

思 考 题

1.能用于滴定分析的化学反应必须具备哪些条件?作为基准物质的试剂又应具备什么条件?

2.下列物质中哪些可用直接法配制标准溶液,哪些只能用间接法配制,为什么?

$NaOH$、H_2SO_4、HCl、$KMnO_4$、$K_2Cr_2O_7$、$AgNO_3$、$NaCl$、$Na_2S_2O_3$

3.用于滴定分析的化学反应为什么必须有确定的化学计量关系,什么是化学计量点,什么是滴定终点?

4.若将硼砂 $Na_2B_4O_7 \cdot 10H_2O$ 基准物长期保存在有硅胶的干燥器中,当用它标定 HCl 溶液浓度时其结果是偏高还是偏低?

5.如何制备标准溶液?各举例说明之。

6.滴定分析中常采用的滴定方式有几种,各在什么情况下采用?

习 题

1.已知浓硫酸的相对密度为 1.84(g/mL),其中含 H_2SO_4 约为 96%(g/g),求其浓度为多少;若配制 0.149 4 mol/L 的 H_2SO_4 液 1L,应取浓硫酸多少毫升?

(18.0 mol/L;8.30 mL)

2.有一 KOH(0.554 0 mol/L)100.00 mL,问需加水多少毫升才能配成 0.500 0 mol/L 的溶液?

(10.80 mL)

3.试计算 $K_2Cr_2O_7$ 标准溶液(0.020 00 mol/L)对 Fe、FeO、Fe_2O_3 和 Fe_3O_4 的滴定度。

(0.006 702 g/mL;0.008 622 g/mL;0.009 581 g/mL;0.009 262 g/mL)

4.滴定 0.160 0 g 草酸试样,用 NaOH 液(0.110 0 ml/L)22.90 mL,试求草酸试样中 $H_2C_2O_4$ 的百分含量。

(70.88%)

5.将 0.550 0 g 不纯 $CaCO_3$ 溶于 HCl 液(0.502 0 mol/L)25.00 mL 中,煮沸除去 CO_2,过量 HCl 液用 NaOH 液返滴定耗去 4.20 mL,若用 NaOH 液直接滴定 HCl 液 20.00 mL 消耗

20.67 mL,计算试样中 $CaCO_3$ 的百分含量。 (95.6%)

6. 称取铁矿试样 0.314 3 g,溶于酸并还原为 Fe^{2+},用 0.020 00 mol/L 的 $K_2Cr_2O_7$ 溶液滴定,消耗了 21.30 mL。计算试样中 Fe_2O_3 的百分含量。 (64.94%)

第四章
酸碱滴定法

学习提要：

在酸碱平衡(acid-base balance)一节中，掌握酸碱平衡的质子(proton)理论，熟悉质子条件式(proton balance equation)的书写及溶液酸度的计算。在酸碱指示剂(acid-base indicator)中，熟悉酸碱指示剂的变色(academic colour change)原理、理论变色范围(colour change interval)。在酸碱滴定曲线(titration curve)和指示剂的选择中，掌握酸碱滴定的原理和不同类型酸碱滴定的特点及在滴定中指示剂的选择原则。熟悉标定酸碱标准溶液的基准物质(primary standard)和标定的基本原理。在应用中，熟悉酸碱滴定法的应用。

The brief summary of study：

In the section of acid-base balance, master the proton theory of acid-base balance, acquaint with the writing method of proton balance equation and the calculation of the acidity of the solution. In the section of acid-base indicator, familiarize principle of academic color change of the acid-base indicator and grasp the color change interval. In the part of titration curve and selection of indicator, have in hand the principle of acid-base titration and the characterization of different acid-base titrations and know the principle of indicator selection. Know the primary standard used for standardization acid-base standard solution and the principle of standardization. In application, be familiar with the application of the acid-base titration method.

第一节　概　　述

酸碱滴定法是以质子转移反应为基础的滴定分析法。

一般酸碱以及能与酸碱直接或间接发生质子转移反应的物质，几乎都可用酸碱滴定法测定，所以酸碱滴定法是广泛应用的滴定分析方法之一。

用于滴定分析的酸碱反应一般来说都比较迅速完全，副反应少，基本符合滴定分析的要求。但酸碱反应通常不发生任何外观的变化，在滴定中需用合适的指示剂，借其颜色的变化指示计量点的到达，因此，选择合适的指示剂是酸碱滴定法的关键问题。为了正确地确定计量点，选择一个刚好在接近计量点时变色的指示剂，不但要掌握指示剂的变色原理和指示剂的变色范围,还要了解滴定过程中溶液 pH 值的变化规律和指示剂的选择原则。以便能正确地选择合适的指示剂,获得准确的分析结果。

本章中介绍的酸碱滴定是酸碱反应在水溶液中进行的质子转移,水溶液中的酸碱平衡是该法的基础。所以,首先简述酸碱溶液平衡的基本原理,处理酸碱平衡的方法,以及各种溶液酸碱平衡中酸度的计算方法,然后重点讨论各种酸碱滴定的理论、指示剂的选择及其应用。

第二节　酸碱平衡

一、酸碱质子理论

(一)酸碱定义和共轭酸碱对

酸碱质子理论将凡能给出质子的物质称为酸;凡能接受质子的物质称为碱。按照这个定义,如果 HA 能给出质子,它是酸,A^- 能接受质子,则是相应的碱。即

$$HA \rightleftharpoons H^+ + A^-$$
$$\text{酸} \qquad \text{质子} \quad \text{碱}$$

这种以获得质子和给出质子而相互依存的关系称为酸碱共轭关系。这一酸碱(HA 和 A^-)称为共轭酸碱对。酸 HA 失去质子后转化为它的共轭碱 A^-,碱 A^- 得到质子后转化为它的共轭酸 HA。例如:

$$\text{酸} \rightleftharpoons \text{质子} + \text{碱}$$
$$HCl \rightleftharpoons H^+ + Cl^-$$
$$HAc \rightleftharpoons H^+ + Ac^-$$
$$H_3O^+ \rightleftharpoons H^+ + H_2O$$
$$NH_4^+ \rightleftharpoons H^+ + NH_3$$
$$Fe(H_2O)_6^{3+} \rightleftharpoons H^+ + Fe(H_2O)_5OH^{2+}$$

从上述各式可知酸或碱可以是中性分子,也可以是阳离子或阴离子。对既能给出质子又能接受质子的物质,如 H_2O、HPO_4^{2-}、HCO_3^- 等称为两性物质。

(二)酸碱反应的实质

酸碱反应的实质是质子转移反应,共轭酸碱体系是不能单独存在的。酸给出质子必须有另一种能接受质子的碱存在才能实现。即酸碱反应实际上是两个共轭酸碱对共同作用的结果。以 HAc 在水中的离解反应为例:

$$HAc \rightleftharpoons H^+ + Ac^-$$
$$H^+ + H_2O \rightleftharpoons H_3O^+$$
$$\overline{\qquad\qquad\qquad\qquad\qquad\qquad}$$
$$HAc + H_2O \rightleftharpoons H_3O^+ + Ac^-$$
$$\text{酸1} \quad \text{碱2} \qquad \text{酸2} \quad \text{碱1}$$
$$\text{共轭}$$
$$\text{共轭}$$

其结果是质子从 HAc 转移到 H_2O,在这里,溶剂 H_2O 起着碱的作用,使 HAc 的离解得以实现。为了书写方便,通常将 H_3O^+(水合质子)写作 H^+。以上的反应方程式常简化为:

$$HAc \Longrightarrow H^+ + Ac^-$$

但应注意,这一简化式代表的是一个完整的酸碱反应,不可忘记溶剂水所起的作用。

对于碱在水溶液中的离解则需要 H_2O 作为酸参与反应。以 NH_3 为例:

$$NH_3 + H^+ \Longrightarrow NH_4^+$$

$$NH_3 + H_2O \Longrightarrow NH_4^+ + OH^-$$

$$NH_3 + H_2O \Longrightarrow NH_4^+ + OH^-$$

从以上两个酸碱的离解反应来看,酸碱的离解实质上都是质子转移反应。

根据质子理论,传统的中和反应、水解反应,实质上也都是质子转移反应。例如:

$$HAc + NaOH \Longrightarrow NaAc + H_2O$$

$$NaAc + H_2O \Longrightarrow HAc + NaOH$$

另外,溶剂 H_2O 是一种两性物质,在水分子之间也可发生质子的转移,即一个水分子作为碱接受另一个水分子的质子。如:

$$H_2O + H_2O \Longrightarrow H_3O^+ + OH^-$$

这种在水分子之间发生的质子反应称为水(溶剂)的质子自递反应。

总之,各种质子转移反应都是酸碱反应。根据质子理论就可把离解、中和、水解和溶剂的质子自递反应都统一称为酸碱反应。

(三)共轭酸碱对 K_a 和 K_b 的关系

我们在无机化学中已经学过,在水溶液中酸、碱的强度,常用其平衡常数 K_a、K_b 来衡量。$K_a(K_b)$ 越大,酸(碱)越强。在水溶液中的共轭酸碱对 HA 和 A^- 的离解常数 K_a 和 K_b 之间有确定的关系,以 HAc 在水溶液中的离解为例推导如下:

$$HAc + H_2O \Longrightarrow H_3O^+ + Ac^- \qquad K_a = \frac{[H^+][Ac^-]}{[HAc]}$$

$$Ac^- + H_2O \Longrightarrow HAc + OH^- \qquad K_b = \frac{[HAc][OH^-]}{[Ac]}$$

$$K_a K_b = \frac{[H^+][Ac^-]}{[HAc]} \cdot \frac{[HAc][OH^-]}{[Ac^-]} = [H^+][OH^-] = K_w \qquad (4-1)$$

$$pK_a + pK_b = pK_w \qquad (4-2)$$

25 ℃时,$K_w = 1.0 \times 10^{-14}$,$pK_w = 14.00$。因此,若溶剂为水时,酸碱的强度可用其 K_a、K_b 的大小来衡量,并且知道酸或碱的离解常数,就可以根据(4-2)式计算它们的共轭碱或共轭酸的离解常数。

例 4-1　查得 NH_4^+ 的 pK_a 为 9.24,求 NH_3 的 pK_b 值。

解　$NH_4^+ \longleftrightarrow NH_3$ 是共轭酸碱对

故　　　　　　　　　　$pK_b = pK_w - pK_a = 14.00 - 9.24 = 4.76$

对于多元酸(或多元碱),由于在水中逐级离解,存在着多个共轭酸碱对,这些共轭酸碱对的 K_a 和 K_b 之间也存在一定的关系,但情况不同于一元酸碱。例如,$H_2C_2O_4$ 在水中逐级

离解:

$$H_2C_2O_4 + H_2O \Longrightarrow H_3O^+ + HC_2O_4^- \qquad K_{a1} = \frac{[H_3O^+][HC_2O_4^-]}{[H_2C_2O_4]}$$

$$HC_2O_4^- + H_2O \Longrightarrow H_3O^+ + C_2O_4^{2-} \qquad K_{a2} = \frac{[H_3O^+][C_2O_4^{2-}]}{[HC_2O_4^-]}$$

作为碱的 $C_2O_4^{2-}$ 将逐级接受 H^+：

$$C_2O_4^{2-} + H_2O \Longrightarrow HC_2O_4^- + OH^- \qquad K_{b1} = \frac{[HC_2O_4^-][OH^-]}{[C_2O_4^{2-}]}$$

$$HC_2O_4^- + H_2O \Longrightarrow H_2C_2O_4 + OH^- \qquad K_{b2} = \frac{[H_2C_2O_4][OH^-]}{[HC_2O_4^-]}$$

从 $H_2C_2O_4$ 的各对共轭酸碱的离解常数的关系式,可以看出:K_{a1} 与 K_{b2},K_{a2} 与 K_{b1} 两两相乘之积等于 K_w,即:

$$K_{a1} \cdot K_{b2} = K_{a2} \cdot K_{b1} = K_w$$

同理,对于三元酸,则有下述关系:

$$K_{a1} \cdot K_{b3} = K_{a2} \cdot K_{b2} = K_{a3} \cdot K_{b1} = K_w$$

例 4-2 计算 HS^- 的 K_b 值。

解 HS^- 是两性物质。HS^- 作为碱时:

$$HS^- + H_2O \Longrightarrow H_2S + OH^-$$

其 K_b 即为 K_{b2},可由 H_2S 的 K_{a1} 求得:

$$K_{b2} = \frac{K_w}{K_{a1}} = \frac{1.0 \times 10^{-14}}{1.3 \times 10^{-7}} = 7.7 \times 10^{-8}$$

二、溶液中酸碱组分的分布

(一)分析浓度和平衡浓度、酸的浓度和酸度

分析浓度是指在一定体积的溶液中所含某种酸溶质的量,规定以 mol/L 为单位,用 c 表示。平衡浓度是指平衡状态时在溶液中存在的各种型体的浓度,单位亦为 mol/L,用 [ ] 表示。例如某 HAc 溶液的分析浓度为 c_{HAc},在该溶液中各型体的平衡浓度为 [HAc] 和 [Ac$^-$],不论 HAc 的分析浓度大还是小,它与离解的和未离解的 HAc 型体的平衡浓度之间总有如下关系:

$$C_{HAc} = [HAc] + [Ac^-] \tag{4-3}$$

酸的浓度和酸度在概念上是不相同的。酸的浓度是指酸的分析浓度,即酸的总浓度,包括未离解的酸的浓度和已离解的酸的浓度。酸度是指溶液中 H^+ 的平衡浓度,准确地说是指 H^+ 的活度,常用 pH 值表示,其大小与酸的种类及酸的浓度有关。例如,在分析浓度 $c = 0.10$ mol/L 的 HAc 溶液中,$[H^+] = [Ac^-] = 0.0013$ mol/L,pH = 2.89。

碱的浓度与碱度在概念上也是不同的。浓度仍用 c 来表示,而碱度常用 pOH 表示。

(二)酸度对酸碱中各型体分布的影响

分析化学中所使用的试剂绝大多数是弱酸或弱碱。在弱酸(弱碱)的平衡体系中,存在着多种型体,其浓度分布是由溶液的酸度决定的。我们把在弱酸(或弱碱)溶液中,酸(或碱)以某种型体存在的平衡浓度与分析浓度的比值,称为分布系数,以 δ 表示。分布系数取决于该酸(或碱)的本身的性质,它是溶液酸度(或碱度)的函数,而与酸(碱)的总浓度无

关。酸(或碱)溶液中各种存在型体的分布系数之和等于1。

1. 一元酸碱的分布系数 以醋酸为例推导如下。

醋酸在溶液中只能以 HAc 和 Ac⁻ 两种型体存在,其离解平衡为:

$$HAc \rightleftharpoons H^+ + Ac^- \qquad K_a = \frac{[H^+][Ac^-]}{[HAc]}$$

$$\delta_{HAc} = \frac{[HAc]}{C_{HAc}} = \frac{[HAc]}{[HAc]+[Ac^-]} = \frac{1}{1 + \dfrac{[Ac^-]}{[HAc]}}$$

$$= \frac{1}{1 + \dfrac{K_a}{[H^+]}} = \frac{[H^+]}{[H^+]+K_a}$$

同理

$$\delta_{Ac^-} = \frac{[Ac^-]}{C_{HAc}} = \frac{[Ac^-]}{[HAc]+[Ac^-]} = \frac{K_a}{K_a + [H^+]}$$

$$\delta_{HAc} + \delta_{Ac^-} = \frac{[H^+]}{[H^+]+K_a} + \frac{K_a}{[H^+]+K_a} = 1 \qquad (4-4)$$

若已知溶液的酸度(pH 值),就可以计算出溶液各型体的 δ 值。从而求出溶液中各型体的平衡浓度。分布系数 δ 与 pH 值间的关系曲线称为分布曲线。利用分布曲线可了解酸碱滴定过程中各型体的变化情况。HAc 溶液的 HAc 和 Ac⁻ 的 δ 与 pH 值关系如图 4 - 1 所示。

由图 4 - 1 可以看出:δ_{HAc} 值随 pH 值的增大而减小,δ_{Ac^-} 值则相反。当溶液的 pH = pK_a = 4.74 时,两曲线相交,这时 $\delta_{HAc} = \delta_{Ac^-} = 0.5$,HAc 和 Ac⁻ 各占一半。若 pH > K_a,则主要形式是 Ac⁻;若 pH

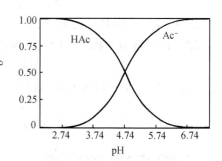

图 4 - 1 HAc 溶液的 δ - pH 曲线

< K_a,则主要形式是 HAc。在某酸度时溶液中存在的 HAc 和 Ac⁻ 两种型体的平衡浓度可以从 δ 值和分析浓度计算求得。

例 4 - 3 计算 pH = 5.00 时,0.10 mol/L 的 HAc 溶液的 δ_{HAc}、δ_{Ac^-}、[HAc] 和 [Ac⁻]。

解 $K_a = 1.8 \times 10^{-5}$,pH = 5.00,$[H^+] = 1.0 \times 10^{-5}$ mol/L

$$\delta_{HAc} = \frac{[H^+]}{K_a + [H^+]} = \frac{1.0 \times 10^{-5}}{1.8 \times 10^{-5} + 1.0 \times 10^{-5}} = 0.36$$

$$\delta_{Ac^-} = 1 - \delta_{HAc} = 1 - 0.36 = 0.64$$

$$[HAc] = \delta_{HAc} C_{HAc} = 0.36 \times 0.10 = 3.6 \times 10^{-2} \text{ mol/L}$$

$$[Ac^-] = \delta_{Ac^-} C_{HAc} = 0.64 \times 0.10 = 6.4 \times 10^{-2} \text{ mol/L}$$

2. 多元酸碱分布系数 对于二元弱酸、多元酸,也可按同样方法算出溶液中各型体的分布系数。

二元酸的分布系数计算。例如 $H_2C_2O_4$,它在水溶液中以 $H_2C_2O_4$、$HC_2O_4^-$ 和 $C_2O_4^{2-}$ 三种形式存在。设 $H_2C_2O_4$ 的总浓度为 C(mol/L),则:

$$C = [H_2C_2O_4] + [HC_2O_4^-] + [C_2O_4^{2-}]$$

如果以 δ_0、δ_1 和 δ_2 分别表示 $H_2C_2O_4$、$H_2C_2O_4^-$ 和 $C_2O_4^{2-}$ 的分布系数,则:

$$\delta_0 C = \left[H_2C_2O_4 \right], \quad \delta_1 C = \left[HC_2O_4^- \right], \quad \delta_2 C = \left[C_2O_4^{2-} \right]$$

$$\delta_0 + \delta_1 + \delta_2 = 1$$

$$
\begin{aligned}
\delta_0 &= \frac{\left[H_2C_2O_4 \right]}{C} \\
&= \frac{\left[H_2C_2O_4 \right]}{\left[H_2C_2O_4 \right] + \left[HC_2O_4^- \right] + \left[C_2O_4^{2-} \right]} \\
&= \frac{1}{1 + \dfrac{\left[HC_2O_4^- \right]}{\left[H_2C_2O_4 \right]} + \dfrac{\left[C_2O_4^{2-} \right]}{\left[H_2C_2O_4 \right]}} = \frac{1}{1 + \dfrac{K_{a1}}{\left[H^+ \right]} + \dfrac{K_{a1}K_{a2}}{\left[H^+ \right]^2}} \\
&= \frac{\left[H^+ \right]^2}{\left[H^+ \right]^2 + K_{a1}\left[H^+ \right] + K_{a1}K_{a2}}
\end{aligned}
$$

同样可以求得：

$$\delta_1 = \frac{\left[HC_2O_4^- \right]}{C} = \frac{K_{a1}\left[H^+ \right]}{\left[H^+ \right]^2 + K_{a1}\left[H^+ \right] + K_{a1}K_{a2}}$$

$$\delta_2 = \frac{\left[C_2O_4^{2-} \right]}{C} = \frac{K_{a1}K_{a2}}{\left[H^+ \right]^2 + K_{a1}\left[H^+ \right] + K_{a1}K_{a2}}$$

例 4-4 计算 pH = 5.0 时，0.10 mol/L 的 $H_2C_2O_4$ 溶液中 $C_2O_4^{2-}$ 的浓度。

解
$$
\begin{aligned}
\delta_2 &= \frac{\left[C_2O_4^{2-} \right]}{C} = \frac{K_{a1}K_{a2}}{\left[H^+ \right]^2 + K_{a1}\left[H^+ \right] + K_{a1}K_{a2}} \\
&= \frac{5.9 \times 10^{-2} \times 6.4 \times 10^{-5}}{(10^{-5})^2 + 5.9 \times 10^{-2} \times 10^{-5} + 5.9 \times 10^{-2} \times 6.4 \times 10^{-5}} \\
&= 0.86
\end{aligned}
$$

$$\left[C_2O_4^{2-} \right] = \delta_2 C = 0.86 \times 0.10 \text{ mol/L} = 0.086 \text{ mol/L}$$

图 4-2 是 $H_2C_2O_4$ 的三种形式在不同 pH 时的分布图，情况较一元酸要复杂一些。

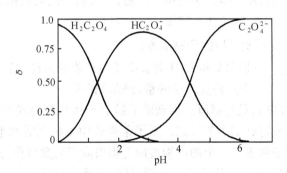

图 4-2 草酸三种形式的分布系数与 pH 的关系

如果是三元酸，例如 H_3PO_4，情况更要复杂一些，但可采用同样的方法处理得到。

$$C = \left[H_3PO_4 \right] + \left[H_2PO_4^- \right] + \left[HPO_4^{2-} \right] + \left[PO_4^{3-} \right]$$

$$\left[H_3PO_4 \right] = \delta_0 C, \quad \left[H_2PO_4^- \right] = \delta_1 C, \quad \left[HPO_4^{2-} \right] = \delta_2 C, \quad \left[PO_4^{3-} \right] = \delta_3 C$$

$$\delta_0 = \frac{\left[H^+ \right]^3}{\left[H^+ \right]^3 + K_{a1}\left[H^+ \right]^2 + K_{a1}K_{a2}\left[H^+ \right] + K_{a1}K_{a2}K_{a3}}$$

$$\delta_1 = \frac{K_{a1}[H^+]^2}{[H^+]^3 + K_{a1}[H^+]^2 + K_{a1}K_{a2}[H^+] + K_{a1}K_{a2}K_{a3}}$$

$$\delta_2 = \frac{K_{a1}K_{a2}[H^+]}{[H^+]^3 + K_{a1}[H^+]^2 + K_{a1}K_{a2}[H^+] + K_{a1}K_{a2}K_{a3}}$$

$$\delta_3 = \frac{K_{a1}K_{a2}K_{a3}}{[H^+]^3 + K_{a1}[H^+]^2 + K_{a1}K_{a2}[H^+] + K_{a1}K_{a2}K_{a3}}$$

其他多元酸的分布系数可照此类推。

三、质子条件式与酸度的计算

(一)质子条件式

酸碱反应的本质是质子转移,因此在处理酸碱反应的平衡问题时,要根据共轭酸碱对之间质子转移的平衡关系来进行计算,即酸碱反应达到平衡时,酸失去的质子数等于碱得到的质子数。这种等衡关系称为质子条件,其数学表达式称为质子条件式。质子条件式是处理酸碱平衡计算问题的基本关系式,是计算溶液中 H^+ 浓度与有关组分浓度的基础,应熟练掌握。

在书写质子条件式时,可以根据化学平衡的系统处理方法由质量平衡和电荷平衡求得质子条件式。而更为简便常用的是零水准法,其方法是选择溶液中大量存在并参加质子转移的物质为"零水准"(又称参考水准),然后根据质子转移数相等的数量关系写出质子条件式。

以一元弱酸 HA 为例,溶液中大量存在并参与质子转移的物质是 HA 和 H_2O,选两者为零水准,溶液中存在的反应有:

$$HA + H_2O \rightleftharpoons H_3O^+ + A^-$$

$$H_2O + H_2O \rightleftharpoons H_3O^+ + OH^-$$

因此,H_3O^+ 为得质子产物,A^-、OH^- 为失质子产物,得失质子数应当相等,故质子条件式为:

$$[H_3O^+] = [A^-] + [OH^-]$$

式中　$[H_3O^+]$——H_2O 得质子后的产物浓度;

　　$[A^-]$ 和 $[OH^-]$——是 HA 和 H_2O 失去质子后产物的浓度,若两端乘以溶液体积就表示得失质子的量(摩尔)相等。

因此,在选好零水准后,只要将所有得到质子后的产物写在等式的一端,所有失去质子后的产物写在另一端,就得到质子条件式。质子条件式中不出现零水准物质。在处理多元酸碱问题时,对得失质子数多于一个的产物要加上得失质子的数目作为平衡浓度前的系数。为简化起见,H_3O^+ 以 H^+ 表示。以 H_2CO_3 为例,其质子条件式是:

$$[H^+] = [HCO_3^-] + 2[CO_3^{2-}] + [OH^-]$$

这里零水准物质是 H_2CO_3 和 H_2O,CO_3^{2-} 是 H_2CO_3 失去两个质子后的产物,按得失质子数相等的原则,$[CO_3^{2-}]$ 应乘以 2。

例 4-5　写出 NaH_2PO_4 液的质子条件式。

解　选 $H_2PO_4^-$ 和 H_2O 作为零水准,得质子后的产物有 H^+、H_3PO_4;失质子后的产物是 HPO_4^{2-}、PO_4^{3-} 和 OH^-,其中 PO_4^{3-} 为 $H_2PO_4^-$ 失去两个质子的产物,则 NaH_2PO_4 溶液的质子条件式为:

$$[H^+]+[H_3PO_4]=[HPO_4^{2-}]+2[PO_4^{3-}]+[OH^-]$$

各种酸碱水溶液中酸度计算公式的推导已在无机化学中讨论过,在此不再重复叙述,仅举例说明运用有关公式计算各种酸、碱溶液的酸度。

(二)强酸或强碱溶液酸度的计算

一元酸(HA)溶液的质子条件式是:$[H_3O^+]=[A^-]+[OH^-]$,若酸的浓度为c,对于一元强酸来说则$[A^-]$的分布系数$\delta_1=1$,$[A^-]=C$,而$[OH^-]=\dfrac{K_w}{[H^+]}$,代入质子条件式有:$[H^+]=C+\dfrac{K_w}{[H^+]}$,即:$[H^+]^2-C[H^+]=K_w$。(精确公式)

当强酸溶液的浓度很稀时,$C\leqslant10^{-6}$ mol/L,由水离解出来$[OH^-]$就不能忽略,则需用精确公式计算溶液的$[H^+]$浓度,即:

$$[H^+]=\frac{C+\sqrt{C^2+4K_w}}{2} \tag{4-5}$$

若$C>10^{-6}$ mol/L,可忽略水的离解,则:

$$[H^+]=C,\qquad pH=-\lg[H^+]=-\lg C \tag{4-6}$$

例4-6 计算0.010 mol/L的HCl溶液的pH值。

解
$$[H^+]=C_{HCl}=0.010\ mol/L$$
$$pH=[H^+]=-\lg0.010=2.00$$

例4-7 计算5.0×10^{-7} mol/L的HCl溶液的pH值。

解 $[H^+]=\dfrac{C+\sqrt{C^2+4K_w}}{2}$

$$=\frac{5.0\times10^{-7}+\sqrt{(5.0\times10^{-7})^2+4\times1.0\times10^{-14}}}{2}=5.2\times10^{-7}\ mol/L$$

$$pH=-\lg[H^+]=-\lg5.2\times10^{-7}=6.28$$

同理,对于一元强碱溶液也可仿照上述方法处理。当$C\geqslant10^{-6}$ mol/L 时,$[OH^-]=C$;当$C<10^{-6}$ mol/L 时,$[OH^-]=\dfrac{C+\sqrt{C^2+4K_w}}{2}$。

(三)一元弱酸或一元弱碱溶液酸度的计算

由于一元酸(HA)溶液的质子条件式仍是:$[H_3O^+]=[A^-]+[OH^-]$,若酸的浓度为C对于一元弱酸来说,$[A^-]=\delta_1C$,而$[OH^-]=\dfrac{K_w}{[H^+]}$,代入质子条件式有下列精确公式:

$$[H^+]^3+K_a[H^+]^2-(C_aK_a+K_w)[H^+]-K_aK_w=0$$

1.当弱酸的K_a和C_a不是很小时,即当$C_aK_a\geqslant20K_w$时,而$C_a/K_a<500$时,用近似式计算:

$$[H^+]=\frac{-K_a+\sqrt{K_a^2+4K_a\cdot C_a}}{2} \tag{4-7}$$

2.当弱酸的K_a和C_a不是很小,即当$C_aK_a\geqslant20K_w$,同时$C_a/K_a>500$时,用最简式计算:

$$[H^+]=\sqrt{K_a\cdot C_a} \tag{4-8}$$

例4-8 计算0.10 mol/L的HAc溶液的酸度。

解 $K_a = 1.8 \times 10^{-5}$，因 $K_a C_a > 20K_w$，$C_a/K_a > 500$，因此可用最简式计算：

$$[H^+] = \sqrt{K_a \cdot C_a} = \sqrt{0.10 \times 1.8 \times 10^{-5}} = 1.3 \times 10^{-3} \text{ mol/L}$$

$$pH = -\lg[H^+] = -\lg 1.3 \times 10^{-3} = 2.89$$

例 4-9 计算 0.10 mol/L 一氯乙酸（$CH_2ClCOOH$）溶液的 pH 值。

解 已知 $C_a = 0.10$ mol/L，$K_a = 1.4 \times 10^{-3}$，$C_a K_a > 20K_w$，但 $C_a/K_a < 500$，因此应用较精确式计算：

$$[H^+] = \frac{-K_a + \sqrt{K_a^2 + 4C_a \cdot K_a}}{2}$$

$$= \frac{-1.4 \times 10^{-3} + \sqrt{(1.4 \times 10^{-3})^2 + 4 \times 0.10 \times 1.4 \times 10^{-3}}}{2}$$

$$= 1.1 \times 10^{-2} \text{ mol/L}$$

$$pH = -\lg[H^+] = -\lg 1.1 \times 10^{-2} = 1.96$$

例 4-10 计算 0.10 mol/L NH_4Cl 溶液的 pH 值。

解 已知 $C_a = 0.10$ mol/L，$K_a = \dfrac{K_w}{K_b} = \dfrac{1.0 \times 10^{-14}}{1.8 \times 10^{-5}} = 5.6 \times 10^{-10}$，因 $C_a K_a > 20K_w$，$C_a/K_a > 500$，因此可用最简式计算：

$$[H^+] = \sqrt{C_a \cdot K_a} = \sqrt{0.10 \times 5.6 \times 10^{-10}} = 7.48 \times 10^{-6} \text{ mol/L}$$

$$pH = -\lg[H^+] = -\lg 7.48 \times 10^{-6} = 5.13$$

对于一元弱碱溶液碱度的计算可采用与一元弱酸类似的方法处理。

（四）多元酸溶液酸度的计算

常遇到的多元酸有 H_2CO_3、$H_2C_2O_4$、H_2S、H_3PO_4 等，它们在溶液中是分步离解的。计算酸度时是根据主要一步离解来进行近似处理的。

碳酸是二元酸，它分两步离解：

$$H_2CO_3 \Longrightarrow H^+ + HCO_3^-，K_{a1} = 4.2 \times 10^{-7}$$

$$HCO_3^- \Longrightarrow H^+ + CO_3^{2-}，K_{a2} = 5.6 \times 10^{-11}$$

因为 $K_{a1} \gg K_{a2}$，所以作为 H^+ 的来源，第一步离解是主要的，第二步离解可以忽略，因此 H_2CO_3 在水中可作为一元酸处理。

例 4-11 在室温、常压下，H_2CO_3 饱和溶液的浓度为 0.040 mol/L，计算该溶液 pH 值。

解 已知 $C_a = 0.040$ mol/L，$K_{a1} = 4.2 \times 10^{-7}$，$K_{a2} = 5.6 \times 10^{-11}$，$C_a/K_{a1} > 500$

$$[H^+] = \sqrt{C_a \cdot K_{a1}} = \sqrt{0.040 \times 4.2 \times 10^{-7}} = 1.3 \times 10^{-4} \text{ mol/L}$$

$$pH = -\lg[H^+] = -\lg 1.3 \times 10^{-4} = 3.89$$

例 4-12 计算 1.0×10^{-2} mol/L $H_2C_2O_4$ 溶液的 pH 值。

解 已知 $C_a = 1.0 \times 10^{-2}$ mol/L，$K_{a1} = 5.4 \times 10^{-2}$，$K_{a2} = 5.4 \times 10^{-5}$，由于 $C_a/K_{a1} < 500$

$$[H^+] = \frac{-K_{a1} + \sqrt{K_{a1}^2 + 4C_a \cdot K_{a1}}}{2}$$

$$= \frac{-5.4 \times 10^{-2} + \sqrt{(5.4 \times 10^{-2})^2 + 4 \times 1.0 \times 10^{-2} \times 5.4 \times 10^{-5}}}{2}$$

$$= 8.6 \times 10^{-3} \text{ mol/L}$$

$$pH = -\lg[H^+] = -\lg 8.6 \times 10^{-3} = 2.07$$

对于三元酸,也是根据其分步离解中的主要一步,来近似处理酸碱平衡问题。例如,H_3PO_4溶液中,存在如下离解平衡:

$$H_3PO_4 \rightleftharpoons H^+ + H_2PO_4^- , K_{a1} = 7.6 \times 10^{-3}$$

$$H_2PO_4^- \rightleftharpoons H^+ + HPO_4^{2-} , K_{a2} = 6.3 \times 10^{-8}$$

$$HPO_4^{2-} \rightleftharpoons H^+ + PO_4^{3-} , K_{a3} = 4.4 \times 10^{-13}$$

由于$K_{a1} \gg K_{a2} \gg K_{a3}$,$K_{a1} \gg K_w$,溶液中$H^+$主要来源于第一步离解,可按一元弱酸的有关公式计算。

例 4 - 13 计算 0.01 mol/L H_3PO_4 溶液的 pH 值。

解
$$\frac{C_a}{K_{a1}} = \frac{0.01}{7.6 \times 10^{-3}} < 500$$

$$[H^+] = \frac{-K_{a1} + \sqrt{K_{a1}^2 + 4C_a \cdot K_{a1}}}{2}$$

$$= \frac{-7.6 \times 10^{-3} + \sqrt{(7.6 \times 10^{-3})^2 + 4 \times 0.10 \times 7.6 \times 10^{-3}}}{2}$$

$$= 2.4 \times 10^{-2} \text{ mol/L}$$

$$pH = -\lg[H^+] = -\lg 2.4 \times 10^{-2} = 1.62$$

(五)多元碱溶液酸度的计算

多元碱溶液如 Na_2CO_3、$Na_2C_2O_4$、Na_2PO_4 等。多元碱在溶液中也是分步离解的。例如,Na_2CO_3 溶液中存在如下的平衡:

$$CO_3^{2-} + H_2O \longrightarrow HCO^- + OH^- , K_{b1} = K_w/K_{a2} = 1.8 \times 10^{-4}$$

$$HCO_3^- + H_2O \longrightarrow H_2CO_3 + OH^- , K_{b2} = K_w/K_{a1} = 2.4 \times 10^{-8}$$

由于$K_{b1} \gg K_{b2} \gg K_w$,因此溶液$OH^-$主要来源于第一步离解。经近似处理得到与一元弱碱相似的公式:

当 $C_b/K_{b1} < 500$ 时,
$$[OH^-] = \frac{-K_{b1} + \sqrt{K_{b1}^2 + 4K_{b1}C_b}}{2} \qquad (4-9)$$

当 $C_b/K_{b1} > 500$ 时,
$$[OH^-] = \sqrt{K_{b1} \cdot C} \qquad (4-10)$$

例 4 - 14 计算 0.10 mol/L Na_2CO_3 溶液的 pH 值。

解 已知 $C_b = 0.10$ mol/L,$K_{b1} = 1.8 \times 10^{-4}$,$K_{b2} = 2.4 \times 10^{-8}$,由于 $C_b \cdot K_{b1} > 20K_w$,$C_b/K_{b1} > 500$。因此,可用一元弱碱溶液最简式计算:

$$[OH^-] = \sqrt{C_b \cdot K_{b1}} = \sqrt{0.10 \times 1.8 \times 10^{-4}} = 4.2 \times 10^{-3} \text{ mol/L}$$

$$pOH = -\lg[OH^-] = -\lg 4.2 \times 10^{-3} = 2.38$$

$$pH = 14 - pOH = 14 - 2.38 = 11.62$$

(六)两性物质溶液酸度的计算

在质子传递反应中,既可提供质子又可接受质子的物质称为两性物质。除水外,如 $NaHCO_3$、$NaHC_2O_4$、NaH_2PO_4、Na_2HPO_4 和氨基酸等都属于两性物质。两性物质溶液的酸碱平衡比较复杂,应根据具体情况,根据溶液中的主要平衡,进行近似处理。

如计算 $NaHCO_3$ 溶液 H^+ 浓度的最简式为:

$$[H^+] = \sqrt{K_{a1} \cdot K_{a2}} \tag{4-11}$$

又如计算 NaH_2PO_4 或 Na_2HPO_4 溶液 H^+ 浓度的最简式分别为:

$$NaH_2PO_4 \text{ 时} [H^+] = \sqrt{K_{a1} \cdot K_{a2}} \tag{4-12}$$

$$Na_2HPO_4 \text{ 时} [H^+] = \sqrt{K_{a2} \cdot K_{a3}} \tag{4-13}$$

例 4-15　计算 0.10 mol/L 的 $NaHCO_3$ 溶液的 pH 值。

解　$[H^+] = \sqrt{K_{a1} \cdot K_{a2}} = \sqrt{4.2 \times 10^{-7} \times 5.6 \times 10^{-11}} = 4.8 \times 10^{-9}$

$pH = -\lg[H^+] = -\lg 4.8 \times 10^{-9} = 8.32$

或　$pH = \dfrac{1}{2}(pK_{a1} + pK_{a2}) = \dfrac{1}{2}(6.38 + 10.25) = 8.32$

例 4-16　计算 0.10 mol/L 的 $NaHPO_4$ 溶液的 pH 值。

解　$pH = \dfrac{1}{2}(pK_{a2} + pK_{a3}) = \dfrac{1}{2}(7.20 + 12.36) = 9.73$

这里还要提到另一类两性物质——氨基酸。以氨基乙酸为例,它在溶液中是以双极离子 $NH_3^+ CH_2COO^-$ 型体存在的,既能得到质子起碱的作用,又能失去质子起酸的作用。

$$NH_3^+ CH_2COOH \underset{K_{a1}}{\overset{+H}{=\!=\!=}} NH_3^+ CH_2COO^- \underset{K_{a2}}{\overset{-H^+}{=\!=\!=}} NH_2CH_2COO^-$$

因此,氨基乙酸的 H^+ 浓度也可按式(4-11)计算。

例 4-17　计算 0.050 0 mol/L 氨基乙酸的 pH 值。

解　$$pH = \frac{1}{2}(pK_{a1} + pK_{a2}) = \frac{1}{2}(2.35 + 9.77) = 6.06$$

(七)缓冲溶液酸度的计算

酸碱缓冲溶液是一种能对溶液的酸度起稳定(缓冲)作用的溶液。在缓冲溶液中加入少量酸或少量碱,或因溶液中发生的化学反应产生了少量酸或少量碱,或将溶液稍加稀释,溶液的酸度基本上稳定不变。许多化学反应必须控制在一定 pH 值范围内才能进行或进行得比较完全,因此在分析化学中缓冲溶液应用得很广泛。

缓冲溶液一般由浓度较大的弱酸及其共轭碱或弱碱及其共轭酸组成。缓冲溶液酸度计算的近似公式为:

$$pH = pK_a + \lg \frac{[\text{共轭碱}]}{[\text{酸}]}$$

最简式为:

$$pH = pK_a + \lg \frac{C_{\text{共轭碱}}}{C_{\text{酸}}}$$

例 4-18　计算 0.040 mol/L 的 HAc 和 0.060 mol/L 的 NaAc 缓冲溶液的 pH 值。

解　$$pH = pK_a + \lg \frac{C_{NaAc}}{C_{HAc}} = 4.74 + \lg \frac{0.060}{0.040} = 4.92$$

例 4-19　计算 0.10 mol/L 的 NH_4Cl 和 0.20 mol/L 的 $NH_3 \cdot H_2O$ 缓冲溶液的 pH 值。

解　$$pK_a = pK_w - pK_b = 14 - 4.74 = 9.26$$

$$pH = pK_a + \lg \frac{C_{NH_3 \cdot H_2O}}{C_{NH_4Cl}} = 9.26 + \lg \frac{0.20}{0.10} = 9.56$$

第三节　酸碱指示剂

一、酸碱指示剂的作用原理

常用的酸碱指示剂是一些有机弱酸或有机弱碱,其共轭酸碱对具有不同的结构和不同的颜色。当溶液的 pH 值改变时,指示剂失去或得到质子,伴随着质子的转移而使指示剂的结构发生变化,从而引起溶液颜色的变化。

例如,甲基橙是一种双色指示剂,在溶液中发生如下的离解作用和颜色变化:

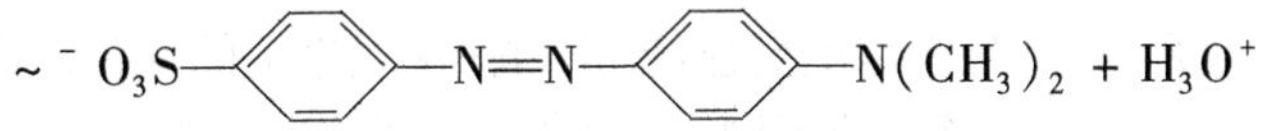

$$\sim {}^-O_3S{-}\!\!\bigcirc\!\!{-}N{=}N{-}\!\!\bigcirc\!\!{-}N(CH_3)_2 + H_3O^+$$

黄色(偶氮式,碱态)

$$\rightleftharpoons\ \sim O_3S{-}\!\!\bigcirc\!\!{-}\overset{H}{N}{-}N{=}\!\!\bigcirc\!\!{=}N^+(CH_3)_2 + H_2O$$

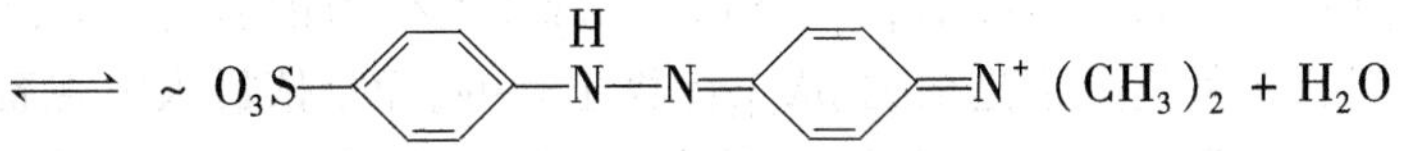

红色(醌式,酸态)

从上述平衡可以看出,当溶液中酸度增大时,反应向右进行,甲基橙主要以醌式的酸态存在,溶液显红色;当溶液中酸度降低时,反应向左进行,甲基橙主要以偶氮式的碱态存在,溶液显黄色。

又如,酚酞是弱的有机酸,是一种单色指示剂,在溶液中有如下的离解作用和颜色变化:

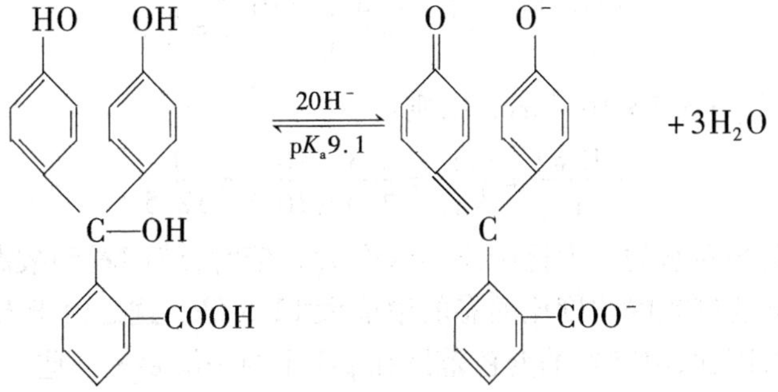

当溶液的酸度增大时,反应向左进行,酚酞主要以内酯式存在,溶液无色;当溶液的酸度降低时,反应向右进行,酚酞以醌式存在,溶液显红色。但在浓碱溶液中,因酚酞进一步转化为无色的羧酸盐而使溶液又变为无色。

从上述两例可看出,分子结构的改变是指示剂变色的内因,pH 值的变化是指示剂变色的外因。这就是指示剂的作用原理。

二、酸碱指示剂的变色范围

若以 HIn 表示指示剂的酸式态,以 In⁻ 表示指示剂的碱式态,则在溶液中指示剂存在下式平衡:

$$HIn \Longrightarrow H^+ + In^-$$

指示剂质子转移反应平衡常数式为:

$$\frac{[H^+][In^-]}{[HIn]} = K_{HIn} \quad 或 \quad \frac{[In^-]}{[HIn]} = \frac{K_{HIn}}{[H^+]}$$

式中　K_{HIn}——指示剂离解常数,简称指示剂常数;

　　　　$[In^-]$——指示剂的碱式态的浓度;

　　　　$[HIn]$——指示剂的酸式态的浓度。

由上式可知,溶液的颜色是由比值$[In^-]/[HIn]$来决定的,而此比值又与$[H^+]$和K_{HIn}有关。在一定温度下,对某种指示剂来说,K_{HIn}是常数。因此,比值$[In^-]/[HIn]$是溶液$[H^+]$的函数,即$[H^+]$改变时,$[In^-]/[HIn]$值随之发生改变。由于人眼辨别颜色的能力有一定限度,一般来说,当HIn的浓度大于In^-浓度10倍以上时,就只能看到HIn的颜色。与$[In^-]/[HIn] \leqslant 1/10$ 和 $[In^-]/[HIn] \geqslant 10$ 相应的 pH 值为:$pH \leqslant pK_{HIn} - 1$,$pH \geqslant pK_{HIn} + 1$。即 pH 值在 $pK_{HIn} - 1$ 以下时,观察到的是指示剂的酸态颜色,在 $pK_{HIn} + 1$ 以上时,观察到的是碱态颜色。因此,当溶液的 pH 值由 $pK_{HIn} - 1$ 变化到 $pK_{HIn} + 1$ 时,才能明显观察到指示剂颜色的变化。所以 $pH = pK_{HIn} \pm 1$ 是指示剂变色的 pH 范围(理论上的变色范围),简称为指示剂的变色范围。不同的指示剂,其 pK_{HIn} 值不同,因此具有不同的变色范围。

当指示剂的 $[In^-] = [HIn]$ 时,则 $pH = pK_{HIn}$,此 pH 值称为指示剂的变色点。

实际上指示剂的变色范围不是根据 pK_{HIn} 计算出来的,而是依靠人眼观察得到的。由于人眼对各种颜色的敏感程度不同,以及指示剂的两种颜色之间互相掩盖,使实际观察结果与理论计算结果之间是有差别的。例如甲基红的 $K_{HIn} = 7.9 \times 10^{-6}$,$pK_{HIn} = 5.1$,理论上变色范围应为 $4.1 \sim 6.1$,其变色间隔应为 2 个 pH 单位。但实际测得的变色范围是 $4.4 \sim 6.2$,其变色间隔为 1.8pH 单位。即当 $pH = 4.4$ 时,$[H^+] = 4.0 \times 10^{-5}$ mol/L,则:

$$\frac{[HIn]}{[Hn^-]} = \frac{[H^+]}{K_{HIn}} = \frac{4.0 \times 10^{-5}}{7.9 \times 10^{-6}} = 5.0$$

当 $pH = 6.2$ 时,$[H^+] = 6.3 \times 10^{-7}$ mol/L,则:

$$\frac{[HIn]}{[In^-]} = \frac{[H]}{K_{HIn}} = \frac{6.3 \times 10^{-7}}{7.9 \times 10^{-6}} = \frac{1}{12.5}$$

上述结果表明,当酸态的浓度比碱态的浓度大 5 倍时,就能看到酸态的红色,但若要看到碱态的黄色,则需要碱态的浓度比酸态的浓度大 12.5 倍。这是由于人眼对红色较之对黄色更为敏感的缘故,因此,甲基红的变色范围在 pH 小的一端要短一些。

指示剂的变色范围越窄越好,pH 值稍有改变,就可立即由一种颜色变为另一种颜色,即变色敏锐,有利于提高分析结果的准确度。

三、常用的酸碱指示剂

表 4-1 列出常用的酸碱指示剂及其变色范围。

表 4-1　常用酸碱指示剂

指示剂名称	变色范围(pH)	酸态色	碱态色	pK_{HIn}
百里酚蓝	$1.2 \sim 2.8$	红	黄	1.7
	$8.0 \sim 9.6$	黄	蓝	8.9
甲基黄	$2.9 \sim 4.0$	红	黄	3.3
甲基橙	$3.1 \sim 4.4$	红	黄	3.4

表 4 - 1(续)

指示剂名称	变色范围(pH)	酸态色	碱态色	pK_{HIn}
溴酚蓝	3.0 ~ 4.6	黄	蓝	4.1
溴甲酚绿	3.8 ~ 5.4	黄	蓝	4.9
甲基红	4.4 ~ 6.2	红	黄	5.1
溴百里酚蓝	6.0 ~ 7.6	黄	蓝	7.3
中性红	6.8 ~ 8.0	红	黄	7.4
甲酚红	7.2 ~ 8.0	黄	红	8.0
酚酞	8.0 ~ 10.0	无色	红	9.1
百里酚酞	9.4 ~ 10.6	无色	蓝	10.0

四、影响指示剂变色范围的因素

(一)指示剂的用量

如果指示剂用量少,则在单位体积中 HIn 为数不多,加入少量标准溶液即可使之几乎完全变为 In^-,因此颜色变化灵敏。如果指示剂用量过多,则发生同样的颜色变化时所需标准溶液的量也较多,反而使终点颜色变化不敏锐,且误差变大。因此,在不影响指示剂变色灵敏度的条件下,一般用量少一些为好。另外,对于单指示剂,还会引起变色点的移动。例如,在 50 ~ 100 mL 溶液中加入 2 ~ 3 滴 0.1% 酚酞,在 pH 为 9 时出现微红色,而在相同条件下,加入 10 ~ 15 滴酚酞,则在 pH≈8 时就出现微红色。

(二)溶剂

指示剂在不同溶剂中,其 pK_{HIn} 值是不同的。例如,甲基橙在水溶液中 $pK_{HIn}=3.4$,而在甲醇中 $pK_{HIn}=3.8$。因此,指示剂在不同的溶剂中的变色范围也是不同的。

(三)温度

温度改变时,指示剂的 pK_{HIn} 和水的质子自递常数 K_w 都有改变,因而指示剂的变色范围也随之发生改变。例如,甲基橙在室温下的变色范围是 3.1 ~ 4.4,而在100 ℃ 时为 2.5 ~ 3.7。因此,滴定都应在室温下进行,有必要加热煮沸时,最好将溶液冷却后再滴定。

(四)中性电解质

大量中性电解质的存在增加了溶液的离子强度,使指示剂的离解常数发生改变而引起指示剂变色范围的移动。另外,由于某些电解质具有吸收不同波长光波的性质,也会改变指示剂颜色的深度和色调,因此在滴定过程中,不宜有大量中性电解质存在,以免影响指示剂的变色范围和敏锐性。

另外,滴定程序应使指示剂的颜色由浅到深,这样有利于观察颜色的变化,减少滴定误差。例如,用强酸滴定强碱时,一般用甲基橙或甲基红做指示剂;用强碱滴定强酸时,则用酚酞做指示剂。

五、混合指示剂

以上讨论的常用酸碱指示剂有些是单色的有些是双色的,都具有约 2 个 pH 单位的变色间隔。在酸碱滴定中,有时需要将滴定终点限制在很窄的 pH 范围内,以达到一定的准确度,为此可采用混合指示剂。混合指示剂由于颜色之间的互补作用,具有颜色变化敏锐、变色范围较狭窄的特点。

混合指示剂一般由两种配制方法。一种方法是由两种或两种以上的指示剂混合而成。例如,0.1% 溴甲酚绿和 0.2% 甲基红以 3∶1 体积比混合,呈现的颜色如图 4－3 所示。

$$橙\longrightarrow暗红\longrightarrow灰\longrightarrow暗绿\longrightarrow绿$$
$$pH:\quad 3.8\quad 4.4\quad 5.1\quad 5.4\quad 6.2$$

图 4－3　溴甲酚绿＋甲基红混合指示剂的颜色变化示意图

从图 4－3 可以看到当 pH < 5.1 时,溶液主要呈橙色(黄＋红),当 pH > 5.1 时,溶液主要呈绿色(蓝＋黄),而在 pH＝5.1 时,溴甲酚绿的碱态成分较多,呈绿色,甲基红的酸态成分较多,呈橙红色,这两种颜色互补,使溶液呈灰色,因而使颜色在这时发生突变,变色敏锐。

另一种方法是由一种指示剂和一种不随 H^+ 浓度变化而变化的惰性染料混合而成。由于颜色的互补作用提高了颜色变化的敏锐性。例如,甲基橙指示剂中加入靛蓝后,呈现的颜色如图 4－4。

$$紫\longrightarrow浅灰\longrightarrow绿$$
$$pH:\quad 3.1\quad 4.1\quad 4.4$$

图 4－4　甲基橙＋靛蓝混合指示剂的颜色变化示意图

从图 4－4 可以看到,靛蓝在滴定过程中不变色,只作为甲基橙变色的背景,它和甲基橙的酸式态(红色)加合为紫色,和甲基橙的碱式态(黄色)加合为绿色。可见单一甲基橙由红色变到黄色,中间有一过渡的橙色,难于辨别;而混合指示剂从紫色变为绿色,不仅中间(pH＝4.1)是几乎无色的浅灰色,而且绿色与紫色明显不同,因此变色非常敏锐,容易辨别。表4－2列出了常用的酸碱混合指示剂。

表 4－2　常用的酸碱混合指示剂

指示剂溶液的组成	变色点 (pH)	颜 色		备　注
		酸色	碱色	
一份 0.1% 甲基黄乙醇溶液 一份 0.1% 次甲基蓝乙醇容易	3.25	蓝紫	绿	pH3.4 绿色 pH3.2 蓝紫色
一份 0.1% 甲基橙溶液 一份 0.25% 靛蓝水溶液	4.1	紫	黄绿	
三份 0.1% 溴甲酚绿乙醇溶液 一份 0.2% 甲基红乙醇溶液	5.1	酒红	绿	
一份 0.2% 甲基红乙醇溶液 一份 0.1% 次甲基蓝乙醇溶液	6.2	黄绿	蓝紫	
一份 0.1% 中性红乙醇溶液 一份 0.1% 次甲基蓝乙醇溶液	7.0	蓝紫	绿	pH7.0 紫蓝

表 4 - 2（续）

指示剂溶液的组成	变色点（pH）	颜 色		备 注
		酸色	碱色	
一份 0.1% 甲酚红水溶液 三份 0.1% 百里酚蓝水溶液	8.3	黄	紫	pH8.0 玫瑰色 pH8.4 清晰的紫色
一份 0.1% 百里酚蓝 50% 乙醇溶液 三份 0.1% 酚酞 50% 乙醇溶液	9.0	黄	紫	从黄到绿再到紫
二份 0.1% 百里酚酞乙醇溶液 一份 0.1% 茜素黄乙醇溶液	10.2	黄	紫	

第四节　酸碱滴定曲线和指示剂的选择

为了在某一滴定中,选择一种适宜的指示剂指示终点,必须了解滴定过程中溶液的 pH 值的变化规律,尤其是计量点前后溶液 pH 值的变化情况。在滴定过程中 pH 变化情况,通常用曲线表示。反映滴定过程中溶液 pH 变化的曲线称为酸碱滴定曲线。由于各种不同类型的酸碱滴定过程中,pH 值变化的规律是不相同的,因此必须分别加以讨论。

一、强碱滴定强酸

（一）滴定曲线

这一类型滴定的基本反应式如下:

$$H^+ + OH^- \rightleftharpoons H_2O$$

现以 0.100 0 mol/L 的 NaOH 溶液滴定 20.00 mL 的 0.100 0 mol/L 的 HCl 溶液为例。整个滴定过程可分为四个阶段。

1. 滴定前　溶液的酸度等于 HCl 的原始浓度。

$$[H^+] = C_{HCl} = 0.100\ 0\ mol/L$$

$$pH = -lg[H^+] = -lg0.100\ 0 = 1.00$$

2. 滴定开始至计量点前　溶液的酸度取决于剩余 HCl 的浓度。

$$[H^+] = \frac{C_{HCl}V_{HCl} - C_{NaOH}V_{NaOH}}{V_{HCl} + V_{NaOH}}$$

例如,当滴入 NaOH 溶液 18.00 mL 时,溶液中 90.0% 的酸被中和,剩余 HCl 为 2.00 mL,这时 pH 值为:

$$[H^+] = \frac{0.100\ 0 \times 20.00 - 0.100\ 0 \times 18.00}{20.00 + 18.00} = 5.3 \times 10^{-3}\ mol/L$$

$$pH = -lg[H^+] = -lg5.3 \times 10^{-3} = 2.28$$

当滴入 NaOH 溶液 19.98 mL 时,溶液中 99.9% 的酸被中和,剩余 HCl 为 0.02 mL 相当于 0.10% 的酸未被中和,此时有 -0.10% 的相对误差。这时 pH 值为:

$$[H^+] = \frac{0.100\ 0 \times 20.00 - 0.100\ 0 \times 19.98}{20.00 + 19.98} = 5.0 \times 10^{-5}\ mol/L$$

$$pH = -\lg[H^+] = -\lg 5.0 \times 10^{-5} = 4.30$$

3. 计量点时　即加入 NaOH 为 20.00 mL 时,HCl 全部被中和,此时溶液的 pH 值由水的离解决定:

$$[H^+] = [OH^-] = \sqrt{K_w} = \sqrt{1.0 \times 10^{-14}} = 1.0 \times 10^{-7} \text{ mol/L}$$

$$pH = -\lg[H^+] = -\lg 1.0 \times 10^{-7} = 7.00$$

4. 计量点后　溶液 pH 值又由过量的 NaOH 溶液来决定。

$$[OH^-] = \frac{C_{NaOH}V_{NaOH} - C_{HCl}V_{HCl}}{V_{NaOH} + V_{HCl}}$$

例如,当滴入 NaOH 溶液 20.02 mL 时,NaOH 溶液过量 0.02 mL(相对误差为 +0.10%)时的 pH 值为:

$$[OH^-] = \frac{0.100\,0 \times 20.02 - 0.100\,0 \times 20.00}{20.02 + 20.00} = 5.0 \times 10^{-5} \text{ mol/L}$$

$$pOH = \lg[OH^-] = -\lg 5.0 \times 10^{-5} = 4.30$$

$$pH = 14 - pOH = 14 - 4.30 = 9.70$$

用类似的方法可计算出滴定过程中溶液的 pH 值,其结果列于表 4-3。

表 4-3　0.100 0 mol/LNaOH 滴定 20.00 mL 0.100 0 mol/LHCl 时 pH 值的变化情况

滴入 V_{NaOH}/mL	滴入百分率	pH
0.00	0.00	1.00
18.00	90.00	2.28
19.80	99.00	3.30
19.98	99.90	4.30
20.00	100.0	计量点　7.00
20.02	100.1	9.70
20.20	101.0	10.70
22.00	110.0	11.68
40.00	200.0	12.50

以 NaOH 加入量为横坐标,溶液的 pH 值为纵坐标作图,可得到强碱滴定强酸的滴定曲线,见图 4-5。

(二)讨论

滴定过程中 pH 值变化的规律从表 4-3 和图 4-5 可以看出,从滴定开始到加入 19.98 mL 的 NaOH 溶液,即 99.90% HCl 被中和止,溶液的 pH 变化较慢,仅改变了 3.3 个 pH 单位。但在计量点前后,从剩余 0.02 mL 的 HCl 到过量 0.02 mL 的 NaOH 仅一滴标准溶液之差,即滴定由不足 0.10% 到过量 0.10%,就使溶液的酸度发生了巨大变化,曲线急剧上升,此时 pH 值由 4.30 急剧增大到 9.70,增大了 5.40 个 pH 单位。这种 pH 值的突变称为滴定突跃。滴定突跃所在的 pH 范围称为滴定突跃范围。此后再继续加入 NaOH 溶液,则溶液的 pH 值变化又越来越小,曲线又较平坦。

如果用强酸滴定强碱,则滴定曲线恰与图 4-5 的曲线对称,即 pH 值变化方向相反,如图 4-7。

1. 指示剂的选择原则　滴定突跃范围是选择指示剂的主要依据。在理想情况下,指示剂的变色点应恰好在计量点,但实际上往往有困难。因此,选择指示剂的原则是:指示剂的变色范围必须全部或一部分在滴定的突跃范围之内,这样由于滴定终点不等于计量点而引起的滴定误差不致大于±0.2%。根据这一原则,在以上的滴定中,酚酞、甲基红、中性红和甲基橙等都是适用的指示剂。

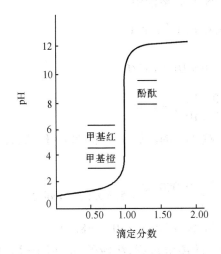

图 4 - 5   0.100 0 mol/L NaOH 滴定

0.100 0 mol/L HCl 的滴定曲线

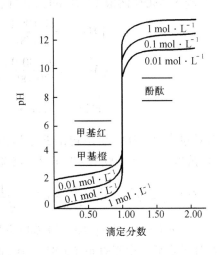

图 4 - 6   不同浓度 NaOH 滴定

不同浓度 HCl 的滴定曲线

2. 影响滴定突跃范围的因素   滴定的突跃范围大小和溶液的浓度有关,见图 4 - 6。从中可以看出,若用 0.01 mol/L,0.1 mol/L,1.0 mol/L 三种浓度的强碱标准溶液分别滴定相应浓度的强酸溶液时,它们的突跃范围 pH 值分别为 5.3 ~ 8.7,4.3 ~ 9.7,3.3 ~ 10.7。可见,溶液的浓度越大,突跃范围也越大;选择的指示剂越多,变色越敏锐。当用 0.01 mol/L 的 NaOH 溶液滴定 0.01 mol/L 的 HCl 溶液时,甲基红和酚酞仍可用做指示剂,但甲基橙就不能应用,其误差可达 1.0% 以上。

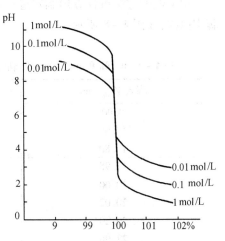

图 4 - 7   不同浓度的 HCl 滴定

不同浓度的 NaOH 曲线

二、强碱滴定一元弱酸

(一)滴定曲线

这一类型滴定的基本反应式如下:

$$OH^- + HA \Longrightarrow H_2O + A^-$$

现以 0.100 0 mol/L 的 NaOH 溶液滴定 20.00 mL 的 0.100 0 mol/L 的 HAc 溶液为例。整个滴定过程可分为四个阶段。

1. 滴定前   溶液的 $[H^+]$ 浓度主要来自 HAc 的离解。因为 $K_a C > 20 K_w$,$C/K_a > 500$,则:

$$[H^+] = \sqrt{K_a \cdot C} = \sqrt{1.8 \times 10^{-5} \times 0.100 0} = 1.3 \times 10^{-3} \ mol/L$$

$$pH = -lg[H^+] = -lg 1.3 \times 10^{-3} = 2.89$$

2. 滴定开始至计量点前 在这阶段溶液中未反应的 HAc 和反应产物 NaAc 组成一个缓冲体系,溶液的 pH 值可按缓冲溶液计算公式求得:

$$pH = pK_a + \lg \frac{[共轭碱]}{[酸]}$$

例如,当滴入 NaOH 溶液 19.98 ml(相对误差为 0.10%)时,溶液中

$$[HAc] = \frac{0.100\ 0 \times 0.02}{20.00 + 19.98} = 5.0 \times 10^{-5}\ mol/L$$

$$[Ac^-] = \frac{0.100\ 0 \times 19.98}{20.00 + 19.98} = 5.0 \times 10^{-2}\ mol/L$$

$$pH = -\lg 1.8 \times 10^{-5} + \lg \frac{5.0 \times 10^{-2}}{5.0 \times 10^{-5}} = 7.74$$

3. 计量点时 HAc 全部转化成为 NaAc,根据弱碱 Ac^- 的离解平衡来计算 pH 值,此时 NaAc 的浓度为 0.05 000 mol/L,$C/K_b > 500$,则:

$$[OH^-] = \sqrt{K_b \cdot C} = \sqrt{\frac{K_w}{K_a} \cdot C} = \sqrt{\frac{1.00 \times 10^{-14} \times 0.050\ 00}{1.8 \times 10^{-5}}} = 5.3 \times 10^{-6}\ mol/L$$

$$pH = 14.00 - pOH = 14.00 + \lg[OH^-] = 14.00 + \lg 5.3 \times 10^{-6} = 8.72$$

4. 计量点后 由于过量 NaOH 存在,抑制了 Ac^- 的离解过程,溶液的 pH 值由过量的 NaOH 浓度决定,计算方法与强碱滴定强酸相同。例如,当滴入 NaOH 溶液 20.02 mL(过量的 NaOH 为 0.02 mL,相对误差为 +0.10%)时,pOH = 4.30,pH = 9.70。

用类似的方法可计算出滴定过程中溶液的 pH 值,其结果例于表 4-4 中,并以此绘制滴定曲线,如图 4-8 所示。

表 4-4　0.100 0 mol/LNaOH 滴定 20.00 mL 0.100 0 mol/LHAc 时 pH 值的变化情况

滴入 V_{NaOH}/mL	滴入百分率	pH
0.00	0.00	2.89
18.00	90.00	5.69
19.80	99.00	6.74
19.98	99.90	7.74 ⎫突跃范围
20.00	100.0	计量点 8.73
20.02	100.1	9.70
20.20	101.0	10.70
22.00	110.0	11.68
40.00	200.0	12.50

(二)讨论

1. 与强碱滴定强酸的滴定曲线比较 比较图 4-8 与图 4-5,可看出其滴定曲线具有以下特点。因 HAc 是弱酸,其离解度小,溶液中的[H⁺]不等于弱酸的原始浓度,因此滴定曲线的起点不在 pH = 1.0 处,而在 pH = 2.89 处,即曲线起点的 pH 值高。滴定开始后,反应产物 Ac^- 的同离子效应抑制了 HAc 的离解,溶液中[H⁺]较快地降低,pH 值很快增大,使曲线一开始斜率较大。随着滴定的进行,HAc 的浓度不断降低,而 NaAc 浓度逐渐增大,溶液的缓冲能力也增大,使溶液 pH 变化缓慢,当 50% HAc 被滴定时,[HAc]/[Ac⁻] = 1,溶液的

缓冲容量最大,此时曲线出现较平坦部分的中间。接近计量点时,HAc 浓度已很低,溶液的缓冲作用显著减弱,若继续加入 NaOH,溶液的 pH 值则又较快地增大。由于滴定产物 Ac^- 是弱碱,计量点时溶液不是中性而是弱碱性,计量点后为 NaAc 与 NaOH 混合溶液,Ac^- 碱性较弱,它的离解几乎受到来自过量 NaOH 中 OH^- 的完全抑制,使此部分曲线与 NaOH 滴定 HCl 的曲线基本重合。

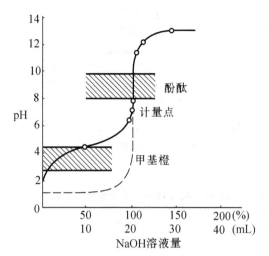
图 4-8 0.100 0 mol/L NaOH 滴定 0.100 0 mol/L HAc 的滴定曲线

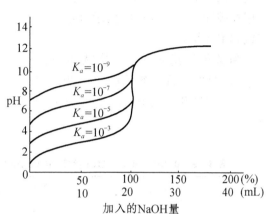
图 4-9 0.100 0 mol/L NaOH 滴定不 不同强度一元酸的滴定曲线

2. 指示剂的选择 强碱滴定弱酸的突跃范围比滴定同样浓度的强酸的突跃范围小得多,$[H^+]$ 只发生了近百倍的变化,而且是在弱碱性区域,突跃范围的 pH 值 = 7.74~9.70;由于突跃范围小,可供选择的指示剂少,变色敏锐性较差,只能选择在碱性范围内变色的指示剂,如酚酞或百里酚蓝等。

3. 影响酸碱滴定突跃范围大小的因素 用一定浓度的 NaOH 滴定不同强度的一元弱酸时,滴定的突跃范围的大小与弱酸的 K_a 值和浓度有关。图 4-9 为 0.100 0 mol/L 的 NaOH 滴定 20.00 mL 的 0.100 0 mol/L 不同强度的弱酸的滴定曲线。

从图 4-9 可看出,当酸的浓度一定时,K_a 值越大,即酸越强时,滴定的突跃范围越大;当 $K_a \leqslant 10^{-9}$ 时,已没有明显的突跃了,这时已无法利用一般的酸碱指示剂确定它的滴定终点。另一方面,当 K_a 值一定时,酸的浓度越大,突跃范围也越大。实践证明,要使人眼能借助指示剂的变色来准确判断终点,溶液的突跃范围(ΔpH)必须在 0.3 个 pH 单位以上,在这个条件下,分析结果的相对误差 $\leqslant \pm 0.10\%$。但对弱酸来讲,只有当 $C_a K_a \geqslant 10^{-8}$ 时,才能满足这一要求。因此,通常以 $C_a K_a \geqslant 10^{-8}$ 作为能否直接地准确滴定一元弱酸的依据。

三、强酸滴定一元弱碱

强酸滴定一元弱碱的情况与强碱滴定一元弱酸的情况相似。现以 0.100 0 mol/L 的 HCl 滴定 20.00 mL 的 0.100 0 mol/L 的 $NH_3 \cdot H_2O$ 为例,其反应式如下:

$$H^+ + NH_3 \cdot H_2O \longleftrightarrow NH_4^+ + H_2O$$

现将滴定过程中溶液 pH 值的变化情况列入表 4-5 中,并以此绘制滴定曲线(图 4 - 10)。

比较图 4 - 10 与图 4 - 8,可以看出强酸滴定弱碱与强碱滴定弱酸的滴定曲线是相似的,但 pH 值变化的方向相反。由于反应生成物 NH_4^+ 是弱酸,计量点时的 pH 值为 5.28,溶液呈弱酸性,滴定突跃范围的 pH = 6.24 ~ 4.30。因此,必须选用在酸性范围内变色的指示剂如甲基红或溴甲酚绿等。

和弱酸的滴定一样,弱碱的强度(K_b)和浓度 C_b 都会影响滴定突跃范围的大小,只有当 $C_bK_b \geq 10^{-8}$ 时才能准确滴定。

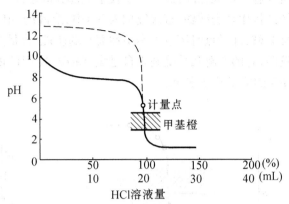

图 4 - 10　0.100 0 mol/LHCl 滴定
0.100 0 mol/LNH₃H₂O 的滴定曲线

表 4 - 5　0.100 0 mol/LHCl 滴定 20.00 mL0.100 0 mol/LNH₃H₂O 时 pH 值的变化情况

滴入 V_{HCl}/mL	滴入百分率	pH
0.00	0.00	11.12
18.00	90.00	8.29
19.80	99.00	7.30
19.98	99.90	6.24 ⎫
20.00	100.0	计量点 5.28 突跃范围
20.02	100.1	4.30 ⎭
22.00	110.0	2.30
40.00	200.0	1.30

四、强碱滴定多元酸

常见的多元酸大多是弱酸,它们在水溶液中分步离解。例如,H_3PO_4 可分三步离解:

$$H_3PO_4 \rightleftharpoons H^+ + H_2PO_4^-$$

$$\frac{[H^+][H_2PO_4^-]}{[H_3PO_4]} = K_{a1} = 7.6 \times 10^{-3}$$

$$H_2PO_4^- \rightleftharpoons H^+ + HPO_4^{2-} \qquad \frac{[H^+][HPO_4^{2-}]}{[H_2PO_4^-]} = K_{a2} = 6.3 \times 10^{-8}$$

$$HPO_4^{2-} \rightleftharpoons H^+ + PO_4^{3-} \qquad \frac{[H^+][PO_4^{3-}]}{[HPO_4^{2-}]} = K_{a3} = 4.4 \times 10^{-12}$$

当用强碱滴定多元酸时,酸碱反应和离解一样也是分步进行的。但二元酸是否有两个突跃,三元酸是否有三个突跃呢?能否进行分步滴定,就要根据下述原则来判断。

(1)若 $CK_{a1} > 10^{-8}$ 表明该酸的第一步电离出来的 [H^+] 能用强碱溶液直接准确滴定。若 $cK_{a1} < 10^{-8}$,则不能直接滴定。例如,硼酸 $K_{a1} = 7.3 \times 10^{-10}$。

(2)若 $K_{a1}/K_{a2} \geq 10^4$,表明在第一个 [H^+] 被准确滴定时,可产生第一个突跃,即说明第二步离解产生的$[H^+]$不会干扰第一个$[H^+]$与碱的中和反应。若$K_{a1}/K_{a2} \leq 10^4$，表明第一个$[H^+]$虽然能被准确滴定，但第二步离解出来的$[H^+]$干扰第一个$[H^+]$的中和反应，也就是第一个$[H^+]$没有被全部中和时，第二步离解出来的$[H^+]$就开始与碱反应了，使得溶液中的$[H^+]$浓度不会发生大的变化。即不能产生突跃。

（3）同理，若$CK_{a2} \geq 10^{-8}$，表明该酸的第二步电离出来的$[H^+]$能用强碱直接准确滴定。若$K_{a2}/K_{a3} \geq 10^4$，则表明在第二个$[H^+]$被滴定时，可产生第二个突跃。即第三步离解产生的$[H^+]$不会干扰第二个$[H^+]$的滴定。若$K_{a2}/K_{a3} < 10^4$，表明第二个$[H^+]$虽然能被准确滴定，但因第三步离解出来的$[H^+]$干扰第二个$[H^+]$的中和反应，也就是第二个$[H^+]$没有被全部中和时，第三步离解出来的$[H^+]$就开始与碱反应了，所以不能产生第二个突跃。

（4）若只有三元酸且$C \cdot K_{a3} \geq 10^{-8}$，即可产生第三个突跃。可以这样认为，因为没有了第四步离解的产生，也就谈不上干扰或影响了。

以此类推，可进行判断四元酸以上多元酸的滴定情况。

例如亚硫酸，$K_{a1} = 1.3 \times 10^{-2}$，$K_{a2} = 6.3 \times 10^{-8}$，$K_{a1}/K_{a2} > 10^4$，且能用NaOH溶液滴定，并有两个突跃，产生第一个突跃时，即达到第一计量点，此时生成两性物质$NaHSO_3$；产生第二个突跃时，达到第二计量点，此时生成多元弱碱Na_2SO_3。

例如氢硫酸，$K_{a1} = 1.3 \times 10^{-7}$，$K_{a2} = 7.1 \times 10^{-15}$，虽能用NaOH溶液滴定，但只有一个突跃，计量点时生成两性物质NaHS。

例如草酸，$K_{a1} = 5.4 \times 10^{-2}$，$K_{a2} = 5.4 \times 10^{-5}$，因$K_{a1}/K_{a2} < 10^4$，第一计量点时不能产生突跃，只有第二计量点时才产生突跃。因此，在用NaOH溶液滴定时，只能产生一个突跃。计量点时生成多元弱碱$Na_2C_2O_4$。许多有机弱酸，如酒石酸、琥珀酸、柠檬酸等，由于相邻离解常数之比都太小，不能分步滴定，但又因最后一级常数都大于10^{-7}，因此能用NaOH溶液滴定，滴定最后一个H^+离子时形成突跃。

根据上述原则，分析一下用0.100 0 mol/L的NaOH溶液滴定20.00 ml的0.100 0 mol/L的H_3PO_4时的情况。因$C \cdot K_{a1} > 10^{-8}$，$K_{a1}/K_{a2} > 10^4$；且$C \cdot K_{a2} \approx 10^{-8}$，$K_{a2}/K_{a3} > 10^4$，因此能分步滴定得到两个突跃，但第二计量点突跃不够明显。又因为$C \cdot K_{a3} < 10^{-8}$，而得不到第三个突跃。其滴定曲线如图4-11所示。

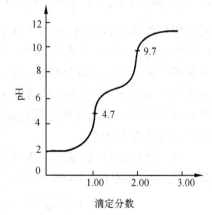

图4-11 0.100 0 mol/L NaOH 滴定
0.100 0 mol/L H_3PO_4 的滴定曲线

多元酸的滴定曲线计算比较复杂，通常用pH计测定滴定过程中的pH值从而绘制滴定曲线。在实际工作中，为了选择指示剂，通常只需计算计量点的曲线pH值，然后选择合适的指示剂。

因此，用NaOH标准溶液滴定H_3PO_4时，因为第一计量点时，反应生成物是两性物质NaH_2PO_4，所以：

$$[H^+] = \sqrt{K_{a1}K_{a2}}$$

$$pH = \frac{1}{2}(pK_{a1} + pK_{a2}) = \frac{1}{2}(2.12 + 7.20) = 4.66$$

可选甲基红、溴甲酚绿等做指示剂，若选用甲基橙为指示剂，应采用同浓度的NaH_2PO_4溶液为参比，误差可小于0.5%。第二计量点时，反应生成物为两性物质Na_2HPO_4，所以：

$$[H^+] = \sqrt{K_{a2}K_{a3}}$$

$$pH = \frac{1}{2}(K_{a2} + K_{a3}) = \frac{1}{2}(7.20 + 12.36) = 9.78$$

可选酚酞、百里酚酞等做指示剂。

五、强酸滴定多元碱

多元碱如 Na_2CO_3、$Na_2B_4O_7$ 等,用强酸滴定时,其情况与多元酸的滴定相似。现以 0.100 0 mol/L 的 HCl 滴 20.00 mL 的 0.100 0 mol/L 的 Na_2CO_3 溶液为例进行讨论。反应分两步进行:

$$CO_3^{2-} + H^+ \Longrightarrow HCO_3^-$$

$$HCO_3^- + H^+ \Longrightarrow H_2CO_3$$

$$\longrightarrow CO_2 \uparrow + H_2O$$

$$K_{b1} = \frac{K_w}{K_{a2}} = \frac{1.00 \times 10^{-14}}{5.6 \times 10^{-11}} = 1.8 \times 10^{-4}$$

$$K_{b2} = \frac{K_w}{K_{a1}} = \frac{1.00 \times 10^{-14}}{4.2 \times 10^{-7}} = 2.4 \times 10^{-8}$$

因 $C \cdot K_{b1} = 1.8 \times 10^{-4} > 10 \times 10^{-8}$,$C \cdot K_{b2} = 2.4 \times 10^{-9} \approx 10^{-8}$,$K_{b1}/K_{b2} = 10^4$,所以 Na_2CO_3 可被 HCl 标准溶液直接滴定,滴定曲线如图 4 - 11 所示。

达到第一计量点时,生成的 $NaHCO_3$ 是两性物质,此时溶液的 pH 值为:

$$pH = \frac{1}{2}(pK_{a1} + pK_{a2}) = \frac{1}{2}(6.38 + 10.25) = 8.32$$

虽可用酚酞作为指示剂,但由于 K_{b1}/K_{b2} 较小,同时生成的 $NaHCO_3$ 具有缓冲作用,因此滴定突跃不明显。为能准确判断第一终点,常用相同浓度的 $NaHCO_3$ 作为参比溶液或采用变色点为 8.30 的甲酚红 - 百里酚蓝混合指示剂,可提高滴定结果的准确度。

第二计量点时,溶液是 CO_2 的饱和溶液,其中 H_2CO_3 的浓度为 0.040 mol/L。

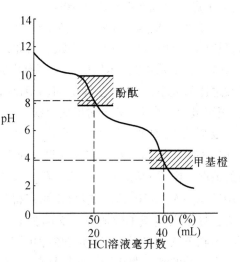

图 4 - 12 0.100 0 mol/LHCl 滴定 0.100 0 mol/LNa$_2$CO$_3$ 的滴定曲线

$$[H^+] = \sqrt{K_{a1} \cdot C} = \sqrt{4.2 \times 10^{-7} \times 0.040} = 1.3 \times 10^{-4} \text{ mol/L}$$

$$pH = -lg[H^+] = -lg1.3 \times 10^{-4} = 3.89$$

可选用甲基橙为指示剂。但由于这时易形成 CO_2 的过饱和溶液,滴定过程中生成的 H_2CO_3 只能慢慢地转变为 CO_2,这就使溶液的酸度增大,终点出现过早,且变色不明显,往往不易掌握终点。因此,在滴定快达到计量点时,应剧烈地摇动溶液,以加快 H_2CO_3 的分解,或在近终点时,加热煮沸溶液以除去 CO_2,待溶液冷却后再继续滴定至终点。也可以在滴定时采用被 CO_2 所饱和的并含有相同浓度的 NaCl 溶液和指示剂的溶液为参比。

总之,从以上的讨论可见,滴定过程生动地体现了由量变到质变的辩证规律。在酸碱滴定中溶液 pH 值的变化情况,随着酸碱溶液强弱的不同具有不同的滴定曲线。因此,只有了解在滴定过程中,特别是计量点前后,即不足 0.1% 和过量 0.1% 时的 pH 值,才能选用最合适的指示剂,达到准确测定的目的。

第五节　滴定误差

滴定终点与计量点不完全一致所产生的误差,称为终点误差。终点误差一般又称为滴定误差,通常不包括滴定过程中其他误差。产生酸碱滴定误差的主要原因有以下两个方面。

一、指示剂误差

指示剂误差是由于指示剂的变色点与滴定反应的计量点不一致所引起的。例如,以强酸滴定强碱时,计量点时 pH 值为 7.00,而我们用甲基橙做指示剂时,由于其变色范围为 pH = 3.1 ~ 4.4,显然就需多用去一些酸。为减少指示剂误差,就要选用指示剂的 pK_{HIn} 值尽可能靠近计量点的 pH 值,并掌握好滴定终点的颜色。

二、滴数误差

在滴定过程中,从滴定管滴下的液滴不是无限小的,所以滴定往往不能恰好在计量点结束。为减少滴数误差,在操作时要掌握好滴定速度,尤其是近终点时,要放慢滴定速度,减少液滴的体积,最好要半滴半滴地加入。

此外,标准溶液的浓度、指示剂的用量等都对滴定误差有影响。

第六节　标准溶液

酸碱滴定中常用的标准溶液都是由强酸或强碱制备的。溶液的浓度一般配成 0.01 ~ 1 mol/L,最常用的浓度是 0.1 mol/L。太浓不仅消耗试剂太多,造成浪费,并且用量不易控制,易造成较大的正误差,太稀则滴定突跃范围小,得不到准确的结果。

一、盐酸标准溶液的制备

(一)盐酸标准溶液的配制

酸标准溶液可用盐酸、硫酸来配制,由于盐酸的酸性比硫酸强,不显氧化性(不会破坏指示剂),同时大多数氯化物易溶于水,稀盐酸的稳定性也相当好。因此盐酸是常用的酸标准溶液。

盐酸易逸出 HCl 气体,不符合基准物的条件,所以盐酸标准溶液不能直接配制,而是先配成近似所需浓度的溶液,然后用基准物质标定。

(二)盐酸标准溶液的标定

标定盐酸标准溶液的基准物质,最常用的是无水碳酸钠及硼砂。

1. 用无水碳酸钠标定　Na_2CO_3 易纯制,价格便宜,符合基准物质的条件,但有强烈的吸湿性,因此用前必须在 270 ℃ ~ 300 ℃ 加热干燥至恒重,然后放在干燥器中冷却备用。加热时,温度不应超过 300 ℃,否则将有部分 Na_2CO_3 分解为 Na_2O。

用 Na_2CO_3 标定 HCl 的化学反应方程式如下:

$$Na_2CO_3 + 2HCl \Longrightarrow 2NaCl + CO_2 \uparrow + H_2O$$

计量点时,溶液的 pH = 3.89,故可选甲基橙或甲基红等作为指示剂,也可选用溴甲酚绿 – 甲基红混合指示剂。

2. 用硼砂标定　硼砂($Na_2B_4O_7 \cdot 10H_2O$)无吸湿性,也易纯制,在水中重结晶两次(结晶析出的温度在 50 ℃ 以下),可获得合乎要求的硼砂。析出的晶体在室温下,相对湿度为 60% ~70% 的空气中,干燥一天一夜,干燥的硼砂结晶应保存在相对湿度为 60% 的干燥器(内装有 NaCl 和蔗糖饱和溶液)中,否则部分晶体在空气中易风化失去部分水而使组成发生变化。

用硼砂标定 HCl 的化学反应方程式如下:

$$Na_2B_4O_7 + 2HCl + 5H_2O \Longrightarrow 4H_3BO_3 + 2NaCl$$

计量点时,溶液的 pH 值由 H_3BO_3 的浓度及其电离常数($K_{a1} = 5.5 \times 10^{-10}$)决定,其 pH = 5.1,故可用甲基红等作为指示剂。

二、氢氧化钠标准溶液的制备

(一)氢氧化钠溶液的配制

氢氧化钠价格比氢氧化钾便宜,常用来配制碱标准溶液。氢氧化钠具有很强的吸湿性,也易吸收空气中的 CO_2,因此不能用直接法制备氢氧化钠标准溶液,而是先配成近似所需浓度的溶液,然后用基准物质标定。

CO_2 对 NaOH 标准溶液的影响,有时不能忽视。因为 NaOH 可与 CO_2 作用生成 Na_2CO_3:

$$2NaOH + CO_2 \Longrightarrow Na_2CO_3 + H_2O$$

而 Na_2CO_3 在用酚酞和甲基橙作为指示剂时,摩尔比不同,如用含 Na_2CO_3 的 NaOH 标准溶液测定 HCl 时,则用甲基橙作指示剂,即:

$$NaOH + HCl \Longrightarrow NaCl + H_2O$$

$$Na_2CO_3 + 2HCl \Longrightarrow 2NaCl + CO_2 \uparrow + H_2O$$

这样 NaOH 与 HCl 作用时,$NaOH \Rightarrow HCl$,而 Na_2CO_3 与 HCl 作用时,$2NaOH \backsimeq Na_2CO_3 \backsimeq 2HCl$,即 $n_{NaOH} = n_{HCl}$,没有误差。若用酚酞作为指示剂时,所发生的反应为:

$$NaOH + HCl \Longrightarrow NaCl + H_2O$$

$$Na_2CO_3 + HCl \Longrightarrow NaHCO_3 + NaCl$$

这样 Na_2CO_3 与 HCl 作用时,$2NaOH \Rightarrow Na_2CO_3 \Rightarrow HCl$,即 $2NaOH \Rightarrow HCl$,需多消耗 NaOH 标准溶液,产生正误差。

如用含 Na_2CO_3 的 NaOH 标准溶液测定弱酸(如 HAc)时,因计量点在碱区,所以必须用酚酞作为指示剂,滴定时发生:

$$NaOH + HAc \Longrightarrow NaAc + H_2O$$

$$Na_2CO_3 + HAc \Longrightarrow NaHCO_3 + NaAc$$

这样 NaOH 与 HAc 作用时,$NaOH \backsimeq HAc$,而 Na_2CO_3 与 HAc 作用时,$2NaOH \backsimeq Na_2CO_3 \backsimeq HAc$,即 $2NaOH \backsimeq HAc$,需多消耗 NaOH 标准溶液产生正误差,含 Na_2CO_3 愈多,误差愈大。尤其是 NaOH 标准溶液中 Na_2CO_3 会不断增加,因此必须配制不含 Na_2CO_3 的 NaOH 标准

溶液。

不含 Na_2CO_3 的 NaOH 标准溶液可用不同的方法来配制,最常用的方法是先配制饱和的 NaOH 溶液,其比重为 1.52,含量 52%(g/g),在这种溶液中,Na_2CO_3 的溶解度很小,它为不溶物下沉于底部,此时,吸取上清液,用经煮沸除去 CO_2 的蒸馏水稀释至所需体积。配制成的 NaOH 标准溶液应当保存在装有虹吸管及钠石灰的双孔聚乙烯塑料瓶中,密闭保存,防止空气中的 CO_2 的影响。放置过久,其浓度也会改变,应重新配制。

(二)氢氧化钠标准溶液的标定

标定 NaOH 标准溶液的基准物质,最常用的是邻苯二甲酸氢钾和草酸等,也可以与酸标准溶液比较后而求得其准确浓度。

1.用邻苯二甲酸氢钾标定 邻苯二甲酸氢钾($KHC_8H_4O_4$)容易制得纯品,在空气中不吸水,容易保存,摩尔质量较大,是用来标定 NaOH 标准溶液的基准物质。其化学反应方程式如下:

$$\underset{\text{COOK}}{\overset{\text{COOH}}{\bigcirc}} + NaOH \rightleftharpoons \underset{\text{COOK}}{\overset{\text{COONa}}{\bigcirc}} + H_2O$$

计量点时,反应产物为邻苯二甲酸钾钠,溶液的 pH 值为 9.1,可选用酚酞为指示剂。

邻苯二甲酸氢钾通常于 105 ℃时干燥至恒重备用。干燥温度不宜过高,否则会引起脱水而成为邻苯二甲酸酐。

2.用草酸标定 草酸($H_2C_2O_4 \cdot 2H_2O$)相当稳定,相对湿度在 5% ~95% 时不会风化而失水,因此,可保存在密闭容器内备用。草酸是二元弱酸,$K_{a1} = 5.4 \times 10^{-2}$,$K_{a2} = 5.4 \times 10^{-5}$,因为 $CK_{a1} > 10^{-8}$,$CK_{a2} > 10^{-8}$,$K_{a1}/K_{a2} < 10^4$,所以用 NaOH 滴定时,只有一个突跃,其反应式如下:

$$H_2C_2O_4 + 2NaOH =\!=\!= Na_2C_2O_4 + 2H_2O$$

计量点时反应产物为多元碱 $Na_2C_2O_4$,溶液的 pH = 8.5。可选用酚酞作为指示剂。

3.与 HCl 标准溶液比较 若已知酸标准溶液的浓度,则可选用甲基橙、甲基红或酚酞为指示剂,用酸标准溶液标定 NaOH 溶液,准确测出酸碱体积比,再计算 NaOH 溶液的准确浓度。

$$C_{NaOH} = \frac{V_{HCl}}{V_{NaOH}} \cdot C_{HCl}$$

第七节　应用与示例

一、应　用

酸碱滴定法既能测定一般的酸、碱以及能与酸碱起反应的物质,还能间接测定一些非酸非碱的物质,因此应用范围非常广泛。

强酸和强碱以及 $C_aK_a \geq 10^{-8}$ 或 $C_bK_b \geq 10^{-8}$ 的弱酸或弱碱,都可以用碱标准溶液或酸标准溶液直接滴定。当多元酸的 $K_{a1}/K_{a2} \geq 10^4$,且 $C_aK_{a2} \geq 10^{-8}$ 时,也可以用碱标准溶液进行分步滴定。

有些物质虽然是酸或碱,但 $C_aK_a < 10^{-8}$ 或 $C_bK_b < 10^{-8}$,不能用碱或酸标准溶液直接滴定,如 H_3BO_3、NH_4Cl 等。有些物质虽然具有酸或碱的性质,但难溶于水,如 ZnO、$CaCO_3$ 等,也不能直接滴定。这时可先加入准确过量标准溶液,待完全作用后,再用另一标准溶液回滴定。还有些物质本身没有酸碱性或酸碱性很弱不能直接滴定,但它们可与酸或碱作用或通过一些反应产生相当量的酸或碱,可用间接方式测定其含量,如蛋白质中氮的测定、醛类的测定等。

二、应用示例

(一)食醋中总酸度的测定

在食品检验中,经常以测定食醋中醋酸的含量来检验食醋的质量。食醋中除醋酸外,还含有少量乳酸等有机酸,一般用 $NaOH$ 标准溶液直接滴定,测定其总酸量来表示醋酸的含量。其反应式如下:

$$HAc + NaOH \Longrightarrow NaAc + H_2O$$

以酚酞为指示剂,终点时溶液由无色变为淡红色。若食醋颜色过深,则终点不易观察,现在"国家标准"中以酸度计测定终点。总酸量以醋酸计,应不小于 3.5%(g/mL)。

(二)药用氢氧化钠的测定

$NaOH$ 容易吸收空气中的 CO_2,使部分 $NaOH$ 变成 Na_2CO_3,形成 $NaOH$ 和 Na_2CO_3 的混合物。可采用双指示剂滴定法分别测得 $NaOH$ 和 Na_2CO_3 的含量。在溶液中先加入酚酞指示剂,然后用 HCl 标准溶液滴定,当滴定到酚酞变色,$NaOH$ 全部被 HCl 作用,而 Na_2CO_3 只被中和到 $NaHCO_3$,即相当于中和了一半,然后再加入甲基橙指示剂继续滴定到甲基橙变色,这时,$NaHCO_3$ 进一步被中和为 CO_2,根据各终点用去 HCl 标准溶液的体积,即可算出各组分的含量。

本品含总碱量以 $NaOH$ 计算,不得少于 96.0%,总碱量中 Na_2CO_3 的夹杂量不得超过 2.0%。

(三)血浆中 HCO_3^- 离子浓度的测定

人体血液中约95%以上的 CO_2 是以 HCO_3^- 离子形式存在的,临床上测定 HCO_3^- 离子浓度可帮助诊断血液中酸碱指标。在血浆中加入过量 HCl 标准溶液,使和 HCO_3^- 离子反应而生成 CO_2,并使 CO_2 逸出,然后用酚红为指示剂,用 $NaOH$ 标准溶液滴定剩余的 HCl,根据 HCl 和 $NaOH$ 标准溶液的用量,即可计算血浆中 HCO_3^- 离子的浓度($mmol/L$)。

HCl、$NaOH$ 标准溶液,酚红指示剂均用 $pH = 7$ 的生理盐水配制,终点时 $pH \approx 7.6$。正常血浆 HCO_3^- 浓度为 $22 \sim 28$ $mmol/L$

(四)食品添加剂硼酸的测定

硼酸(H_3BO_3)是一种极弱的弱酸($K_{a1} = 5.8 \times 10^{-10}$),因 $CK_{a1} < 10^{-8}$,故不能用 $NaOH$ 标准溶液直接滴定。但硼酸与多元醇生成配位酸后能增加酸的强度,如硼酸与甘油生成甘油硼酸的 $K_{a1} = 8.4 \times 10^{-8}$,与甘露醇生成的配位酸的 $K_{a1} = 5.5 \times 10^{-5}$,故可用 $NaOH$ 标准溶液直接滴定。例如,有较大量甘油存在时,其化学反应方程式如下:

$$\left[\begin{array}{l}H_2C-O \\ HC-O \\ H_2C-OH\end{array}\right\rangle B\left\langle\begin{array}{l}O-CH_2 \\ O-CH \\ HO-CH_2\end{array}\right]^{-}H^+ + NaOH \rightleftharpoons \left[\begin{array}{l}H_2C-O \\ HC-O \\ H_2C-OH\end{array}\right\rangle B\left\langle\begin{array}{l}O-CH_2 \\ O-CH \\ HO-CH_2\end{array}\right]^{-}Na^+ + H_2O$$

由反应方程式可以推出,1 摩尔 H_3BO_3 与 1 摩尔 NaOH,反应比为 1:1。

（五）血浆中总氮的测定

血浆中含有蛋白质,其含量可用总氮含量表示。测定时先将血浆中加入二氧化硒(催化剂)和浓硫酸,在微量凯氏烧瓶中进行消化,即利用硫酸的氧化性和脱水性,使有机物中的碳和氢被氧化成 CO_2 和 H_2O 逸出,其中氮转化成 $(NH_4)_2SO_4$,生成的 $(NH_4)_2SO_4$ 与过量 NaOH 作用,用水蒸气蒸馏,将蒸馏出来的 NH_3 吸收在 H_3BO_3 溶液中,以溴甲酚绿和甲基红混合指示剂作为指示剂,然后用盐酸标准溶液滴定,其化学反应方程式如下:

$$NH_3 + H_3BO_4 \rightleftharpoons NH_4H_2BO_3$$
$$NH_4H_2BO_3 + HCl \rightleftharpoons NH_4Cl + H_3BO_3$$

三、计算示例

例 4 – 20　吸取食醋试样 3.00 mL,加适量的水稀释后,以酚酞为指示剂,用 0.115 0 mol/L NaOH 标准溶液滴定至终点,用去 20.22 mL,求食醋中总酸量(以 HAc 表示)。

解　食醋试样中总酸量(HAc)为:

$$\text{HAc 的质量分数} = \frac{C_{NaOH}V_{NaOH}M_{HAc}}{1\,000 V_S/100} = \frac{0.115\,0 \times 20.22 \times 60.05 \times 100}{1\,000 \times 3.00} = 4.65 \text{ g/100 mL}$$

例 4 – 21　称取含有惰性杂质的混合碱试样 0.301 0 g,以酚酞为指示剂,用 0.106 0 mol/L HCl 溶液滴定至终点,用去 20.10 mL,继续用甲基橙为指示剂,滴定至终点时又用去 HCl 溶液 27.60 mL,问试样由何种成分组成(除惰性杂质外),各成分含量为多少?

解　本题进行的是双指示剂法的测定,其中 HCl 用量 $V_1 = 20.10$ mL,$V_2 = 27.60$ mL,根据滴定的体积关系($V_2 > V_1 > 0$),此混合碱试样是由 Na_2CO_3 和 $NaHCO_3$ 所组成。

$$W_{Na_2CO_3} = \frac{1}{2} \cdot \frac{C_{HCl}2V_1 M_{Na_2CO_3}}{1\,000 m_S}$$

$$= \frac{0.106\,0 \times 2 \times 20.10 \times 105.99}{2 \times 1\,000 \times 0.301\,0} = 0.750\,2 = 75.02\%$$

$$W_{NaHCO_3} = \frac{C_{HCl}(V_2 - V_1)M_{NaHCO_3}}{1\,000 m_S}$$

$$= \frac{0.106\,0 \times (27.60 - 20.10) \times 84.01}{1\,000 \times 0.301\,0} = 0.221\,9 = 22.19\%$$

例 4 – 23　准确称取硼酸试样 0.503 4 g 于烧杯中,加沸水使其溶解,加入甘露醇,然后用酚酞为指示剂,用 0.251 0 mol/L NaOH 标准溶液滴定至终点,用去 32.16 mL,计算试样中 H_3BO_3 以及以 B_2O_3 表示的含量。

解
$$W_{H_3BO_3} = \frac{1}{1} \cdot \frac{C_{NaOH}V_{NaOH}M_{H_3BO_3}}{1\,000 m_S}$$

$$= \frac{0.251\,0 \times 32.16 \times 61.83}{1\,000 \times 0.5034} = 0.991\,5 = 99.15\%$$

$$W_{B_2O_3} = \frac{1}{2} \cdot \frac{C_{NaOH} V_{NaOH} M_{B_2O_3}}{1\,000 m_S}$$

$$= \frac{0.251\,0 \times 32.16 \times 69.62}{2 \times 1\,000 \times 0.503\,4} = 0.558\,2 = 55.82\%$$

例 4 – 24 称取粗铵盐 1.203 4 g, 加过量 NaOH 溶液, 产生的氨经蒸馏吸收在 100.00 mL 的 0.2145 mol/L 的 HCl 溶液中, 过量的 HCl 用 0.221 4 mol/L 的 NaOH 标准溶液反滴定, 用去 3.04 mL, 计算试样中 NH_3 的含量。

解
$$W_{NH_3} = \frac{1}{1} \cdot \frac{(C_{HCl} V_{HCl} - C_{NaOH} V_{NaOH}) M_{NH_3}}{1\,000 m_S}$$

$$= \frac{(0.214\,5 \times 100.00 - 0.2214 \times 3.04) \times 17.03}{1\,000 \times 1.203\,4} = 0.294\,0 = 29.40\%$$

本章小结

1. 基本概念

(1) 混合指示剂: 两种或两种以上指示剂相混合, 或一种指示剂与另一种惰性染料相混合。利用颜色互补原理, 使终点颜色变化敏锐。

(2) 滴定曲线: 以滴定过程中溶液 pH 的变化对滴定体积 (或滴定百分数) 作图而得的曲线。

(3) 滴定误差: 滴定终点与化学计量点不完全一致所引起的误差, 与指示剂的选择有关。

(4) 滴定突跃: 化学计量点附近 ($\pm 0.1\%$) pH 的突变。

2. 基本理论

(1) 酸碱指示剂的变色原理: 指示剂本身是一类有机弱酸 (碱), 当溶液的 pH 改变时, 其结构发生变化, 引起颜色的变化而指示滴定终点。

酸碱指示剂的变色范围: $pH = pK_{HIn} \pm 1$; 理论变色点: $pH = pK_{HIn}$。

(2) 选择指示剂的原则: 指示剂变色的 pH 范围全部或大部分落在滴定突跃范围内, 均可用于指示终点。

(3) 影响滴定突跃范围的因素

① 酸 (碱) 的浓度越大, 滴定的突跃范围越大;

② 强碱 (酸) 滴定弱酸 (碱): 与 $K_{a(b)}$ 的大小有关, $K_{a(b)}$ 越大, 滴定突跃范围越大。

(4) 酸碱滴定的可行性: 强碱 (酸) 滴定一元弱酸 (碱) 时, 若 $C_{a(b)} K_{a(b)} \geqslant 10^{-8}$, 此酸、碱可被准确滴定。多元酸 (碱): $C_{a(b)} K_{a1(b1)} \geqslant 10^{-8}$, $C_{a(b)} K_{a2(b2)} \geqslant 10^{-8}$, 则两级离解的 H^+ 均可被滴定。若 $K_{a1(b1)} / K_{a2(b2)} \geqslant 10^4$, 则可分步滴定, 形成两个突跃。若 $K_{a1(b1)} / K_{a2(b2)} < 10^4$, 则两级解离的 $H^+ (OH^-)$ 被同时滴定, 只出现一个滴定突跃。若 $C_{a(b)} K_{a1(b1)} \geqslant 10^{-8}$, $C_{a(b)} K_{a2(b2)} < 10^{-8}$, 则只能滴定第一级离解的 $H^+ (OH^-)$。

3. 基本计算

$[H^+]$ 的计算:

一元强酸 (碱): 若 $C_a \geqslant 20[OH^-]$, $[H^+] = C_a$; $C_b \geqslant 20[H^+]$, $[OH^-] = C_b$。

一元弱酸(碱):若 $CK_{a(b)} \geqslant 20K_w$，$C/K_{a(b)} \geqslant 500$，用最简式 $[H^+] = \sqrt{C_a \cdot K_a}$，$[OH^-] = \sqrt{C_b \cdot K_b}$。

多元弱酸(碱):若只考虑第一级离解，按一元弱酸(碱)处理:$CK_{a1(b1)} \geqslant 20K_w$，$C/K_{a1(b1)} \geqslant 500$，用最简式 $[H^+] = \sqrt{C_a \cdot K_{a1}}$，$[OH^-] = \sqrt{C_b \cdot K_{b1}}$。

酸式盐:若 $CK_{a2} \geqslant 20K_w$，$C \geqslant 20K_{a1}$，用最简式 $[H^+] = \sqrt{K_{a1} \cdot K_{a2}}$。

缓冲溶液:若 $C_a \geqslant 20[OH^-]$，$C_b \geqslant 20[H^+]$，用最简式 $pH = pK_a + \lg \dfrac{C_b}{C_a}$。

思 考 题

1. 从质子理论来看下面各物质哪些是酸,哪些是碱,哪些为两性物质?
HAc，Ac^-；NH_3，NH_4^+；HCN，CN^-；HF，F^-；$(CH_2)_6N_4H^+$，$(CH_2)_6N_4$；HCO_3^-，CO_3^{2-}；H_3PO_4，$H_2PO_4^-$。

2. 写出下列物质在水溶液中的质子条件式。
NH_4CN、Na_2CO_3、$(NH_4)_2HPO_4$、$(NH_4)_3PO_4$、$NH_4H_2PO_4$、$NaHCO_3$

3. 标定 HCl 溶液浓度时,若采用(1)部分风化的 $Na_2B_4O_7 \cdot 10H_2O$；(2)部分吸湿的 Na_2CO_3；(3)在 110 ℃烘过的 Na_2CO_3，则标定的浓度偏低、偏高还是准确,为什么?

4. 下列各酸,哪些能用 $NaOH$ 溶液直接滴定,哪些不能;如能直接滴定,应采用什么指示剂?
(1)蚁酸($HCOOH$)$K_a = 1.77 \times 10^{-4}$
(2)(H_3BO_3)$K_{a1} = 5.8 \times 10^{-10}$，$K_{a2} = 1.8 \times 10^{-13}$，$K_{a3} = 1.6 \times 10^{-14}$
(3)琥珀酸($H_2C_4H_4O_4$)$K_{a1} = 6.4 \times 10^{-5}$，$K_{a2} = 2.7 \times 10^{-6}$
(4)枸橼酸($H_3C_6H_5O_7$)$K_{a1} = 8.7 \times 10^{-4}$，$K_{a2} = 1.8 \times 10^{-5}$，$K_{a3} = 4.0 \times 10^{-6}$
(5)顺丁烯二酸 $K_{a1} = 1.0 \times 10^{-2}$，$K_{a2} = 5.5 \times 10^{-7}$
(6)邻苯二甲酸 $K_{a1} = 1.3 \times 10^{-3}$，$K_{a2} = 3.0 \times 10^{-6}$

5. 为什么用盐酸可滴定硼砂而不能直接滴定醋酸钠?又为什么用氢氧化钠可滴定醋酸钠而不能直接滴定硼酸?

6. 酸碱指示剂的变色原理是什么,理论变色范围是多少,变色点,选择指示剂的原则是什么?

7. 设计测定下列混合物中各组分的方法原理、指示剂、操作步骤及计算公式:
(1)$HCl + H_3PO_4$　　　　(2)$HCl +$ 硼酸　　　　(3)$HCl + NH_4Cl$

8. 有一碱液,可能是 $NaOH$ 或 Na_2CO_3 或 $NaHCO_3$ 或为它们的混合物溶液。若用盐酸标准溶液滴定至酚酞终点时,耗去盐酸 V_1 mL,继续以甲基橙为指示剂滴定到终点,又耗去盐酸 V_2 mL,请依据 V_1 和 V_2 的关系判断该碱液的组成:
(1)当 $V_1 > V_2 > 0$ 时,为_____
(2)当 $V_2 > V_1 > 0$ 时,为_____
(3)当 $V_1 = V_2$ 时,为_____
(4)当 $V_1 = 0$　$V_2 > 0$ 时,为_____

(5)当 $V_1 > 0$　$V_2 = 0$ 时,为_____

习　题

1.琥珀酸$(H_2C_4H_4O_4)$(以 H_2A 表示)的 $pK_{a1} = 4.19$,$pK_{a2} = 5.57$ 试计算:

(1)在 pH 为 4.48 时 H_2A、HA^- 和 A^{2-} 的 δ_0、δ_1、δ_2。

(2)若该酸的分析浓度为 0.01 mol/L,求 pH 为 4.88 时这三种型体的平衡浓度。

$$(0.322,0.627,0.051,3.22 \times 10^{-3}\ mol/L,6.27 \times 10^{-3}\ mol/L,5.1 \times 10^{-4}\ mol/L)$$

2.计算下列溶液的 pH 值:(1)0.10 mol/L NaH_2PO_4;(2)0.05 mol/L K_2HPO_4。

$$(4.78;9.04)$$

3.将下列强电解质溶液按等体积混合,计算混合溶液的 pH 值。

(1)pH1.00 + pH200;(2)pH1.00 + pH3.00;(3)pH1.00 + pH5.00;(4)pH1.00 + pH14.00;(5)pH5.00 + pH9.00。　　　　　　　　$(1.26,1.30,1.30,13.65,7.00)$

4.计算用 NaOH 液(0.1 mol/L)滴定 HCOOH 液(0.1 mol/L)到化学计量点时溶液的 pH 值,并说明应选择何种指示剂。　　　　　　　　　　　　　　　　$(8.2;酚酞)$

5.若用 HCl 液(0.02 mol/L)滴定 KOH 液(0.02 mol/L)20.00 mL,试计算计量点前0.1%、化学计量点及化学计量点后0.1%时溶液的 pH 值。可以采用何种指示剂?

$$(9;7;5;酚酞)$$

6.取某一元弱酸(HZ)纯品1.250 g,溶成 50 mL 水溶液,用 NaOH 液(0.090 mol/L)滴定至化学计量点,消耗41.20 mL。在滴定过程中,当滴定剂加到 8.24 mL 时溶液的 pH 值为4.30。

(1)计算 HZ 的分子量;(2)计算 HZ 的 Ka 值;(3)计算化学计量点的 pH 值。

$$(337.1;1.26 \times 10^{-5};8.76)$$

7.滴定 0.630 0 g 某纯有机二元酸用去 NaOH 液(0.303 0 mol/L)38.00 mL,并又用了 HCl 液(0.225 0 mol/L)4.00 mL 回滴定(此时有机酸完全被中和),计算有机酸的分子量。

$$(118.7)$$

8.有工业硼砂1.000 g,用 HCl 液(0.100 0 mol/L)24.50 mL 滴定至甲基橙终点,分别求下列组分的百分含量:

(1)$Na_2B_4O_7 \cdot 10H_2O$;(2)$Na_2B_4O_7$;(3)B　　　　　$(46.72\%;24.65\%;5.30\%)$

9.含有某酸 HX(分子量 75.00)0.900 g 溶解成溶液为 60.00 mL,用 NaOH 溶液(0.100 0 mol/L)达到酸的一半被中和时 pH = 5.00,在计量点时 pH = 8.85,计算试样中 HX 的百分含量。　　　　　　　　　　　　　　　　　　　　　　　(50.23%)

10.称取含有 Na_2CO_3 和 $NaHCO_3$ 的试样 0.301 0 g,用酚酞为指示剂,用0.106 0 mol/L HCl标准溶液滴定至终点,用去 20.10 mL,继续用甲基橙作指示剂,滴定至终点又用去该 HCl 溶液27.60 mL,计算试样中 Na_2CO_3 和 $NaHCO_3$ 的含量。

$$(75.03\%;22.19\%)$$

11.0.250 0 $CaCO_3$ 结晶溶于 45.56 mL 的 HCl 液中,煮沸除去 CO_2 后用去 NaOH2.25 mL,中和过量的酸,已知43.33 mL 的 NaOH 液恰好中和46.46 mL 的 HCl,计算酸、碱溶液的

浓度。

(0. 115 8 mol/L;0. 124 2 mol/L)

12. 取工业用 Na_2CO_3 碱 1. 000 g 溶于水,并稀释至 100. 00 mL,取 25. 00 mL 该溶液以酚酞为指示剂消耗 HCl 液(0. 101 5 mol/L)24. 76 mL,另取 25. 00 mL 甲基橙为指示剂,消耗同样浓度的 HCl43. 34 mL,问(1)该工业碱中有哪几种碱? (2)计算各种碱的百分含量。

（NaOH 和 Na_2CO_3;10. 04% ,79. 96%）

13. 有一含 NaOH 和 Na_2CO_3 试样 0. 372 0 g,用 HCl 液(0. 150 0 mol/L)40. 00 mL 滴定至酚酞终点,问还需再加多少毫升 HCl 滴定至甲基橙终点? (13. 33 mL)

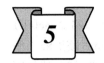

第五章
配位滴定法

学习提要:

在本章学习中,主要掌握 EDTA 与金属离子(metal ion)的配位(complex-formation)特性、条件稳定常数(conditional stable constant)的计算、影响滴定突跃范围的因素及标准溶液的配制和标定方法。熟悉影响配位平衡的主要因素、铬黑 T(eriochrome black T;EBT)金属指示剂的特性和应用条件及配位滴定(complex-formation titration)的应用。

The brief summary of study:

In this chapter, master mainly the characteristic of complex-formation between EDTA and metal ion, fully understand the calculation of conditional stable constant and the factor that influence titration mutation range, grasp the preparation of standard solution and the standardization method. Acquaint with the main factors that influence the complex-formation balance, know the characteristic and applied condition of eriochrome black T(EBT) ion indicator and familiarize the application of complex-formation titration.

第一节 概 述

配位滴定法(Complexometric titration)是以配位反应为基础的滴定分析方法。

在配位滴定法中所用的配位剂,最早为一些无机物,例如用 $AgNO_3$ 标准溶液滴定氰化物及用 $Hg(NO_3)_2$ 标准溶液滴定卤化物等,其中的配位剂都是无机物。这种以无机物作为配位剂的配位滴定称为无机配位滴定,这也是经典的配位滴定法。到 20 世纪 40 年代,许多有机配位剂,特别是氨羧配位剂用于滴定后,配位滴定法获得了迅速发展,并成为广泛应用的分析方法之一。这种应用氨羧配位剂的配位滴定称为有机配位滴定,通常称为氨羧配位滴定法。

配位反应的类型很多,但能用于配位滴定法的反应必须具备以下条件。

(1)反应要完全,生成的配位化合物要稳定。否则,滴定终点不明显。

(2)反应必须按一定的反应式定量进行,即金属离子与配位剂的反应比例要恒定,这样才有定量计算的基础。

(3)反应必须迅速。

(4)要有适当的指示剂指示滴定终点。

(5)生成的配合物最好是可溶性的。

因为许多无机配位剂与金属离子形成的配合物不够稳定,有分级配位现象,而且各级配合物的稳定性也没有显著差别,所以在滴定过程中,被测离子浓度变化没有明显的突跃,从而无法准确地判断滴定终点,因此无机配位剂在配位滴定中应用不广泛。目前主要使用的是氨羧配位剂这样一类的有机配位剂。

氨羧配位剂是一类以氨基二乙酸[$-N(CH_2COOH)_2$]为基体的配位剂。它们以 N、O 为键合原子,与金属离子配位生成具有环状结构的螯合物。常用的几种氨羧配位剂有:氨三乙酸(ATA)、乙二胺四乙酸(EDTA)、环己烷二胺基四乙酸(DCTA)、乙二纯双($\beta-$胺基乙基醚)N,N′四乙酸(ErTA)。其中乙二胺四乙酸是应用最广泛的一种。以乙二胺四乙酸为标准溶液的配位滴定法称为 EDTA 法。目前所谓的配位滴定法主要是指这种方法。

第二节　乙二胺四乙酸及其配位特性

一、乙二胺四乙酸的一般性质

乙二胺四乙酸从结构上看是一种四元酸,常用 H_4Y 表示。它为白色粉末状结晶,微溶于水(22 ℃时 0.02g/100 mL),难溶于酸及一般有机溶剂,易溶于碱及氨水中而生成相应的盐溶液,其中所形成的二钠盐可用 $Na_2H_2Y \cdot 2H_2O$ 表示,一般也称它为 EDTA。因为它在水中有较大的溶解性(22 ℃时 11.0g/100 mL),故在配位滴定法中,通常用它来配制 EDTA 的标准溶液。

乙二胺四乙酸的两个羧基上的 H^+ 可以转移到两个 N 原子上,形成双偶极离子,结构如下:

$$\sim {}^-OOCH_2C \diagdown N-CH_2-CH_2-N \diagup CH_2COO^- \atop HOOCH_2C \qquad\qquad\qquad\qquad CH_2COOH$$

结合到 N 原子上的氢难于离解,剩余的两个羧基上的氢则易离解。另外,当乙二胺四乙酸溶解于酸度很高的溶液中时,它的两个羧基可再接受 H^+ 而形成 H_6Y^{2+},这样,乙二胺四乙酸就相当于六元酸,并有六级离解平衡。但在配位滴定中较少遇到这种酸度很高的情况。其六级离解平衡如下:

$$H_6Y^{2+} \rightleftharpoons H^+ + H_5Y^+ \qquad K_{a1} = \frac{[H^+][H_5Y^+]}{[H_6Y^{2+}]} = 10^{-0.9}$$

$$H_5Y^+ \rightleftharpoons H^+ + H_4Y \qquad K_{a2} = \frac{[H^+][H_4Y]}{[H_5Y^+]} = 10^{-1.6}$$

$$H_4Y \rightleftharpoons H^+ + H_3Y^- \qquad K_{a3} = \frac{[H^+][H_3Y^-]}{[H_4Y]} = 10^{-2.0}$$

$$H_3Y^- \rightleftharpoons H^+ + H_2Y^{2-} \qquad K_{a4} = \frac{[H^+][H_2Y^{2-}]}{[H_3Y^-]} = 10^{-2.67}$$

$$H_2Y^{2-} \rightleftharpoons H^+ + HY^{3-} \qquad K_{a5} = \frac{[H^+][HY^{3-}]}{[H_2Y^{2-}]} = 10^{-6.16}$$

$$HY^{3-} \rightleftharpoons H^+ + Y^{4-} \qquad K_{a6} = \frac{[H^+][Y^{4-}]}{[HY^{3-}]} = 10^{-10.26}$$

从以上离解平衡可看出 EDTA 在水溶液中，总是以 H_6Y^{2+}、H_5Y^+、H_4Y、H_3Y^-、H_2Y^{2-}、HY^{3-} 和 Y^{4-} 七种型体存在，但在不同酸度的溶液中，这些型体的浓度是不同的。在不同 pH 条件下，EDTA 各种型体的分布如图 5 – 1 所示。

从图 5 – 1 可看出，在不同 pH 值时，EDTA 的主要存在型体如下：

pH	主要存在型体
<0.90	H_6Y^{2+}
0.90 ~ 1.6	H_5Y^-
1.6 ~ 2.00	H_4Y
2.00 ~ 2.67	H_3Y^-
2.67 ~ 6.16	H_2Y^{2-}
6.16 ~ 10.26	HY^{3-}
>10.26	Y^{4-}

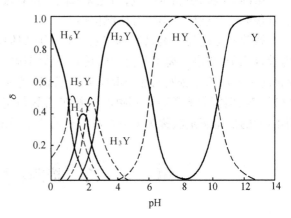

图 5 – 1　EDTA 各种型体的分布图

可见，只有在 pH > 10.26 时，才主要以 Y^{4-} 形式存在，而在 EDTA 与金属离子形成的配合物中，以 Y^{4-} 与金属离子形成的配合物最为稳定，因此溶液的酸度便可成为影响金属离子与 EDTA 作用生成配合物的稳定性的一个重要因素。

二、EDTA 与金属离子的配位特性

（一）EDTA 与金属离子形成的配合物的稳定性强

EDTA 几乎能与所有的金属离子形成配合物，且绝大多数的配合物相当稳定。因为 EDTA 具有六个可供配位的键合原子，可与金属离子同时形成多个五元螯合环，所以使其形成的配合物稳定性大为增强，例如 FeY^-。

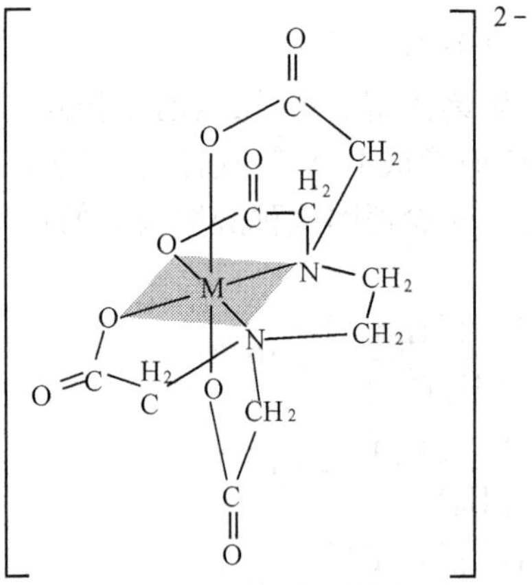

（二）EDTA 与金属离子形成的配合物的配位比简单，多为 1：1。

因为大多数金属离子的配位数是 4 或 6，而 EDTA 的 Y^{4-} 型体有六个可以与金属离子键合的原子，其中两个是氨基上的 N 原子，四个是羧基上的 O 原子，所以一个 EDTA 分子（实际上是一个 Y^{4-} 型体）可以和不同价数的一个金属离子配合形成 1：1 型配合物。见图 5 – 2。消除了分级配位的现象。

$$M^+ + Y^{4-} \Longleftrightarrow MY^{3-}$$
$$M^{2+} + Y^{4-} \Longleftrightarrow MY^{2-}$$
$$M^{3+} + Y^{4-} \Longleftrightarrow MY^-$$
$$M^{4+} + Y^{4-} \Longleftrightarrow MY$$

图 5 – 2　EDTA – M 螯合物的立体结构

（三）EDTA 与金属离子形成的配合物大多易溶于水

因为 EDTA 与金属离子形成的配合物大多带电荷，所以易溶于水，并且一般配合反应迅速，故使滴定能在水溶液中进行。

（四）EDTA 与无色的金属离子配位所形成的配合物也无色，EDTA 与少数有色金属离

子配位,可形成颜色更深的配合物。例如:

$$NiY^{2-} \qquad CuY^{2-} \qquad CoY^{2-} \qquad MnY^{2-} \qquad CrY^{-} \qquad FeY^{-}$$

蓝绿　　深蓝　　紫红　　紫红　　深紫　　黄

在滴定这些离子时,如果浓度过大颜色太深,会妨碍滴定终点的判断。

第三节　配位平衡

一、配合物的稳定性

在 EDTA 与金属离子 M 的配位反应中,配合物的形成和离解处于动态平衡状态,其反应为(为讨论方便,以后均省去电荷):

$$M + Y \rightleftharpoons MY$$

当反应达到平衡时,稳定常数 K_{MY} 可用下式表示:

$$K_{MY} = \frac{[MY]}{[M][Y]}$$

K_{MY} 的大小可以衡量 MY 配合物稳定性的大小。K_{MY} 值越大,表示生成配合物的倾向越大,离解倾向越小,即配合物越稳定。由于多数 MY 配合物的 K_{MY} 值均很大,为便于应用,故一般均取其对数值 $\lg K_{MY}$ 来表示配合物的稳定性。常见配合物的 $\lg K_{MY}$ 如表 5 – 1 所示。

表 5 – 1　MY 配合物的 $\lg K_{MY}$ 值

配合物	$\lg K_{MY}$	配合物	$\lg K_{MY}$	配合物	$\lg K_{MY}$
NaY^{3-}	1.66	FeY^{2-}	14.33	CuY^{2-}	18.70
LiY^{3-}	2.79	AlY^{-}	16.11	HgY^{2-}	21.80
AgY^{3-}	7.32	CoY^{2-}	16.31	SnY^{2-}	22.11
BaY^{2-}	7.78	CdY^{2-}	16.40	BiY^{-}	22.80
MgY^{2-}	8.64	ZnY^{2-}	16.50	CrY^{-}	23.00
CaY^{2-}	10.69	PbY^{2-}	18.30	FeY^{-}	24.23
MnY^{2-}	13.87	NiY^{2-}	18.56	CoY^{-}	36.00

由表 5 – 1 可见,EDTA 与不同金属离子形成的配合物其稳定性差别很大,碱金属离子的配合物最不稳定,$\lg K_{MY} < 8$;碱土金属离子的配合物 $\lg K_{MY} = 8 \sim 11$;Al^{3+} 及二价过渡元素的离子的配合物 $\lg K_{MY} = 15 \sim 19$;Hg^{2+} 及三价金属离子的配合物最稳定,$\lg K_{MY} > 20$。配合物稳定性的差别,主要决定于金属离子的电荷、电子层结构和离子半径等,它们是影响配合物稳定性的内因。

金属离子还能与其他配位剂 L 形成 ML_n 型配合物。ML_n 型配合物是逐级形成的,在溶液中存在着一系列配位平衡,各有其相应的平衡常数。ML_n 型配合物的逐级形成反应与相应的稳定常数是:

$$M + L \rightleftharpoons ML \qquad 第一级稳定常数 \ k_1 = \frac{[ML]}{[M][L]}$$

$$ML + L \rightleftharpoons ML_2 \qquad \text{第二级稳定常数 } k_2 = \frac{[ML_2]}{[ML][L]}$$

$$\vdots$$

$$ML_{n-1} + L \rightleftharpoons ML_n \qquad \text{第 } n \text{ 级稳定常数 } k_n = \frac{[ML_n]}{[ML_{n-1}][L]}$$

若将逐级稳定常数依次相乘,则得到各级累积稳定常数 β。

$$\beta_1 = k_1 = \frac{[ML]}{[M][L]}$$

$$\beta_2 = k_1 k_2 = \frac{[ML_2]}{[M][L]^2}$$

$$\vdots$$

$$\beta_n = k_1 k_2 \cdots k_n = \frac{[ML_n]}{[M][L]^n}$$

累积稳定常数将各级配位化合物的浓度 $[ML]$, $[ML_2]$, $\cdots$, $[ML_n]$ 直接与游离金属离子浓度 $[M]$ 和游离配位剂浓度 $[L]$ 联系起来。在配位平衡计算中,常需计算各级配合物的浓度。可用下式推算:

$$[ML] = \beta_1 [M][L]$$

$$[ML_2] = \beta_2 [M][L]^2$$

$$\vdots$$

$$[ML_n] = \beta_n [M][L]^n$$

二、影响配位平衡的主要因素

除了上述一些决定配合物稳定性的内因外,溶液的酸度、其他配位剂和共存离子的存在,都会引起一系列副反应的发生,这是影响配合物稳定性的外因,它们之间的关系可用下式表示:

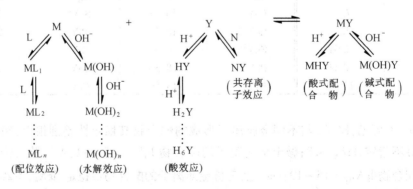

在上述反应中,金属离子 M 与配位剂 Y 的反应是主反应,其他反应都称为副反应。与反应物(M,Y)发生的副反应不利于主反应的进行,而与反应产物(MY)发生的副反应,则有利于主反应的进行。下面主要讨论溶液的酸度及其配位剂对主反应的影响,即酸效应和配位效应。

(一)配位剂 Y 的副反应

1.酸度的影响　从上式可以看出,当溶液的酸度增高时,可使生成 H_4Y 的倾向增大,降低其 MY 的稳定性。这种由于 H^+ 离子的存在引起的配位剂的副反应,使主反应进行的程度受到影响的现象,称为配位剂的酸效应。酸效应影响的大小用酸效应系数来衡量,用符号 $\alpha_{Y(H)}$ 表示:

$$\alpha_{Y(H)} = \frac{[Y']}{[Y]} \tag{5-1}$$

式中　$[Y]$——溶液中 EDTA 的 Y 型体的游离浓度;

　　　$[Y']$——溶液中未与金属离子配位的 EDTA 各种型体的总浓度,即:

$$[Y'] = [Y] + [HY] + [H_2Y] + [H_3Y] + [H_4Y] + [H_5Y] + [H_6Y]$$

$\alpha_{Y(H)}$ 可由 EDTA 的六级离解常数求出:

$$\alpha_{Y(H)} = \frac{[Y] + [HY] + [H_2Y] + [H_3Y] + [H_4Y] + [H_5Y] + [HY]}{[Y]}$$

$$= 1 + \frac{[HY]}{[Y]} + \frac{[H_2Y]}{[Y]} + \frac{[H_3Y]}{[Y]} + \frac{[H_4Y]}{[Y]} + \frac{[H_5Y]}{[Y]} + \frac{[H_6Y]}{[Y]}$$

$$[HY] = \frac{[H^+][Y]}{K_6}$$

$$[H_2Y] = \frac{[H^+][HY]}{K_5} = \frac{[H^+]^2[Y]}{K_5K_6}$$

$$[H_3Y] = \frac{[H^+][H_2Y]}{K_4} = \frac{[H^+]^3[Y]}{K_4K_5K_6}$$

$$[H_4Y] = \frac{[H^+][H_3Y]}{K_3} = \frac{[H^+]^4[Y]}{K_3K_4K_5K_6}$$

$$[H_5Y] = \frac{[H^+][H_4Y]}{K_2} = \frac{[H^+]_5[Y]}{K_2K_3K_4K_5K_6}$$

$$[H_6Y] = \frac{[H^+][H_5Y]}{K_1} = \frac{[H^+]^6[Y]}{K_1K_2K_3K_4K_5K_6}$$

故得到:

$$\alpha_{Y(H)} = \frac{[Y']}{[Y]} = 1 + \frac{[H^+]}{K_6} + \frac{[H^+]^2}{K_5K_6} + \frac{[H^+]^3}{K_4K_5K_6} +$$

$$\frac{[H^+]^4}{K_3K_4K_5K_6} + \frac{[H^+]^5}{K_2K_3K_4K_5K_6} + \frac{[H^+]^6}{K_1K_2K_3K_4K_5K_6}$$

从上式可以看出,溶液的酸度越大,$\alpha_{Y(H)}$ 值也越大,$[Y]$ 值则越小,配合物的稳定性降低;$\alpha_{Y(H)}$ 值一般均较大。现将不同 pH 值条件下的 $\lg\alpha_{Y(H)}$ 值列于表 5-2 中。

表 5-2　EDTA 在各种 pH 值下的 $\lg\alpha_{Y(H)}$ 值

pH	$\lg\alpha_{Y(H)}$	pH	$\lg\alpha_{Y(H)}$	pH	$\lg\alpha_{Y(H)}$
0.0	21.18	4.5	7.50	8.5	1.77
1.0	17.13	5.0	6.45	9.0	1.29
1.5	15.55	5.5	5.51	9.5	0.83
2.0	13.79	6.0	4.65	10.0	0.45
2.5	11.11	6.5	3.92	10.5	0.20
3.0	10.63	7.0	3.32	11.0	0.07
3.5	9.48	7.5	2.78	11.5	0.02
4.0	8.44	8.0	2.26	12.0	0.01

若以 pH 值为纵坐标,$\lg\alpha_{Y(H)}$ 或 $\lg K_{MY}$ 值为横坐标所绘制的曲线,称为 EDTA 的酸效应曲线,如图5-3所示。有了这条曲线,使用起来就更为方便。

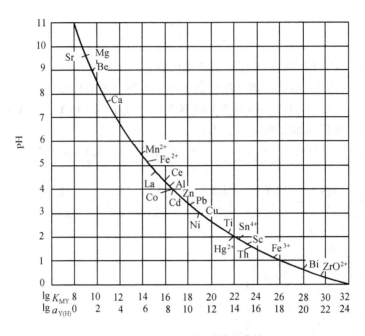

图 5-3　EDTA 的酸效应曲线

2. 共存离子效应　若除了金属离子 M 与络合剂 Y 反应外,共存离子 N 也能与络合剂 Y 反应,则这一反应可看作 Y 的一种副反应。它能降低 Y 的平衡浓度,共存离子引起的副反应称为共存离子效应。共存离子效应的副反应系数称为共存离子效应系数,用 $\alpha_{Y(N)}$ 表示:

$$\alpha_{Y(N)} = \frac{[Y']}{[Y]} = \frac{[NY]+[Y]}{[Y]} = 1 + K_{NY}[N]$$

式中　$[Y']$——NY 的平衡浓度与游离 Y 的平衡浓度之和;

　　　K_{NY}——NY 的稳定常数;

　　　$[N]$——游离 N 的平衡浓度。

若有多种共存离子 $N_1, N_2, N_3, \cdots, N_n$ 存在,则:

$$\alpha_{Y(N)} = \frac{C_Y}{[Y]} = \frac{[Y]+[N_1Y]+[N_2Y]+[N_3Y]+\cdots+[N_nY]}{[Y]} =$$

$$1 + K_{N_1Y}[N_1] + K_{N_2Y}[N_2] + K_{N_3Y}[N_3] + \cdots =$$

$$1 + \alpha_{Y(N_1)} + \alpha_{Y(N_2)} + \cdots + \alpha_{Y(N_n)} - n =$$

$$\alpha_{Y(N_1)} + \alpha_{Y(N_2)} + \cdots + \alpha_{Y(N_n)} - (n-1)$$

当有多种共存离子存在时,$\alpha_{Y(N)}$ 往往只取其中一种或少数几种影响较大的共存离子副反应系数之和,而其他次要项可忽略不计。

3. Y 的总副反应系数 α_Y　当体系中既有共存离子 N,又有酸效应时,Y 的总副反应系数为:

$$\alpha_Y = \alpha_{Y(H)} + \alpha_{Y(N)} - 1$$

(二)金属离子 M 的副反应

1. 其他配位剂的影响　在实际滴定中,为了消除干扰离子,常需加入一定量的其他配位剂将干扰离子掩蔽起来。另外,为了控制溶液的酸度,需加缓冲溶液,而有些缓冲溶液中的一些成分也具有配位作用。以上两类物质的存在,都可能与被测金属离子配位而产生一系列配合物,从而使溶液中的被测金属离子浓度降低,使 MY 离解倾向增大,降低了 MY 的稳定性。

这种由于其他配位剂的存在,引起的金属离子的副反应,使主反应进行的程度受到影响的现象,称为金属离子的配位效应。配位效应的大小以配位效应系数 $\alpha_{M(L)}$ 来衡量:

$$\alpha_{M(L)} = \frac{[M']}{[M]} \tag{5-2}$$

式中 [M]——游离的金属离子浓度;

[M']——没有与 Y 配位的金属离子的总浓度

$$C_M = [M] + [ML] + [ML_2] + \cdots + [ML_n]$$

$\alpha_{M(L)}$ 值越大,表明 M 与其他配位剂 L 配位的程度越严重,对主反应的影响的程度也越大。如果没有与 M 配位的其他配位剂,则 $\alpha_{M(L)} = 1$。根据配位平衡关系式,可导出计算 $\alpha_{M(L)}$ 的公式为:

$$[M'] = [M] + [ML_1] + [ML_2] + \cdots + [ML_n] =$$
$$[M] + K_1[M][L] + K_1K_2[M][L]^2 + \cdots + K_1K_2\cdots K_n[M][L]^n$$

代入 $\alpha_{M(L)}$ 式得到:

$$\alpha_{M(L)} = 1 + \beta_1[L] + \beta_2[L]^2 + \cdots + \beta_n[L]^n$$

2. 金属离子的总副反应系数 α_M 若溶液中有两种络合剂 L 和 A 同时与金属离子 M 发生副反应,则其影响可用 M 的副反应系数 α_M 表示:

$$\alpha_M = \frac{[M']}{[M]} =$$
$$\frac{[M] + [ML_1] + \cdots + [ML_n]}{[M]} + \frac{[M] + [MA_1] + [MA_2] + \cdots + [MA_n]}{[M]} - \frac{[M]}{[M]} =$$
$$\alpha_{M(L)} + \alpha_{M(A)} - 1$$

三、条件稳定常数

由于酸效应和配位效应等副反应的存在,影响了主反应进行的程度,当达到平衡时,没有结合成 MY 配合物的 M 和 Y 的分析浓度,比不存在副反应时增加了,其实际稳定常数可用下式表示:

$$K'_{MY} = \frac{[MY]}{[M'][Y']} \tag{5-3}$$

式中 [M'] 及 [Y'] 分别为未参加主反应的 M 及 Y 的分析浓度,根据式(5-1)、(5-2)可知:
[Y'] = α_Y[Y],[M'] = α_M[M],代入式(5-3),则:

$$K'_{MY} = \frac{[MY]}{\alpha_M[M]\alpha_Y[Y]} = \frac{[MY]}{[M][Y]}\frac{1}{\alpha_M\alpha_Y} = K_{MY}\frac{1}{\alpha_M\alpha_Y} \tag{5-4}$$

在一定条件下,α_Y、α_M 为定值,所以 K'_{MY} 是在一定条件下的稳定常数,称条件稳定常数。当 $\alpha_M = \alpha_Y = 1$ 时,$K'_{MY} = K_{MY}$,但在有副反应的条件下,α_Y 或 α_M 总是大于 1,所以 $K'_{MY} < K_{MY}$。K_{MY} 的数值在一定温度下为一常数,可从表 5-1 中查到,而 K'_{MY} 的大小是表示滴定反应能否进行的尺度。

在实际工作中,常将式(5-4)两边取对数:

$$\lg K'_{MY} = \lg K_{MY} - \lg \alpha_Y - \lg \alpha_M \tag{5-5}$$

K'_{MY}值的大小说明了 MY 配合物的实际稳定程度,因此,$\lg K'_{MY}$是判断配合物 MY 稳定性的最重要的数据之一。

当溶液中没有与 M 配位的其他配位剂时,$\lg\alpha_M = \lg 1 = 0$,此时:

$$\lg K'_{MY} = \lg K_{MY} - \lg\alpha_Y \qquad\qquad (5-6)$$

例 5-1 试分别计算在 pH = 2.0 和 10.0 时,ZnY^{2-}的条件稳定常数。

解 查表 5-1 $\quad \lg K_{ZnY} = 16.50$

查表 5-2 $\quad$ pH = 2.0 时,$\lg\alpha_{Y(H)} = 13.79$

查附录十一知 $\quad \lg\alpha_{Zn(OH)} = 0$

则 $\quad \lg K'_{ZnY} = \lg K_{ZnY} - \lg\alpha_{Y(H)} - \lg\alpha_{Zn(OH)} = 16.50 - 13.79 - 0 = 2.71$

pH = 10.0 时,查表 5-2 $\quad \lg\alpha_{Y(H)} = 0.45$ $\quad$ 查附录十一 $\quad \lg\alpha_{Zn(OH)} = 2.4$

则 $\quad \lg K'_{ZnY} = \lg K_{ZnY} - \lg\alpha_{Y(H)} - \lg\alpha_{Zn(OH)} = 16.50 - 0.45 - 2.4 = 13.65$

显然,ZnY^{2-}在 pH = 10.0 的溶液中,比在 pH = 2.00 的溶液中稳定得多。

第四节　配位滴定曲线

一、滴定曲线

在配位滴定法中,随着 EDTA 标准溶液的加入,溶液中被滴定的金属离子不断减少,在计量点附近,溶液中金属离子的浓度发生突变,产生滴定的 pM 突跃。表示配位滴定过程中金属离子浓度变化的曲线,称为配位滴定曲线。现以 0.010 00 mol/L 的 EDTA 标准溶液滴定 20.00 mL 的 0.010 00 mol/L 的 Ca^{2+} 溶液为例,用 $NH_3H_2O - NH_4Cl$ 缓冲溶液,保持溶液 pH = 10.0,讨论滴定过程中 pCa 值的变化情况。因为 $\lg K_{CaY} = 10.69$,pH = 10.0 时,$\lg\alpha_{Y(H)} = 0.45$,而 NH_3 不与 Ca^{2+} 配位,故 $\lg\alpha_{Ca(NH_3)} = 0$。所以 $\lg K'_{CaY} = \lg K_{CaY} - \lg\alpha_{Y(H)} = 10.69 - 0.45 = 10.24$,$K'_{CaY} = 1.7 \times 10^{10}$。

（一）滴定前

$$[Ca^{2+}] = 0.010\ 00\ \text{mol/L}$$

$$pCa = -\lg 0.010\ 00 = 2.00$$

（二）滴定开始至计量点前

在此阶段,溶液中尚有剩余的 Ca^{2+},则可根据剩余 Ca^{2+} 的量和溶液的体积来计算 $[Ca^{2+}]$。例如,当加入 19.98 mL 的 EDTA 溶液时:

$$[Ca^{2+}] = \frac{0.010\ 00 \times 20.00 - 0.010\ 00 \times 19.98}{20.00 + 19.98} = 5.0 \times 10^{-6}\ \text{mol/L}$$

$$pCa = -\lg 5.0 \times 10^{-6} = 5.30$$

（三）计量点时

这时溶液中既无剩余的 Ca^{2+},又无过量的 EDTA,则可根据 CaY^{2-} 的 K_{CaY} 来计算 $[Ca^{2+}]$。

已知:$\dfrac{[CaY^{2-}]}{[Ca^{2+}]C_Y} = K'_{CaY} = 1.7 \times 10^{10}$,在计量点时,$Ca^{2+}$ 与 EDTA 几乎全部作用,所以

$$[CaY^{2-}] = 0.010\,00 \times \frac{20.00}{20.00 + 20.00} = 5.0 \times 10^{-3}\ mol/L$$

此时,$[Ca^{2+}] = C_Y$,故

$$\frac{[CaY^{2-}]}{[Ca^{2+}]C_Y} = \frac{5.0 \times 10^{-3}}{[Ca^{2+}]^2} = 1.7 \times 10^{10}$$

$$[Ca^{2+}] = \sqrt{\frac{5.0 \times 10^{-3}}{1.7 \times 10^{10}}} = 5.4 \times 10^{-7}\ mol/L$$

$$pCa = -lg5.4 \times 10^{-7} = 6.27$$

(四)计量点后

这时溶液中有过量的 EDTA,可根据过量的 EDTA 和配位平衡常数式来计算 $[Ca^{2+}]$。例如,加入 20.02 mL 的 EDTA 溶液时:

$$[CaY^{2-}] = \frac{0.010\,00 \times 20.00}{20.00 + 20.02} = 5.0 \times 10^{-3}\ mol/L$$

$$[Y'] = \frac{0.010\,00 \times 20.02 - 0.010\,00 \times 20.00}{20.00 + 20.02} = 5.0 \times 10^{-6}\ mol/L$$

$$[Ca^{2+}] = \frac{[CaY^{2-}]}{[Y']K'_{MY}} = \frac{5.0 \times 10^{-3}}{5.0 \times 10^{-6} \times 1.7 \times 10^{10}} = 5.9 \times 10^{-8}\ mol/L$$

$$pCa = -lg5.9 \times 10^{-8} = 7.23$$

根据以上的计算方法,可以求出整个滴定过程中各点的 pCa 值,其结果见表 5-3。

以加入的 EDTA 的毫升数或百分率为横坐标,相应的 pCa 值为纵坐标,可绘制出一条滴定曲线,见图 5-4。曲线在计量点附近产生明显的 pCa 突跃,突跃范围为 pCa = 5.30 ~7.23。

表 5-3　0.010 00 mol/L 的 EDTA 滴定 20.00 mL 0.010 00 mol/L Ca^{2+} 时 pCa 的变化情况

V_{EDTA}/mL	EDTA	pCa
0.00	0.0	2.00
18.00	90.0	3.28
19.80	99.0	4.30
19.98	99.9	5.30
20.00	100.0	6.27
20.02	100.1	7.23
20.20	101.0	8.23
22.00	110.0	9.23
40.00	200.0	10.23

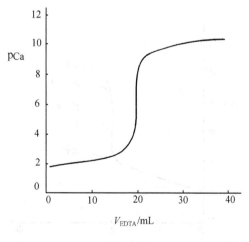

图 5-4　在 pH = 10.0 的溶液中,用 0.010 00 mol/L 的 EDTA 滴定 0.010 00 mol/L Ca^{2+} 的滴定曲线

二、影响滴定突跃范围的因素

(一)条件稳定常数的影响

当被滴定的金属离子 M 和配位剂 EDTA 的浓度一定时,配合物的条件稳定常数越大,

滴定的 pM 突跃范围越大,见图 5-5。

因为 $\lg K'_{MY} = \lg K_{MY} - \lg\alpha_Y - \lg\alpha_M$,即 K'_{MY} 的大小是受配合物的稳定常数、溶液的酸度以及存在的其他配位剂等影响,所以决定 K'_{MY} 大小的三种因素也都对配位滴定的 pM 突跃产生影响。

(1)在滴定条件相同的情况下,配合物的稳定常数 K_{MY} 值越大,配位滴定的 pM 突跃范围也越大。

(2)溶液的 pH 值越大,$\lg\alpha_{Y(H)}$ 值越小,$\lg K'_{MY}$ 值越大,配位滴定的 pM 突跃范围越大,见图 5-6。

(3)若有其他配位剂存在,则对金属离子产生配位效应。配位效应影响越大,即值 $\lg\alpha_M$ 越大,$\lg K'_{MY}$ 值就越小,配位滴定的 pM 突跃范围也越小。

(二)金属离子浓度的影响

若条件稳定常数值一定时,则被滴金属离子浓度越大,pM 值就越小,滴定曲线的起点就越低,滴定的 pM 突跃范围就越大,见图 5-7。

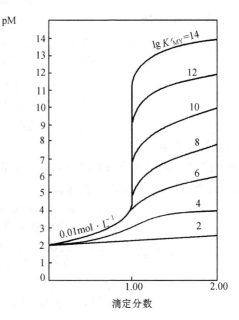

图 5-5 EDTA 滴定 K'_{MY} 不同的
金属离子的滴定曲线

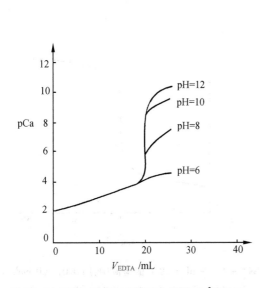

图 5-6 不同 pH 值时用 EDTA 滴定 Ca^{2+} 时的
滴定曲线

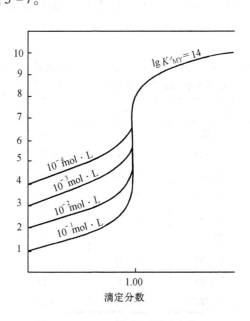

图 5-7 EDTA 滴定不同浓度的
金属离子的滴定曲线

三、配位滴定的条件

(一)滴定条件的判断

根据对配位滴定曲线的讨论可知,准确滴定金属离子的条件之一是要有足够的 K'_{MY} 值,否则突跃不明显而引起误差。条件稳定常数达到多大才能进行配位滴定呢?

根据滴定分析的一般要求,滴定误差约为 0.1%。假如金属离子和 EDTA 的原始浓度均为 0.02 mol/L,滴定计量点时,溶液的体积增大了一倍,且金属离子基本上被配位成 MY,即 $[MY] \approx 0.010$ mol/L,而此时游离的金属离子浓度 C_M 与 C_Y 相等,即 $C_M = C_Y \leqslant 0.1\% \times 0.010$ mol/L $= 10^{-5}$ mol/L,因而可得到:

$$K'_{MY} = \frac{[MY]}{C_M C_Y} \geqslant \frac{0.010}{10^{-5} \times 10^{-5}} = 10^8 \tag{5-7}$$

即

$$\lg K'_{MY} \geqslant 8 \tag{5-8}$$

式(5-8)说明在实际配位滴定中,必须要求配合物的 $\lg K'_{MY} \geqslant 8$ 时,才能使滴定误差符合规定的要求,故式(5-8)可作为判断配位滴定能否准确进行的重要参数。

例 5-2 用 0.020 mol/L 的 EDTA 滴定 0.020 mol/L 的 Zn^{2+} 时,若溶液 pH = 2.0,问能否准确滴定?若溶液的 pH = 5.0 时,情况又如何?

解 当 pH = 2.0 时,

$$\lg K'_{ZnY} = \lg K_{ZnY} - \lg \alpha_Y = 16.50 - 13.79 = 2.71 < 8$$

故不能准确滴定。

当 pH = 5.0 时,

$$\lg K'_{ZnY} = \lg K_{ZnY} - \lg \alpha_Y = 16.50 - 6.45 = 10.05 > 8$$

故可准确滴定。

(二)配位滴定适宜酸度范围

1. 滴定允许的最低 pH 值 上面已经提到,要使滴定误差约为 0.1%,就得要求所形成的配合物的 $\lg K'_{MY}$ 至少为 8。与此相应可得:

$$\lg \alpha_{Y(H)} = \lg K_{MY} - \lg K'_{MY} = \lg K_{MY} - 8$$

由表 5-1 查得 $\lg K_{MY}$ 值,代入上式即可求得 $\lg \alpha$ 值,并由表 5-2 查得所对应的 pH 值,就是滴定这种金属离子时所允许的最低 pH 值。

例 5-3 试分别求出 EDTA 滴定 Ca^{2+} 及 Fe^{3+} 的最低 pH 值。

解 $\quad\quad\quad\quad \lg \alpha_{Y(H)} = \lg K_{CaY} - 8 = 10.96 - 8 = 2.96$

则 $\quad\quad\quad\quad\quad\quad\quad pH \approx 7.6$

$$\lg \alpha_{Y(H)} = \lg K_{FeY} - 8 = 24.23 - 8 = 16.23$$

则 $\quad\quad\quad\quad\quad\quad\quad pH \approx 1.4$

将各种金属离子的 $\lg K_{MY}$ 代入式(5-8),即可求出对应的 $\lg \alpha_{Y(H)}$ 值,然后对对应的 pH 作图,即可得 EDTA 的酸效应曲线称林邦曲线(Ringbom curve),如图 5-3 所示。图中金属离子位置所对应的 pH 值就是该金属离子允许的最低 pH 值。

林邦曲线清楚地表明了滴定各种金属离子应控制的最低 pH 值。如 Bi^{3+}、Fe^{3+} 等可在强酸性溶液中滴定,Pb^{2+}、Al^{3+}、Fe^{2+} 等离子可在弱酸性溶液中进行滴定,而 Ca^{2+}、Mg^{2+} 等金属离子必须在弱碱性溶液中滴定。

必须注意,这一曲线只适用于 $C_M = 0.02$ mol/L,滴定误差 $T_E \leqslant 0.10\%$ 和金属离子没有副反应的情况时的滴定。若条件改变,则不能用此曲线,但可供参考,故对解决实际问题仍有一定意义。

2.滴定允许的最高 pH　必须指出,滴定时实际上所采用的 pH 值,要比允许的最低 pH 值高一些,这样可以使被滴定的金属离子配位更完全。但是,过高的 pH 值会引起金属离子的水解,生成多羟基配合物,从而降低了金属离子的配位能力,甚至会生成氢氧化物的沉淀,从而妨碍 MY 配合物的形成。

至于滴定的最高 pH,则以不产生氢氧化物沉淀以及其他离子不干扰为准。若不考虑其他离子的干扰,则具体数值可根据所产生的氢氧化物的溶度积而求得。

例 5 - 4　用 2.00×10^{-2} mol/L 的 EDTA 溶液滴定 2.00×10^{-2} mol/L 的 Fe^{3+} 溶液时允许的最高 pH 值是多少?

解　已知 $K_{SP,Fe(OH)_3}$,$[Fe^{3+}][OH^-]^3 = 4.0 \times 10^{-38}$,所以:

$$[OH^-] = \sqrt[3]{\frac{4.0 \times 10^{-38}}{2.00 \times 10^{-2}}} = 1.3 \times 10^{-12} \text{ mol/L}$$

$$pOH = -lg[OH^-] = -lg1.3 \times 10^{-12} = 11.89$$

$$pH = 14.00 - pOH = 14.00 - 11.89 = 2.11$$

故滴定允许的最高 pH 值为 2.11

滴定某一金属离子的允许最低 pH 与允许最高 pH 值范围,就是滴定该金属离子的最适宜的酸度范围。从例 3、例 4 可知,滴定 Fe^{3+} 时,pH = 1.2 ~ 2.1 为最适宜的 pH 范围。一般在最适宜的 pH 范围内滴定,均能获得较准确的结果。为此,在配位滴定时须加入一定量的缓冲溶液以控制溶液的酸度变动。在 pH < 2 或 pH > 12 的溶液中滴定时,可直接用强酸或强碱控制溶液的酸度;在弱酸性溶液中滴定时,可用 HAc - NaAc 或 HAc - NH_4Ac 缓冲系统(pH = 3.5 ~ 6.0)控制溶液的酸度;在弱碱性溶液中滴定时,常用 NH_3 - NH_4Cl 缓冲系统(pH = 8 ~ 11)控制溶液的酸度,但因 $NH_3 \cdot H_2O$ 与许多金属离子有配位作用,使用时应注意。

最后应该指出,本节讨论的是单一离子的情况,至于溶液中同时又有干扰离子存在时,选择酸度所需要考虑的问题更为复杂一些,这些问题将在选择滴定中加以说明。

第五节　提高配位滴定选择性的方法

由于 EDTA 配位剂具有相当强的配位能力,且配位广泛,多数金属离子同时存在时,往往相互干扰,即产生了副反应,因此,如何提高配位滴定的选择性,便成为配位滴定中要解决的重要问题。

一、消除干扰离子的条件

实践和理论推导说明,若被滴定的是 M 和 N 两种金属离子的混合溶液,要能选择性地滴定 M 且使其滴定误差不超过 0.2%,就得满足下列条件:

$$lgC_M K'_{MY} - lgC_N K'_{NY} \geqslant 5 \tag{5-9}$$

根据式(5-9)可知,$lgK'_{MY} \geqslant 8$ 时,M 离子才能准确被滴定。欲要求在此条件下,N 离子不干扰测定,则必须 $lgK'_{NY} \leqslant 3$。

例 5-5 用 2.0×10^{-2} mol/L 的 EDTA 溶液滴定 2.0×10^{-2} mol/L 的 Zn^{2+} 溶液。在 Zn^{2+} 溶液中同时存在有 5.0×10^{-3} mol/L 的 Ca^{2+}，问滴定 Zn^{2+} 时 Ca^{2+} 是否有干扰？

解
$$\Delta \lg CK' = \lg C_{Zn} K_{ZnY} - \lg C_{Ca} K_{CaY}$$
$$= (16.50 - 1.70) - (10.96 - 2.30) = 6.10$$

因为 $\Delta \lg CK > 5$，所以滴定 Zn^{2+} 时，Ca^{2+} 不会产生干扰。

例 5-6 在 pH = 5.0 的溶液中，用 EDTA 测定 Zn^{2+} 时，如果 Zn^{2+} 溶液中同时有 Ag^+ 存在，Ag^+ 是否会影响 Zn^{2+} 的滴定？

解
$$\lg K'_{ZnY} = \lg K_{ZnY} - \lg \alpha_{Y(H)} = 16.50 - 6.45 = 10.05$$
$$\lg K'_{AgY} = \lg K_{AgY} - \lg \alpha_{Y(H)} = 7.32 - 6.45 = 0.87$$

计算结果表明，$\lg K'_{ZnY} > 8$，而 $\lg K'_{AgY} < 3$，所以 Ag^+ 的存在不会影响 Zn^{2+} 的滴定。

二、消除干扰离子的方法

在金属离子混合溶液中，如果 N 的浓度较大或 K_{NY} 也大，而被测的 M 的浓度较小或 K_{MY} 也较小时，N 对 M 的准确滴定就可能产生干扰。为此，可采用以下几种方法来消除其他离子的干扰。

(一)控制溶液的酸度

为了达到滴定的最佳酸度，不仅要求 M 离子的最低 pH 值，还应算出 N 离子存在下滴定 M 离子的最高 pH 值。

例如，混合溶液中的 Bi^{3+} 和 Pb^{2+} 的浓度均为 0.010 mol/L 左右时，通过计算可分别求得滴定 Bi^{3+} 和 Pb^{2+} 所允许的最低 pH 值约为 0.7 和 3.3。要能准确滴定 Bi^{3+} 而又要让 Pb^{2+} 几乎不配位，就应使 $\lg K'_{PbY} < 3$，即 $\Delta \lg KC \geq 5$，也就是要使 $\lg K_{PbY} - \lg \alpha_{Y(H)} < 3$，即 $\lg \alpha_{Y(H)} > \lg K_{PbY} - 3 = 15.30$。通过查表 5-2 可知：在 pH < 1.6 时才能达到 $\lg \alpha > 15.30$ 的要求。倘若 pH < 0.7 时，Bi^{3+} 的配位反应就不完全；pH > 1.6 时 Pb^{2+} 就开始干扰。其结果均不能达到准确滴定 Bi^{3+} 的目的。因此，要能准确滴定 Bi^{3+}，就应控制溶液的酸度范围在 pH = 0.7~1.6 之间。

(二)选择适当的掩蔽剂

在配位滴定中，利用控制酸度的办法尚不能消除干扰离子的干扰时，则常利用掩蔽剂来降低干扰离子的浓度，使它们不与 EDTA 配位，或是使它们的 EDTA 配合物的条件稳定常数减至很小，从而消除干扰。常用的掩蔽方法有配位掩蔽法、沉淀掩蔽法及氧化还原掩蔽法等，其中以配位掩蔽法应用最多。

1. 配位掩蔽法　这是在被滴定溶液中加入某种配位剂，使其与干扰离子生成更为稳定的配合物，从而消除其干扰的方法。例如滴定 Mg^{2+} 时，用铬黑 T 作为指示剂，若溶液中同时存在 Fe^{3+}，因其对铬黑 T 的封闭作用而干扰 Mg^{2+} 的滴定，则可在滴定前先加入少量的三乙醇胺以掩蔽 Fe^{3+}。又如 Zn^{2+} 与 Al^{3+} 共存时，用 EDTA 滴定 Zn^{2+}，必须将 Al^{3+} 掩蔽，掩蔽时可在调节溶液的 pH = 10 时，用 NH_4F 作为掩蔽剂，使 Al^{3+} 与 NH_4F 形成更为稳定的 AlF_6^{3-} 配合物，而此时 F^- 并不与 Zn^{2+} 配位，从而消除 Al^{3+} 对 Zn^{2+} 测定的干扰。

常用的配位掩蔽剂见表 5-4。

表 5 - 4　常用的配位掩蔽剂

名　称	pH 范围	被掩蔽离子
氰化钾	$pH > 8$	Co^{2+}、Ni^{2+}、Cu^{2+}、Zn^{2+}、Hg^{2+}、Cd^{2+}、Ag^+
	$pH = 6$	Cu^{2+}、Co^{2+}、Ni^{2+}
氟化铵	$pH = 4 \sim 6$	Al^{3+}、Sn^{4+}、Zr^{4+}
	$pH = 10$	Al^{3+}、Ag^+、Cu^{2+}、Sr^{2+}、Ba^{2+}
三乙醇胺	$pH = 10$	Al^{3+}、Sn^{4+}、Fe^{3+}
	$pH = 11 \sim 12$	Fe^{3+}、Al^{3+}
二巯基丙醇	$pH = 10$	Hg^{2+}、Ca^{2+}、Zn^{2+}、Bi^{3+}、Pb^{2+}、Ag^+、As^{3+}、Sn^{4+}
酒石酸	$pH = 1.2$	Sb^{3+}、Sn^{4+}、Fe^{3+}
	$pH = 2$	Fe^{3+}、Sn^{4+}、Mn^{2+}
	$pH = 5.5$	Fe^{3+}、Al^{3+}、Sn^{4+}、Ca^{2+}
	$pH = 6 \sim 7.5$	Mg^{2+}、Cu^{2+}、Fe^{3+}、Al^{3+}、Mo^{4+}、Sb^{3+}
	$pH = 10$	Al^{3+}、Sn^{4+}
草酸	$pH = 2$	Sn^{2+}、Cu^{2+}
	$pH = 5.5$	Fe^{3+}、Fe^{2+}、Al^{3+}、Zr^{4+}

2. 沉淀掩蔽法　加入某种沉淀剂,使干扰离子生成沉淀,从而降低其浓度,以消除干扰。例如,在强碱性溶液中用 EDTA 滴定 Ca^{2+} 时,强碱与 Mg^{2+} 形成 $Mg(OH)_2$ 沉淀,而使 Mg^{2+} 不干扰 Ca^{2+} 的滴定。此时的 OH^- 就是 Mg^{2+} 的沉淀剂。因为沉淀反应往往进行得不够完全,且有共沉淀及吸附等现象,所以用沉淀掩蔽剂不是理想的方法。

3. 氧化还原掩蔽法　通过加入一种氧化剂或还原剂与干扰离子发生氧化还原反应,改变干扰离子的价态,以降低其 K_{NY} 值,从而达到消除干扰离子的目的。例如在测定 Bi^{3+} 时,若同时存在 Fe^{3+} 就会产生干扰,因为 $lgK_{BiY} = 22.80$,而 $lgK_{FeY} = 24.23$,$\Delta lgK_{MY} < 5$,故产生干扰。若加入抗坏血酸等还原剂使 Fe^{3+} 还原成 Fe^{2+},就不会再对 Bi^{3+} 的滴定产生干扰。因为 $lgK_{FeY} = 14.33$,Bi^{3+} 与 Fe^{2+} 的 $\Delta lgK_{MY} > 5$,故不会产生干扰。

（三）选用其他配位剂

除 EDTA 外,其他许多氨羧配位剂如 EGTA 等也能与金属离子形成稳定的配合物,但形成的配合物的稳定性与 MY 的稳定性相比有一定的差别。因此,当 EDTA 滴定 M 不能消除 N 的干扰时,可以选用其他的配位剂进行滴定,使其 $\Delta lgK_{MY} > 5$,这样就可以消除 N 的干扰。例如用 EDTA 滴定 Ca^{2+} 时,Mg^{2+} 的存在会产生干扰,因为 $lgK_{CaY} = 10.96$,$lgK_{MgY} = 8.64$,$\Delta lgK_{MY} < 5$。但用 EGTA 滴定 Ca^{2+} 时,Mg^{2+} 的存在就不会产生干扰,因为 $lgK_{CaEGTA} = 10.97$,而 $lgK_{MgEGTA} = 5.21$,$\Delta lgK_{MY} > 5$。

第六节　金属指示剂

一、金属指示剂的作用原理

在配位滴定中,通常利用一种能与金属离子生成有色配合物的有机染料,来指示滴定过程中金属离子浓度的变化,因此,这种随金属离子浓度的变化而变色的有机染料被称为金属离子指示剂,简称金属指示剂。

金属指示剂具有两大特性:一是它在不同 pH 值溶液中呈现不同的颜色;二是它能与金属离子配位,且生成的配合物的颜色与其本身的颜色不同。因此,在一定 pH 的条件下,先在被测定溶液中加入指示剂,此时指示剂与少量的金属离子配位,溶液呈其配合物的颜色,当用 EDTA 标准溶液滴定时,EDTA 首先与大量游离金属离子配位,溶液颜色保持不变,计量点附近时,滴入的 EDTA 就会把指示剂从其配合物中置换出来,从而使溶液呈现指示剂本身的颜色以指示滴定终点的达到。现以 In 代表指示剂的阴离子,其具体反应方程式如下:

滴定前:　　　　　　　　　　$M + In \rightleftharpoons MIn$

　　　　　　　　　　　　　　A 色　　B 色

终点前:　　　　　　　　　　$M + Y \rightleftharpoons MY$

终点时:　　　　　　　　　　$Y + MIn \rightleftharpoons MY + In$

　　　　　　　　　　　　　B 色　　　　　　A 色

二、金属指示剂应具备的条件

为了使滴定终点时溶液的颜色变化明显,金属指示剂应具备以下条件。

(1)MIn 与 In 的颜色应显著不同:因颜色显著不同才能使终点时溶液颜色变化明显,并且颜色的变化要灵敏、迅速、有可逆性。

(2)MIn 的稳定性要适当:MIn 既要有足够的稳定性($K_{MIn} > 10^4$),否则近计量点时会由于它的离解,游离出 In,而使终点提前到达,并使终点变色不敏锐;又要有 MIn 比 MY 配合物的稳定性小,要求 $K_{MY}/K_{MIn} > 10^2$,否则近计量点时,Y 将难以从 MIn 中夺取 M,而使终点推迟,甚至不发生颜色改变。

(3)MIn 应易溶于水:MIn 不能是胶体溶液或沉淀,否则会使终点时置换速度减慢或影响颜色变化的可逆性。

(4)HIn 本身应比较稳定:HIn 应不易被氧化或变质,应便于储存和使用。

三、金属指示剂的封闭现象和僵化现象

(一)封闭现象

在配位滴定中,有时当滴定到计量点后,虽滴入过量的 EDTA 也不能从金属指示剂配合物中置换出指示剂,而显示颜色的变化,这种现象称为封闭现象。

产生封闭现象的主要原因是有的指示剂与某些金属离子生成极稳定的配合物,其稳定性超过了 MY 配合物的稳定性,使其在计量点时不发生颜色的变化或终点颜色变化不敏锐。

如果封闭现象是由被测定离子本身引起的,则可采用剩余滴定的方式滴定。即先准确

加入过量 EDTA 标准溶液,然后再用另一种金属离子的标准溶液滴定剩余的 EDTA,从而求得被测金属离子的含量。如果封闭现象是因为有其他金属离子的存在引起的,就需要根据不同的情况,加入适当的掩蔽剂来掩蔽这些离子,以消除封闭现象。

(二)僵化现象

在配位滴定中,若金属指示剂与金属离子形成的配合物为胶体或沉淀状态,则在用 EDTA 滴定时,就会在终点时使 EDTA 置换指示剂的作用缓慢,引起终点拖长,这种现象称为指示剂的僵化现象。消除僵化可加入乙醇等有机溶剂增大其溶解度,或将溶液适当加热以加快 ETDA 置换指示剂的速度。在滴定近终点时,滴定速度要缓慢,并应剧烈振荡。

四、常用的金属指示剂

(一)铬黑 T

铬黑 T 可缩写为 EBT,又名埃罗黑 T,化学名称是 1 - (1 - 羟基 - 2 - 萘偶氮基) - 6 - 硝基 - 2 - 萘酚 - 4 - 磺酸钠。其结构式为:

它的化学式可用 NaH_2In 表示,为一种弱酸强碱盐,但因具有两个酚基而有弱酸性。在水溶液中可完全离解为 H_2In^-,并随溶液的 pH 值不同而呈现不同状态和相应的颜色:

$$H_2In^- \underset{}{\overset{pK_a = 6.3}{\rightleftharpoons}} HIn^{2-} \underset{}{\overset{pK_a = 11.6}{\rightleftharpoons}} In^{3-}$$

pH < 6　　　　pH = 7 ~ 11　　　　　pH > 12

红色　　　　蓝色　　　　　　橙色

铬黑 T 与二价金属离子形成的配合物都是红色或紫红色,因此,只有在 pH = 7 ~ 11 的范围内使用,指示剂在滴定终点时才有明显的颜色变化,即由红色变为蓝色。

在实际工作中,使用铬黑 T 的最适宜的 pH 值是 9 ~ 10.5,为此可用 $NH_3 - NH_4Cl$ 缓冲溶液(pH = 10)来控制溶液的 pH 值。

铬黑 T 常作为测定 Mg^{2+}、Zn^{2+}、Pb^{2+}、Mn^{2+}、Cd^{2+}、Hg^{2+} 等离子的指示剂。而 Al^{3+}、Fe^{3+}、Co^{2+}、Cu^{2+}、Ni^{2+} 等离子对铬黑 T 有封闭作用,可用三乙醇胺来掩蔽 Al^{3+} 和 Fe^{3+},用 KCN 来掩蔽 Co^{2+}、Cu^{2+}、Ni^{2+},以消除它们对滴定干扰。

固体状态的铬黑 T 相当稳定,但其水溶液很不稳定,仅能保存数日(这是因为发生聚合、氧化反应的结果)。加入三乙醇胺可防止聚合。为此,常用的铬黑 T 配制的方法有两种。

(1)配制固体合剂:取 0.1 g 铬黑 T 与 10 g 烘干的分析纯 NaCl 一起研磨均匀,保存在干燥器中,用时取少许即可成固体合剂。

(2)配制溶液:取 0.2 g 铬黑 T 溶于 15 mL 三乙醇胺中,待完全溶解后,加入 5 mL 无水乙醇即得。

(二)钙指示剂

钙指示剂,简称 NN,其化学名称为 2 - 羟基 - 1 - (2 - 羟基 - 4 - 磺酸 - 1 - 萘偶氮基)

–3–萘甲酸。结构式为：

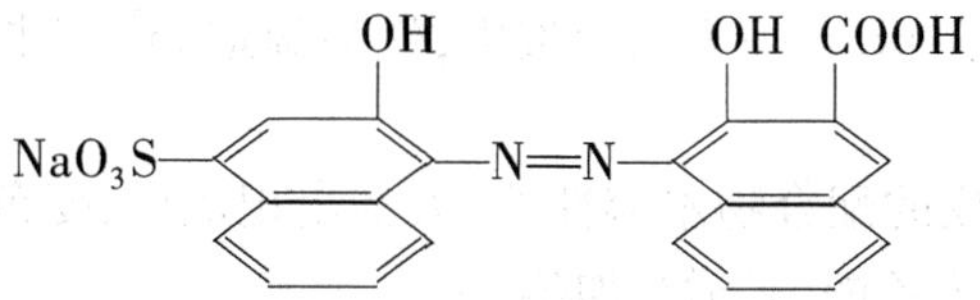

钙指示剂在不同 pH 值溶液中也呈现不同的状态和相应的颜色：

$$H_2In^{2-} \Longleftrightarrow HIn^{3-} \Longleftrightarrow In^{4-}$$

$$pH < 8 \quad pH = 8 \sim 13 \quad pH > 13$$

$$粉红色 \qquad 蓝色 \qquad 粉红色$$

钙指示剂与 Ca^{2+} 形成粉红色的配合物,常作为在 $pH = 12 \sim 13$ 时滴定 Ca^{2+} 的指示剂,终点由粉红色变为纯蓝色。Fe^{3+}、Al^{3+}、Cu^{2+}、Co^{2+}、Ni^{2+} 等离子能封闭该指示剂,可用三乙醇胺及 KCN 作用掩蔽消除其干扰。

钙指示剂在水及乙醇中不稳定,通常按 1：100 干燥 NaCl 稀释配制成固体合剂使用。

（三）二甲酚橙

二甲酚橙,缩写为 XO,结构式为：

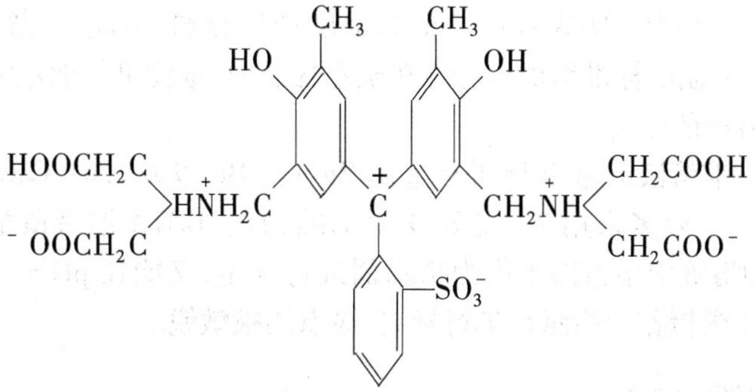

二甲酚橙为紫红色粉末,易溶于水,常配制成 0.2% 或 0.5% 的水溶液,可稳定几个月,它在 $pH > 6.3$ 时呈红色,$pH < 6.3$ 时呈淡黄色。与 $2 \sim 4$ 价的金属离子配位形成的配合物呈红色。因此,常在 $pH < 6$ 的酸性溶液中使用。例如在 $pH = 1 \sim 3$ 的溶液中,作为滴定 Bi^{3+} 的指示剂;在 $pH = 5 \sim 6$ 的溶液中作为滴定 Pb^{2+}、Zn^{2+}、Cd^{2+}、Hg^{2+} 及稀土元素的指示剂。终点时,溶液的颜色均由红色变为黄色。测定 Al^{3+}、Fe^{3+}、Cu^{2+}、Ni^{2+}、Sn^{4+}、Co^{2+}、Cr^{3+} 等离子时,可用剩余滴定,以 Zn^{2+} 或 Pb^{2+} 标准溶液回滴剩余的 EDTA。

（四）吡啶偶氮萘酚

吡啶偶氮萘酚,缩写为 PAN,化学名称是 1–(2–吡啶偶氮)–2–萘酚。其结构式为：

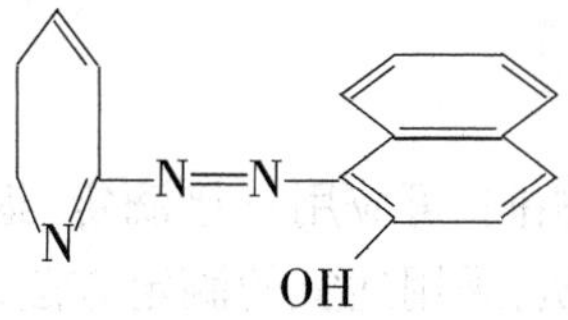

纯 PAN 是橙红色针状结晶,难溶于水,可溶于碱、氨液,及甲醇、乙醇等溶剂中,通常配成 0.1% 乙醇溶液使用。

PAN 在 $pH = 2 \sim 12$ 范围内呈黄色,而 PAN 与金属离子形成的配合物为红色,因此,可在 $pH = 2 \sim 12$ 范围的溶液中使用。例如在 $pH = 2 \sim 3$ 的溶液中,作为滴定 Bi^{3+}、Th^{4+} 的指示剂;在 pH = 4~5 的溶液中,作为滴定 UO_2^{2+}、Ni^{2+} 的指示剂;在 pH = 5~6 的溶液中,作为滴定 Cd^{2+}、Cu^{2+} 的指示剂;在 pH = 7~8 的溶液中,作为滴定 In^{3+} 的指示剂。终点时溶液的颜色由红色变为黄色。

PAN 与金属离子形成的配合物水溶性差,大都出现沉淀,变色不敏锐。为了克服僵化现象加快变色过程,可加入乙醇,并适当加热。

第七节　标准溶液

一、EDTA 标准溶液的制备

(一)EDTA 溶液的配制

通常应用的 EDTA 标准溶液的浓度是 0.01~0.05 mol/L。因为 EDTA 酸在水中溶解度小,所以常用其二钠盐($Na_2H_2Y \cdot H_2O$)制备 EDTA 标准溶液。制备时可以用纯 $Na_2H_2Y \cdot H_2O$ 直接准确称量制备,也可以用间接法先配成近似浓度的溶液,再用基准物质标定。由于直接制备时,事先需将试剂在 80 ℃时烘干过夜,以除去所吸附的水分,而且所用的蒸馏水中常含有一些杂质,会对 EDTA 标准溶液的浓度产生影响,因此,一般常采用间接法制备 EDTA 标准溶液。配制的标准溶液应储存在聚乙烯瓶中,浓度可长期稳定。

(二)EDTA 溶液的标定

标定 EDTA 标准溶液的基准物质有金属 Zn、Cu、Bi,以及 ZnO、$CaCO_3$、$MgSO_4 \cdot 7H_2O$、$ZnSO_4 \cdot 7H_2O$ 等。一般多采用 Zn 或 ZnO 为基准物质,EDTA 溶液既能在 pH = 9~10 的 $NH_3 - NH_4Cl$ 缓冲溶液中用铬黑 T 作为指示剂进行标定,又能在 pH = 5~6 的 HAc - NaAc 缓冲溶液中用二甲酚橙作为指示剂进行标定,终点均很敏锐。

二、锌标准溶液的制备

锌标准溶液既可通过准确称取新制备的纯锌粒直接制备,也可称取一定量的分析纯 $ZnSO_4 \cdot 7H_2O$ 先配成近似浓度的溶液,然后再进行标定。锌溶液的准确浓度通常是与 EDTA 标准溶液进行比较而求得的。

第八节　应用与示例

一、应　用

配位滴定与一般滴定分析法相同,可应用直接滴定、返滴定、置换滴定和间接滴定等各种滴定方式。根据被测溶液的性质,采用适宜的滴定方法,可扩大配位滴定的应用范围和提高滴定的选择性。

(一)直接滴定法

1. 方法　这是配位滴定中最基本的方法。这种方法是将被测物质处理成溶液后,调节酸度,加入指示剂(有时还需要加入适当的辅助配位剂及掩蔽剂),直接用 EDTA 标准溶液进行滴定,然后根据消耗的 EDTA 标准溶液的体积,计算式样中欲测组分的百分含量。

2. 要求　采用直接滴定法,必须符合以下几个条件:

(1)被测离子的浓度 C_M 与及 K'_{MY} 应满足 $\lg(CK'_{MY}) \geqslant 6$ 的要求;

(2)配位速度应很快;

(3)应有变色敏锐的指示剂,且没有封闭现象;

(4)在选用的滴定条件下,被测离子不发生水解和沉淀反应。

3. 示例　可以直接滴定的金属离子如下:

$pH = 1.0$ 时,Zr^{4+};

$pH = 2.0 \sim 3.0$ 时,Fe^{3+}、Bi^{3+}、Th^{4+}、Ti^{4+}、Hg^{2+};

$pH = 5.0 \sim 6.0$ 时,Zn^{2+}、Pb^{2+}、Cd^{2+}、Cu^{2+} 及稀土元素;

$pH = 10.0$ 时,Mg^{2+}、Co^{2+}、Ni^{2+}、Zn^{2+}、Cd^{2+}、Pb^{2+};

$pH = 12.0$ 时,Ca^{2+} 等。

(二)返滴定法

1. 方法

在被测定的溶液中先加入一定量过量的 EDTA 标准溶液,待被测的离子完全反应后,再用另外一种金属离子的标准溶液滴定剩余的 EDTA,根据两种标准溶液的浓度和用量,即可求得被测物质的含量。

2. 要求

返滴定剂所生成的配合物应有足够的稳定性,但不宜超过被测离子配合物的稳定性太多,否则在滴定过程中的返滴剂会置换出被测离子,引起误差而且终点不敏锐。

3. 适用范围

(1)采用直接滴定法时,缺乏符合要求的指示剂,或者被测离子对指示剂有封闭作用;

(2)被测离子与 EDTA 的配合速度很慢;

(3)被测离子发生水解等副反应,影响测定。

4. 示例

Al^{3+} 的测定,由于以下原因不能采用直接滴定法:

(1)Al^{3+} 与 EDTA 配合速度缓慢,需在过量的 EDTA 存在下,煮沸才能配合完全;

(2)Al^{3+} 易水解,在最高酸度($pH4.1$)时,水解反应相当明显,并可能形成多核羟基配合物,如 $[Al_2(H_2O)_6(OH)_3]^{3+}$,$[Al_3(H_2O)_6(OH)_6]^{3+}$ 等,这些多核配合物不仅与 EDTA 配合缓慢,并可能影响 Al 与 EDTA 的配合比,对滴定十分不利;

(3)在酸性介质中,Al^{3+} 对常用的指示剂二甲酚橙有封闭作用。

由于上述原因,Al^{3+} 一般采用返滴定法进行测定:试液中先加入一定量过量的 EDTA 标准溶液,在 $pH \approx 3.5$ 时煮沸 $2 \sim 3$ min,使配合完全。冷至室温,$pH = 5 \sim 6$ 在 HAC – NaAc 缓冲溶液中,以二甲酚橙作指示剂,用 Zn^{2+} 标准溶液返滴定。

用返滴定法测定的常见离子还有 Ti^{4+}、Sn^{4+}(易水解且无适宜指示剂)和 Cr^{3+}、Co^{2+}、Ni^{2+}(与 EDTA 配合速度慢)。

(三)置换滴定法

1. 方法

利用置换反应,置换出等物质量的另一种金属离子(或 EDTA),然后滴定。置换滴定法灵活多样,不仅能扩大配位滴定的应用范围,同时还可以提高配位滴定的选择性。

2. 方式

(1)置换出金属离子

如被测定离子 M 与 EDTA 反应不完全或所形成的配合物不稳定,这时可让 M 置换出另一种配合物 NL 中等物质量的 N,用 EDTA 溶液滴定 N,从而可求得 M 的含量。

$$M + NL \Longrightarrow ML + N$$

$$N + Y \Longrightarrow NY$$

(2)置换出 EDTA

将被测定的金属离子 M 与干扰离子全部用 EDTA 配位,加入选择性高的配位剂 L 以夺取 M,并释放出 EDTA:$MY + L \Longrightarrow ML + Y$ 反应完全后,释放出与 M 等物质量的 EDTA,然后再用金属盐类标准溶液滴定释放出来的 EDTA,从而即可求得 M 的含量。

另外,利用置换滴定法的原理,还可以改善指示剂指示滴定终点的敏锐性。例如钙镁特(CMG)与 Mg^{2+} 显色很灵敏,但与 Ca^{2+} 显色的灵敏性较差,为此在 pH10.0 的溶液中用 EDTA 滴定 Ca^{2+} 时,常于溶液中先加入少量 MgY,此时发生下列置换反应:

$$MgY + Ca^{2+} \Longrightarrow CaY + Mg^{2+}$$

置换出来的 Mg^{2+} 与钙镁特显很深的红色。滴定时,EDTA 先与 Ca^{2+} 配位,当达到滴定终点时,EDTA 夺取 Mg – CMG 中的 Mg^{2+},形成 MgY,游离出指示剂,显蓝色,颜色变化很明显。因为加入的 MgY 和最后生成的 MgY 的量是相等的,故加入的 MgY 不影响滴定结果。

(四)间接滴定法

1. 适用范围

有些金属离子(如 Li^+、Na^+、K^+、W^{5+} 等)和一些非金属离子(如 SO_4^{2-}、PO_4^{3-} 等),由于不能与 EDTA 配位,或与 EDTA 生成的配合物不稳定,不便于配位滴定,这时可采用间接滴定法进行测定。

2. 示例

PO_4^{3-} 的测定:在一定条件下,可将 PO_4^{3-} 沉淀为 $MgNH_4PO_4$,然后过滤,洗净并将它溶解,调节溶液的 pH = 10.0,用铬黑 T 作为指示剂,以 EDTA 标准溶液滴定 Mg^{2+},从而求得试样中磷的含量。

二、应用示例

(一)血清钙的测定

用配位法测定血清钙,常以钙指示剂在 pH = 12 ~ 13 的碱性溶液中进行,此时 Mg^{2+} 被沉淀为氢氧化物,不干扰测定,可用 EDTA 标准溶液直接滴定血清中的 Ca^{2+},溶液由红色变为蓝色即为滴定终点。

(二)水的总硬度测定

硬度是水质的重要指标,水的硬度是指溶解于水中钙盐和镁盐的总含量。含量越高,表示水的硬度越大。测定水的硬度,就是测定水中钙、镁离子的总量。

水硬度的表示法,各国有所不同。目前我国常以($CaCO_3$)mg/L 或(CaO)mg/L 等为单位表示水的硬度。

在测定时,可准确吸取一定的水样,用 NH_3 – NH_4Cl 缓冲液调节 pH 值到10,以铬黑 T 作为指示剂,用 EDTA 标准溶液滴至溶液由酒红色变为蓝色即为终点。金属离子如 Cu^{2+}、Ni^{2+}、Co^{2+}、Al^{3+}、Fe^{3+} 及高价锰等对铬黑 T 指示剂有封闭现象,使得指示剂不退色或终点延长,硫化钠及氰化钾可掩蔽重金属的干扰,盐酸羟胺可使高价铁离子及高价锰离子还原为低价离子而消除其干扰。

(三)明矾的测定

明矾的化学式为 $KAl(SO_4)_2 \cdot 12H_2O$。

测定明矾的含量,一般都是测定其组成中铝的含量,然后换算成明矾的含量。由于 EDTA 与 Al^{3+} 的配位速度较慢,而且 Al^{3+} 对指示剂有封闭作用,因此应采用剩余滴定方式进行滴定。即在试样溶液中加入准确过量的 EDTA 标准溶液,然后以二甲酚橙作为指示剂,用 $ZnSO_4$ 标准溶液回滴剩余的 EDTA。主要反应式如下:

$$Al^{3+} + H_2Y^{2-}(过量) \Longrightarrow AlY^- + 2H^+$$
$$Zn^{2+} + H_2Y^{2-}(过量) \Longrightarrow ZnY^{2-} + 2H^+$$

在测定中,要注意控制溶液的酸度在 pH = 5 ~ 6 之间。因为 pH < 4 时,配位反应不完全;pH ≥ 7 时,Al^{3+} 水解成 $Al(OH)_3$ 沉淀,而且二甲酚橙指示剂也要求溶液的酸度控制在 pH < 6.3,所以必须用 HAc – NaAc 缓冲溶液来控制溶液的酸度。

(四)硫酸盐的测定

硫酸盐中的 SO_4^{2-} 阴离子通过与 Ba^{2+} 产生沉淀反应后,也可以用 EDTA 法间接测定其含量。具体测定方法是:准确称取适量的硫酸盐试样,溶解后加热近沸,加入准确过量的 $BaCl_2$ 标准溶液,以铬黑 T 作为指示剂,用 EDTA 标准溶液滴定剩余的 Ba^{2+} 至终点。再准确加入少量 Mg^{2+} 标准溶液,继续用 EDTA 标准溶液滴定至第二次终点。因为 Ba^{2+} 与铬黑 T 形成的配合物不稳定,所以第一次的滴定终点不明显,因此要加少量 Mg^{2+} 标准溶液,再用 EDTA 滴定至第二次终点,才能获得较好的结果。

注意,所测 SO_4^{2-} 的量在 5 ~ 70 mg 以内,可用此法测得准确的结果。少于 5 mg 时,沉淀比较困难;多于 70 mg 时,沉淀后必须过滤或吸取澄清液来滴定。

三、计算示例

例 5 – 7 pH = 5.0 时,MgY^{2-} 配合物的稳定常数为多少?此时 Mg^{2+} 能否用 EDTA 标准溶液进行滴定?

解 查表 5 – 1 得:$\lg K_{MgY} = 8.64$

查表 5 – 2 得:pH = 5.0 时,EDTA 的 $\lg\alpha_{Y(H)} = 6.45$,查附录 $\lg\alpha_{Mg(OH)} = 0$

$$\lg K'_{MgY} = \lg K_{MgY} - \lg\alpha_{Y(H)} - \lg\alpha_{Mg(OH)} = 8.64 - 6.45 - 0 = 2.19$$

pH = 5.0 时,$\lg K'_{MgY} = 2.19$,远小于 8,说明此时 MgY^{2-} 很不稳定,故不能用 EDTA 标准溶液进行滴定。

例 5 – 8 标定 EDTA 溶液时,称取 0.4206 g 纯 $CaCO_3$,溶于盐酸后,移入 500 mL 容量瓶中,并稀释至标线。吸取 50.00 mL,在 pH = 12 时加钙指示剂,用 EDTA 溶液滴定,用去 38.84 mL。(1)计算 EDTA 溶液的浓度;(2)计算该 EDTA 溶液对 CaO 及 Fe_2O_3 的滴定度 T。

解 (1) $C_{EDTA} = \dfrac{m_{CaCO_3} \times 50.00 \times 1\,000}{M_{CaCO_3} \times 500.0 \times 38.84} =$

$\dfrac{0.420\,6 \times 50.00 \times 1\,000}{100.09 \times 500.0 \times 38.84} = 0.010\,82$ mol/L

(2) $T_{EDTA/CaO} = \dfrac{C_{EDTA}M_{CaO}}{1\,000}$

$$= \frac{0.010\ 82 \times 56.08}{1\ 000} = 6.068 \times 10^{-4}\ \text{g/mL}$$

$$\because\quad 2Y^{4-} = Fe_2O_3$$

$$\therefore\quad T_{EDTA/Fe_2O_3} = \frac{1}{2} \cdot \frac{C_{EDTA}M_{Fe_2O_3}}{1\ 000} =$$

$$\frac{0.010\ 82 \times 159.69}{2 \times 1\ 000} = 8.639 \times 10^{-4}\ \text{g/mL}$$

例 5 – 9　今有一不纯的苯巴比妥钠($NaC_{12}H_{11}N_2O_3$),用配位滴定法进行测定。称取 0.243 8 g 试样,溶解后移入 250 mL 容量瓶中,加入 25.00 mL 的 0.020 31 mol/L 高氯酸汞(Ⅱ)溶液,稀释至标线。沉淀完全后过滤,取 50.00 mL 滤液,以 10 mL 的 0.01 mol/L 的 MgY 配位剂处理,释放出 Mg^{2+},在 pH = 10 时,以铬黑 T 作为指示剂,用 0.012 12 mol/L 的 EDTA 溶液滴定,用去 5.89 mL。计算试样中苯巴比妥的含量。其主要反应如下:

$$Hg^{2+} + 2C_{12}H_{11}N_2O_2^- \Longrightarrow Hg(C_{12}H_{11}N_2O_2)_2 \downarrow$$

解　$\because\quad Hg(ClO_4)_2 = 2NaC_{12}H_{11}N_2O_3^-$

$$\therefore\quad W_{NaC_{12}H_{11}N_2O_3} = \frac{2}{1} \cdot \frac{\left(C_{Hg^{2+}}V_{Hg^{2+}} - C_{Mg^{2+}}V_{Mg^{2+}} \cdot \dfrac{250.0}{50.00}\right)M_{NaC_{12}H_{11}N_2O_3}}{1\ 000m_S} =$$

$$\frac{2}{1} \cdot \frac{\left(C_{Hg^{2+}}V_{Hg^{2+}} - C_{EDTA}V_{EDTA} \cdot \dfrac{250.0}{50.00}\right)M_{NaC_{12}H_{11}N_2O_3}}{1\ 000m_S} =$$

$$\frac{2(0.020\ 31 \times 25.00 - 0.012\ 12 \times 5.89 \times 5) \times 254.1}{1\ 000 \times 0.243\ 8} =$$

$$0.314\ 4 = 31.44\%$$

例 5 – 10　称取含硫试样 0.301 1 g,处理成 Na_2SO_4 溶液,吸取 25.00 mL 的 $BaCl_2$ 溶液以沉淀 SO_4^{2-},用 0.020 00 mol/L 的 EDTA 标准溶液滴定过量的 Ba^{2+},用去 10.20 mL。另取上述 $BaCl_2$ 溶液 25.00 mL,在同样条件下用 EDTA 滴定,空白试验用去 24.32 mL,计算试样中 S 的含量。

解　$W_S = \dfrac{1}{1} \cdot \dfrac{(C_{BaCl_2}V_{BaCl_2} - C_{EDTA}V_{EDTA(测定)})M_S}{1\ 000m_S} =$

$$\frac{1}{1} \cdot \frac{(C_{EDTA}V_{EDTA(空白)} - C_{EDTA}V_{EDTA(测定)})M_S}{1\ 000m_S} =$$

$$\frac{0.020\ 00 \times (24.32 - 10.20) \times 32.06}{1\ 000 \times 0.3011} = 0.030\ 07 = 3.007\%$$

本章小结

1. 基本概念

(1)稳定常数:一定温度时,金属离子与 EDTA 生成配合物的平衡常数,以 K_{MY} 表示,此值越大,配合物越稳定。

(2)酸效应:指由于 H^+ 离子的存在使 Y 参与主反应能力降低的现象。

(3)共存离子效应:指当溶液中存在其他金属离子 N 时,Y 与 N 也能形成 1:1 配合物,使得 Y 参与主反应能力降低的现象。

(4)配位效应:指其他配位剂 L 与 M 发生副反应,使金属离子与配位剂进行主反应能力降低的现象。

(5)副反应系数:表示各种形体的总浓度与能参加主反应的平衡浓度之比。它是分布系数的倒数。

(6)条件稳定常数:有副反应发生时配合物的稳定常数。

(7)金属指示剂:一种能与金属离子生成有色配合物的有机染料显色剂,用以指示滴定过程中金属离子浓度的变化。

2. 基本理论

(1)金属指示剂必须具备的条件:金属指示剂与金属离子生成的配合物颜色应与指示剂本身的颜色有明显区别。金属指示剂与金属配合物(MIn)的稳定性应比金属 – EDTA 配合物(MY)的稳定性低。一般要求 $K'_{MY}/K'_{MIn} > 10^2$。

(2)准确滴定的条件:$\lg CK'_{MY} \geqslant 6$ 或 $CK'_{MY} \geqslant 10^6$。

(3)选择滴定的条件:$\Delta \lg CK' = \lg C_M K'_{MY} - \lg C_N K'_{NY} \geqslant 5$。

(4)配位滴定的最高酸度:在配位滴定的条件下,溶液酸度的最高限度。

(5)配位滴定的最低酸度:金属离子发生水解的酸度。

(6)配位滴定中常用的掩蔽方法:配位掩蔽法、沉淀掩蔽法和氧化还原掩蔽法。

3. 基本计算

(1)副反应系数:$\alpha_{Y(H)} = \dfrac{1}{\delta_{Y(H)}}$ $\alpha_{Y(N)} = 1 + [N]K_{NY}$

$$\alpha_Y = \alpha_{Y(H)} + \alpha_{Y(N)} - 1$$

$$\alpha_{M(L)} = 1 + \beta_1[L] + \beta_2[L]^2 + \cdots + \beta_n[L]^n$$

(2)条件稳定常数:$K'_{MY} = \dfrac{[MY']}{[M'][Y']}$

$$\lg K'_{MY} = \lg K_{MY} - \lg \alpha_M - \lg \alpha_Y + \lg \alpha_{MY}$$

忽略反应产物的副反应时,$\lg K'_{MY} = \lg K_{MY} - \lg \alpha_M - \lg \alpha_Y$

(3)络合滴定结果的计算:M:Y = 1:1

思 考 题

1. 何谓配位滴定法?能用于配位滴定的配位反应必须具备哪些条件?为什么无机配位剂在配位滴定中应用不多?

2. EDTA 与金属离子的配位反应中,常发生哪些副反应,它们对主反应有何影响?

3. 何谓酸效应系数,它与溶液的酸度及配合物的稳定性有何关系?

4. 为什么 EDTA 滴定法都要控制一定的酸度,如何控制?

5. 影响配位滴定 pM 突跃范围的因素有哪些,如何影响?

6. 金属指示剂的作用原理是什么,它应具备哪些条件,为什么?

7. 什么叫金属指示剂的封闭现象和僵化现象?

8. 测定镁盐在 pH < 5 时，能否用 EDTA 标准溶液准确滴定？在 pH ≈ 10 怎样，在 pH > 13 时又会怎样？

习　题

1. 当溶液的 pH = 5.0 时，EDTA 的酸效应系数 α 是多少？在 0.010 0 mol/L EDTA 溶液中游离的 Y^{4-} 浓度是多少？　　　　　　　　　　　　　$(2.82 \times 10^{6}, 3.55 \times 10^{-9} \text{ mol/L})$

2. 0.010 00 mol/L EDTA 溶液 1.00 mL，相当于 Zn^{2+}、Mg^{2+}、Al_2O_3 及 CaO 各多少毫克？

$(0.653\ 9 \text{ mg}, 0.243\ 0 \text{ mg}, 0.509\ 8 \text{ mg}, 0.560\ 8 \text{ mg})$

3. PH = 10 的溶液中，Zn^{2+} 浓度为 0.020 00 mol/L，用 0.020 00 mol/L EDTA 溶液滴定 Zn^{2+}，求 $\lg K'_{ZnY}$ 和计量点时的 pZn？　　　　　　　　　　　　$(13.65, 7.825)$

4. 准确称取 $CaCO_3$ 基准物质 1.125 g，用盐酸溶解后，在容量瓶中稀释成 250.00 mL，吸取 25.00 mL，标定 EDTA 溶液的浓度，终点时 EDTA 用去了 23.65 mL，计算 EDTA 溶液的准确浓度。　　　　　　　　　　　　　　　　　　　　　　　　　　$(0.047\ 53 \text{ mol/L})$

5. 准确吸取血清 2.00 mL，加少量水稀释，加 NaOH 溶液使溶液的 pH > 12，再加钙指示剂，用 0.005 000 mol/L EDTA 标准溶液滴定至终点，用去 1.06 mL，求血清中钙离子的含量。（以 mg/L）　　　　　　　　　　　　　　　　　　　　　　　　　　(106.2 mg/L)

6. 量取水样 100.0 mL 测定水的总硬度，用去 0.005 00 mol/L EDTA 标准溶液 20.50 mL，求水样的总硬度是多少？（以 $CaCO_3$ mg/L 表示）　　　　　　　　　(102.6 mg/L)

7. 准确称取 $Al(OH)_3$ 凝胶 0.353 6 g，经处理后，转入 250.00 mL 容量瓶中，加蒸馏水溶解至标线。吸取 25.00 mL 于锥形瓶中，准确加入 0.050 mol/L EDTA 溶液 25.00 mL。过量的 EDTA 用 0.052 76 mol/L 标准锌溶液回滴，用去 12.52 mL，求试样中 Al_2O_3 的含量。

(84.98%)

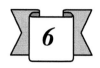

第六章
氧化还原滴定法

学习提要：

在概述中，了解氧化还原反应(oxidation-reduction)的实质、特点。在第二节中，熟悉条件电位(conditional potential)、条件电位的计算和影响条件电位的因素。在第三节中，掌握氧化还原滴定曲线的特点、滴定突跃的范围及影响因素。在第四节中，了解氧化还原指示剂(oxidation-reduction indicator)的种类及应用。第五、六节中，掌握高锰酸钾滴定法(potassium permanganate method)和碘量法(iodimetry)的原理，滴定条件，标准溶液的配制与标定及应用。

The brief summary of study：

In outline, understand the substance and characteristic of oxidation-reduction reaction. In Section 2, acquaint with conditional potential and its calculation, be familiar with the factors that influence conditional potential. In Section 3, grasp the characteristic of the oxidation-reduction titration curve, the titration mutation range and influential factors. In Section 4, understand the category and application of oxidation-reduction indicator. In the fifth and sixth section, possess the principle and titration condition of potassium permanganate method and iodimetry method, know the preparation, standardization and application of standard solution.

第一节 概 述

氧化还原滴定法是以氧化还原反应为基础的滴定分析法。

氧化还原反应与酸碱、沉淀及配位反应不同，它是基于电子转移的反应，反应过程比较复杂，往往是分步进行的，需要一定时间才能完成，而且常常伴有各种副反应。因此，不是所有的氧化还原反应都可用于滴定反应。

由于上述种种原因，当我们讨论氧化还原反应时，除了应从平衡观点判断反应的可能性外，还应考虑反应的机理和反应速度，并创造适宜条件，使反应进行得完全、迅速，无副反应发生等，使它符合滴定分析的基本要求。

氧化还原滴定法是以氧化剂或还原剂作为标准溶液，它不仅可以直接测定具有还原性或氧化性的物质，而且还可以间接测定一些能与氧化剂或还原剂有计量关系的物质，因此应用非常广泛。习惯上根据制备标准溶液所用氧化剂的不同，将氧化还原滴定法分为高锰酸钾法、碘量法、重铬酸钾法、硫酸铈法、溴酸钾法等。

第二节　氧化还原平衡和反应速度

一、条件电位及影响因素

（一）条件电位

氧化剂和还原剂的强弱,可用有关电对的电极电位(简称电位)来衡量。电对的电位越高,其氧化态的氧化能力越强;电对的电位越低,其还原态的还原能力越强。因此,作为一种氧化剂,它可以氧化电位较它低的还原剂;作为一种还原剂,它可以还原电位较它高的氧化剂。根据有关电对的电位也可以判断氧化还原反应进行的方向、次序和反应进行的程度。

氧化还原电对的电位,可用能斯特(Nernst)方程式求得。例如对于下述电极反应：

$$Ox + ne \Longrightarrow Red$$

能斯特方程式可写作：

$$\varphi_{Ox/Red} = \varphi_{Ox/Red}^{\ominus} + \frac{RT}{nF}\ln\frac{\alpha_{Ox}}{\alpha_{Red}} \qquad (6-1)$$

式中　$\varphi_{Ox/Red}$——Ox/Red 电对的电极电位；

$\varphi_{Ox/Red}^{\ominus}$——Ox/Red 电对的标准电极电位；

R——气体常数,8.314 5 J/mol·K；

T——绝对温度,K；

n——反应中转移的电子数；

F——法拉第常数,964 85 C/mol；

α_{Ox} 及 α_{Red}——分别为电对氧化态 Ox 和还原态 Red 的活度。

将以上常数带入式(6-1)中,并取常用对数,于 298 K(25 ℃)时即得：

$$\varphi_{Ox/Red} = \varphi_{Ox/Red}^{\ominus} + \frac{0.059}{n}\lg\frac{\alpha_{Ox}}{\alpha_{Red}} \qquad (6-2)$$

由上式看出,电对的电极电位与溶液中氧化态和还原态的活度有关。当 $\alpha_{Ox} = \alpha_{Red} = 1$ mol/L 时,$\varphi_{Ox/Red} = \varphi_{Ox/Red}^{\ominus}$,即这时电对的电位等于该电对的标准电位。不同电对的标准电位值不同,见附录。

用能斯特方程式计算电位应注意下述两个因素:首先是溶液中离子强度(Ⅰ)的影响,在计算时往往忽略离子强度,以浓度代替活度,即按活度系数等于 1 进行计算。这种算法只有在浓度极稀时才是正确的,在实际工作中,溶液的离子强度常常是很大的,因此离子强度的影响不能忽略。其次,氧化态和还原态的副反应,如酸度的影响、沉淀及配合物的形成等使溶液组成发生改变,电对氧化态和还原态的存在形式也随之改变,从而引起电位的变化。

因此,用能斯特方程式计算有关电对的电位时,如果采用该电对的标准电位,不考虑离子强度及氧化态和还原态的存在形式,则计算结果与实际测量值之间就会出现较大的差异。例如,计算 HCl 溶液中,Fe(Ⅲ)/Fe(Ⅱ)体系的电位时,由能斯特方程式得到：

$$\varphi_{Fe^{3+}/Fe^{2+}} = \varphi_{Fe^{3+}/Fe^{2+}}^{\ominus} + 0.059 \lg\frac{\alpha_{Fe^{3+}}}{\alpha_{Fe^{2+}}}$$

因为我们通常知道的是溶液中离子的浓度而不是活度,按照活度的概念,故上式又可写为:

$$\varphi_{Fe^{3+}/Fe^{2+}} = \varphi^{\ominus}_{Fe^{3+}/Fe^{2+}} + 0.059 \lg \frac{\gamma_{Fe^{3+}}[Fe^{3+}]}{\gamma_{Fe^{2+}}[Fe^{2+}]} \qquad (6-3)$$

在 HCl 溶液中,由于铁离子易发生配位反应,Fe(Ⅲ)以 Fe^{3+}、$FeOH^{2+}$、$FeCl^{2+}$、$FeCl_4^-$、$FeCl_6^{3-}$ 等形式存在;而 Fe(Ⅱ)同样也以 Fe^{2+}、$FeOH^+$、$FeCl^+$、$FeCl_2$、$FeCl_4^{2-}$ 等形式存在。如用 $C_{Fe(Ⅲ)}$、$C_{Fe(Ⅱ)}$ 表示溶液中 Fe^{3+} 及 Fe^{2+} 的分析浓度,则

$$C_{Fe(Ⅲ)} = [Fe^{3+}] + [FeOH^{2+}] + [FeCl^{2+}] + [FeCl_4^-] + [FeCl_6^{3-}] + \cdots$$

$$C_{Fe(Ⅱ)} = [Fe^{2+}] + [FeOH^+] + [FeCl^+] + [FeCl_2] + [FeCl_4^{2-}] + \cdots$$

如 $\alpha_{Fe^{3+}}$ 和 $\alpha_{Fe^{2+}}$ 分别为 Fe^{3+} 和 Fe^{2+} 的副反应系数,则:

$$\alpha_{Fe(Ⅲ)} = \frac{C_{Fe(Ⅲ)}}{[Fe^{3+}]} \qquad (6-4)$$

$$\alpha_{Fe(Ⅱ)} = \frac{C_{Fe(Ⅱ)}}{[Fe^{2+}]} \qquad (6-5)$$

将式(6-4)和式(6-5)代入式(6-3)得:

$$\varphi_{Fe^{3+}/Fe^{2+}} = \varphi^{\ominus}_{Fe^{3+}/Fe^{2+}} + 0.059 \lg \frac{\gamma_{Fe^{3+}} \alpha_{Fe(Ⅱ)} C_{Fe(Ⅲ)}}{\gamma_{Fe^{2+}} \alpha_{Fe(Ⅲ)} C_{Fe(Ⅱ)}} \qquad (6-6)$$

式(6-6)是考虑了上述两个因素后的能斯特方程式的表达式。但当溶液中的离子强度很大时,γ 值不易求得;当副反应很多时,求 α 值也很麻烦。因此,如果用式(6-6)来计算 HCl 溶液中的 $\varphi_{Fe^{3+}/Fe^{2+}}$ 将是十分复杂的。实际上,在一定介质条件下,$\gamma_{Fe^{3+}}$、$\gamma_{Fe^{2+}}$、$\alpha_{Fe(Ⅱ)}$、$\alpha_{Fe(Ⅲ)}$ 是固定值,若将这些固定的,不易得到的数据合并入常数项中,此时式(6-6)可写成:

$$\varphi_{Fe^{3+}/Fe^{2+}} = \varphi^{\ominus}_{Fe^{3+}/Fe^{2+}} + 0.059 \lg \frac{\gamma_{Fe^{3+}} \alpha_{Fe(Ⅱ)}}{\gamma_{Fe^{2+}} \alpha_{Fe(Ⅲ)}} + 0.059 \lg \frac{C_{Fe(Ⅲ)}}{C_{Fe(Ⅱ)}}$$

当 $C_{Fe(Ⅲ)} = C_{Fe(Ⅱ)} = 1 \text{ mol/L}$ 时得:

$$\varphi_{Fe^{3+}/Fe^{2+}} = \varphi^{\ominus}_{Fe^{3+}/Fe^{2+}} + 0.059 \lg \frac{\gamma_{Fe^{3+}} \alpha_{Fe(Ⅱ)}}{\gamma_{Fe^{2+}} \alpha_{Fe(Ⅲ)}} = \varphi'_{Fe^{3+}/Fe^{2+}} \qquad (6-7)$$

φ' 称为条件电位,它是在特定条件下,氧化态和还原态的总浓度均为 1 mol/L 时,校正了各种外界因素影响后的实际电位。它在离子强度和副反应系数等条件固定的情况下是一个常数。引入条件电位后,能斯特方程式可表示为:

$$\varphi_{Ox/Red} = \varphi'_{Ox/Red} + \frac{0.059}{n} \lg \frac{C_{Ox}}{C_{Red}} \qquad (6-8)$$

例 6-1 计算在 1 mol/L 的 H_2SO_4 溶液中 $C_{Ce^{4+}} = 1.00 \times 10^{-2} \text{ mol/L}$,$C_{Ce^{3+}} = 1.00 \times 10^{-3} \text{ mol/L}$ 时 Ce^{4+}/Ce^{3+} 电对的电位。

解 $Ce^{4+} + e \Longleftrightarrow Ce^{3+}$

$$\varphi'_{Ce^{4+}/Ce^{3+}} = 1.44 \text{ V}$$

$$\varphi_{Ce^{4+}/Ce^{3+}} = \varphi'_{Ce^{4+}/Ce^{3+}} + 0.059 \lg \frac{C_{Ce^{4+}}}{C_{Ce^{3+}}} = 1.44 + 0.059 \lg \frac{1.0 \times 10^{-2}}{1.0 \times 10^{-3}} = 1.5 \text{ V}$$

条件电位与标准电位不同,它随溶液中所含能引起副反应的电介质的种类和浓度的不同而不同。例如,不论在什么溶液中 $\varphi^{\ominus}_{Cr_2O_7^{2-}/Cr^{3+}}$ 都等于 1.33 V,而 $\varphi'_{Cr_2O_7^{2-}/Cr^{3+}}$ 则有不同的数值:

介质	$\varphi'_{Cr_2O_7^{2-}/Cr^{3+}}$ (V)
0.1 mol/L HCl	0.93
1 mol/L HCl	1.00
0.1 mol/L H_2SO_4	0.92
4 mol/L H_2SO_4	1.15
0.1 mol/L $HClO_4$	0.84
1 mol/L $HClO_4$	1.025

由此可见,引入条件电位后,处理实际问题比较简单,也比较符合实际情况。

各种电对在特定条件下的 φ' 值,都是由实验测出来的,已经测知的还为数不多。当缺少相同条件下的条件电位时,在计算中可采用条件相近的条件电位值。例如,在未查到 3.5 mol/L 的 H_2SO_4 溶液中 $Cr_2O_7^{2-}/Cr^{3+}$ 电对的条件电位时,可用 4 mol/L 的 H_2SO_4 溶液中该电对的条件电位值(1.15 V)代替,若采用标准电位(1.33 V)计算,则其结果误差更大。

在处理有关氧化还原反应的电位计算问题时,一般采用条件电位,对于没有合适的条件电位时,则只好采用标准电位。

(二)影响条件电位的因素

凡影响电对物质的活度系数和副反应系数的各种因素都会使条件电位值的大小发生变化,这些因素主要是盐效应、酸效应、生成沉淀和生成配合物四个方面。

1. 盐效应　溶液中电解质浓度对条件电位的影响作用称为盐效应。电解质浓度的变化可使溶液中离子强度发生变化,从而改变氧化态和还原态的活度系数。仅考虑盐效应影响时条件电位可按下式计算:

$$\varphi'_{Ox/Red} = \varphi^{\ominus}_{Ox/Red} + \frac{0.059}{n}lg\frac{\gamma_{Ox}}{\gamma_{Red}} \qquad (6-9)$$

在通常的氧化还原体系中,往往电解质浓度较大,因而离子强度也较大,另外,电对中氧化态和还原态又常为多价离子,所以盐效应较为显著。但由于离子活度系数精确值不易得到,因此盐效应的精确数据也不易计算。

在氧化还原体系中,反应电对常参与各种副反应。通常副反应对条件电位的影响往往远大于盐效应的影响。因此在此条件下估算条件电位时,可忽略盐效应的影响(即假定离子活度系数 $\gamma = 1$),此时可得:

$$\varphi_{Ox/Red} = \varphi^{\ominus}_{Ox/Red} + \frac{0.059}{n}lg\frac{[Qx]}{[Red]} \qquad (6-10)$$

$$\varphi'_{Ox/Red} = \varphi^{\ominus}_{Ox/Red} + \frac{0.059}{n}lg\frac{\alpha_{Red}}{\alpha_{Ox}} \qquad (6-11)$$

式(6-10)、(6-11)分别是忽略了盐效应得到的电位及条件电位的近似表达式,使用它讨论问题非常方便。

2. 酸效应　若 H^+ 或 OH^- 参加氧化还原半电池反应,则适当的变化直接影响条件电位;若氧化态或还原态是弱酸或弱碱,酸度的变化还会直接影响其存在的形式,从而引起条件电位的改变。

例1　计算 25 ℃ 时,当 $[H^+] \approx 5$ mol/L 或 pH ≈ 8.0 时,电对 $H_3AsO_4/HAsO_2$ 的条件电位,并判断在以上两种条件下与电对 I_2/I^- 进行反应的方向。

解　已知半电池反应:

$$H_3AsO_4 + 2H^+ + 2e \Longrightarrow HAsO_2 + 2H_2O \qquad \varphi_{H_3AsO_4/HAsO_2}^{\ominus} = 0.56 \text{ V}$$

$$I_2 + 2e \Longrightarrow 2I^- \qquad \varphi'_{I_2/I^-} \approx \varphi_{I_2/I^-}^{\ominus} = 0.54 \text{ V}$$

按式(6-10)可得:

$$\varphi_{H_3AsO_4/HAsO_4} = \varphi_{H_3AsO_4/HAsO_2}^{\ominus} + \frac{0.059}{2} \lg \frac{[H_3AsO_4][H^+]^2}{[HAsO_2]} =$$

$$\varphi_{H_3AsO_4/HAsO_2}^{\ominus} + \frac{0.059}{2} \lg \frac{C_{H_3AsO_4} \alpha_{HAsO_2} [H^+]^2}{C_{HAsO_2} \alpha_{H_3AsO_4}} =$$

$$\varphi'_{H_3AsO_4/HAsO_2} + \frac{0.059}{2} \lg \frac{C_{H_3AsO_4}}{C_{HAsO_2}}$$

$$\varphi'_{H_3AsO_4/HAsO_2} = \varphi_{H_3AsO_4/HAsO_2}^{\ominus} + \frac{0.059}{2} \lg \frac{\alpha_{HAsO_2} [H^+]^2}{\alpha_{H_3AsO_4}}$$

式中的酸效应系数 $\alpha = 1/\delta_0$, δ_0 为酸的不带电荷质点的分布系数。H_3AsO_4 和 $HAsO_2$ 的 δ_0 值可按相关公式计算,然后换算为对应的 α 值,将其代入忽略盐效应的条件电位计算式可得:

当 $[H^+] \approx 5 \text{ mol/L}$ 时, $\varphi'_{H_3AsO_4/HAsO_2} = 0.60 \text{ V}$, $\varphi'_{I_2/I^-} < \varphi'_{H_3AsO_4/HAsO_2}$

发生的反应为: $H_3AsO_4 + 2H^+ + 2I^- \Longrightarrow HAsO_2 + I_2 + 2H_2O$

利用此反应,在强酸性溶液用间接碘量法可以测定 H_3AsO_4 的含量。

当 $pH \approx 8$ 时, $\varphi'_{H_3AsO_4/HAsO_2} = -0.10 \text{ V}$, $\varphi'_{I_2/I^-} > \varphi'_{H_3AsO_4/HAsO_2}$

发生的反应为: $HAsO_2 + I_2 + 2H_2O \Longrightarrow H_3AsO_4 + 2H^+ + 2I^-$

利用此反应在弱碱性溶液中,以 As_2O_3 作为基准物质可标定 I_2 标准溶液浓度。

3. 生成沉淀 在氧化还原反应中,若加入一种可与电对的氧化态或还原态生成沉淀的沉淀剂时,电对的条件电位就会发生改变。氧化态生成沉淀时,电对的条件电位将降低;还原态生成沉淀时,则电对的条件电位将增高。例如,间接碘量法测定 Cu^{2+} 是基于如下反应:

$$2Cu^{2+} + 4I^- \Longrightarrow 2CuI\downarrow + I_2$$

其有关反应电对为: $Cu^{2+} + e \Longrightarrow Cu^+ \qquad \varphi_{Cu^{2+}/Cu^+}^{\ominus} = 0.16 \text{ V}$

$$I_2 + 2e \Longrightarrow 2I^- \qquad \varphi_{I_2/I^-}^{\ominus} = 0.54 \text{ V}$$

仅由电对的标准电极电位来判断,上述反应不能自发正向进行,即 Cu^{2+} 没有氧化 I^- 的能力。但实际上此反应进行得很完全,其原因是过量的 I^- 与 Cu^+ 生成了溶解度很小的 CuI 沉淀,导致 Cu^{2+}/Cu^+ 电对的条件电位升高($\varphi'_{Cu^{2+}/Cu^+} = 0.87 \text{ V}$),明显高于 $\varphi_{I_2/I^-}^{\ominus}$ 的结果。

φ'_{Cu^{2+}/Cu^+} 值可由下列计算而得:

$$Cu^+ + I^- \Longrightarrow CuI\downarrow \qquad K_{sp} = [Cu^+][I^-] = 1.1 \times 10^{-12}$$

将 $[Cu^+] = K_{sp}/[I^-]$ 代入式(6-10)得:

$$\varphi_{Cu^{2+}/Cu^+} = \varphi_{Cu^{2+}/Cu^+}^{\ominus} + 0.059 \lg \frac{[Cu^{2+}]}{[Cu^+]} = \varphi_{Cu^{2+}/Cu^+}^{\ominus} + 0.059 \lg \frac{[Cu^{2+}][I^-]}{K_{sp}}$$

考虑到副反应作用有: $[Cu^{2+}] = \dfrac{C_{Cu^{2+}}}{\alpha_{Cu^{2+}}}$

$$\varphi_{Cu^{2+}/Cu^+} = \varphi_{Cu^{2+}/Cu^+}^{\ominus} + 0.059 \lg \frac{[I^-]}{K_{sp}\alpha_{Cu^{2+}}} + 0.059 \lg C_{Cu^{2+}} = \varphi^{\theta'} + 0.059 \lg C_{Cu^{2+}}$$

$$\varphi'_{Cu^{2+}/Cu^+} = \varphi_{Cu^{2+}/Cu^+}^{\ominus} + 0.059 \lg \frac{[I^-]}{K_{sp}\alpha_{Cu^{2+}}}$$

因为在实验条件下不发生明显的副反应，$\alpha_{Cu^{2+}} \approx 1$，若$[I^-] = 1$ mol/L，则：

$$\varphi'_{Cu^{2+}/Cu^+} = 0.16 + 0.059 \lg \frac{1}{(1.1 \times 10^{-12}) \times 1} = 0.87 \text{ V}$$

4. 生成配合物　若氧化还原电对中的氧化态或还原态金属离子与溶液中各种具有配位能力的阴离子发生配位反应，就会影响条件电位。若生成的氧化态配合物比生成的还原态配合物稳定性高，则条件电位降低；反之，条件电位将增高。在氧化还原滴定中，为了消除干扰离子，常常加入可与干扰离子生成稳定配合物的辅助配位体。例如，间接碘量法测定Cu^{2+}时，其反应是：$2Cu^{2+} + 4I^- \rightleftharpoons 2CuI \downarrow + I_2$，如有$Fe^{3+}$存在就会影响$Cu^{2+}$的测定，若加入NaF，则可消除$Fe^{3+}$的干扰。其原因是：

Fe^{3+}/Fe^{2+}电对的半电池反应为：

$$Fe^{3+} + e \rightleftharpoons Fe^{2+} \qquad \varphi^{\ominus}_{Fe^{3+}/Fe^{2+}} = 0.77 \text{ V}$$

$\varphi^{\ominus}_{Fe^{3+}/Fe^{2+}} > \varphi^{\ominus}_{I_2/I^-}$，在无副反应发生的条件下，$Fe^{3+}$可将溶液中的$I^-$氧化成$I_2$：

$$2Fe^{3+} + 2I^- \rightleftharpoons 2Fe^{2+} + I_2$$

显然，这一反应会干扰间接碘量法对铜的测定。如果向溶液中加入能与Fe^{3+}生成稳定配合物的F^-，此时可按式（6-11）计算Fe^{3+}/Fe^{2+}电对的条件电位：

$$\varphi'_{Fe^{3+}/Fe^{2+}} = \varphi^{\ominus}_{Fe^{3+}/Fe^{2+}} + 0.059 \lg \frac{\alpha_{Fe^{2+}}}{\alpha_{Fe^{3+}}}$$

计算F^-配合副反应系数的公式为：

$$\alpha_{Fe(F)} = 1 + \beta_1[F^-] + \beta_2[F^-]^2 + \beta_3[F^-]^3$$

Fe^{3+}与配合物的$\beta_1, \beta_2, \beta_3$分别为$10^{5.28}, 10^{9.30}, 10^{12.06}$。假定$[F^-] = 1$ mol/L，代入上式可求得$\alpha_{Fe^{3+}} \approx 10^{12.06}$。而$Fe^{2+}$不与$F^-$生成稳定的配合物，$\alpha_{Fe^{2+}} \approx 1$。因此

$$\varphi'_{Fe^{3+}/Fe^{2+}} = 0.771 + 0.059 \lg \frac{1}{10^{12.06}} = 0.059 \, 5 \text{ V}$$

此时，$\varphi^{\theta'}_{Fe^{3+}/Fe^{2+}}$远远小于$\varphi^{\theta}_{I_2/I^-}$，$Fe^{3+}$就不能将$I^-$氧化成$I_2$，从而消除了$Fe^{3+}$对$Cu^{2+}$测定的干扰。

二、条件平衡常数

（一）条件平衡常数的计算

在分析化学中，要求氧化还原反应定量地完成，而反应完全的程度如同酸碱反应、配位反应一样，可用平衡常数的大小来衡量。K值越大，反应进行得越完全。氧化还原反应的平衡常数可以根据能斯特方程，从有关电对的电极电位或条件电位来求得。利用条件电位求得条件平衡常数K'，则更能说明反应实际进行的程度。例如，下列氧化还原反应：

$$n_2 Ox + n_1 Red_2 \rightleftharpoons n_2 Red_1 + n_1 Ox_2$$

两电对的电极电位为：

$$Ox_1 + n_1 e \rightleftharpoons Red_1 \qquad \varphi_1 = \varphi'_1 + \frac{0.059}{n_1} \lg \frac{C_{Ox_1}}{C_{Red_1}}$$

$$Ox_2 + n_2 e \rightleftharpoons Red_2 \qquad \varphi_2 = \varphi'_2 + \frac{0.059}{n_2} \lg \frac{C_{Ox_2}}{C_{Red_2}}$$

反应达到平衡时，两电对的电极电位相等，即$\varphi_1 = \varphi_2$，则：

$$\varphi'_1 + \frac{0.059}{n_1}\lg\frac{C_{Ox_1}}{C_{Red_1}} = \varphi'_2 + \frac{0.059}{n_2}\lg\frac{C_{Ox_2}}{C_{Red_2}}$$

两边同乘以 n_1、n_2，经整理后得：

$$\lg\frac{C_{Red_1}^{n_2}C_{Ox_2}^{n_1}}{C_{Ox_1}^{n_2}C_{Red_2}^{n_1}} = \frac{n_1 n_2(\varphi'_1 - \varphi'_2)}{0.059}$$

因为平衡时：

$$\frac{C_{Red_1}^{n_2}C_{Ox_2}^{n_1}}{C_{Ox_1}^{n_2}C_{Red_2}^{n_1}} = K'$$

所以：

$$\lg\frac{C_{Red_1}^{n_2}C_{Ox_2}^{n_1}}{C_{Ox_1}^{n_2}C_{Red_2}^{n_1}} = \frac{n_1 n_2(\varphi'_1 - \varphi'_2)}{0.059} = \lg K' \qquad (6-9)$$

根据两个电对的条件电位值，就可以计算反应的条件平衡常数 K' 值，即 K' 值的大小是直接由氧化剂和还原剂两电对的条件电位之差决定的。$\Delta\varphi'$ 越大，K' 值越大，反应进行得越完全。

(二)判断滴定反应完全的依据

1. 根据条件平衡常数值判断　要使反应进行完全，根据滴定分析的允许误差为 0.1% 的要求，在计量点时，反应物至少有 99.9% 参与反应，而未反应的反应物应小于 0.1%。因此：

$$\lg K' = \lg\frac{C_{Red_1}^{n_2}C_{Ox_1}^{n_1}}{C_{Ox_2}^{n_2}C_{Red_2}^{n_1}} = \lg\left(\frac{99.9\%}{0.1\%}\right)^{n_2}\left(\frac{99.9\%}{0.1\%}\right)^{n_1} \approx$$

$$\lg 10^{3n_1}10^{3n_2} = \lg 10^{3(n_1+n_2)} = 3(n_1 + n_2) \qquad (6-10)$$

如对于 $n_1 = n_2 = 1$ 型的反应，$\lg K' \geqslant 6$ 时，反应才能符合滴定分析的要求。同理，对于 $n_1 = 1, n_2 = 2$ 的反应，则必须 $\lg K' \geqslant 9$，对于 $n_1 = 1, n_2 = 5$ 的反应，$\lg K' \geqslant 18$，反应才能符合滴定分析的要求。

例 6-2　计算在 1 mol/L 的 $HClO_4$ 溶液中，用 $KMnO_4$ 标准溶液滴定 $FeSO_4$ 的条件平衡常数，并说明该反应是否符合滴定分析的要求？

解　$KMnO_4$ 滴定 $FeSO_4$ 的离子反应式如下：

$$MnO_4^- + 5Fe^{2+} + 8H^+ \Longrightarrow Mn^{2+} + 5Fe^{3+} + 4H_2O$$

在 1 mol/L 的 $HClO_4$ 溶液中，两电对的条件电位是：

$$\varphi'_{MnO_4^-/Mn^{2+}} = 1.45\ V \qquad \varphi'_{Fe^{3+}/Fe^{2+}} = 0.735\ V$$

根据

$$\lg K' = \frac{n_1 n_2(\varphi'_1 - \varphi'_2)}{0.059} = \frac{5 \times 1 \times (1.45 - 0.735)}{0.059} = 60$$

对于此反应，$\lg K' = 60 > 18$，完全符合滴定分析的要求。

2. 根据条件电位值判断　在实际工作中，还可根据两电对条件电位的差值 $\Delta\varphi'$ 来判断滴定反应是否进行完全。

由式(6-9)移项可得：

$$\Delta\varphi' = \varphi'_1 - \varphi'_2 = \frac{0.059}{n_1 n_2}\lg K' \qquad (6-11)$$

如对于 $n_1 = n_2 = 1$ 型的反应,将 $\lg K' \geqslant 6$ 代入式(8 – 11)中得:

$$\Delta\varphi' \geqslant \frac{0.059}{1} \times 6 = 0.35 \text{ V}$$

同理,对于 $n_1 = 1, n_2 = 2$ 型反应,则:

$$\Delta\varphi' \geqslant \frac{0.059}{2} \times 9 = 0.27 \text{ V}$$

对于 $n_1 = 1, n_2 = 3$ 型反应,则:

$$\Delta\varphi' \geqslant \frac{0.059}{3} \times 12 = 0.24 \text{ V}$$

由此类推,其他类型反应的条件电位的差值 $\Delta\varphi'$ 均小于 0.35 V,故一般认为 $\Delta\varphi' \geqslant$ 0.35 V的氧化还原反应都能用于滴定分析。

必须指出,某些氧化还原反应,虽然两电对的条件电位(或标准电位)相差足够大,符合上述要求,但由于副反应的发生,使该氧化还原反应不能定量进行,氧化剂和还原剂之间没有一定的计量关系,这样的氧化还原反应仍不能用于滴定分析。如 $K_2Cr_2O_7$ 与 $Na_2S_2O_3$ 的反应,从它们的条件电位来看,其差值超过了 0.35 V,但 $K_2Cr_2O_7$ 除了使 $Na_2S_2O_3$ 氧化为 $S_4O_6^{2-}$ 外,还可能部分氧化为 SO_4^{2-},因此不能用于滴定分析。另外,氧化还原条件平衡常数 $\lg K'$ 的大小或两电对条件电位差值的大小,只能表示氧化还原反应完全的程度,不能说明氧化还原反应的速度。事实上,有许多氧化还原反应,尽管从理论上看是可以进行的,而实际上往往由于反应速度太慢,而不能用于氧化还原滴定。因此,在氧化还原滴定分析中,不仅要从平衡观点来考虑反应的可能性,还应从其反应速度来考虑反应的现实性。

三、影响氧化还原反应速度的因素

作为一个滴定反应,速度必须足够快,否则不能使用。而氧化还原反应速度是一个复杂的问题,影响因素较多,现对影响氧化还原反应速度的主要因素进行讨论。

(一)反应物的浓度

根据质量作用定律,反应速度与反应物浓度的乘积成正比,但由于氧化还原反应的过程比较复杂,往往是分步进行的。因此,不能简单地从总的氧化还原反应式来判断反应物浓度对反应速度的影响(即不能认为反应速度与反应物浓度的相应次方成正比)。而总的反应速度是由各步反应的速度决定的,而各步反应中最慢的一步,对于整个反应速度起着决定性的作用。但总的来说,反应物的浓度越大,反应的速度越快。例如,在酸性溶液中,一定量的 $K_2Cr_2O_7$ 和 KI 的反应:

$$Cr_2O_7^{2-} + 6I^- + 14H^+ \Longrightarrow 2Cr^{3+} + 3I_2 + 7H_2O$$

此反应速度较慢,增大 I^- 的浓度或溶液的酸度,都可以使反应速度加快。其中酸度影响更大,为了使反应速度加快,通常将酸度控制在 0.2 ~ 0.4 mol/L,但是,酸度过高会加速空气中 O_2 对 I^- 的氧化而产生误差。

(二)溶液的温度

温度对反应速度的影响是很复杂的。对大多数反应来说,升高温度可提高反应速度。因为升高温度不仅增加了反应物之间的碰撞几率,更重要的是增加了活化分子或活化离子的数目。通常温度每升高 10 ℃,反应速度可提高 2 ~ 4 倍。例如在酸性溶液中 MnO_4^- 和 $C_2O_4^{2-}$ 的反应:

$$2MnO_4^- + 5C_2O_4^{2-} + 16H^+ \rightleftharpoons 2Mn^{2+} + 10CO_2\uparrow + 8H_2O$$

在室温下,反应速度缓慢,如果将溶液加热,反应速度便大为加快。所以用 $KMnO_4$ 溶液滴定 $H_2C_2O_4$ 时,通常将溶液加热至 75 ℃ ~ 85 ℃。若温度超过 90 ℃ 将会引起 $H_2C_2O_4$ 分解而产生误差。因此应该注意,升高溶液的温度,虽然可以加快反应的速度,但不是温度越高越好。另外,也不是在任何情况下都可利用升高温度来加快反应的速度。例如,有些物质(如 I_2)易于挥发,若将溶液加热则会引起挥发损失;有些物质(如 Sn^{2+}、Fe^{2+} 等)易于氧化,若将溶液加热,就会促进它们的氧化,从而引起误差。因此,必须根据具体情况确定反应的适宜温度。

(三)催化剂

催化剂对反应速度有很大的影响。催化反应的机理比较复杂,催化剂只能影响反应速度,但不能改变反应的平衡状态。例如,Ce^{4+} 氧化 AsO_3^{3-} 的反应很慢,若加入少量 I^- 作为催化剂,反应便迅速进行。又如,MnO_4^{2-} 与 $C_2O_4^{2-}$ 的反应速度较慢,若加入 Mn^{2+},便能加快反应进行。对此反应,也可不加催化剂,当反应开始产生少量的 Mn^{2+} 后,由于 Mn^{2+} 的催化作用,以后的反应也可加速进行。这种由反应产物起催化作用的现象称为自动催化。

催化剂有正催化剂和负催化剂之分。正催化剂能加快反应速度;负催化剂能减慢反应速度,使不需要的反应不致发生。在滴定分析中,有时也利用负催化剂,例如,测定 $SnCl_2$ 时,可加入多元醇阻止空气对 $SnCl_2$ 的氧化。

(四)诱导反应

在氧化还原反应中,不仅催化剂能够影响反应的速度,而且有的氧化还原反应还能促进另一氧化还原反应的进行。例如,用 $KMnO_4$ 法测定 Cl^- 时,其主要反应方程式为:

$$2MnO_4^- + 10Cl^- + 16H^+ \rightleftharpoons 2Mn^{2+} + 5Cl_2\uparrow + 8H_2O$$

在酸性溶液中,MnO_4^- 氧化 Cl^- 的速度极慢,但当溶液中同时存在少量 Fe^{2+} 时,则有如下反应发生:

$$MnO_4^- + 5Fe^{2+} + 8H^+ \rightleftharpoons Mn^{2+} + 5Fe^{3+} + 4H_2O$$

此时,由于 MnO_4^- 氧化 Fe^{2+} 反应的进行而加速了 MnO_4^- 氧化 Cl^- 的反应。这种由于一种氧化还原反应的发生而促进另一氧化还原反应的现象,称为诱导反应。在上述反应中,MnO_4^- 与 Fe^{2+} 的反应为诱导反应;Fe^{2+} 为诱导体,MnO_4^- 与 Cl^- 的反应为受诱反应,Cl^- 为受诱体。

诱导反应与催化反应不同,在催化反应中,催化剂参加反应后又变回原来的组成,而在诱导反应中,诱导体参加反应后变为其他物质。因为诱导体也用去标准溶液,引起较大的误差,故在对结果要求较高的滴定分析中,通常不用诱导反应来加快反应速度。

总之,在氧化还原滴定中,为了使氧化还原反应能按所需方向定量地、迅速地进行,选择和控制适当的反应条件是十分重要的。

第三节　氧化还原滴定曲线

一、滴定曲线

在氧化还原滴定中,随着标准溶液的加入,氧化剂和还原剂的浓度不断改变,两电对的电位也随之不断改变。表示滴定过程中电位变化的曲线称为氧化还原滴定曲线。滴定曲线可以根据能斯特方程式从理论上算出的数据绘出。

现以在 1 mol/L 的 H_2SO_4 溶液中,用 0.100 0 mol/L 的 $Ce(SO_4)_2$ 溶液滴定 20.00 mL 的 0.100 0 mol/L 的 $FeSO_4$ 溶液为例,说明滴定过程中电位的变化情况。

滴定反应: $$Ce^{4+} + Fe^{2+} \rightleftharpoons Ce^{3+} + Fe^{3+}$$

电极反应: $$Ce^{4+} + e \rightleftharpoons Ce^{3+} \qquad \varphi'_{Ce^{4+}/Ce^{3+}} = 1.44 \text{ V}$$
$$Fe^{3+} + e \rightleftharpoons Fe^{2+} \qquad \varphi'_{Fe^{3+}/Fe^{2+}} = 0.68 \text{ V}$$

由于 $\Delta\varphi' = 1.44 - 0.68 = 0.76$ V,故该氧化还原反应能够进行完全。

1. 滴定前 溶液中只含 Fe^{2+},由于空气中 O_2 的作用必然会有痕量 Fe^{3+} 存在,从而组成 Fe^{3+}/Fe^{2+} 电对,但因为 Fe^{3+} 的量不能准确知道,故此溶液的电位无法计算。

2. 滴定开始后至计量点前 溶液中存在 Ce^{4+}/Ce^{3+}、Fe^{3+}/Fe^{2+} 两个电对,在滴定过程中,任何一点在达到平衡时,两电对的电位都相等,因此可以根据任何一个电对来计算溶液的电位。在这段滴定中,Ce^{4+} 的浓度不易直接求得,所以采用 Fe^{3+}/Fe^{2+} 电对的浓度比值来计算:

$$\varphi_{Fe^{3+}/Fe^{2+}} = \varphi'_{Fe^{3+}/Fe^{2+}} + 0.059 \lg \frac{C_{Fe^{3+}}}{C_{Fe^{2+}}}$$

为简便计算,采用 Fe^{3+} 与 Fe^{2+} 的百分比来代替浓度进行计算。例如,滴入 Ce^{4+} 溶液 19.98 mL 时,则有 99.9% 的 Fe^{2+} 被氧化为 Fe^{3+},剩余 $1 - 99.9\% = 0.1\%$ 的 Fe^{2+},此时的电位值为:

$$\varphi_{Fe^{3+}/Fe^{2+}} = 0.68 + 0.059 \lg \frac{99.9\%}{0.1\%}$$
$$= 0.68 + 0.059 \lg 1\ 000 = 0.86 \text{ V}$$

3. 计量点时 当滴入 20.00 mL 的 $Ce(SO_4)_2$ 溶液时,即达计量点,此时 Ce^{4+} 和 Fe^{2+} 都定量地转变成 Ce^{3+} 和 Fe^{3+},但 $C_{Ce^{4+}}$ 和 $C_{Fe^{2+}}$ 都很小,且无法确切知道,故不能单独按一电对计算 φ 值,可由两电对的能斯特方程式联立求得。令计量点时的电位值为 φ_{SP},则:

$$\varphi_{SP} = \varphi'_{Ce^{4+}/Ce^{3+}} + 0.059 \lg \frac{C_{Ce^{4+}}}{C_{Ce^{3+}}}$$

$$\varphi_{SP} = \varphi'_{Fe^{3+}/Fe^{2+}} + 0.059 \lg \frac{C_{Ce^{3+}}}{C_{Ce^{2+}}}$$

两式相加得:

$$2\varphi_{SP} = \varphi'_{Ce^{4+}/Ce^{3+}} + \varphi'_{Fe^{3+}/Fe^{2+}} + 0.059 \lg \frac{C_{Ce^{4+}} C_{Fe^{3+}}}{C_{Ce^{3+}} C_{Fe^{2+}}}$$

因为 $C_{Ce^{4+}} = C_{Fe^{2+}}$;$C_{Ce^{3+}} = C_{Fe^{3+}}$,故

$$\varphi_{SP} = \frac{\varphi'_{Ce^{4+}/Ce^{3+}} + \varphi'_{Fe^{3+}/Fe^{2+}}}{2} = \frac{1.44 + 0.68}{2} = 1.06 \text{ V} \qquad (6-12)$$

4. 化学计量点后 此时 Fe^{2+} 几乎全部被氧化为 Fe^{3+},$C_{Fe^{2+}}$ 不易直接求得,但由加入 Ce^{4+} 的百分数可知道 $C_{Ce^{4+}}/C_{Ce^{3+}}$ 比值,便可用 Ce^{4+}/Ce^{3+} 电对计算 φ 值。例如,滴入 $Ce(SO_4)_2$ 溶液 20.02 mL 时,Ce^{4+} 过量 0.1%,此时的电位为:

$$\varphi_{Ce^{4+}/Ce^{3+}} = \varphi'_{Ce^{4+}/Ce^{3+}} + 0.059 \lg \frac{C_{Ce^{4+}}}{C_{Ce^{3+}}} =$$

$$1.44 + 0.059 \lg \frac{0.1}{100} = 1.26 \text{ V}$$

用同样方法可计算出化学计量点后各点的电位值。将计算结果列入表 6-1 中,并以电位值为纵坐标,以 Fe^{2+} 被氧化的百分率(亦即 Ce^{4+} 的加入量的百分率)为横坐标,绘制滴定曲线,如图 6-1 所示。

表 6-1　在 1 mol/L H_2SO_4 溶液中,用 0.100 0 mol/L $Ce(SO_4)_2$ 溶液滴定 20.00 mL 0.100 0 mol/L $FeSO_4$ 溶液时的变化情况

滴入 $V_{Ce^{4+}}$/mL	滴入百分率	φ/V
1.00	5.0	0.60
18.00	90.0	0.74
19.80	99.0	0.80
19.98	99.9	0.86
20.00	100.0	1.06
20.02	100.1	1.26
20.20	101.0	1.32
22.00	110.0	1.38
40.00	200.0	1.44

氧化还原滴定曲线表明:氧化还原滴定和其他类型滴定一样,随着标准溶液的不断加入,溶液的电位值逐渐改变,在计量点附近溶液的电位值急剧变化,形成一个突跃,其突跃范围由计量点前剩余 0.1% 的 Fe^{2+} 和计量点后过量 0.1% 的 Ce^{4+} 的电位所决定,即突跃范围为 0.86~1.26 V。

由此可见,对于对称的氧化还原滴定反应,其化学计量点的电位仅取决于两电对的条件电位与电子转移的数目,而与滴定剂或被滴物的浓度无关。

应当注意,在电位滴定中,通常以滴定曲线中突跃部分的中点作为滴定终点,但这与计量点不一定相符。由计量点的电位计算公式可看出,只有当 $n_1 = n_2$ 时,突跃中点才与计量点一致,而当 $n_1 \neq n_2$ 时,

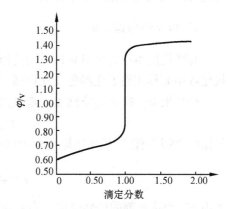

图 6-1　在 1 mol/L H_2SO_4 中,Ce^{4+} 滴定 Fe^{2+} 的滴定曲线

计量点的电位偏向 n 值较大的电对一方,在选择氧化还原指示剂时应注意这种情况,应使指示剂的变色点尽可能靠近化学计量点。

二、滴定突跃范围及影响的因素

通过以上讨论可得氧化还原滴定突跃范围的通式为:

$$\varphi'_2 + \frac{0.059 \times 3}{n_2} \sim \varphi'_1 - \frac{0.059 \times 3}{n_1} \quad (25 \text{ ℃})$$

由此可知,氧化还原滴定的突跃范围与氧化剂及还原剂两电对的条件电位差值 $(\Delta\varphi')$ 的大

小有关。$\Delta\varphi'$ 值越大,突跃范围越大,越易准确滴定。实践表明,若 $\Delta\varphi' \geqslant 0.40$ V,一般使用氧化还原指示剂,即可得到较满意的敏锐终点。

第四节　氧化还原滴定中的指示剂

一、自身指示剂

在氧化还原滴定中,有些标准溶液本身有颜色,而滴定产物无色或颜色很浅,在这种情况下,滴定时可以不必另加指示剂,利用标准溶液本身的颜色变化以指示终点。这样的标准溶液自身能起指示剂的作用,故称为自身指示剂。例如,用 $KMnO_4$ 作为标准溶液时,当滴定达到化学计量点后,微过量的 MnO_4^- 就可使溶液呈粉红色,指示滴定终点的到达。

实践证明:$KMnO_4^-$ 的浓度约为 2×10^{-6} mol/L,就可以看到溶液呈粉红色。

二、特殊指示剂

有些物质本身不具备氧化还原性,但能与氧化剂或还原剂作用,产生特殊的颜色,从而可指示滴定终点。这样的物质称为特殊指示剂。例如,可溶性淀粉与 I_3^- 产生深蓝色吸附化合物,反应极灵敏且可逆,即使在 0.5×10^{-5} mol/L 的 I_3^- 溶液中亦能明显看出。故可根据蓝色的出现或消失指示滴定终点。

三、氧化还原指示剂

有些物质本身是弱氧化剂或弱还原剂,它的氧化态与还原态有不同的颜色。这种利用氧化或还原作用而发生颜色变化以指示滴定终点的物质,称为氧化还原指示剂。

如果用 In_{Ox} 和 In_{Red} 分别表示指示剂的氧化态和还原态,n 表示电子转移的数目,则:

$$In_{Ox} + ne \rightleftharpoons In_{Red}$$

根据能斯特方程式,氧化还原指示剂的电位与其浓度之间的关系是:

$$\varphi = \varphi'_{In} + \frac{0.059}{n} \lg \frac{C_{In_{Ox}}}{C_{In_{Red}}}$$

式中 φ'_{In} 为指示剂的条件电位。当溶液中氧化还原电对的电位改变时,指示剂的氧化态和还原态的浓度也会发生改变,因而溶液的颜色发生变化。

当 $C_{In_{Ox}}/C_{In_{Red}} \geqslant 10$ 时,溶液呈氧化态的颜色,此时:

$$\varphi = \varphi'_{In} + \frac{0.059}{n} \lg 10 = \varphi'_{In} + \frac{0.059}{n}$$

当 $C_{In_{Ox}}/C_{In_{Red}} \leqslant 1/10$ 时,溶液呈还原态的颜色,此时:

$$\varphi = \varphi'_{In} + \frac{0.059}{n} \lg 1/10 = \varphi'_{In} - \frac{0.059}{n}$$

故指示剂变色的电位范围是 $\varphi = \varphi'_{In} \pm \frac{0.059}{n}$。

当 $n = 1$ 时,指示剂变色的电位范围为:$\varphi'_{In} \pm 0.059$ V;$n = 2$ 时,为 $\varphi'_{In} \pm 0.030$ V。因为指示剂变色间隔很小,故常直接用指示剂的 φ'_{In} 来估量。当体系的电位值恰好等于 φ'_{In} 时,

指示剂呈中间色,称为变色点。

氧化还原指示剂在氧化还原滴定中应用较为广泛,大多数氧化还原滴定都使用氧化还原指示剂来确定终点。表6-2列出了常用氧化还原指示剂的条件电位。为了减小终点误差,在选择指示剂时,应使指示剂的条件电位在滴定突跃范围内,并尽量与计量点的电位一致。

表6-2 常用氧化还原指示剂

指示剂	$\varphi'_{In}/V(pH=0)$	颜色	
		还原态	氧化态
次甲基蓝	0.53	无色	蓝色
二苯胺	0.76	无色	紫色
二苯胺磺酸钠	0.84	无色	红色
邻苯氨基苯甲酸	0.89	无色	红色
邻苯二氮菲亚铁	1.06	红色	淡蓝
硝基邻二氮菲亚铁	1.25	红色	淡蓝

例如,用 $Ce(SO_4)_2$ 标准溶液滴定 Fe^{2+} 时,由表6-1及图6-1可知,其计量点时的电位为 1.06 V,突跃范围为 0.86~1.26 V,故最好选邻二氮菲亚铁作指示剂。如果用二苯胺磺酸钠作指示剂,则误差必然较大;若在溶液中加入 H_3PO_4,使其与 Fe^{3+} 生成稳定的 $[Fe(HPO_4)]^+$ 可以降低电对 Fe^{3+}/Fe^{2+} 的电位;若将 Fe^{3+} 的浓度降低 1 000 倍,则突跃前段的最低电位为

$$\varphi_{Fe^{3+}/Fe^{2+}} = 0.68 + 0.059\ lg\ \frac{99.9\%}{0.1\%} \times \frac{1}{1\ 000} = 0.62\ V$$

此时便可用二苯胺磺酸钠作指示剂来确定滴定终点了。

值得注意的是,由于氧化还原指示剂本身的氧化还原作用,也要消耗一定量的标准溶液,当标准溶液浓度较大时,对分析结果的影响可忽略不记;但在较精确测定或用较稀(小于 0.01 mol/L)的标准溶液进行滴定时,则需作空白试验加以校正。

第五节 高锰酸钾法

一、原 理

高锰酸钾法是以 $KMnO_4$ 为标准溶液的氧化还原滴定法

高锰酸钾是强氧化剂,它的氧化作用与溶液的酸度有关。在强酸性溶液中,高锰酸钾与还原剂作用,MnO_4^- 被还原为 Mn^{2+},电极反应式为:

$$MnO_4^- + 8H^+ + 5e \rightleftharpoons Mn^{2+} + 4H_2O \qquad \varphi^{\ominus}_{MnO_4^-/Mn^{2+}} = 1.51\ V$$

在弱酸性、中性或弱碱性溶液中,MnO_4^- 被还原为 MnO_2(实际是 $MnO_2 \cdot H_2O$),电极反应式为:

$$MnO_4^- + 2H_2O + 3e \rightleftharpoons MnO_2 + 4OH^- \qquad \varphi^{\ominus}_{MnO_4^-/MnO_2} = 0.57\ V$$

在强碱溶液中,MnO_4^- 被还原为 MnO_4^{2-},电极反应式为:

$$MnO_4^- + e \rightleftharpoons MnO_4^{2-} \qquad \varphi^{\ominus}_{MnO_4^-/MnO_4^{2-}} = 0.54\ V$$

由此可见,高锰酸钾在酸性、中性或碱性条件下均可应用。由于高锰酸钾在强酸性溶液中氧化能力最强,而还原产物几乎是无色的 Mn^{2+},不影响终点颜色的观察,因此一般都在强酸性溶液中进行。酸度一般控制在 1 mol/L 左右。酸度过高,会导致 $KMnO_4$ 分解;酸度过低,会产生 MnO_2 沉淀。调节酸度常用 H_2SO_4,而不用 HCl 和 HNO_3,因 HCl 中 Cl^- 具有还原性,也会被 $KMnO_4$ 氧化;HNO_3 本身具有氧化性,它可能氧化某些被滴定的物质。

应当指出:高锰酸钾氧化有机物在碱性条件下的反应速度比在酸性条件下更快,所以用高锰酸钾法测定有机物一般多在碱性溶液中进行。

二、标准溶液

(一)$KMnO_4$ 标准溶液的制备与标定

1. 配制　市售 $KMnO_4$ 试剂纯度约为 99% ~ 99.5%,其中含有少量杂质,如硝酸盐、硫酸盐、氯化物及二氧化锰等;蒸馏水中也含有微量的还原性物质,能慢慢地使 $KMnO_4$ 还原为 $MnO \cdot H_2O$ 沉淀;在水溶液中 $KMnO_4$ 本身不断地自发分解,其化学反应方程式如下:

$$4MnO_4^- + 2H_2O \Longrightarrow 4MnO_2 \downarrow + 4OH^- + 3O_2 \uparrow$$

分解的速度随溶液的 pH 值而改变,在中性溶液中分解很慢,但 Mn^{2+} 和 MnO_2 的存在能加速其分解,见光时分解得更快。因此 $KMnO_4$ 溶液的浓度容易改变,一般不用 $KMnO_4$ 试剂直接制备标准溶液,而是先用 $KMnO_4$ 配制一近似浓度的溶液,然后再进行标定。

为了配制较稳定的 $KMnO_4$ 溶液,可称取稍多于理论量的 $KMnO_4$,溶于蒸馏水中,煮沸 15min,冷却后储于棕色玻璃瓶中,静置两天以上,待杂质氧化完全后,用玻砂漏斗过滤,以除去析出的 MnO_2 沉淀,将溶液置于另一玻璃塞的棕色玻璃瓶中,并放暗处保存。

2. 标定　标定 $KMnO_4$ 溶液常用的基准物有 $H_2C_2O_4 \cdot 2H_2O$、$Na_2C_2O_4$、$(NH_4)_2Fe(SO_4)_2 \cdot H_2O$、$As_2O_3$ 及纯铁丝等。其中 $Na_2C_2O_4$ 不含结晶水,容易提纯,性质稳定,是最常用的基准物质。其标定反应式如下:

$$2MnO_4^- + 5C_2O_4^{2-} + 16H^+ \Longrightarrow 2Mn^{2+} + 10CO_2 \uparrow + 8H_2O$$

3. 注意事项

(1)溶液的酸度要适宜:为了使滴定反应正常地进行,溶液应保持一定的酸度,一般在开始时,溶液的酸度约为 0.5 ~ 1 mol/L,滴定结束时约为 0.2 ~ 0.5 mol/L。酸度不够时,容易生成 MnO_2 沉淀;酸度过高会使 $H_2C_2O_4$ 分解:

$$2H^+ + C_2O_4^{2-} \Longrightarrow H_2C_2O_4 \Longrightarrow CO_2 \uparrow + CO \uparrow + H_2O$$

(2)保持溶液的温度:在室温下此反应进行较慢,因此常将溶液加热至 75 ℃ ~ 85 ℃。但温度不宜过高,若超过 90 ℃ 会使部分 $H_2C_2O_4$ 分解。

(3)滴定速度不宜太快:滴定开始时,滴定速度要慢,在 $KMnO_4$ 的红色未褪去之前,不应滴入第二滴。等几滴 $KMnO_4$ 溶液作用完毕后,生成了 Mn^{2+},滴定速度可逐渐加快,但也不易太快,否则部分 $KMnO_4$ 来不及与 $C_2O_4^{2-}$ 反应,而在热的酸性溶液中发生分解:

$$4MnO_4^- + 12H^+ \Longrightarrow 4Mn^{2+} + 5O_2 \uparrow + 6H_2O$$

影响标定的准确度。

(4)观察终点的时间不宜太长:MnO_4^- 本身具有颜色,终点后稍微过量的 MnO_4^- 使溶液呈现粉红色而指示终点的到达。但是,因为空气中的还原性气体及尘埃等能使 $KMnO_4$ 缓慢分解,而使粉红色消失,所以经过 30 s 不褪色即可认为已达终点。

（二）$H_2C_2O_4$ 标准溶液的制备

用基准 $H_2C_2O_4 \cdot H_2O$ 可直接制备标准溶液,而在实际工作中常常先将 $H_2C_2O_4$ 配成近似所需浓度的溶液,然后再与 $KMnO_4$ 标准溶液进行比较,以求得准确浓度。

三、应用与示例

（一）应用

高锰酸钾法应用范围较广,根据被测物性质的不同采用不同的滴定方式测其含量。

1. 直接滴定　用 $KMnO_4$ 作标准溶液,在酸性溶液中可直接测定许多还原性物质的含量,如 Fe^{2+}、$C_2O_4^{2-}$、AsO_3^{3-}、Sn^{2+}、NO_2^-、H_2O_2 及 I^- 等

2. 剩余滴定　将 $KMnO_4$ 标准溶液与另一还原剂标准溶液相配合,采用剩余滴定可以测定许多氧化性物质的含量。如和 $FeSO_4$ 标准溶液配合使用可测定 MnO_4^-、MnO_2、PbO_2、CrO_2^{4-}、$S_2O_3^{2-}$、甲醇、葡萄糖和有机酸等,先加入一定过量的 $FeSO_4$ 标准溶液,再用 $KMnO_4$ 标准溶液滴定剩余的 $FeSO_4$ 标准溶液。与 $Na_2C_2O_4$ 标准溶液配合使用,可测定 ClO_3^-、BrO_3^-、IO^{3-} 等。

3. 间接滴定　非氧化性或非还原性物质,不能直接和 $KMnO_4$ 反应,如 Ca^{2+}、Ba^{2+} 等,可使其与 $C_2O_4^{2-}$ 形成沉淀,再将沉淀溶于 H_2SO_4,然后用高锰酸钾标准溶液滴定生成的 $H_2C_2O_4$,从而求得其余量。

（二）应用示例

1. 过氧化氢的测定　H_2O_2 水溶液又称双氧水,它含 H_2O_2 的量约 30%,在酸性溶液中,$KMnO_4$ 能与 H_2O_2 直接反应,其化学反应方程式为:

$$2MnO_4^- + 5H_2O_2 + 6H^+ \Longrightarrow 2Mn^{2+} + 5O_2 \uparrow + 8H_2O$$

故可在室温时用 $KMnO_4$ 标准溶液直接滴定。但滴定开始时反应较慢,待溶液中有少量的 Mn^{2+} 生成后,可加速反应的进行,或者在滴定前加入少量的 Mn^{2+} 作为催化剂亦可加速反应的进行。

H_2O_2 不稳定,有时商品中加有某些有机物,如乙酰苯胺等作为稳定剂。这些有机物大多能与 MnO_4^- 作用而产生误差,遇此情况采用碘量法或硫酸铈法测定为好。

2. 耗氧量的测定　耗氧量是指在一定条件下 1 L 水可被氧化的还原性物质所消耗氧化剂的量,以 O_2 的毫克数表示。

水中含有的还原性物质,主要是有机物（包括细菌）,此外,可能含有少量的还原性无机物,如亚铁盐、硫化物和亚硝酸盐等。水中有机物主要来源于生活污水、粪便以及某些工业废水等。水被有机物污染后耗氧量增加,因此,耗氧量为水被有机物污染的指标之一。

耗氧量的测定方法很多,有酸性高锰酸钾法、碱性高锰酸钾法和酸性重铬酸钾法等。一般水样都采用酸性高锰酸钾法。

在酸性条件下,用 $KMnO_4$ 标准溶液将水样中某些有机物及还原性物质氧化,反应后剩余的 $KMnO_4$ 用过量的 $H_2C_2O_4$ 标准溶液还原,剩余的 $H_2C_2O_4$ 溶液再以 $KMnO_4$ 标准溶液滴定。根据 $KMnO_4$ 标准溶液用于氧化有机物的量,再换算成 O_2 的摩尔浓度（mol/L）,即水样中的耗氧量。其反应式为:

$$4KMnO_4 + 6H_2SO_4 + 5C \Longrightarrow 2K_2SO_4 + 4MnSO_4 + 6H_2O + 5CO_2 \uparrow$$

$$2KMnO_4 + 5H_2C_2O_4 + 3H_2SO_4 \Longrightarrow K_2SO_4 + 2MnSO_4 + 8H_2O + 10CO_2 \uparrow$$

式中以 C(碳)代表有机物。

3. 血清钙的测定　钙是人体不可缺少的重要元素之一。血清中的钙以钙盐和蛋白质两种形式存在,血清钙的测定可提供代谢失调和有关疾病的信息,对临床诊断有重要意义。

血清钙测定的方法很多,有比色法、配位滴定法、高锰酸钾法等。后者是将 $(NH_4)_2C_2O_4$ 溶液加入血清中,生成 CaC_2O_4 沉淀,过滤后用稀 $NH_3 \cdot H_2O$ 洗去多余的 $(NH_4)_2C_2O_4$,再加入 H_2SO_4 使 CaC_2O_4 溶解,然后用标准溶液滴定 $H_2C_2O_4$,间接求出血清钙的含量,有关反应如下:

$$Ca^{2+} + C_2O_4^{2-} \Longrightarrow CaC_2O_4 \downarrow$$

$$CaC_2O_4 + H_2SO_4 \Longrightarrow CaSO_4 \downarrow + H_2C_2O_4$$

沉淀 CaC_2O_4 时,应控制溶液的 pH 值在 3.5 ~ 4.5 之间,使生成晶形 CaC_2O_4,并避免其他不溶性钙盐的生成。

血清钙正常值:成人 85 ~ 115 mg/L;婴儿 100 ~ 120 mg/L。

4. 甲酸的测定　在强碱性溶液中,过量 $KMnO_4$ 能定量地氧化甲酸,其反应式如下:

$$HCOO^- + 2MnO_4^- + 3OH^- \Longrightarrow CO_3^{2-} + 2MnO_4^{2-} + 2H_2O$$

反应后,将溶液酸化,然后用还原剂标准溶液 [如 $(NH_4)_2Fe(SO_4)_2$ 标准溶液] 滴定溶液中剩余的高价锰离子,使其还原为 Mn(Ⅱ),计算出用去的还原剂的物质的量。用同样的方法,测定出与相同量碱性 $KMnO_4$ 标准溶液反应的还原剂的物质的量。根据这二者之差,即可算出甲酸的含量。

(三)计算示例

例 6 - 3　准确量取 H_2O_2 溶液 25.00 mL,置 250 mL 容量瓶中稀释至标线,混匀。再准确吸取 25.00 mL,加 H_2SO_4 酸化。用 0.026 92 mol/L 的 $KMnO_4$ 标准溶液滴定,用去 35.58 mL,试计算试样中 H_2O_2 的含量。

解　　　　　$$2MnO_4^- + 5H_2O_2 + 6H^+ \Longrightarrow 2Mn^{2+} + 5O_2 \uparrow + 8H_2O$$

$$\frac{n_{MnO_4^-}}{n_{H_2O_2}} = \frac{2}{5} \qquad n_{H_2O_2} = \frac{5}{2} n_{MnO_4^-}$$

试样中含 H_2O_2 的质量体积百分浓度为

$$\rho_{H_2O_2} = \frac{5}{2} \cdot \frac{C_{MnO_4^-} V_{MnO_4^-} M_{H_2O_2}}{1\,000 \times \frac{25.00}{250.0}} \cdot \frac{V_s}{100} =$$

$$\frac{5}{2} \cdot \frac{0.026\,92 \times 35.58 \times 34.02 \times 1\,000}{25.00 \times \frac{25.00}{250.0} \times 1\,000} = 3.258 \text{ g/L}$$

例 6 - 4　10.00 mL 血清试样中 Ca^{2+} 转化为 CaC_2O_4 沉淀后,分离出的 CaC_2O_4 溶解于酸后,用 0.001 010 mol/L 的 $KMnO_4$ 滴定,用去的体积为 9.68 mL。计算此血清试样中血清钙的质量体积百分浓度。

解　　　　　$$Ca^{2+} + C_2O_4^{2-} \Longrightarrow CaC_2O_4 \downarrow$$

$$CaC_2O_4 + 2H^+ \Longrightarrow Ca^{2+} + H_2C_2O_4$$

$$2MnO_4^- + 5H_2C_2O_4 + 6H^+ \Longrightarrow 2Mn^{2+} + 10CO_2\uparrow + 8H_2O$$

$$\frac{n_{MnO_4^-}}{n_{H_2C_2O_4}} = \frac{2}{5} \qquad n_{H_2C_2O_4} = \frac{5}{2}n_{MnO_4^-}$$

$$\rho_{Ca} = \frac{5}{2} \cdot \frac{C_{MnO_4^-}V_{MnO_4^-}M_{Ca^{2+}} \times 1\,000}{1\,000 \times \dfrac{V_s}{1\,000}}$$

$$= \frac{5}{2} \cdot \frac{0.001\,010 \times 9.68 \times 40.08 \times 1\,000 \times 1\,000}{10.00 \times 1\,000} = 97.96 \text{ mg/L}$$

第六节　碘　量　法

一、原理与分类

(一)原理

碘量法又称碘法,它是利用 I_2 的氧化性和 I^- 的还原性来进行测定的氧化还原滴定法。

I_2 在水中的溶解度很小(20 ℃为 1.33×10^{-3} mol/L),故通常将 I_2 溶解在 KI 溶液中,此时 I_2 以 I_3^- 形式存在:

$$I_2 + I^- \Longrightarrow I_3^-$$

为方便起见,一般常简写为 I_2。

I_2/I^- 电对的电极反应为:

$$I_2 + 2e \Longrightarrow 2I^- \qquad \varphi_{I_2/I^-}^{\ominus} = 0.545 \text{ V}$$

(二)分类

由 $\varphi_{I_2/I^-}^{\ominus}$ 值可知, I_2 是一种比较弱的氧化剂,只能与较强的还原剂作用;而 I^- 是一种中等强度的还原剂,能与许多氧化剂作用。因此,碘法可分为直接碘法和间接碘法。

1. 直接碘法　电极电位比 $\varphi_{I_2/I^-}^{\ominus}$ 低的还原性物质,可以直接用 I_2 标准溶液滴定,这种方法称为直接碘法或碘滴定法。

例如,用 I_2 标准溶液滴定 Na_2SO_3,反应如下:

$$SO_3^{2-} + I_2 + H_2O \Longrightarrow SO_4^{2-} + 2HI$$

直接碘法不能在强碱性溶液中进行,当 pH >9 时,则发生副反应,其反应式为:

$$3I_2 + 6OH^- \Longrightarrow IO_3^- + 5I^- + 3H_2O$$

会多用去碘液,使结果产生正误差。

2. 间接碘法　电极电位比 $\varphi_{I_2/I^-}^{\ominus}$ 高的氧化性物质,可在一定条件下,用 I^- 还原,反应后析出与氧化性物质计量关系相当的游离 I_2,然后用 $Na_2S_2O_3$ 标准溶液滴定。另外,有些还原性物质可与过量的 I_2 标准溶液反应,待反应完全后,用 $Na_2S_2O_3$ 标准溶液反滴定剩余的 I_2。这种方法称为间接碘法或滴定碘法。

例如,用间接碘法测定 $KMnO_4$,是利用 $KMnO_4$ 在酸性溶液中与过量的 KI 作用,析出 I_2,其反应式为:

$$2MnO_4^- + 10I^- + 16H^+ \Longrightarrow 2Mn^{2+} + 5I_2 + 8H_2O$$

析出的 I_2 用 $Na_2S_2O_3$ 标准溶液滴定：

$$I_2 + 2S_2O_3^{2-} \Longrightarrow 2I^- + S_4O_6^{2-}$$

间接碘法的滴定反应必须在中性或弱酸性溶液中进行,因为在碱性溶液中会发生下列副反应而造成误差：

$$S_2O_3^{2-} + 4I_2 + 10OH^- \Longrightarrow 2SO_4^{2-} + 8I^- + 5H_2O$$

因此溶液的 pH 值不应超过9。也不能在强酸性溶液中滴定,因为在强酸性溶液中,$Na_2S_2O_3$ 很快分解,同时 I^- 也容易被空气氧化成游离碘,影响测定结果：

$$S_2O_3^{2-} + 2H^+ \Longrightarrow S\downarrow + H_2O + SO_2\uparrow$$

$$4I^- + O_2 + 4H^+ \Longrightarrow 2I_2 + 2H_2O$$

间接碘法误差的主要来源是 I_2 的挥发和 I^- 被空气氧化,为此,应采取适当措施减小这种误差。

防止 I_2 挥发的方法是：

(1)加入过量 KI,一般比理论量大 3 ~ 4 倍,由于 I_2 与 KI 结合形成了 I_3^-,增大了 I_2 的溶解性,降低了 I_2 的挥发性；

(2)溶液温度不宜过高,一般在室温下进行；

(3)最好在碘瓶中进行,并注意快滴慢摇,以减少 I_2 的挥发。

防止 I^- 被空气氧化的方法是：

(1)应避免阳光照射,因为在酸性溶液中光能加速空气中 O_2 对 I^- 的氧化；

(2)溶液酸度不宜过高,否则会加快 O_2 对 I^- 氧化的速度；

(3)滴定速度应较快,析出 I_2 后,立即滴定,并缓慢摇动,以减少 I^- 与空气的接触。

(三)常用指示剂——淀粉指示剂

I_2 溶液呈黄色,可作为自身指示剂,但灵敏度较差,故通常用淀粉作指示剂。淀粉与碘作用形成深蓝色吸附化合物,反应可逆并极灵敏,可根据其深蓝色的出现或消失来指示终点。

淀粉指示剂与 I_2 的反应,在无 I^- 存在时灵敏度较低,并随着温度的升高和大量电解质或醇类的存在而降低；此外,当溶液 pH < 2 时,淀粉易水解成糊精,遇 I_2 则显红色；pH > 9 时,则因 I_2 生成 IO_3^- 而遇淀粉不显蓝色,故淀粉指示剂在有 I^- 存在下的弱酸性溶液中最为灵敏。

淀粉指示剂应取直链可溶性淀粉新鲜配制。放置过久,淀粉会腐败变质,若加入少量 HgI_2、$ZnCl_2$ 或甘油等作防腐剂,则可延长放置时间。

用间接碘法滴定,淀粉指示剂应在近终点时加入,防止较多的 I_2 被淀粉吸附而不易与 $Na_2S_2O_3$ 反应,致使产生滴定误差。

二、标准溶液

碘法所用标准溶液主要有 $Na_2S_2O_3$ 标准溶液和 I_2 标准溶液两种。

(一)$Na_2S_2O_3$ 标准溶液的制备

1.配制 市售 $Na_2S_2O_3 \cdot 5H_2O$ 一般都含有少量杂质,如 S、SO_3^{2-}、SO_4^{2-}、CO_3^{2-} 和 Cl^- 等,且易风化和潮解,此外 $Na_2S_2O_3$ 溶液不稳定,容易分解,其原因是：

(1)嗜硫细菌的作用

$$Na_2S_2O_3 \Longrightarrow Na_2SO_3 + S\downarrow$$

(2)溶解在水中的 CO_2 作用

$$S_2O_3^{2-} + CO_2 + H_2O \Longrightarrow HSO_3^- + HCO_3^- + S\downarrow$$

此反应一般在配制 $Na_2S_2O_3$ 溶液后 10 天内进行,分解后生成的 HSO_3^- 与 $S_2O_3^{2-}$ 的还原能力不同。

$$HSO_3^- + I_2 + H_2O \Longrightarrow HSO_4^- + 2I^- + 2H^+$$

$$2S_2O_3^{2-} + I_2 \Longrightarrow S_4O_6^{2-} + 2I^-$$

即二个分子的 $Na_2S_2O_3$ 与一个分子的 I_2 作用,而一个分子的 $NaHSO_3$ 即与个一分子 I_2 作用,故使 $Na_2S_2O_3$ 对 I_2 的滴定度增加。

(3)空气的氧化作用

$$2Na_2S_2O_3 + O_2 \Longrightarrow 2Na_2SO_4 + 2S\downarrow$$

由于以上原因,$Na_2S_2O_3$ 标准溶液不能用直接法制备,只能先配成近似浓度的溶液,然后再标定。

配制 $Na_2S_2O_3$ 溶液时必须注意:

(1)使用新煮沸并冷却的蒸馏水,以除去水中的 O_2、CO_2,杀死嗜硫细菌;

(2)配制溶液时,加入少量 Na_2CO_3(0.02%),使溶液呈碱性($pH\approx9$),既可抑制细菌生长,又可防止 $Na_2S_2O_3$ 的分解;

(3)日光能促进 $Na_2S_2O_3$ 溶液分解,因此,$Na_2S_2O_3$ 溶液应储存于棕色瓶中,放置暗处,经 8~14 天待其浓度稳定后再标定。若发现 $Na_2S_2O_3$ 溶液浑浊(有 S 析出),应重新配制,或滤出 S 后再进行标定。

2.标定 标定 $Na_2S_2O_3$ 溶液的基准物质很多,如 KIO_3、$KBrO_3$、$K_2Cr_2O_7$、Cu^{2+}、$K_3Fe(CN)_6$ 等。其中 $K_2Cr_2O_7$ 价廉,易提纯,故常用。其标定反应式如下:

$$Cr_2O_7^{2-} + 6I^- + 14H^+ \Longrightarrow 2Cr^{3+} + 3I_2 + 7H_2O$$

3.注意事项

(1)控制溶液的酸度:提高溶液的酸度以加快反应速度,但酸度太大时,I^- 容易被空气中 O_2 氧化,因此酸度一般控制在 0.8~1 mol/L 为宜。

(2)必须加入过量的 KI:$K_2Cr_2O_7$ 与 KI 的反应速度较慢,需加入过量的 KI(理论量的 4~5 倍)。

(3)反应完全后再滴定:为使 $K_2Cr_2O_7$ 与 KI 反应完全,应将碘瓶放置暗处 5~10 min 后,再以 $Na_2S_2O_3$ 溶液滴定。

(4)滴定前需将溶液稀释:这样既可降低溶液的酸度(滴定前的酸度控制在 0.2~0.4 mol/L),使 I^- 被空气氧化的速度减慢,又可使 $Na_2S_2O_3$ 的分解作用减弱,同时稀释后使反应生成的 Cr^{3+} 的浓度降低,颜色变浅,便于观察终点。

(5)正确判断滴定终点:用 $Na_2S_2O_3$ 溶液滴定至溶液呈浅黄绿色(I_2 与 Cr^{3+} 的混合色)后,再加入淀粉指示剂(此时呈深蓝色),继续滴定至溶液呈亮绿色(Cr^{3+} 的颜色)即为终点。

如果滴定到终点后,溶液迅速变蓝,这种回蓝现象表明 CrO_7^{2-} 与 I_2 反应不完全,可能由于酸度不够或稀释过早,遇此现象,实验应重做。如果滴定到终点后,经过 5 min 以上溶液又出现蓝色,这是由于空气中 O_2 氧化 I^- 所引起,不影响分析结果。

(二)I_2 标准溶液的制备

1.配制　用升华法制得的碘,可以直接用来制备标准溶液。但碘具有挥发性和腐蚀性,不宜在分析天平上称量,故一般还是先配成近似浓度的溶液,然后再标定。

I_2 在水中很难溶解,应加入 KI,这样不但能增加其溶解度,而且能降低其挥发性。

为了消除 I_2 中存在的微量 KIO_3 杂质的影响,防止 I_2 溶液的分解以及中和在配制 $Na_2S_2O_3$ 标准溶液中作为稳定剂的 Na_2CO_3,在配制 I_2 溶液时常加入少许盐酸。

I_2 溶液有腐蚀性,应避免与橡皮等有机物接触。I_2 溶液见光、受热时浓度容易发生改变,故 I_2 溶液应置具塞的棕色玻璃瓶中,密闭、阴凉处保存。

2.标定　I_2 溶液的准确浓度可通过与 $Na_2S_2O_3$ 标准溶液进行比较求得,也可用基准 As_2O_3(剧毒)标定。As_2O_3 难溶于水,但易溶于碱溶液中,生成亚砷酸盐:

$$As_2O_3 + 6OH^- \rightleftharpoons 2AsO_3^{3-} + 3H_2O$$

其标定反应式为:

$$AsO_3^{3-} + I_2 + H_2O \rightleftharpoons AsO_4^{3-} + 2I^- + 2H^+$$

此反应是可逆的,在微碱性溶液中(加入 $NaHCO_3$ 使溶液 $pH \approx 8$)反应能定量向右进行。

三、应用与示例

(一)应用

碘法在氧化还原滴定中占有极其重要的地位,许多具有氧化还原性的物质,能够直接、间接地采用碘法测定。凡在酸性或中性溶液中,电位比 φ_{I_2/I^-} 低的,并与 I_2 反应速度快的物质,都可用 I_2 标准溶液直接滴定,但 I_2 的氧化能力不强,能用 I_2 直接滴定的物质不多,仅限于还原性较强的物质,如 S^{2-}、SO_3^{2-}、$S_2O_3^{2-}$、Sn^{2+}、AsO_3^{3-}、SbO_3^{3-}、维生素 C 等。而间接碘法应用范围相当广泛,凡电极电位比 φ_{I_2/I^-} 高的氧化性物质,能与 KI 作用析出定量的 I_2 及某些有机物质都可用间接碘法测定。

(二)应用示例

1.维生素 $C(V_C)$ 的测定　维生素 $C(C_6H_8O_6)$ 是生物体中不可缺少的维生素之一。它具有抗坏血病的功能,所以又称抗坏血酸。V_C 分子中的烯醇基具有较强的还原性,能被 I_2 定量地氧化成二酮基,其反应式如下:

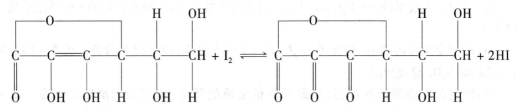

从反应式看,在碱性条件下更有利于反应向右进行,但维生素 C 的还原性很强,特别是在碱性溶液中极易被空气氧化,光照和某些金属离子(如 Fe^{3+},Cu^{2+} 等)及荧光物质(如核黄素等)会促使维生素 C 的氧化,所以一般在 HAc 溶液中,避免光照,排除干扰情况下进行滴定。

2.葡萄糖的测定　通常葡萄糖的含量是采用旋光法测定的,但在没有旋光计的情况下,可采用剩余滴定法测定。葡萄糖分子中含有醛基,能在碱性条件下用过量 I_2 液氧化成羧基,然后用 $Na_2S_2O_3$ 标准溶液滴定剩余的 I_2,有关反应如下:

$$I_2 + 2NaOH \rightleftharpoons NaIO + NaI + H_2O$$

$$CH_2OH(CHOH)_4CHO + NaIO + NaOH \rightleftharpoons CH_2OH(CHOH)_4COONa + NaI + H_2O$$

剩余的 NaIO 在碱性溶液中转变成 $NaIO_3$ 及 NaI

$$3NaIO \rightleftharpoons NaIO_3 + 2NaI$$

溶液经酸化后,又析出 I_2:

$$NaIO_3 + 5NaI + 3H_2SO_4 \rightleftharpoons 3I_2 + 3Na_2SO_4 + 3H_2O$$

析出的 I_2 用 $Na_2S_2O_3$ 标准溶液滴定:

$$I_2 + 2Na_2S_2O_3 \rightleftharpoons 2NaI + Na_2S_4O_6$$

3. 漂白粉中有效氯的测定　漂白粉的有效成分是 Ca(OCl)Cl,另外还有 $CaCl_2$、$Ca(ClO_3)_2$ 及 CaO 等。它遇酸产生 Cl_2,而 Cl_2 可以起漂白和杀菌消毒作用,故称为有效氯。因此,漂白粉的优劣以能释放出来的有效氯的量作为衡量标准。

漂白粉在酸性溶液中加入过量 KI,溶液酸化后生成的 Cl_2 与 I^- 作用而生成 I_2,然后用 $Na_2S_2O_3$ 标准溶液滴定 I_2,其主要反应为:

$$Ca(OCl)Cl + 2H^+ \rightleftharpoons Ca^{2+} + Cl_2 + H_2O$$

$$Cl_2 + 2I^- \rightleftharpoons I_2 + 2Cl^-$$

$$I_2 + 2S_2O_3^{2-} \rightleftharpoons 2I^- + S_4O_6^{2-}$$

测定时为了避免酸化时引起 Cl_2 的损失,应先加入 KI,然后再用 H_2SO_4 酸化。

4. 血清中非蛋白氮的测定　血液中含氮物质主要是蛋白质,约占 98%,非蛋白氮约占 1%～2%。非蛋白的含氮化合物,包括尿素、尿酸、肌酸、肌酐、氨及氨基酸等,它们主要是蛋白质的代谢产物,大部分由肾脏排出体外。因此,血液中非蛋白氮的测定,对于肾功能的诊断,具有一定临床意义。

在弱碱性溶液中,用准确过量的 NaOBr 使无蛋白血清试样中的非蛋白氮氧化,剩余 NaOBr 再与 KI 作用,使析出定量的 I_2,然后用 $Na_2S_2O_3$ 标准溶液滴定。以尿素为例,其反应式如下:

$$(NH_2)_2CO + 3NaOBr \rightleftharpoons 3NaBr + CO_2 + N_2 + 2H_2O$$

$$NaOBr + 2KI + 2HCl \rightleftharpoons 2KCl + NaBr + I_2 + H_2O$$

同时做一空白试验,由空白试验所用去的 $Na_2S_2O_3$ 标准溶液的量减去滴定所用去 $Na_2S_2O_3$ 标准溶液的量,即可间接测定血清中非蛋白氮的含量。

(三)计算示例

例 6-5　在含 0.127 5 g 纯 $K_2Cr_2O_7$ 的溶液中,加入过量 KI 溶液,析出的 I_2 用 $Na_2S_2O_3$ 标准溶液滴定,用去 22.85 mL,计算 $Na_2S_2O_3$ 浓度。

解
$$Cr_2O_7^{2-} + 6I^- + 14H^+ \rightleftharpoons 2Cr^{3+} + 3I_2 + 7H_2O$$

$$I_2 + 2S_2O_3^{2-} \rightleftharpoons 2I^- + S_4O_6^{2-}$$

$$\frac{n_{Cr_2O_7^{2-}}}{n_{S_2O_3^{2-}}} = \frac{1}{6}$$

$$C_{Na_2S_2O_3} = \frac{6 \times 1\,000\, m_{K_2Cr_2O_7}}{V_{Na_2S_2O_3} M_{K_2Cr_2O_7}} = \frac{6 \times 0.127\,5 \times 1\,000}{22.85 \times 294.18} = 0.113\,8 \text{ mol/L}$$

例 6-6　称取漂白粉 5.000 g,加水研磨后,转移于 500 mL 容量瓶中,并稀释至刻度,充分混匀后,准确吸称 50.00 mL,加入 KI 及 HCl,析出的 I_2 用 0.101 0 mol/L 的 $Na_2S_2O_3$ 标准溶液滴定,用去 40.20 mL,试计算漂白粉中有效氯的质量分数。

解
$$Ca(OCl)Cl + 2H^+ \Longrightarrow Ca^+ + Cl_2 + H_2O$$
$$Cl_2 + 2I^- \Longrightarrow I_2 + 2Cl^-$$
$$I_2 + 2S_2O_3^{2-} \Longrightarrow 2I^- + S_4O_6^{2-}$$

$$\frac{n_{Na_2S_2O_3}}{n_{Cl_2}} = \frac{2}{1}$$

$$w_{Cl_2} = \frac{C_{Na_2S_2O_3} V_{Na_2S_2O_3} M_{Cl_2}}{2 \times 1\,000\ m_S} =$$

$$\frac{0.101\,0 \times 42.20 \times 70.90}{2 \times 5.000 \times \dfrac{50.00}{500.0} \times 1\,000} = 0.287\,9$$

第七节　其他氧化还原滴定法

一、重铬酸钾法

重铬酸钾法是以 $K_2Cr_2O_7$ 为标准溶液的氧化还原滴定法。

$K_2Cr_2O_7$ 是一种常用的氧化剂,在酸性溶液中,$K_2Cr_2O_7$ 与还原剂作用时,$Cr_2O_7^{2-}$ 被还原为 Cr^{3+}:

$$Cr_2O_7^{2-} + 14H^+ + 6e \Longrightarrow 2Cr^{3+} + 7H_2O \qquad \varphi_{Cr_2O_7^{2-}/Cr^{3+}}^{\ominus} = 1.33\ V$$

可见,$K_2Cr_2O_7$ 的氧化能力比 $KMnO_4$($\varphi_{MnO_4^-/Mn^{2+}}^{\ominus} = 1.51\ V$)稍差。而且重铬酸钾法只能在酸性条件下进行,因此它的应用范围不如高锰酸钾法广泛。但它与高锰酸钾法相比,具有如下优点。

(1)$K_2Cr_2O_7$ 易于提纯(纯度为 99.99%),经 120 ℃ 干燥后就可用直接法制备成标准溶液。

(2)$K_2Cr_2O_7$ 溶液相当稳定,只要保存在密闭容器中,其浓度可长期保持不变。

(3)室温 Cl^- 的存在不干扰 $K_2Cr_2O_7$ 的滴定。由于在 1 mol/L 的 HCl 溶液中,$\varphi'_{Cr_2O_7^{2-}/Cr^{3+}} = 1.00\ V < \varphi_{Cl_2/Cl^-}^{\ominus} = 1.36\ V$,因此可在 HCl 介质中用 $K_2Cr_2O_7$ 滴定 Fe^{2+}。

(4)反应比较简单,在酸性溶液中与还原剂作用,总是还原成 Cr^{3+}。

在重铬酸钾法中,橙色的 $Cr_2O_7^{2-}$ 还原后转变为绿色的 Cr^{3+},但因颜色较浅,不能根据本身的颜色变化来确定终点,需采用氧化还原指示剂,如二苯胺磺酸钠或邻苯氨基苯甲酸等。

由于 Cr^{3+} 和 $Cr_2O_7^{2-}$ 严重污染环境,本法宜少用,使用时应注意废液的处理。

二、硫酸铈法

硫酸铈法又称铈量法,是以 $Ce(SO_4)_2$ 为标准溶液的氧化还原滴定法。

$Ce(SO_4)_2$ 是一种强氧化剂,在酸性溶液中,Ce^{4+} 与还原剂作用时,Ce^{4+} 被还原为 Ce^{3+}:

$$Ce^{4+} + e \Longrightarrow Ce^{3+} \qquad \varphi_{Ce^{4+}/Ce^{3+}}^{\ominus} = 1.61\ V$$

Ce^{4+}/Ce^{3+} 电对的条件电位与酸的种类和浓度有关。它在 1 mol/L 的 H_2SO_4 介质中的条件电位介于 MnO_4^-/Mn^{2+}（$\varphi^{\ominus}_{MnO_4^-/Mn^{2+}} = 1.51$ V）和 $Cr_2O_7^{2-}/Cr^{3+}$（$\varphi^{\ominus}_{Cr_2O_7^{2-}/Cr^{3+}} = 1.33$ V）电位之间，能用 $KMnO_4$ 溶液滴定的物质，一般也能用 $Ce(SO_4)_2$ 溶液滴定。与高锰酸钾法相比，硫酸铈法具有如下优点。

（1）$Ce(SO_4)_2 \cdot (NH_4)_2SO_4 \cdot 2H_2O$ 容易提纯，可用直接法制备标准溶液，不必另行标定。标准溶液十分稳定，经长期放置、光照、加热等都不会引起浓度的变化。

（2）Ce^{4+} 还原为 Ce^{3+} 时，只有一个电子转移，不生成中间价态的产物，反应简单，副反应少。

（3）Ce^{4+} 与 Cl^- 的反应极慢，故可在 HCl 介质中直接用 Ce^{4+} 滴定 Fe^{2+} 等还原剂。

用 Ce^{4+} 作为滴定剂时，Ce^{4+} 为黄色，而 Ce^{3+} 为无色，故 Ce 本身可作为指示剂以指示终点，但灵敏度不高，一般仍采用邻苯二氮菲亚铁作为指示剂。

由于铈为稀有金属，铈盐较贵，故应用受到限制。

三、溴酸钾法

溴酸钾法是以 $KBrO_3$ 为标准溶液的氧化还原滴定法。

$KBrO_3$ 是一种强氧化剂，在酸性溶液中它与还原性物质作用时，BrO_3^- 被还原为 Br^-，其电极反应式为：

$$BrO_3^- + 6H^- + 6e \Longrightarrow Br^- + 3H_2O \qquad \varphi^{\ominus}_{BrO_3^-/Br^-} = 1.44 \text{ V}$$

$KBrO_3$ 容易提纯，可在 180 ℃干燥后直接制备标准溶液。

溴酸钾法可直接测定能与 $KBrO_3$ 迅速反应的还原性物质。例如，在酸性溶液中，以甲基橙为指示剂，可用 $KBrO_3$ 标准溶液直接滴定 Sb^{3+}，其反应式为：

$$3Sb^{3+} + BrO_3^- + 6H^+ \Longrightarrow 3Sb^{5+} + Br^- + 3H_2O$$

微过量的 BrO_3^- 与 Br^- 作用生成 Br_2：

$$BrO_3^- + 5Br^- + 6H^+ \Longrightarrow 3Br_2 + 3H_2O$$

甲基橙因被 Br_2 氧化使结构破坏而褪色，从而指示终点到达。

溴酸钾法常与碘法配合，主要用于测定有机物，如苯酚、甲酚、间苯二酚、8 - 羧基喹啉等。通常在 $KBrO_3$ 标准溶液中，加入过量的 KBr，将溶液酸化后，BrO_3^- 与 Br^- 反应：

$$BrO_3^- + 5Br^- + 6H^+ \Longrightarrow 3Br_2 + 3H_2O$$

生成的 Br_2 可取代某些有机化合物的氢，故可利用 Br_2 的取代作用进行测定。例如，苯酚的测定，通常加入准确过量的 $KBrO_3$ - KBr 标准溶液，溶液酸化后，$KBrO_3$ 和 KBr 反应生成 Br_2，Br_2 再与苯酚发生取代反应：

待反应完全后，KI 还原剩余的 Br_2：

$$Br_2 + 2I^- \Longrightarrow 2Br^- + I_2$$

析出的 I_2 再用 $Na_2S_2O_3$ 标准溶液滴定。

本章小结

1. 基本概念

(1)条件电位:在特定条件下,氧化态和还原态的总浓度均为 1 mol/L 时,校正了各种外界因素影响后的实际电位。它在离子强度和副反应系数等条件固定的情况下是一个常数。

(2)自身指示剂:利用标准溶液自身颜色变化指示滴定终点,这样的标准溶液称为自身指示剂。

2. 基本理论

(1)氧化还原反应进行的程度:条件平衡常数 K' 越大,反应进行的越完全。满足 $\lg K' \geqslant 3(n_1 + n_2)$ 的氧化还原反应才可用于滴定分析。

(2)化学计量点时电位值计算公式:$\varphi_{sp} = \dfrac{n_1\varphi_1' + n_2\varphi_2'}{n_1 + n_2}$

(3)滴定突跃范围及影响因素:$\Delta\varphi^{\theta'}$ 越大,突跃范围越大。氧化还原滴定电位突跃范围由下式计算:

$$\varphi_2' + \frac{0.059 \times 3}{n_2} \sim \varphi_1' - \frac{0.059 \times 3}{n_1}$$

(4)碘量法:$I_2 + 2e \rightleftharpoons 2I^-$ $\varphi_{I_2/I^-}^{\ominus} = 0.545$ V

直接碘量法以 I_2 为标准溶液,在酸性、中性、弱碱性溶液中测定还原性物质,滴定前加入淀粉指示剂,以蓝色出现为终点。

间接碘量法以 $Na_2S_2O_3$ 为标准溶液,在中性或弱酸性溶液中滴定 I_2。其中 I_2 是由氧化剂与 I^- 反应定量置换而来的,称置换碘量法;若 I_2 是还原性物质与过量 I_2 标准溶液反应后剩余的,则称剩余碘量法或回滴法。应在近终点时加入淀粉指示剂,以蓝色褪去为终点。间接碘量法应该特别注意 I_2 的挥发及 I^- 的氧化。

掌握 I_2 及 $Na_2S_2O_3$ 标准溶液配制、标定及相关计算。

(5)高锰酸钾法:$MnO_4^- + 8H^+ + 5e \rightleftharpoons Mn^{2+} + 4H_2O$

$KMnO_4$ 为标准溶液,可用于自身指示剂,宜在 $1 \sim 2$ mol/L 的 H_2SO_4 酸性溶液中测还原性物质。

思 考 题

1. 什么是氧化还原滴定法?

2. 应用于氧化还原滴定法的滴定反应,应具备什么条件?

3. 何谓条件电位,它与标准电位有何不同?

4. 如何判断一个氧化还原反应能否进行完全?是否条件平衡常数大的氧化还原反应就能用于滴定分析,为什么?

5. 氧化还原滴定过程中电位的突跃范围如何计算,影响滴定突跃范围的因素有哪些?

6. 配制、标定和保存 $KMnO_4$ 及 $Na_2S_2O_3$ 标准溶液各应注意哪些事项?

习　题

1. 写出下列电对电位的 Nernst 方程式:

$S_4O_6^{2-} + 2e \Longrightarrow 2S_2O_3^{2-}$

$HAsO_4 + 2H^+ + 2e \Longrightarrow HAsO_2 + 2H_2O$

$Cr_2O_7^{2-} + 14H^+ + 6e \Longrightarrow 2Cr^{3+} + 7H_2O$

2. 计算在 1 mol/LHCl 溶液中,用 Fe^{3+} 滴定 Sn^{2+} 的计量点电位。其突跃范围的电位值为多少? 应选择哪种氧化还原指示剂? 并说明计量点电位与突跃中点是否一致。

3. 用 24.15 mL $KMnO_4$ 溶液,恰能氧化 0.165 0 g 的 $Na_2C_2O_4$,试计算 $KMnO_4$ 的浓度。

(0.020 39 mol/L)

4. 某 $KMnO_4$ 标准溶液的浓度为 0.024 84 mol/L,计算其对 Fe、Fe_2O_3 或 $FeSO_4 \cdot 7H_2O$ 表示的滴定度。　　　　　(6.936 mg/mL;9.917 mg/mL;34.53 mg/mL)

5. 用 30.00 mL $KMnO_4$ 溶液能氧化一定质量的 $KHC_2O_4 \cdot H_2O$,而同样质量的溶液 $KHC_2O_4 \cdot H_2O$ 又恰能被 25.20 mL 0.200 0 mol/L KOH 标准溶液中和,计算 $KMnO_4$ 溶液的浓度。

(0.067 20 mol/L)

6. 精密称取 0.193 6 g 基准级试剂 $K_2Cr_2O_7$,溶于水后加酸酸化,随后加入足够量的 KI,用 $Na_2S_2O_3$ 标准溶液滴定,用去 33.61 mL 达终点。计算 $Na_2S_2O_3$ 标准溶液的浓度。

(0.117 5 mol/L)

7. 准确称取漂白粉样品 2.302 g,加水调成糊状,定量地转入 250 mL 容量瓶中,加水稀释至标线,摇匀后,吸取 25.00 mL,加过量的 KI,酸化后,析出的 I_2 用 0.110 8 mol/L $Na_2S_2O_3$ 标准溶液滴定,用去 14.02 mL,计算试样中有效氯的质量分数。　　　(55.07%)

8. 准确量取 H_2O_2 试样 25.00 mL,置于 250 mL 容量瓶中,加水稀释至标线,摇匀,再准确量取 25.00 mL,酸化后,用 0.132 8 mol/LKMnO_4 标准溶液滴定,用去 35.92 mL,计算试样中 H_2O_2 的质量浓度(g/L)。　　　　　　　　　　　　(162.26 g/L)

9. 有 0.203 2 g 含铜试样,用间接碘法测其含铜量,如果析出的碘需要 20.56 mL 0.101 2 mol/L $Na_2S_2O_3$ 溶液滴定,计算试样中铜的质量分数。　　　(65.06%)

10. 血清钙测定时,准确量取血清试样 1.00 mL,加蒸馏水 3 mL、4%($NH_4)_2C_2O_4$ 溶液 1 mL,离心沉降,弃去上清液,沉淀用 8% NH_4H_2O 分两次洗涤后,用 0.5 mol/L H_2SO_4 溶液使 CaC_2O_4 溶解,在水浴上用 0.002 20 mol/L $KMnO_4$ 标准溶液滴定,用去 0.78 mL,求每 100 mL 血清中含钙多少毫克(每 1.00 mL 0.002 00 mol/L $KMnO_4$ 标准溶液相当于 0.20 mg 的 Ca)。

(17.16 mg)

11. 用重铬酸钾法测定铁,滴定反应为: $Cr_2O_7^{2-} + 6Fe^{2+} + 14H^+ \Longrightarrow 2Cr^{3+} + 6Fe^{3+} + 7H_2O$ 试证明化学计量点的电位: $\varphi_{sp} = \dfrac{6\varphi_{Cr_2O_7^{2-}/Cr^{3+}}^{\ominus} + \varphi_{Fe^{3+}/Fe^{2+}}^{\ominus}}{7} - \dfrac{0.059}{7}\lg\dfrac{2}{3}C_{Fe^{3+}}$

12. 若氧化还原滴定反应为: $n_2Ox_1 + n_1Red_2 \Longrightarrow n_2Red_1 + n_1Ox_2$

氧化滴定剂电对为　　$Ox_1 + n_1e \Longrightarrow Red$　　$\varphi_1^{\ominus}$

被测物电对为 $\qquad$ $Ox_2 + n_2e \mathrel{=\!=\!=} Red_2$ $\quad \varphi_2^{\ominus}$

利用反应电对 Nernst 方程式证明：

$$\lg K' = \frac{n_1 n_2 (\varphi_1^{\ominus} - \varphi_2^{\ominus})}{0.059} \qquad (n_1, n_2 \text{ 没有公约数})$$

$$\varphi_{sp} = \frac{n_1 \varphi_1^{\ominus} + n_2 \varphi_2^{\ominus}}{n_1 + n_2}$$

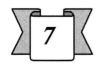

第七章
沉淀滴定法

学习提要：

在知道什么是沉淀滴定法（precipitation titration）的基础上，主要掌握银量法（aregentometric method）的基本原理，熟悉滴定曲线及影响滴定突跃范围的因素。掌握在银量法中三个指示终点的基本原理、应用条件、注意事项及应用范围。

The brief summary of study：

On the basis of understanding the concept of precipitation titration, grasp mainly the principle of aregentometric method, acquaint with the titration curve and the influential factors of titration mutation range. Master the basic principle, applied condition, precaution and applied scope in aregentometric method including three end point indication

第一节 概 述

沉淀滴定法（precipitation titration）是以沉淀反应为基础的滴定分析法。沉淀反应虽然很多，但并不是所有的沉淀反应都能应用于滴定分析。能用于沉淀滴定法的沉淀反应，必须满足下述条件：

(1)沉淀反应能定量地进行，沉淀的溶解度必须很小(小于 10^{-6} g/mL)；

(2)沉淀反应必须迅速；

(3)有适当的指示剂确定滴定终点；

(4)沉淀的吸附现象应不妨碍终点的确定。

由于上述条件的限制，能应用于沉淀滴定法的沉淀反应就不多了，目前应用较广的是利用 $AgNO_3$ 作为标准溶液与卤素离子等生成难溶性银盐的沉淀反应。如：

$$Ag^+ + Cl^- \Longrightarrow AgCl \downarrow$$
$$Ag^+ + SCN^- \Longrightarrow AgSCN \downarrow$$

这种利用 $AgNO_3$ 为标准溶液的沉淀滴定法称为银量法（argentometric titration）。银量法主要用于测定含 Cl^-、Br^-、I^-、SCN^- 和 Ag^+ 等物质，及经过处理能定量地产生这些离子的有机化合物的含量。

在沉淀滴定法中，除了银量法以外，还有利用其他沉淀反应的方法，例如，Ba^{2+} 与 SO_4^{2-}、Zn 与 $K_4[Fe(CN)_6]$、K 与 $NaB(C_6H_5)_4$（四苯硼钠）、Th^{4+} 与 F^- 等沉淀反应，都能应用于滴定分析。本章主要讨论银量法。

第二节　沉淀滴定曲线

一、滴定曲线

在沉淀滴定法的滴定过程中,随着标准溶液的加入,被滴定卤素离子的浓度就不断地在改变,其改变的情况和酸碱滴定相类似,在计量点附近表现出量变到质变的突跃规律,其变化情况可用滴定曲线表示。表示沉淀滴定过程中卤素离子等浓度变化的曲线称为沉淀滴定曲线。

在沉淀滴定中,根据沉淀反应平衡及其溶度积常数,即

$$nA^{m+} + mB^{n-} \Longrightarrow A_nB_m \downarrow$$

$$K_{sp} = [A^{m+}]^n[B^{n-}]^m$$

计算出 pA 值($-\lg[A^{m+}]$)或 pB 值($-\lg[B^{n-}]$),用 pA 或 pB 对相应的标准溶液的体积或滴入百分率作图,即可绘制出沉淀滴定曲线。

现以 0.100 0 mol/L 的 $AgNO_3$ 标准溶液滴定 20.00 mL 的 0.100 0 mol/L 的 NaCl 为例,说明滴定过程中 pCl 或 pAg 的变化情况,并作出滴定曲线。滴定反应式为:

$$Ag^+ + Cl^- \Longrightarrow AgCl \downarrow$$

（一）滴定前

滴定前,溶液中[Cl^-]取决于 NaCl 的浓度。即:

$$[Cl^-] = C_{NaCl} = 0.100 0 \ mol/L$$

$$pCl = -\lg[Cl^-] = -\lg0.100 0 = 1.00$$

（二）滴定开始后至计量点前

进行滴定时,随着 $AgNO_3$ 溶液滴入,溶液中的一部分 Cl^- 由于生成 AgCl 沉淀而从溶液中析出。[Cl^-]是由剩余 NaCl 的量确定:

$$[Cl^-] = \frac{C_{NaCl}V_{NaCl} - C_{AgNO_3}V_{AgNO_3}}{V_{NaCl} + V_{AgNO_3}}$$

例如,滴入 $AgNO_3$19.98 mL(相对误差为 -0.1%),滴定百分率为 99.9% 时,溶液中[Cl^-]为:

$$[Cl^-] = \frac{0.100 0 \times 20.00 - 0.100 0 \times 19.98}{20.00 + 19.98} = 5.0 \times 10^{-5} \ mol/L$$

$$pCl = -\lg[Cl^-] = -\lg5.0 \times 10^{-5} = 4.30$$

（三）计量点时

$AgNO_3$ 与 NaCl 反应到达计量点时,溶液是 AgCl 的饱和溶液,沉淀和溶液之间存在着动态平衡,溶液中离子浓度的乘积等于溶度积常数(K_{sp})。即:

$$AgCl \downarrow \Longrightarrow Ag^+ + Cl^-$$

$$[Ag^+][Cl^-] = K_{spAgCl} = 1.8 \times 10^{-10}$$

$$[Ag^+] = [Cl^-] = \sqrt{K_{spAgCl}} = \sqrt{1.8 \times 10^{-10}} = 1.3 \times 10^{-6} \ mol/L$$

$$pCl = -lg[Cl^-] = -lg1.3 \times 10^{-5} = 4.87$$

（四）计量点后

计量点后，继续滴入 $AgNO_3$ 溶液时，Ag^+ 过量，溶液中 $[Cl^-]$ 决定于过量 $AgNO_3$ 的量。

$$[Ag^+] = \frac{C_{AgNO_3}V_{AgNO_3} - C_{NaCl}V_{NaCl}}{V_{AgNO_3} + V_{NaCl}}$$

例如，滴入 20.02 mL（相对误差为 +0.1%）的 $AgNO_3$ 溶液时，滴入百分率为 100.1%，即 $AgNO_3$ 超过了计量点 0.1% 时，则溶液中 $[Ag^+]$ 为：

$$[Ag^+] = \frac{0.100\ 0 \times 20.02 - 0.100\ 0 \times 20.00}{20.02 + 20.00} = 5.0 \times 10^{-5}\ mol/L$$

$$pAg = -lg[Ag^+] = -lg5.0 \times 10^{-5} = 4.30$$

$$pCl = pK_{spAgCl} - pAg = 9.7 - 4.30 = 5.44$$

利用上述方法可求得一系列数据，列于表 7-1 中。

表 7-1　以 0.100 0 mol/L 的 $AgNO_3$ 溶液分别滴定 0.100 0 mol/L 的 NaCl 和 0.100 0 mol/L 的 KI 溶液时 pCl 和 pI 的变化情况

滴入 V_{AgNO_3}/ mL	滴入百分率	pCl	pI
0.00	0.0	1.00	1.00
18.00	90.0	2.28	2.28
19.80	99.0	3.30	3.30
19.98	99.9	4.30	4.30
20.00	100.0	4.87	8.04
20.02	100.1	5.44	11.78
22.00	110.0	7.42	13.76
40.00	200.0	8.26	14.00

亦可用同样方法求得 0.100 mol/L 的 $AgNO_3$ 溶液滴定 20.00 mL 的 0.100 0 mol/L 的 KI 溶液的数据，同列于表 7-1 中。

然后，以滴入 $AgNO_3$ 溶液的体积为横坐标，用其相应的 pCl 和 pI 为纵坐标，所得之滴定曲线如图 7-1 所示。

由图 7-1 可见，当溶液中 Cl^-（或 I^-）浓度较大时，由于滴入 $AgNO_3$ 所引起 pCl（pI）的变化不大，在近计量点溶液中剩余的 Cl^-（或 I^-）已极少。此时，再加入少量 $AgNO_3$ 时，pCl（或 pI）升高极快，在计量点前后 $AgNO_3$ 溶液加入的量仅相差 0.04 mL（即相对误差从 −0.1% ~ +0.1%），仅 1 滴左右的 $AgNO_3$ 溶液就引起 pCl（或 pI）的很大变化并形成突跃。

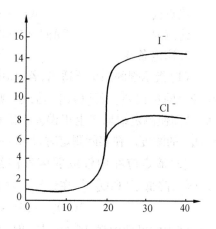

图 7-1　以 0.100 0 mol/L 的 $AgNO_3$ 溶液
分别滴定 NaCl 和 KI 溶液时
pCl 和 pI 的变化情况

二、影响滴定突跃范围的因素

(一)溶液的浓度

此滴定曲线与酸碱滴定曲线极相似,滴定突跃大小与溶液的浓度有关,溶液的浓度越大,滴定的突跃范围越大。

(二)沉淀的溶解度

滴定突跃的大小与沉淀的溶解度有较密切的关系。如图 7 - 1 所示,溶解度越小,突跃范围越大。以0.100 0 mol/L的 $AgNO_3$ 溶液滴定浓度均为 0.100 0 mol/L 的 Cl^- 和 I^- 时,因 $K_{spAgCl} = 1.8 \times 10^{-10}$,$K_{spAgI} = 8.3 \times 10^{-17}$,AgI 的溶度积比 AgCl 的溶度积小 10^6 倍,所以,$AgNO_3$ 滴定 Cl^- 的滴定突跃仅为 1.1 单位,而 $AgNO_3$ 滴定 I^- 的滴定突跃范围为 7.48 单位。

第三节 银 量 法

一、银量法的分类及方法

根据指示终点所用指示剂的不同,银量法又可分为莫尔法、佛尔哈德法和法扬斯法。现分别介绍如下。

(一)莫尔法

1. 莫尔法(Mohr Method)是以 K_2CrO_4 为指示剂的银量法　指示剂的作用是根据分步沉淀的原理进行的,用 $AgNO_3$ 滴定 Cl^- 时,由于 AgCl 的溶解度(1.8×10^{-2} g/L)小于 Ag_2CrO_4 的溶解度(4.3×10^{-2} g/L),在滴定时 AgCl 首先沉淀出来,随着 $AgNO_3$ 溶液的滴入,溶液中的 Cl^- 浓度不断降低,Ag^+ 浓度逐渐增大,当 Cl^- 已按化学计量关系沉淀后,稍过量 $AgNO_3$ 溶液,使 Ag^+ 与 CrO_4^{2-} 浓度的乘积大于 Ag_2CrO_4 的溶度积,便生成砖红色的 Ag_2CrO_4 沉淀,故以砖红色沉淀的生成为信号来指示滴定终点。其化学反应方程式如下:

终点前　　　　　　$Ag^+ + Cl^- \Longrightarrow AgCl \downarrow (白色)$

终点时　　　　$2Ag^+ + CrO_4^{2-} \Longrightarrow Ag_2CrO_4 \downarrow (砖红色)$

2. 滴定条件

(1)指示剂的用量要适当,若 $[CrO_4^{2-}]$ 过大,会使滴定终点提前到达,从而使滴定结果产生较大的负误差。若 $[CrO_4^{2-}]$ 过小,则会使滴定终点推后,致使溶液中过量 Ag^+ 的浓度增大,从而使测定结果产生正误差。因此,为了获得比较准确的测定结果,则必须严格控制 CrO_4^{2-} 的浓度。在实际测定时,每 25 ~ 50 mL 溶液中加入 1 mL 的 5% K_2CrO_4 为好。

(2)滴定应在中性或弱碱性溶液中进行,若在酸性溶液中,CrO_4^{2-} 与 H^+ 作用生成 $Cr_2O_7^{2-}$,降低了 $[CrO_4^{2-}]$,在计量点时不能生成 Ag_2CrO_4 沉淀,产生正误差:

$$2CrO_4^{2-} + 2H^+ \Longrightarrow 2HCrO_4^- \Longrightarrow Cr_2O_7^{2-} + H_2O$$

若溶液中的碱性太强,则 Ag^+ 与 OH^- 生成 AgOH 沉淀,并进一步分解为黑色的 Ag_2O 沉淀,从而使 $AgNO_3$ 标准溶液用量增大,产生正误差,这是一方面。另一方面,由于黑色的 Ag_2O 沉淀生成,给滴定终点的观察带来困难。

$$2Ag^+ + 2OH^- \Longrightarrow 2AgOH \downarrow \Longrightarrow Ag_2O \downarrow + H_2O$$

因此,莫尔法只能在 pH6.5 ~ 10.5 范围内滴定。如果溶液显酸性,应预先用 $CaCO_3$ 或 $NaHCO_3$ 中和;如果溶液的碱性太强,可先用 HAc 酸化,然后加入稍过量的 $CaCO_3$ 中和。

当试样溶液中有铵盐存在时,要求溶液的 pH 为 6.5 ~ 7.2,因为当溶液的 pH 值更高时,便有相当数量的 NH_3 释放出来,形成 $Ag(NH_3)_2^+$ 配离子,而使 AgCl 及 Ag_2CrO_4 的溶解度增大,影响滴定的定量进行。

(3)不能测定 I^- 和 SCN^-,因为 AgI 或 AgSCN 的沉淀强烈地吸附 I^- 和 SCN^-,使终点过早出现,且终点不够明显,误差很大。在滴定 Cl^-、Br^- 的过程中应剧烈振摇,以减少吸附而引起的误差。

(4)应除去干扰性离子。凡与 Ag^+ 能生成沉淀的阴离子如 PO_4^{3-}、AsO_4^{3-}、SO_3^{2-}、S^{2-}、CO_3^{2-} 及 $C_2O_4^{2-}$ 等,与 CrO_4^{2-} 生成沉淀的阳离子,如 Ba^{2+}、Pb^{2+} 等都应预先分离或掩蔽。

(二)佛尔哈德法

1. 原理 佛尔哈德法(Volhard method)是以铁铵矾[$NH_4Fe(SO_4)_2 \cdot 12H_2O$]为指示剂的银量法。本法常用直接滴定和剩余滴定两种方式进行。

(1)直接滴定:用 NH_4SCN(或 KSCN)标准溶液,以铁铵矾[$NH_4Fe(SO_4)_2 \cdot 12H_2O$]为指示剂,可直接滴定 Ag^+。滴定过程中 SCN^- 与 Ag^+ 生成 AgSCN 沉淀,当 Ag^+ 定量沉淀后,稍过量的 NH_4SCN 便与 Fe^{3+} 生成红色配合物,故溶液呈微红色时即为滴定终点。

终点前: $\qquad$ $Ag^+ + SCN^- \rightleftharpoons AgSCN \downarrow$(白色)

终点时: $\qquad$ $Fe^{3+} + SCN^- \rightleftharpoons [Fe(SCN)]^{2+}$(血红色)

在滴定过程中,由于生成 AgSCN 沉淀易吸附溶液中的 Ag^+,使计量点前溶液中的 Ag^+ 浓度大为降低,致使滴定终点提前出现,使测定的结果偏低,所以在滴定时必须剧烈摇动,使吸附的 Ag^+ 释放出来。

(2)剩余滴定:用硝酸银标准溶液和 NH_4SCN(或 KSCN)标准溶液相配合,以铁铵矾 [$NH_4Fe(SO_4)_2 \cdot 12H_2O$]为指示剂,用剩余滴定的方式可滴定 Cl^-、Br^-、I^- 及 SCN^- 离子,在滴定时须先在溶液中加入准确过量的 $AgNO_3$ 标准溶液,待 Ag^+ 与被滴定的离子生成沉淀后,再用 NH_4SCN 标准溶液滴定剩余的 Ag^+,稍过量的 NH_4SCN 与 Fe^{3+} 生成血红色配合物,故溶液呈微红色时即为终点。今以测定 Cl^- 为例,其化学反应方程式为:

终点前: $\qquad$ Ag^+(过量)$+ Cl^- \rightleftharpoons AgCl \downarrow$(白色)

$\qquad\qquad$ Ag^+(剩余)$+ SCN^- \rightleftharpoons AgSCN \downarrow$(白色)

终点时: $\qquad$ $Fe^{3+} + SCN^- \rightleftharpoons [Fe(SCN)]^{2+}$(血红色)

2. 滴定条件

(1)应在硝酸酸性溶液中进行:滴定时必须在强酸性介质中进行,主要是防止 Fe^{3+} 水解,一般溶液的酸性应控制在 0.3 ~ 1.0 mol/L,这时 Fe^{3+} 主要以 $Fe(H_2O)_6^{3+}$ 的形式存在,颜色较浅。若酸度过低,则 Fe^{3+} 将水解形成[$Fe(H_2O)_5OH$]$^{2+}$ 或[$Fe_2(H_2O)_4(OH)_2$]$^{4+}$ 等深棕色的配合物,影响终点的观察。另外,在酸性介质中进行滴定,也可避免许多弱酸根离子如 PO_4^{3-}、AsO_4^{3-}、CrO_4^{2-} 和 CO_3^{2-} 等的干扰,因而提高了方法的选择性。同时也可以破坏胶体,减少吸附带来的误差。

(2)应除去干扰性物质:强氧化剂、氮的低价氧化物、铜盐、汞盐等都能与 SCN^- 作用,因而干扰测定,必须预先除去。

(3)测定 Cl^- 时,应防止滴定过程中 AgCl 的转化:由于 AgCl 的溶解度比 AgSCN 的溶解度大,故在计量点时,溶液中稍有过量的 SCN^- 将使 AgCl 沉淀转化为溶解度更小的 AgSCN,其化学反应方程式如下:

$$AgCl \downarrow \rightleftharpoons Ag^+ + Cl^-$$
$$+$$
$$SCN^- \rightleftharpoons AgSCN \downarrow$$

转换平衡关系为:
$$\frac{[Cl^-]}{[SCN^-]} = \frac{K_{sp(AgCl)}}{K_{sp(AgSCN)}} = 156$$

因为沉淀的转化作用,所以当溶液出现红色之后,随着不断摇动溶液,红色会逐渐消失,使终点很难确定,并且必然多消耗了 NH_4SCN 标准溶液,从而造成很大的误差。为了避免上述的误差,通常采用两种措施。

①在试样溶液中加入一定过量的 $AgNO_3$ 标准溶液后,将溶液煮沸,使 AgCl 凝聚,以减少 AgCl 沉淀对 Ag^+ 的吸附。滤去 AgCl 沉淀,并用稀 HNO_3 充分洗涤沉淀,然后用 NH_4SCN 标准溶液滴定滤液中过量的 Ag^+。

②目前比较简便的方法是在滴定前加入有机溶剂,如硝基苯或 1,2 – 二氯乙烷 1~2 mL,用力摇动,使有机溶剂覆盖在 AgCl 沉淀的表面,避免沉淀与滴定溶液接触,阻止 NH_4SCN 标准溶液与 AgCl 沉淀发生转化反应。

用剩余滴定方式测定 Br^- 或 I^- 时,由于 AgBr 及 AgI 的溶解度均比 AgSCN 小,不会发生上述的沉淀转化反应。

(4)测定 I^- 时,应先加过量的 $AgNO_3$ 标准溶液,后加 $NH_4Fe(SO_4)_2$ 指示剂。否则,Fe^{3+} 能将 I^- 氧化为 I_2:

$$2Fe^{3+} + 2I^- \rightleftharpoons 2Fe^{2+} + I_2$$

影响滴定的准确度。

(三)法扬斯法

1. 原理 法扬斯法(Fajans method)是以吸附指示剂指示终点的银量法。

吸附指示剂(adsorption indicator)是一类有机染料,它的阴离子或阳离子在溶液中容易被带有正电荷或带负电荷的胶状沉淀所吸附,并且在吸附后结构变形而引起颜色变化,从而指示滴定终点。

例如,用 $AgNO_3$ 标准溶液滴定 Cl^- 时,用荧光黄作为指示剂,由于荧光黄是一种有机弱酸,可用 HFl 表示。它的离解式如下:

$$HFl \rightleftharpoons H^+ + Fl^- (黄绿色)$$

荧光黄阴离子 Fl^- 呈黄绿色。在计量点以前,溶液中存在着过量的 Cl^-,这时 AgCl 沉淀胶粒吸附 Cl^- 而带负电荷,形成 $AgCl \cdot Cl^-$,Fl^- 受到排斥而不被吸附,溶液呈黄绿色荧光。当滴定达到计量点后,稍过量的 $AgNO_3$ 溶液,使溶液中出现过量的 Ag^+,则 AgCl 沉淀胶粒便吸附 Ag^+ 而带正电荷,形成,$AgCl \cdot Ag^+$,它强烈吸附 Fl^-,致使荧光黄阴离子的结构发生变形,溶液的颜色由黄绿色变为微红色,指示滴定终点的到达。此过程可用下面简式表示:

终点前: $AgCl \cdot Cl^- + Fl^- (黄绿色)$

终点时: $AgCl \cdot Ag^+ + Fl^- (黄绿色) \rightarrow AgCl \cdot Ag^+Fl^- (粉红色)$

2. 滴定条件

(1)沉淀必须保持胶体状态,以增强吸附能力:因为吸附指示剂是被吸附在沉淀表面上而引起颜色的变化,因此,沉淀的表面积越大,吸附能力越强,终点越敏锐。为此,在滴定时就需要在滴定溶液中加入胶体保护剂淀粉或糊精,以免胶体凝聚。

(2)溶液的酸度要适当,溶液的 pH 值应视使用指示剂而异:指示剂的离解常数越大,溶液的酸性可以越强。例如,荧光黄的 $K_a = 10^{-7}$,只能在中性或碱性(pH 为 7 ~ 10)溶液中使用,若在 pH < 7 的溶液中使用,荧光黄主要以 HFl 形式存在,而不被沉淀吸附,无法指示滴定终点。二氯荧光黄的 $K_a = 10^{-4}$,就可在 pH 为 4 ~ 10 范围使用。曙红的 $K_a = 10^{-2}$,可在更强的酸性溶液中使用,即使 pH 低至 2,也可以用来指示终点。

(3)溶液的浓度不能太稀,否则,沉淀很少,终点观察困难。例如,用荧光黄为指示剂,以 $AgNO_3$ 标准溶液滴定 Cl^- 时,浓度要在 0.005 mol/L 以上。用荧光黄指示剂滴定 Br^-、I^-、SCN^- 时,灵敏度较高,浓度可降低至 0.001 mol/L。

(4)滴定过程中应避免强光直射:因为卤化银胶体对光敏感,易分解析出金属银,使沉淀变成灰黑色,影响终点的观察。

(5)吸附指示剂被吸附的强弱要适当:一般来说,胶体微粒对指示剂的吸附能力应略小于对被测离子的吸附能力,否则指示剂将在计量点前变色,终点出现过早。但也不能太小,否则终点出现过迟。卤化银对卤离子和几种吸附指示剂的吸附能力的次序如下:

$$I^- > 二甲基二碘荧光黄 > SCN^- > Br^- > 曙红 > Cl^- > 荧光黄$$

因此,滴定 Cl^- 时不能选用曙红,而应选用荧光黄指示剂。滴定 Br^-、SCN^- 时,应选用曙红作为指示剂,方可得到满意的结果。

在银量法中常用的几种吸附指示剂的使用条件,列于表 7 – 2 中。

表 7 – 2 常用的吸附指示剂

指示剂	被测离子	标准溶液	滴定条件
荧光黄	Cl^-、Br^-	$AgNO_3$	pH7 ~ 10(一般为 7 ~ 9)
二氯荧光黄	Cl^-、Br^-	$AgNO_3$	pH4 ~ 10(一般为 5 ~ 8)
曙红	Br^-、I^-、SCN^-	$AgNO_3$	pH2 ~ 10(一般为 5 ~ 8)
溴甲酚绿	SCN^-	$AgNO_3$	pH4 ~ 5
二甲基二碘荧光黄	I^-	$AgNO_3$	中性溶液
甲基紫	Ag^-	$NaCl$	碱性溶液

二、标准溶液

(一)$AgNO_3$ 标准溶液的制备

1. 直接法制备 由于 $AgNO_3$ 可以制得符合分析要求的高纯度的基准试剂,因此,可以用直接法制备。方法是先将基准 $AgNO_3$ 结晶置于烘箱内,在 110 ℃烘 2 小时,以除去吸湿水,然后称取一定量烘干的 $AgNO_3$,溶解后注入一定体积的容量瓶中,加水稀释至标线,即得一定浓度的标准溶液。

2. 间接法制备 实际工作中,常使用分析纯或化学纯的 $AgNO_3$ 试剂,先配成近似一定浓度的溶液,再以基准物质 NaCl 进行标定。标定 $AgNO_3$ 溶液,可采用银量法三种方法中任何一种。为了消除系统误差,最好做到标定方法与测定方法一致。

（二）NH_4SCN 标准溶液的制备

NH_4SCN 或 $KSCN$ 试剂一般含有杂质，而且易潮解，通常先配制成近似一定浓度的溶液，然后标定。NH_4SCN 溶液可用基准 $AgNO_3$ 进行标定，也可用 $AgNO_3$ 标准溶液进行比较而求得准确浓度。

三、应用与示例

（一）应用

无机卤化物（如 $NaCl$、KCl、NH_4Cl、$CaCl_2$、$NaBr$、KBr、NH_4Br、NaI、KI 和 CaI_2 等）及能与 NH_4SCN 生成沉淀的银盐和有机碱的氢卤酸盐都可用银量法测定。另外，有些有机卤化物中的卤素在分子中结合较牢，用适当的方法（如水解法、氧瓶燃烧法、Na_2CO_3 熔融法等）处理，使有机卤素转变为卤素离子后，也可用银量法测定。

（二）应用示例

1. 血清氯的测定　人体内氯均以 Cl^- 形式存在于细胞外液中，血清中正常值为 3.4 ~ 3.8 g/L，Cl^- 常与 Na^+ 共存，故 $NaCl$ 是细胞外液中重要的电解质。将血清中蛋白沉淀后，即可取无蛋白滤液进行 Cl^- 的测定，通常采用莫尔法进行。

2. 溴米那中 Br^- 的测定　溴米那为脂肪有机卤化物，不能直接测定 Br^-，但其溴原子比较活泼，易在碱性溶液中加热水解下来，故常将其与 $NaOH$ 溶液加热回流水解，使溴米那中的 Br 以 Br^- 离子的形式进入溶液，即可用银量法测定释放出来的 Br^-。其主要反应如下：

$$
\begin{array}{c}
CH_3 \\
| \\
CH\!-\!CH\!-\!\overset{\displaystyle H}{\underset{\displaystyle Br}{C}}\!-\!CONH\!-\!CONH_2 + OH^- \\
| \\
CH_3
\end{array}
$$

$$
\Longleftrightarrow
\begin{array}{c}
H_3C \\
| \\
CH\!-\!CH\!-\!\overset{}{\underset{\displaystyle OH}{CH}}\!-\!CONH\!-\!CONH_2 + Br^- \\
| \\
H_3C
\end{array}
$$

（三）计算示例

例 7-1　脑脊液中含 Cl^- 量测定时，精确量取患者脑脊液0.5 mL，制得无蛋白滤液10.00 mL，取此无蛋白滤液 5.00 mL，慢慢滴入 $AgNO_3$ 标准溶液（$T_{AgNO_3/NaCl} = 0.001\ 00$ g/mL），终点时用去 1.38 mL，计算脑脊液中 Cl^- 的含量。

解　因为 $Cl^- \Rightarrow AgNO_3$，所以 5.00 mL 滤液中含有 Cl^- 的质量为

$$m_{Cl^-} = T_{AgNO_3/NaCl} \cdot V_{AgNO_3} \cdot M_{Cl^-}/M_{NaCl} =$$

$$\frac{0.001\ 00 \times 1.38 \times 35.45}{58.44} = 0.000\ 837\ 1\ g = 0.837\ 1\ mg$$

$$Cl^-\% = \frac{0.837\ 1}{0.50 \times \dfrac{5.00}{10.00}} = 3.35\ mg/mL = 3.35\ g/L$$

例 7-2　取水样 5.00 mL，加入 0.095 0 mol/L 的 $AgNO_3$ 溶液20.00 mL，过量的 $AgNO_3$ 以0.110 mol/L 的 $KSCN$ 标准溶液滴定至终点，用去 $KSCN$ 标准溶液 6.54 mL，计算 1 L 水样中含 $NaCl$ 多少克？

解　因为 $Ag^+ \Rightarrow Cl^- \Rightarrow SCN^-$，先求出 5.00 mL 水样中含 $NaCl$ 多少克：

$$m_1 = (C_{AgNO_3}V_{AgNO_3} - C_{KSCN}V_{KSCN}) \cdot M_{NaCl} =$$
$$(0.095\ 0 \times 20.00 - 0.110 \times 6.54) \times 58.44/1\ 000 = 0.069\ 0\ g$$

1L 水样中含 NaCl 多少克:

$$m_2 = \frac{0.069\ 0}{5.00} \times 1\ 000 = 13.8\ g/L$$

例 7 - 3 称取基准物质 NaCl 0.200 0 g 溶于水后,加入 AgNO$_3$ 溶液50.00 mL,以铁铵矾为指示剂,用 NH$_4$SCN 溶液滴定过量的 AgNO$_3$,滴定至终点时,用去 NH$_4$SCN 溶液 25.40 mL,已知 1.00 mL 的 NH$_4$SCN 溶液相当于 1.20 mL 的 AgNO$_3$ 溶液,试分别计算 AgNO$_3$ 和 NH$_4$SCN 溶液的浓度。

解 因为 $Cl^- \Rightarrow Ag^+ \Rightarrow SCN^-$,已知 1.00 mL 的 NH$_4$SCN 溶液相当于 1.20 mL 的 AgNO$_3$ 溶液,所以 $C_{AgNO_3} = 1.00C_{NH_4SCN}$,且与 NaCl 反应的 AgNO$_3$ 溶液的毫摩尔数为:

$$(50.00 - 25.40 \times 1.20) \cdot C_{AgNO_3} = n_{AgNO_3} = n_{NaCl} =$$
$$\frac{m_{NaCl}}{M_{NaCl}} \times 1\ 000 = \frac{0.200\ 0}{58.44} \times 1\ 000$$

$$C_{AgNO_3} = \frac{0.200\ 0 \times 1\ 000}{58.44 \times (50.00 - 25.40 \times 1.20)} = 0.1753\ mol/L$$

$$C_{NH_4SCN} = \frac{1.20C_{AgNO_3}}{1.00} = \frac{1.20 \times 0.175}{1.00} = 0.210\ mol/L$$

例 7 - 4 称取纯净的 NaCl 和 KCl 混合试样 0.207 6 g,溶于水后,以 K$_2$CrO$_4$ 作为指示剂,用 0.105 5 mol/L 的 AgNO$_3$ 溶液滴定,到达滴定终点时,用去 28.50 mL。计算混合物中 NaCl 及 KCl 的质量分数。

解1 设 $m_{NaCl} = x$,则 $m_{KCl} = 0.2076 - x$

故

$$\frac{x}{M_{NaCl}} + \frac{0.207\ 6 - x}{M_{KCl}} = \frac{C_{AgNO_3}V_{AgNO_3}}{1\ 000}$$

$$\frac{x}{58.44} + \frac{0.2076 - x}{74.55} = \frac{0.105\ 5 \times 28.50}{1\ 000}$$

$$x = 0.060\ 00\ g$$

$$W_{NaCl} = \frac{0.060\ 00}{0.207\ 6} = 0.289\ 0 = 28.90\%$$

$$W_{KCl} = \frac{0.207\ 6 - 0.060\ 00}{0.207\ 6} = 0.711\ 0 = 71.10\%$$

解2 设 NaCl 的质量分数为 x,则 KCl 的质量分数为 $1 - x$,S 为样品的质量。

$$\frac{S_x}{M_{NaCl}} + \frac{S(1 - x)}{M_{KCl}} = \frac{C_{AgNO_3}V_{AgNO_3}}{1\ 000}$$

$$\frac{0.207\ 6x}{58.44} + \frac{0.207\ 6(1 - x)}{74.55} = \frac{0.105\ 5 \times 28.55}{1\ 000}$$

$$x = 0.289\ 0 = 28.90\% (W_{NaCl})$$

$$W_{KCl} = 1 - x = 1 - 0.289\ 0 = 0.711\ 0 = 71.10\%$$

本章小结

铬酸钾指示剂法、铁铵矾指示剂法和吸附指示剂法的测定原理、应用比较如下：

类型	沉淀滴定		
	铬酸钾法	铁铵矾法	吸附指示剂法
指示剂	K_2CrO_4	铁铵矾 $[NH_4Fe(SO_4)_2 \cdot 12H_2O]$	吸附指示剂
滴定剂	$AgNO_3$	NH_4SCN（或 KSCN）	$AgNO_3$ 或 Cl^-
滴定反应	$Ag^+ + Cl^- {=\!=\!=} AgCl\downarrow$	$Ag^+ + SCN^- {=\!=\!=} AgSCN\downarrow$（白色）	$Ag^+ + X^- {=\!=\!=} AgX\downarrow$
指示反应	$2Ag^+ + CrO_4^{2-} {=\!=\!=} Ag_2CrO_4\downarrow$（砖红色）	$Fe^{3+} + SCN^- {=\!=\!=} [Fe(SCN)]^{2+}$（血红色）	$AgCl \cdot Cl^- + Fl^-$（黄绿色）$AgCl \cdot Ag^+ + Fl^-$（黄绿色）$\rightarrow AgCl \cdot AgCl \cdot Ag^+Fl^-$（粉红色）
滴定条件	pH6.5~10.5 $[CrO_4^{2-}] = 2.6 \sim 5.2 \times 10^{-3}$ mol/L	硝酸酸性（0.1~1.0 mol/L）	溶液的酸度要适当，溶液的 pH 值应视使用指示剂而异
测定对象	Cl^-、Br^-	直接滴定 Ag^+ 用剩余滴定的方式可滴定 Cl^-、Br^-、I^- 及 SCN^- 离子	Cl^-、Br^-、I^-、SCN^-、Ag^+ 等
注意事项	干扰性离子：凡与 Ag^+ 能生成沉淀的阴离子，如 PO_4^{3-}、AsO_4^{3-}、SO_3^{2-}、S^{2-}、CO_3^{2-} 及 $C_2O_4^{2-}$ 等；与 CrO_4^{2-} 生成沉淀的阳离子，如 Ba^{2+}、Pb^{2+} 等都应预先分离或掩蔽	测定 Cl^- 时，应防止 AgCl 沉淀的转化，加入有机溶剂，硝基苯或 1,2-二氯乙烷 测定 I^- 时，应先加过量的 $AgNO_3$ 标准溶液，后加 $NH_4Fe(SO_4)_2$ 指示剂，否则 Fe^{3+} 能氧化 I^- 为 I_2	沉淀必须保持胶体状态，以增强吸附能力，因为吸附指示剂是被吸附在沉淀表面上而引起颜色的变化，因此，加入糊精

思 考 题

1. 什么叫沉淀滴定法？沉淀反应应具备的条件有哪些？

2. 比较银量法几种指示终点的方法。

3. 下列样品：(1) NH_4Cl；(2) $BaCl_2$；(3) KSCN；(4) 含有 Na_2CO_3 的 NaCl；(5) NaBr；(6) KI。如用银量法测定其含量，用何种指示剂指示终点的方法为好，为什么？

4. 下列情况下的测定结果是偏高、偏低或无影响，为什么？

（1）在溶液 pH4 或 pH11 的条件下用 Mohr 法测定 Cl⁻ 的含量。

（2）用 Fajans 法测定 Cl⁻ 或 I⁻，选用曙红作为指示剂。

（3）用 Volhard 法测定 I⁻ 未加入硝基苯也未滤去 AgCl 沉淀。

5. 试讨论摩尔法的局限性。

习　题

1. 称取 NaCl 保证试剂 0.117 3 g，溶解后加入 30.00 mL AgNO₃ 溶液，过量的 Ag⁺需用 3.20 mL的 NH₄SCN 溶液滴定至终点。已知 20.00 mL AgNO₃ 溶液和 21.00 mL NH₄SCN 溶液完全作用，计算 AgNO₃ 和 NH₄SCN 溶液的浓度各为多少？

(0.074 47 mol/L;0.070 92 mol/L)

2. 称取可溶性的 NaCl 试样 0.245 8 g，加水溶解后，加入 0.106 5 mol/L 的 AgNO₃ 标准溶液30.00 mL，过量的 Ag⁺用 0.118 5 mol/L 的 NH₄SCN 标准溶液滴定，滴定至终点时用去 6.85 mL，计算试样中 Cl⁻ 的质量分数。

(34.37%)

3. 取井水 100 mL，以荧光黄作为指示剂，滴定至终点时用去 0.098 0 mol/L AgNO₃ 溶液 2.15 mL，计算每升井水中含 Cl⁻ 多少毫克？

(74.7 mg/L)

4. 取含有纯 NaCl 和纯 KBr 的混合试样 0.250 0 g，用 0.105 6 mol/L AgNO₃ 标准溶液滴定至终点时，用去 AgNO₃ 标准溶液23.52 mL，求试样中 NaCl 和 KBr 的质量分数。

(17.84% ;82.16%)

5. 精密量取浓 NaCl 注射液 10 mL，置于 100 mL 容量瓶中，加蒸馏水稀释至标线，摇匀，精密量取10 mL置锥形瓶中，按莫尔法操作，终点时用去 0.102 8 mol/L AgNO₃ 标准溶液 16.35 mL。每 1.00 mL 的 0.100 0 mol/L 的 AgNO₃ 标准溶液相当于 5.844 mg 的 NaCl。计算浓 NaCl 注射液的质量浓度（g/mL）。

(9.82×10^{-2} g/mL)

6. 测定某试样中的 CHI₃ 含量时，CHI₃ 与 Ag⁺ 发生的反应如下式：

$$CHI_3 + 3Ag^+ + H_2O \xrightarrow{\quad\quad} 3AgI \downarrow + 3H^+ + CO \uparrow$$

若取样 15.07 g，加入 0.033 9 mol/L AgNO₃ 25.00 mL 后，剩余的 Ag⁺，以0.040 1 mol/L的 KSCN 溶液滴定，用去 2.85 mL，计算试样中 CHI₃ 的含量。

(0.64%)

7. 取含 NaCl 试样 0.500 5 g，溶解后，加入纯 AgNO₃ 固体 0.89 20 g，剩余的 AgNO₃ 用 0.130 2 mol/L KSCN 标准溶液返滴定，用去 25.03 mL，计算试样中 NaCl 的含量。

(23.25%)

第八章
重量分析法

学习提要：

在挥发法(volatilization method)中,需要了解挥发法及其应用。在萃取法(extraction method)中,需要了解萃取法的基本理论及其应用。在沉淀法(precipitation method)中,需要了解影响沉淀溶解度的因素,熟悉重量分析(gravimetric analysis)对沉淀的要求,掌握晶型沉淀和无定形沉淀的形成条件,掌握沉淀重量法的计算。

The brief summary of study：

In the section of volatilization method, comprehend volatilization method and its application. In the part of extraction method, find out the basic theory of extraction method and know its application. In the part of precipitation method, know the factors that influence the solubility of precipitation, acquaint with the precipitated request of gravimetric analysis. Master formative condition of the crystal precipitation or amorphous precipitation, grasp the calculation of precipitation weight method.

第一节　重量分析的特点与分类

重量分析是根据称量来确定被测组分含量的分析方法。它是经典的定量分析方法之一。在重量分析中,一般是先用适当方法将被测组分与试样中的其他组分分离后,然后通过称量来计算被测组分的含量。

重量分析直接用分析天平称量测定,不需要标准试样或基准物作对比,所以分析结果的准确度较高,但操作比较繁琐、费时;灵敏度不高,不适用于微量和痕量组分的测定。然而,在仲裁分析及在校准其他分析方法的准确度时,常用重量分析的结果作为标准;在卫生检验、临床检验和药品检验中,目前仍有一些项目采用重量分析。此外,重量分析中的分离理论和操作技术,在其他分析方法中还要用到。因此,重量分析仍然是定量分析的基本内容之一。

重量分析根据被测组分与其他组分分离方法的不同可分为下述三种方法。

1. 挥发法(又称为气化法)　利用物质的挥发性质,通过加热或其他方法使试样中的待测组分挥发逸出,然后根据试样质量的减少计算该组分的含量;或者当该组分逸出时,选择适当的吸收剂将它吸收,然后根据吸收剂质量的增加计算该组分的含量。

2.萃取法　萃取法是把待测组分从一个液相转移到另一个液相以达到分离的目的。如溶解在水中的样品溶液同与水不相溶的有机溶剂一起振荡,这时样品内待测组分进入有机溶剂中,另一些组分仍留在水相中。将有机溶剂相与水相分离,挥发掉有机溶剂后称量计算待测组分含量。

3.沉淀法　沉淀法是重量分析法中的主要方法。这种方法是将被测组分以难溶化合物的形式沉淀出来,再将沉淀过滤、洗涤、烘干或灼烧,最后称量并计算其含量。

第二节　挥 发 法

挥发法是利用物质的挥发特性进行重量分析的分析法,通常采用加热或其他方法使试样中某挥发性组分逸出,然后根据试样减少的质量来计算被测组分的含量;或利用已知质量的吸收剂将逸出的某挥发组分定量地吸收,然后根据吸收剂增加的质量来计算被测组分的含量。此法适用于测定试样中一种或几种组分是易挥发的或能转化成为易挥发的物质。

一、分类

挥发法可分为直接挥发法和间接挥发法两种。

(一)直接挥发法

直接法是将挥发组分挥发,然后利用适当的吸收剂将被测的挥发性物质全部吸收,测定吸收剂所增加的质量,从而求出被测组分含量的方法。由于在最后的称量中有被测组分存在,故称为直接挥发法。

例如,试样中水分的测定,是将试样加热到适当的温度,以高氯酸镁为吸收剂,将逸出的水分吸收,则高氯酸镁增加的质量就是试样中水分的质量。

测定中若有几种挥发性物质并存时,应选用适当的吸收序列分别加以吸收。

例如,有机化合物中的元素分析,取一定的试样,将其在氧气流中燃烧,其中的氢和碳分别生成水和二氧化碳,用高氯酸镁吸收水气,用碱石灰吸收二氧化碳,最后分别称量各吸收剂的质量,根据各吸收剂增加的质量,即可计算出试样中的含氢量和含碳量。

另外,许多有机物的灰分和炽灼残渣以及某些试样中不挥发性物质的测定,虽然测定的不是挥发性物质,是经高温灼烧后残留下来的不挥发性物质,但是由于称量的是被测物质,因此也属于直接挥发法。灰分、炽灼残渣和不挥发性物质的测定,是卫生检验、药物检验和环境监测的重要项目之一。

(二)间接挥发法

间接挥发法是测定某组分挥发前后试样质量的差值,从而求出被测组分含量的方法。因为在最后被称量的质量中没有被测物质,所以称为间接挥发法。例如,药典规定对某些药品要求检查"干燥失重",就是测定药品干燥后减失的质量。

此法常用于测定试样中的水分。要注意的是测定试样中的水分时,其水分必须是试样中惟一可挥发的物质,而且脱水后的物质应该是稳定的。试样中水分挥发的难易程度取决于水在试样中的存在状态。

1.固体试样中水分的存在状态

(1)吸湿水:吸湿水是物质从空气中所吸收的水,存在于固体表面,其含量随空气湿度、表面积的大小的变化而变化。当湿度越大时,固体的含水量也越大;固体的表面积越大,吸水性越强,则含水量越大。一般来讲,该状态的水在不太高的温度下即可失去。

(2)结晶水:结晶水是化合物内部的水,它有固定的量,如 $BaCl_2 \cdot 2H_2O$ 中有两个结晶水;$CuSO_4 \cdot 5H_2O$ 中有 5 个结晶水等。结晶水的数目随空气相对湿度的不同而不同。可以通过改变空气的相对湿度来除掉这部分水分。

(3)包埋水:包埋水是指分子晶体内空穴中的水分。这种水分与外界不连通,很难除尽,要想除去这部分水分,可将晶体颗粒研细或用高温灼烧而除去。

(4)组成水:在某些物质中虽然没有水分子,但受热分解能释放出的水。例如 $KHSO_4$ 和 Na_2HPO_4 等。

$$2Na_2HPO_4 \longrightarrow Na_4P_2O_7 + H_2O$$
$$2KHSO_4 \longrightarrow K_2S_2O_7 + H_2O$$

(5)吸入水:一些具有亲水胶体性质的物质,如硅胶、纤维素、淀粉等,内部有很大的扩胀性,内表面积也很大,能大量吸收水分,这些水分称为吸入水。吸入水一般在 $100 \, ℃ \sim 110 \, ℃$ 温度下不易除尽。有时需采用 $70 \, ℃ \sim 100 \, ℃$ 真空干燥。

2.在干燥失重测定中,应根据试样的性质和水在试样中存在的状态不同,采用不同的干燥方式

(1)常压下加热干燥:常压下加热干燥所使用的仪器为干燥箱(烘箱),适用于性质稳定,受热不挥发、氧化、分解、变质的试样。例如,硫酸钡、溴化钾、维生素 B_1 等的干燥失重,可在 $105 \, ℃$ 干燥至恒重。对于某些吸湿性强或水分不易除去的试样,可适当提高温度或延长加热时间,如测定氯化钠的干燥失重可在 $130 \, ℃$ 进行干燥。

某些试样虽受热不易变质,但因结晶水的存在而有较低的熔点,在加热干燥时未达规定的干燥温度时即发生熔化。测定这类物质的水分,应先在较低温度下干燥,当大部分水分除去后,再按规定温度进行干燥。例如测定 $NaH_2PO_4 \cdot 2H_2O$ 的干燥失重,先在 $60 \, ℃$ 以下干燥 1 小时,然后再于 $105 \, ℃$ 干燥至恒重。

所谓恒重,是指物品连续两次干燥或灼烧后的质量差不超过规定量。一般为 0.2 mg,药典规定为 0.3 mg。

(2)减压加热干燥:那些在常压下因受热时间过长或温度过高而分解变质的试样(如硫酸新霉素等),可用减压加热干燥,减压加热干燥是在减压电热干燥箱中进行的。在减压的条件下,可降低干燥温度(通常在 $60 \, ℃ \sim 80 \, ℃$),使干燥时间缩短,干燥效率提高。

(3)干燥剂干燥:对具有升华性,低熔点,受热易分解、氧化的物质,不能采用上述方法干燥时,可在盛有干燥剂的干燥器中干燥。例如,测定具有升华性的升汞、氯化铵,低熔点的苯佐卡因和受热易分解、氧化的亚硝酸盐,可置于用浓硫酸或五氧化二磷为干燥剂的干燥器中干燥。若常压下干燥,水分不易除去,可置于减压干燥器中干燥。使用干燥器时应注意干燥剂的性质及检查干燥剂是否失效。此法在重量分析中经常被用作短时间存放刚从烘箱或高温炉取出的热的干燥器皿或试样。目的是在低湿度的环境中冷却,减少吸水,以便称量。但十分干燥的试样不宜在干燥器中长时间放置,尤其是很细的粉末,由于表面吸附作用,可使它吸收一些水分。

二、应用与示例

挥发法在卫生检验、药品检验和医学检验工作中,常用于进行干燥失重、炽灼残渣、灰分

和不挥发物的测定。

（一）氯化钡中结晶水的测定

$BaCl_2 \cdot 2H_2O$ 在一般温度及湿度下很稳定，既不风化也不潮解，但在 100 ℃ 以上就会失去所有的结晶水。无水 $BaCl_2$ 不易分解，甚至在较高温度下也很稳定，因此，可用挥发法来测定其结晶水的含量。通常是在 125 ℃ 温度下加热，可全部挥发掉结晶水。

$$BaCl_2 \cdot 2H_2O \xrightarrow[\triangle]{125\ ℃} BaCl_2 + 2H_2O \uparrow$$

由于氯化钡结晶表面吸湿极少，因此，将氯化钡在 125 ℃ 加热、干燥至恒重，所减失的量就是氯化钡试样中结晶水的含量。即：

$$H_2O\% = \frac{m_{H_2O}}{S_{BaCl_2 \cdot 2H_2O}} \times 100\%$$

式中 m_{H_2O} 表示氯化钡中含纯水的质量；$S_{BaCl_2 \cdot 2H_2O}$ 表示被分析的氯化钡质量。即样品重。

（二）水中溶解性固体的测定

水中溶解性固体的测定，是水质检验的项目之一。通过溶解性固体检验的结果可以了解水质被污染的情况或无机盐类的含量，以评价水质的优劣。取已过滤过的水样，在一定的温度下烘干，所得固体残留物称为溶解性固体。它代表水中溶解性污染物的总质量。具体测定过程为：

（1）测定前，将水样充分振荡，用定量滤纸过滤两次，以除去水中的悬浮性固体；

（2）取一定量水样于已恒重的蒸发皿内，于水浴中蒸发至干，干燥至恒重；

（3）按下式计算，即得水样中溶解性固体的质量浓度。

$$\rho_{溶解性固体} = \frac{m_{溶解性固体}}{V_S}$$

式中 V_S 为水样体积。

第三节　萃　取　法

萃取法是利用物质的溶解特性进行的重量分析法。通常将试样液体与互不相溶的萃取溶剂相接触，使某一组分在两液体中分配（即溶解），使其定量地转入萃取溶剂中，再将溶剂蒸干，称量其质量来计算被测组分的含量。在分析中，试样可为固体，但常常是将试样先制成水溶液，再与水互不相溶的有机溶剂一起振荡，待分层后，则一种或几种组分进入有机相，而其他组分留在水相中，以达到萃取分离的目的。

一、基本理论

（一）分配平衡与分配比

当在水溶液中加入与水互不相溶的有机溶剂一起振荡时，水溶液中的溶质将在水相和有机相中重新溶解分配，当溶质在两相中溶解达到平衡时，称为分配平衡。此时被萃取物在水相和有机相中浓度的比称为分配比，用 D 表示。若以 $C_水$ 与 $C_有$ 分别代表水相中与有机相中的溶质浓度，则它们的比值 D 为：

$$D = \frac{C_有}{C_水} \tag{8-1}$$

在没有副反应的情况下，D 近似于溶质在水相和有机相中的溶解度之比。即：

$$D = \frac{S_有}{S_水} \tag{8-2}$$

（二）萃取效率

萃取效率就是萃取的完全程度，用 $E\%$ 表示。其表达式为

$$E\% = \frac{m_有}{m_有 + m_水} \times 100\%$$

与分配比的关系为

$$E\% = \frac{D}{D + V_水/V_有} \times 100\%$$

当两相体积相等时，如果 $D > 1$，说明经萃取后物质进入有机相中的量比留在水相中的量多。因此 D 越大，萃取越完全，即萃取效率越高。在实际工作中，一般要求 $D > 10$。

当分配比不高时，一次萃取不能满足分离或测定要求时，可采用多次或连续萃取的方法，以提高萃取率。

多次萃取是提高萃取效率的有效措施。为了简化，假定分配比在给定条件下为定值，每次萃取平衡后，分出有机相，再以相同体积的新鲜有机溶剂萃取。如设 $V_水(mL)$ 溶液中含有被萃取物 (A) W_0 克，用 $V_有(mL)$ 有机溶剂萃取一次，水相中剩余 A 的量是 W_1 克，则进入有机相的量是 $W_0 - W_1$ 克，此时分配比为：

$$D = \frac{[c_有]}{[c_水]} = \frac{(W_0 - W_1)/V_有}{W_1/V_水}$$

故

$$W_1 = W_0 \left(\frac{V_水}{DV_有 + V_水} \right)$$

则萃取效率

$$E\% = \frac{W_0 - W_1}{W_0} \times 100\%$$

若再用相同体积 $V_有(mL)$ 新鲜有机溶剂萃取一次，水相中剩余 A 的量是 W_2 克，则进入有机相的量是 $W_1 - W_2$ 克：

$$D = \frac{[C_有]}{[C_水]} = \frac{(W_1 - W_2)/V_有}{W_2/V_水}$$

$$W_2 = W_1 \left(\frac{V_水}{DV_有 + V_水} \right) = W_0 \left(\frac{V_水}{DV_有 + V_水} \right)^2$$

$$E\% = \frac{W_0 - W_2}{W_0} \times 100\%$$

若用 $V_有(mL)$ 新鲜有机溶剂萃取 n 次，水相中剩余 A 的量是 W_n 克，则

$$W_n = W_0 \left(\frac{V_水}{DV_有 + V_水} \right)^n \tag{8-3}$$

$$E\% = \frac{W_0 - W_n}{W_0} \times 100\%$$

例 8-1 设水溶液 10 mL 内含被萃取物 1 mg，计算用 27 mL 有机溶剂萃取的萃取效率 $E\%$（1）每次用 9 mL 分三次萃取；（2）全量一次萃取，已知 $D = 10$。

解 （1）$V_有 = 9$ mL　　$n = 3$　　$V_水 = 10$ mL　　$D = 10$　　$W_0 = 1$ mg

$$W_3 = W_0 \left(\frac{V_水}{DV_有 + V_水} \right)^3 = 1 \times \left(\frac{10}{10 \times 9 + 10} \right)^3 = 0.001 \text{ mg}$$

$$E\% = \frac{1 - 0.001}{1} \times 100\% = 99.9\%$$

（2）$V_{有} = 27$ mL $\quad n = 1 \quad V_{水} = 10$ mL $\quad D = 10 \quad W_0 = 1$ mg

$$W_1 = W_0 \left(\frac{V_{水}}{DV_{有} + V_{水}} \right)^1 = 1 \times \frac{10}{10 \times 27 + 10} = 0.0357 \text{ mg}$$

$$E\% = \frac{1 - 0.0357}{1} \times 100\% = 96.4\%$$

由此可见，同样量的萃取液分少量多次萃取比全量一次萃取的萃取率高。但应该指出，萃取次数的不断增多，萃取率的提高将越来越有限。

二、应用与示例

萃取法，常常是利用被测组分在两种互不相溶的溶剂中分配比的不同，通过多次萃取而达到分离被测组分进行含量测定的目的。对临床、卫生、药品检验的某些项目，常采取萃取法进行定量。

（一）血清中总脂的测定

血清总脂是指血清中各种脂类物质总和。总脂可用氯仿 – 甲醇液进行萃取，其中甲醇可以沉淀蛋白质，使脂蛋白分子破坏，达到萃取完全的目的。萃取液中部分非脂类杂质，可加稀硫酸洗涤，静置，使溶液分为两层，下层为脂类物质的氯仿萃取液，上层为水和甲醇液（弃去）。取一定量的氯仿萃取液于70 ℃水浴挥发至干后，在分析天平上准确称量，便可计算出血清总脂的含量。

（二）二盐酸奎宁注射液

二盐酸奎宁注射液是一种生物碱制剂，根据它的盐能溶于水而游离生物碱本身不溶于水，但溶于有机溶剂的性质，可用有机溶剂萃取。取一定量的试样，加氨液呈碱性，使奎宁生物碱游离，用氯仿分次萃取，直至生物碱提尽为止，分离、合并氯仿液，过滤，滤液在水浴上蒸干、干燥、称量，直至恒重，即可计算出试样中二盐奎宁的含量。

第四节 沉 淀 法

沉淀法是利用沉淀反应将被测定的组分转化为难溶物进行的重量分析法。通常将试样中某组分与沉淀剂作用生成难溶物，以沉淀的形式从溶液中分离出来，经过一系列的处理过程，可得到供称量的称量形式进行称量，然后根据称量形式的质量来计算物质含量。

在沉淀重量法中，将被测组分从溶液中析出所得的沉淀的化学组成称为沉淀形式；沉淀经过滤、洗涤、干燥或灼烧后，成为组成固定可供称量的沉淀的化学组成称为称量形式。沉淀形式与称量形式虽然概念不同，但它们的存在形式可以是相同的，也可以是不同的。例如，测定 SO_4^{2-} 时，加入沉淀剂 $BaCl_2$，得到 $BaSO_4$ 沉淀，经过滤、洗涤、灼烧后仍是 $BaSO_4$，此时，沉淀形式与称量形式相同。但在测定 Fe^{3+} 时，沉淀形式为 $Fe(OH)_3 \cdot xH_2O$，经灼烧后，失去水分后成为组成固定的称量形式 Fe_2O_3，此时，沉淀形式与称量形式不同。

为获得准确的分析结果，重量分析对沉淀的要求（包括对沉淀形式的要求和对称量形式的要求）如下。

1.对沉淀形式的要求

（1）沉淀的溶解度必须很小。这样才能使被测组分沉淀完全。通常要求沉淀的溶解损失的量不应超过分析天平的称量误差范围，即 0.2mg。否则，会使分析结果偏低。

（2）沉淀必须纯净。要求试剂或其他来源混入的杂质应极少，如果沉淀形式不纯，包含了杂质，经干燥或灼烧后的称量形式也必然含有杂质，使分析结果偏高。

（3）沉淀必须便于过滤和洗涤。为此尽量希望获得粗大的晶形沉淀。

（4）沉淀易于转化为称量形式。

2.对称量形式的要求

（1）称量形式应有确定的化学组成，这样才能根据化学式计算分析结果。

（2）称量形式要有足够的稳定性，不应受空气中的 CO_2、水分 O_2 的影响而发生变化。本身也不应分解或变质。

（3）称量形式应具有较大的摩尔质量。称量形式的摩尔质量越大，被测组分在称量形式中的相对含量越小，则称量误差和沉淀的溶解损失所占的比例就越小，从而可提高分析结果的准确度。

例8-2　测定铝时，称量形式可以是 Al_2O_3（摩尔质量为 101.96 g/mol），也可以是 8 - 羟基喹啉铝（摩尔质量为 459 g/mol），如果在操作过程中同样损失沉淀 1.0 mg，则对铝的损失分别为：

以 Al_2O_3 为称量形式时，铝的损失量（x） mg。

因为：Al_2O_3：$2Al = 1.0$：x

$$x = \frac{1.0 \times 2Al}{Al_2O_3} = \frac{1.0 \times 2 \times 27}{102} = 0.53 \text{ mg}$$

以 8 - 羟基喹啉铝为称量形式时，铝的损失量（y） mg。

因为：$Al(C_9H_6NO)_3$：$Al = 1.0$：y

$$y = \frac{1.0 \times Al}{Al(C_9H_6NO)_3} = \frac{1.0 \times 27}{459} = 0.059 \text{ mg}$$

由此可见，称量形式的摩尔质量越大，则沉淀的损失对被测组分的影响越小，结果的准确度越高。

称量形式的摩尔质量越大，称量不准确引起的相对误差也会越小，如 0.100 0 g 铝可获得 0.188 8 g 的 Al_2O_3 和 1.704 g 的 $Al(C_9H_6NO)_3$ 沉淀，分析天平的称量误差一般为 ±0.2 mg。对于上述两种称量形式，称量不准确而引起的相对误差分别为：

$$Al_2O_3\% = \frac{\pm 0.000\ 2}{0.188\ 8} \times 100\% = \pm 0.1\%$$

$$Al(C_9H_6NO)_3\% = \frac{\pm 0.000\ 2}{1.704} \times 100\% = \pm 0.01\%$$

沉淀法的操作程序是：试样的称取和溶解，沉淀的制备，沉淀过滤和洗涤，沉淀的干燥或灼烧，分析结果的计算等。

一、试样的称取和溶解

取样时，所取试样必须均匀并具有代表性，否则其他步骤做得再精确也是毫无意义的。为此，对于液体试样，必须混合均匀；对于固体试样，则应先磨细、过筛，然后充分混匀。至于分析时应称取多少试样才合适，要根据试样中被测组分的含量和沉淀的性质来决定。总的来说，称样量不能过多或过少。如果过多，则产生的沉淀太多，使过滤、洗涤发生困难，并容易带来误差;如果太少,则会使称量以及各个步骤产生的相对误差增大,使分析结果的准确度降低。一般情况下,试样的称取量是根据所得沉淀经干燥或灼烧后的质量为标准。即:对于晶形沉淀应为 0.3~0.5 g;对于无定形沉淀应为 0.1~0.2 g 左右。然后按反应方程式计算即可求得。

例 8 - 3 某一含硫约 35% 的试样,先将硫氧化为 SO_4^{2-},再沉淀为 $BaSO_4$,最后灼烧为 $BaSO_4$。用这种方法测定试样中硫的含量时,应称取试样多少克?

解 设应称取含硫为 100% 的试样 x g。

因为 $BaSO_4$ 沉淀是晶形沉淀,根据晶形沉淀应为 0.3~0.5 g 的要求,所以设最后所得晶形 $BaSO_4$ 沉淀的质量为 0.50 g 来计算。

$$S \xrightarrow{(O)} SO_4^{2-} \xrightarrow{Ba^{2+}} BaSO_4 \downarrow \xrightarrow{\triangle} BaSO_4$$

$$
\begin{array}{cc}
32.07 & 233.4 \\
x \text{ g} & 0.50 \text{ g}
\end{array}
$$

$$x = \frac{0.50 \times 32.07}{233.4} = 0.070 \text{ g}$$

应称取含硫 35% 的试样的量为:

$$\frac{0.070 \times 100}{35} = 0.20 \text{ g}$$

试样称好后,在进行沉淀前必须把试样制成溶液。溶解试样时,可根据试样的性质选择适当的溶剂,能溶于水的试样,应用水溶解;试样不溶于水的,可用酸、碱或氧化剂来溶解。溶解后溶液的体积,一般以 100~200 mL 为宜。

二、沉淀的制备

沉淀的制备是沉淀法的关键问题,因为被测组分的含量是根据所得沉淀称量形式的质量来求得的。所得的沉淀要正确反映出被测组分的含量,就必须要求沉淀反应要完全,所得的沉淀要纯净,易于过滤和洗涤。为此,要弄清以下有关问题:①沉淀的类型和形成过程;②选用什么沉淀剂在什么条件下进行沉淀反应较合适;③影响沉淀溶解度和纯度的因素等。

(一)沉淀的类型和形成过程

1.沉淀的类型 在实际工作中遇到的沉淀类型有:晶形沉淀和无定形沉淀两种。晶形沉淀又可分为粗晶形沉淀(如 $MgNH_4PO_4$)和细晶形沉淀(如 $BaSO_4$);无定形沉淀又可分为凝乳状沉淀(如 $AgCl$)和胶状沉淀(如 $Fe_2O_3 \cdot xH_2O$)。

从沉淀颗粒大小看,晶形沉淀最大,无定形沉淀最小。然而从整个沉淀外形看,因为晶形沉淀是由较大的沉淀颗粒组成的,内部排列较规则,所以结构紧密,沉淀体积小,极易沉降;无定形沉淀是由许多疏松聚集的微小沉淀微粒组成的,沉淀微粒杂乱无章,其中又含有大量水分子,所以质地疏松,体积庞大,不易沉降。

沉淀在制备过程中生成的沉淀是什么类型,主要取决于物质的本性和沉淀条件。因此,必须了解沉淀的形成过程和沉淀条件对颗粒大小的影响,以便控制适宜的条件,从而获得符合重量分析要求的沉淀。

2.沉淀的形成过程 由于沉淀的形成是一个非常复杂的过程,目前仍没有成熟的理论。下述框图即为沉淀形成的大致过程的示意图:

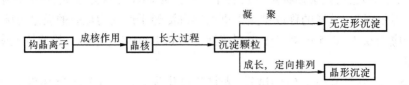

（1）晶核的形成：组成沉淀的离子称为构晶离子，在溶液中构晶离子可以聚集成离子对或离子群等形式的聚集体。其中聚集与离解处于动态平衡，随着溶液浓度的增大，有更多的离子加入，聚集体增多，同时形成更大的聚集体。聚集体长大到一定大小，便形成晶核。例如，$BaSO_4$ 的晶核由 8 个构晶离子组成；$AgCl$、Ag_2CrO_4 的晶核由 6 个构晶离子组成；CaF_2 的晶核由 9 个构晶离子组成。

晶核的形成有两种情况，一种是均相成核作用，一种是异相成核作用。所谓均相成核作用是指构晶离子在饱和溶液中，通过离子的缔合作用，自发地形成晶核的过程。所谓异相成核作用，是指溶液中混有固体微粒，在沉淀过程中这些微粒起着晶种的作用，诱导晶核的形成的过程。在一般情况下，溶液中不可避免地混有不同数量的固体微粒，它们的存在，对沉淀的形成起诱导作用，如使用的玻璃容器壁上总附有一些很小的固体微粒，使用的试剂或溶剂也含有一些肉眼看不到的微溶性的物质微粒，即使是分析纯的化学物质也含有上万个固体微粒杂质。因此，异相成核总是存在的。

（2）晶形沉淀与无定形沉淀的生成：在晶核形成之后，溶液中的构晶离子向晶核表面扩散，并沉积在晶核上，使晶核逐渐长大，到一定程度时，成为沉淀微粒。这种沉淀微粒有聚集成更大的聚集体的倾向。

生成的沉淀是晶形沉淀还是无定形沉淀，主要由两个因素决定。第一是聚集速度；第二是定向速度。由构晶离子向沉淀微粒聚集成大的沉淀微粒的速度，称为聚集速度。在晶核形成后，构晶离子按一定的晶格排列而形成晶体的速度，称为定向速度。如果聚集速度很慢，而定向速度很快，构晶离子聚集成沉淀时，仍有足够的时间按一定的晶格有顺序的排列，这时所得的沉淀则是晶形沉淀；如果聚集速度很快，而定向速度很慢，构晶离子来不及按一定的晶格排列，而很快地聚集成更大的沉淀微粒，这时得到的沉淀则为无定形沉淀。

定向速度的大小与沉淀物本身的性质有关，极性较强的盐类如 $BaSO_4$、CaC_2O_4 等，一般具有较大的定向速度，易生成晶形沉淀。氢氧化物，特别是高价的氢氧化物，如 $Fe(OH)_3$、$Al(OH)_3$，由于分子中包含大量的水分子，阻碍着离子的定向排列，因此定向速度较小，一般只能生成无定形沉淀。

聚集速度的大小主要决定于沉淀条件。实践证明，聚集速度与溶液的相对过饱和度成正比：

$$V = K\frac{Q-S}{S} \qquad\qquad (8-4)$$

式中　V——聚集速度；

　　　K——比例常数；

　　　Q——溶液中加入沉淀剂瞬间产生的沉淀物总浓度；

　　　S——沉淀的溶解度；

　　　$Q-S$——沉淀开始时的过饱和度；

$(Q-S)/S$——相对过饱和度。

从式(8-4)中看出,溶液中相对过饱和度大,聚集速度大,易生成无定形沉淀;相对过饱和度小,聚集速度就小,有利于晶形沉淀生成。而相对过饱和度随着沉淀溶解度的增大而减小,所以溶解度较大的沉淀,聚集速度较小,易生成晶形沉淀;反之,则易生成无定形沉淀。另外,聚集速度还与沉淀物的浓度 Q 有关,如 Q 小,则溶液的过饱和度小,聚集速度也就小,有利于形成晶形沉淀。因此,在沉淀法中,为获得纯净、粗大的沉淀颗粒,总是创造适宜的条件,使在相对过饱和度小的情况下进行沉淀反应。

(二)沉淀的条件

对不同类型的沉淀应采取不同的沉淀条件。

1. 晶形沉淀的沉淀条件

(1)沉淀作用应在适当稀的溶液中进行,沉淀剂也应较稀。减小沉淀物的浓度 Q,可以降低其过饱和度,以控制聚集速度。但是溶液也不能过稀,否则沉淀的溶解度 S 增大,溶解损失较多,使分析结果偏低。

(2)沉淀作用应在热的溶液中进行,使沉淀的溶解度 S 增大,以降低溶液的相对过饱和度;同时还可减少杂质的吸附,以提高沉淀的纯度。为防止沉淀在温度较高时的溶解度损失,应先冷却后再过滤。

(3)加入沉淀剂要慢,使沉淀物浓度 Q 低。

(4)加入沉淀剂时要不断搅拌,避免局部过浓,Q 变大,而生成大量晶核。

(5)陈化。在沉淀作用完毕后,将沉淀和母液在一起放置一段时间,这个过程称为陈化(图8-1)。陈化能使细小的晶体溶解而大的晶体变得更大,同时还可以使沉淀晶形完整、纯净。这是因为细小晶体比大晶体有较大的溶解度。如果溶液对大晶体来说是饱和的,而对小的晶体则是不饱和的,于是小晶体溶解。由于小晶体的溶解,其结果溶液对于大晶体来说就成为过饱和的了,过多的离子便在大晶体表面上沉积,使大晶体越来越大。经过陈化,可以获得较大的沉淀颗粒(图8-2)。

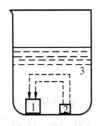

图8-1　陈化过程
1—大晶粒;2—小晶粒;3—溶液

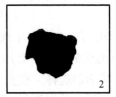

图8-2　$BaSO_4$ 沉淀的陈化效果
1—未陈化;2—室温下陈化四天

加热和搅拌可以增大离子的扩散速度和沉淀的溶解度,促进陈化过程,缩短陈化时间。在室温下,陈化时间需数小时,而加热陈化则只需数十分钟至 1~2 小时即可。

2. 无定型沉淀的沉淀条件　无定形沉淀含水分较多,体积庞大,质地疏松,吸附杂质多,而且难以过滤和洗涤,甚至能形成胶体溶液,无法沉淀出来。因此,对无定形沉淀的沉淀条件,主要考虑的是:加速沉淀颗粒的聚集,减少水化作用,获得紧密沉淀,减少杂质吸附和防止胶体的生成,其主要条件如下。

（1）沉淀作用应在较浓的溶液中进行。减少离子的水化程度，使生成结构紧密的沉淀，以便于过滤。

（2）沉淀作用应在热溶液中进行。这不仅可以减小水化程度生成紧密沉淀，而且还可以减少杂质吸附和胶体的形成。

（3）适当加快沉淀剂的加入速度，以利生成紧密沉淀。但吸附杂质的机会增多，所以在沉淀作用完毕后，应立即用热水稀释。

（4）加入适当的电解质以破坏胶体。一般选用在高温灼烧时可挥发的盐类，例如铵盐等。

（5）不必陈化。沉淀完毕后，静置沉降，立即过滤洗涤。因为这类沉淀一经放置，将会失去水分而聚集得十分紧密，不易洗涤除去孔穴内所吸附的杂质。

3. 均匀沉淀　在进行沉淀过程中，尽管沉淀剂是在不断搅拌下缓缓加入的，但沉淀剂在溶液中局部过浓的现象总是难免。为了消除这种现象，可以改用均匀沉淀的方法。均匀沉淀是利用化学反应使溶液中缓慢而均匀地产生沉淀剂，待沉淀剂达到一定浓度时，就会均匀地产生沉淀。沉淀剂的产生将均匀地分布于溶液中各处，避免了局部过浓的现象。同时，产生沉淀剂的化学反应受速度控制，不致骤然达到过大的相对过饱和度，因此可以获得颗粒粗大而又更为纯净的沉淀。这是改变沉淀条件的较好方法。举例如下：

（1）利用尿素水解提高溶液的 pH 值。如在含 Ca^{2+} 的酸性溶液中加入草酸并无沉淀，若在溶液中加入尿素，加热，则尿素即发生水解反应：

$$(NH_2)_2CO + H_2O \Longleftrightarrow 2NH_3 + CO_2$$

产生的 NH_3 使溶液 pH 值逐渐升高，于是 CaC_2O_4 缓缓析出。铁和铝的氢氧化物沉淀也可用此法。

（2）利用有机酯类水解产生沉淀剂。如用 SO_4^{2-}、PO_4^{3-}、$C_2O_4^{2-}$ 等作为沉淀剂时，可用相应的有机酯类水解。例如：

$$(CH_3)_2SO_4 + 2H_2O \Longleftrightarrow SO_4^{2-} + 2H^+ + 2CH_3OH$$

硫酸二甲酯水解可用于沉淀 Ba^{2+}、Sr^{2+}、Pb^{2+} 等离子。

（3）利用硫代乙酰胺水解：

$$CH_3CSNH_2 + H_2O \Longleftrightarrow CH_3CONH_2 + H_2S$$

产生的 H_2S，可用于许多生成金属硫化物沉淀的反应。

（三）沉淀剂的选择和用量

1. 沉淀剂的选择　在实际工作中，为满足重量分析对沉淀的要求，必须选择合适的沉淀剂。沉淀法所用的沉淀剂，除应根据重量分析对沉淀的要求进行选择外，还应注意以下几个问题。

（1）沉淀剂最好具有挥发性：因为在沉淀反应中，为使沉淀反应完全，常加入过量的沉淀剂，这就不可避免地使沉淀带有沉淀剂，若使用具有挥发性的沉淀剂，则过量的沉淀剂可在干燥或灼烧时挥发出去。如沉淀 Fe^{3+} 离子时，应选用具有挥发性的 $NH_3 \cdot H_2O$，而不用 NaOH 作为沉淀剂。

（2）沉淀剂最好具有特效性：在含有多种离子的溶液中，沉淀剂只与被测组分作用产生沉淀，而与溶液中的其他离子不起作用，这样在分析时，可以省去许多分离干扰物质的操作。如在含有 Ni^{2+} 和 Fe^{3+} 的溶液中沉淀 Ni^{2+}，应选用 Ni^{2+} 的特效试剂丁二酮肟。

（3）沉淀剂最好为有机沉淀剂：沉淀剂有无机沉淀剂和有机沉淀剂两种。无机沉淀剂如盐酸、硝酸银和硫化氢等;有机沉淀剂如8－羟基喹啉、丁二酮肟和四苯硼钠等。无机沉淀剂的选择性较差;形成的沉淀溶解度较大;吸附的杂质也多。因此,近年来对有机沉淀剂开展了深入的研究,并得到了广泛的应用。与无机沉淀相比较,有机沉淀剂具有许多优点。

①选择性高。有机沉淀剂在一定条件下,一般只与少数离子起沉淀反应,有的甚至是特效试剂。

②沉淀的溶解度小。由于有机沉淀剂的疏水性强,所以溶解度小,有利于沉淀完全。

③沉淀组成固定,结构较好。易生成大颗粒的晶形沉淀,便于过滤和洗涤;大多经干燥后即可称量而无需高温灼烧。

④吸附杂质少。因为沉淀表面不带电荷,所以吸附杂质少,易获得较纯净的沉淀。

⑤称量形式的摩尔质量大。少量被测组分可产生较大质量的称量形式,有利于提高分析结果的准确度。

但有机沉淀剂也有一些缺点。即有机沉淀剂在水中的溶解度较小,易夹杂在沉淀中,有的易沾附于器壁上或漂于液面上,使操作不便。

2. 沉淀剂的用量　在重量分析中,要求沉淀反应要完全,即在溶液中的沉淀溶解损失量不超过0.2 mg。那么需要加入多少量的沉淀剂才能使沉淀反应完全,这应根据称取试样的质量及化学反应方程式进行计算得到。

例8－4　测定 $Na_2SO_4 \cdot 10H_2O$ 含量时,若称取试样0.40g,加水溶解成200 mL溶液,需加5%的氯化钡多少毫升?

解　设加入5%的氯化钡溶液 x mL。

$$Na_2SO_4 \cdot 10H_2O + BaCl_2 \cdot 2H_2O \Longrightarrow BaSO_4 \downarrow + 2NaCl + 12H_2O$$

322.2	244.3
0.4	$x \times 5\%$

$$x = \frac{244.3 \times 0.40}{322.5 \times 5\%} = 6 \text{ mL}$$

加入6 mL(理论量)的沉淀剂时, Ba^{2+} 与 SO_4^{2-} 按化学计量关系结合成 $BaSO_4$ 沉淀,此时,沉淀是否完全? 可根据 $BaSO_4$ 的溶度积,计算出在200 mL溶液中 $BaSO_4$ 的溶解损失量。

$BaSO_4$ 的溶解度(S)为: $BaSO_4 \Longrightarrow Ba^{2+} + SO_4^{2-}$

$$[Ba^{2+}][SO_4^{2-}] = K_{SP} = 1.1 \times 10^{-10}$$

$$S = [Ba^{2+}] = [SO_4^{2-}] = \sqrt{K_{SP}} = \sqrt{1.1 \times 10^{-10}} = 1.0 \times 10^{-5} \text{ mol/L}$$

在200 mL溶液中 $BaSO_4$ 的溶解损失量为:

$$1.0 \times 10^{-5} \times 233.4 \times 0.2 = 0.0005 \text{ g} = 0.5 \text{ mg}$$

从以上计算可看出,加入符合化学计量关系的沉淀剂的量时, $BaSO_4$ 沉淀的溶解损失量已超过了重量分析的允许误差(0.2 mg),而对其他溶解度较大的沉淀形式,则溶解损失必然更大。因此,在进行沉淀时,应采取适当措施以减小沉淀的溶解度。

通常采用加入过量沉淀剂的方法来减小沉淀的溶解度(为什么? 可在以后的讨论中找出),一般情况:对于不具有挥发性的沉淀剂应过量20%～30%为宜,但对于具有挥发性的沉淀剂,可过量50%～100%。且不可过量太多,以防止沉淀溶解度的增加,带来溶解损失的增大。

（四）影响沉淀溶解度的因素

沉淀溶解度的大小，主要取决于物质本身的性质，但也受外界因素的影响。现分别讨论如下。

1. 同离子效应　溶液中由于加入与沉淀组成相同的离子而使沉淀的溶解度降低的现象，称为同离子效应。如上例中用 $BaCl_2$ 作为沉淀剂使 SO_4^{-2} 生成 $BaSO_4$ 沉淀，按计算加入 6 mL 5% 的 $BaCl_2$ 溶液时，$BaSO_4$ 沉淀的溶解度损失为 0.5 mg，超过允许误差，不符合重量分析要求。为使沉淀反应完全，必须加入过量的沉淀剂，利用同离子效应来降低沉淀的溶解度。

若加入过量 33%（约 8 mL）的沉淀剂，则 $BaSO_4$ 的溶解损失量计算如下：

除了与 SO_4^{2-} 生成沉淀的 6 mL 沉淀剂外，还多 2 mL，则溶液中 Ba^{2+} 的浓度主要来源于过量的 $BaCl_2$：

$$[Ba^{2+}] = [BaCl_2 \cdot 2H_2O] = \frac{5\% \times 2 \times 1\,000}{244.3 \times 200} = 0.002 \text{ mol/L}$$

此时溶液中 SO_4^{2-} 离子的浓度为：

$$[SO_4^{2-}] = \frac{K_{SP}}{[Ba^{2+}]} = \frac{1.1 \times 10^{-10}}{2 \times 10^{-3}} = 5 \times 10^{-8} \text{ mol/L}$$

在 200 mL 溶液中 $BaSO_4$ 沉淀的溶解损失量为：

$$5 \times 10^{-8} \times 233.4 \times 0.2 = 2 \times 10^{-6} \text{ g} = 2 \times 10^{-3} \text{ mg}$$

这一数值（0.002 mg）远远小于分析天平的称量误差。由此可见，加入过量沉淀剂，利用同离子效应可以降低沉淀的溶解度，是使沉淀趋于完全的重要措施之一。但是，并非加入沉淀剂的量越多越好，沉淀剂过量太多时，不仅造成以后洗涤、过滤的困难，同时，往往会产生酸效应、盐效应或配位效应，反而会使沉淀的溶解度增大。

2. 盐效应　溶液中由于大量强电解质的存在而引起沉淀溶解度增大的现象，称为盐效应。例如测定 Pb^{2+} 时，用 Na_2SO_4 作为沉淀剂生成 $PbSO_4$ 沉淀，过量开始时，同离子效应占优势，随着 Na_2SO_4 的加入，$PbSO_4$ 的溶解度逐渐减小，当 Na_2SO_4 的加入量继续增大（浓度大于 0.04 mol/L）时，盐效应占优势，$PbSO_4$ 的溶解度逐渐增大，见表 8-1。

表 8-1　$PbSO_4$ 在不同浓度的 Na_2SO_4 溶液中的溶解度

$C_{Na_2SO_4}/(mol/L)$	$S_{PbSO_4}/(mol/L)$	$C_{Na_2SO_4}/(mol/L)$	$S_{PbSO_4}/(mol/L)$
0.00	39.4	0.04	3.9
0.001	7.3	0.10	4.3
0.01	4.8	0.20	7.0

对溶解度很小的沉淀，如多水合氧化物（例如 $Fe_2O_3 \cdot xH_2O$），盐效应影响非常之小。但溶解度较大的沉淀，则必须注意盐效应的影响。

3. 酸效应　溶液中由于酸度的影响而引起沉淀溶解度增大的现象，称为酸效应。酸度对沉淀溶解度的影响是比较复杂的。对于不同类型的沉淀，其影响程度不同。如 M_mA_n 沉淀，降低溶液的酸度，可使 M^{n+} 发生水解；增大溶液的酸度，可使 A^{m-} 与 H^+ 结合，生成相应的酸。显然，如果发生上述情况，将导致沉淀的溶解度增大。例如在草酸钙沉淀溶液中有如下

平衡:

$$CaC_2O_4 \rightleftharpoons Ca^{2+} + C_2O_4^{2-}$$

$$\downarrow H^+$$

$$HC_2O_4^- \xrightarrow{H^+} H_2C_2O_4$$

当溶液酸度增加,即加入 H^+,平衡向右移动,使溶液中 $C_2O_4^{2-}$ 浓度降低,导致 CaC_2O_4 溶解度增大,甚至完全溶解,见表 8 - 2。

表 8 - 2　CaC_2O_4 在不同 pH 溶液中的溶解度

pH	$S_{CaC_2O_4}/(mg/L)$	pH	$S_{CaC_2O_4}/(mg/L)$
2.0	78.14	5.0	6.15
3.0	24.34	6.0	0.92
4.0	8.97		

由表 8 - 2 可知,当酸度增大时,CaC_2O_4 沉淀的溶解度明显增大。酸度对强酸盐沉淀的溶解度影响不大,但对弱酸盐及氢氧化物的影响较为显著。因此,对于弱酸盐及氢氧化物应在尽可能低的酸度下进行沉淀。

4.配位效应　溶液中由于能与构晶离子形成配合物的配位剂存在,而使沉淀的溶解度增大的现象,称为配位效应。例如沉淀 Ag^+ 时,用 NaCl 作为沉淀剂以获得 AgCl 沉淀,开始同离子效应占优势,随着沉淀剂的加入,沉淀的溶解度减小;继续加入过量沉淀剂,AgCl 与 Cl^- 离子形成 $AgClCl^-$ 配离子,再继续加入 NaCl 沉淀剂,$AgClCl^-$ 与 Cl^- 进一步形成 $AgClCl_2^{2-}$,而使沉淀的溶解度增大。

$$AgCl + Cl^- \rightleftharpoons AgCl_2^-$$

$$AgCl_2^- + Cl^- \rightleftharpoons AgCl_3^{2-}$$

溶液中 Cl^- 离子对 AgCl 溶解度的影响见表 8 - 3。

表 8 - 3　AgCl 在不同浓度的 NaCl 溶液中的溶解度

$C_{NaCl}/(mol/L)$	$S_{AgCl}/(mg/L)$	$C_{NaCl}/(mol/L)$	$S_{AgCl}/(mg/L)$
0	1.9	0.50	4.0
0.04	0.1	0.90	14.3
0.03	0.6	2.87	1 430

5.影响沉淀溶解的其他因素

(1)温度:沉淀溶解反应绝大多数是吸热反应,因此,沉淀的溶解度是随着温度的升高而增大。图 8 - 3 列出了温度对于 $BaSO_4$、$CaC_2O_4H_2O$ 和 AgCl 溶解度的影响。由此可见,沉淀的性质不同,其影响程度也不一样。一般来说,溶解度较大的晶形沉淀应在室温下过滤和洗涤;溶解度较小的沉淀可趁热时过滤。

(2)溶剂:改变溶剂极性可改变沉淀的溶解度。对于一些在水中溶解度较大的沉淀,可加入一些乙醇或丙酮等溶剂,以降低沉淀的溶解度。

（3）粒度：同一沉淀，其颗粒越小则溶解度越大。因为固体的分子或离子间的内聚力，在晶体的棱角上都比晶面上小些，微小晶粒比大晶粒有更多的棱和角，它有更多的处于内部吸引力小的分子或离子，所以小颗粒溶解度大。

（4）沉淀结构：有些沉淀在初生态时，是一种亚稳态晶型，溶解度较大，经放置后转变成稳定型结构，溶解度降低。如 CoS 沉淀初生成的为 α 型，$K_{sp} = 4 \times 10^{-20}$，放置后转化为 β 型，$K_{sp} = 7.9 \times 10^{-24}$。

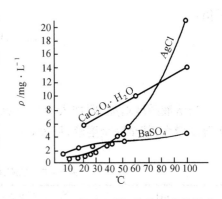

图 8-3　温度对几种沉淀溶解度的影响

（五）沉淀的纯净

重量分析不仅要求沉淀完全，而且希望得到纯净的沉淀，如果沉淀不纯，含有杂质，常常使分析结果偏高。因此，进一步研究哪些因素影响沉淀的纯度，以及如何得到尽可能纯净的沉淀也是沉淀法的一个重要问题。

沉淀中引入杂质的主要因素是表面吸附作用。引入杂质的途径有共沉淀和后沉淀。

1. 共沉淀　当一种难溶化合物沉淀时，某些可溶性杂质同时被沉淀下来的现象，称为共沉淀。产生共沉淀的原因有以下几种。

（1）表面吸附：表面吸附是在沉淀表面上吸附了杂质。这种现象的产生是由于晶体表面上离子电荷的不完全等衡所引起的。现以 $BaSO_4$ 为例说明，见图 8-4。

从图 8-4 可以看出，Ba^{2+} 和 SO_4^{2-} 是 $BaSO_4$ 的构晶离子，在晶体内部，每一个 Ba^{2+} 的上下、左右、前后都被 SO_4^{2-} 所包围，而每个 SO_4^{2-} 也同样被 Ba^{2+} 所包围，形成 $BaSO_4$ 沉淀，而使晶体内部处于静电平衡状态，但是在晶体表面上的 Ba^{2+} 或 SO_4^{2-} 至少有一面未被包围，因而晶体表面存在着自由力场，特别是棱、角处更为显著。在晶体表面由于静电引力而吸引溶液中带相反电荷的离子，使沉淀微粒带电，带电微粒又吸附溶液中带相反电荷的杂质离子而被共沉淀下来，结果造成沉淀的不纯。

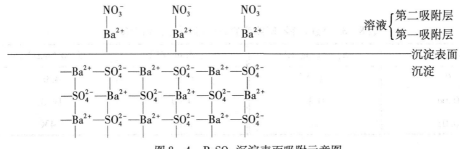

图 8-4　$BaSO_4$ 沉淀表面吸附示意图

沉淀对杂质离子的吸附是有选择性的，主要决定于沉淀和杂质的性质。一般规律是：杂质离子与构晶离子形成化合物的溶解度越小，越容易被吸附；被吸附的离子电荷数越高，越容易被吸附。

另外，沉淀的总面积越大，溶液中杂质离子浓度越高以及溶液的温度越低，则吸附杂质越多。

（2）形成混晶：当杂质离子与构晶离子的半径相近，晶体结构相似时，杂质离子可以进入晶格形成混晶。例如 $BaSO_4$ 和 $KMnO_4$，由于 K^+ 与 Ba^{2+} 的离子半径(0.133 nm 和 0.0135 nm)差不多，K^+ 诱导 MnO_4^- 进入 $BaSO_4$ 晶格形成混晶 $BaSO_4 \cdot KMnO_4$。

(3)吸留：当沉淀剂浓度较大，加入的速度较快时，沉淀迅速成长，最先被吸附在沉淀表面的杂质离子来不及离开，而被包藏在沉淀内部，这种现象称为吸留或包藏。

2.后沉淀　当沉淀析出后，沉淀与母液一起放置，溶液中的杂质离子慢慢地同沉淀剂形成沉淀沉积在原沉淀的表面上的现象，称为后沉淀。例如，在含有少量 Mg^{2+} 的 Ca^{2+} 溶液中，用 $C_2O_4^{2-}$ 将 Ca^{2+} 沉淀为 CaC_2O_4 时，由于 CaC_2O_4 的溶解度比 MgC_2O_4 小，故先析出 CaC_2O_4 沉淀，如果沉淀与母液长时间接触，则由于沉淀表面的吸附作用，使沉淀表面的 $C_2O_4^{2-}$ 浓度增大，致使 $C_2O_4^{2-}$ 浓度与 Mg^{2+} 浓度的乘积大于 MgC_2O_4 的溶度积，于是在 CaC_2O_4 沉淀的表面上慢慢析出 MgC_2O_4 沉淀。沉淀在溶液中放置时间越长，后沉淀现象越严重。

3.提高沉淀纯度的措施

(1)选择适当的沉淀程序：在分析试样溶液中被测组分含量较低而杂质含量较高时，则应使含量较低的被测组分首先沉淀下来，如果先沉淀杂质，则由于大量沉淀的生成会将含量较低的被测组分沉淀损失掉，造成测定误差增大。

(2)降低杂质浓度：降低杂质浓度可减少共沉淀。减少杂质浓度可用氧化还原反应改变离子价态，如将溶液中易被吸附的 Fe^{3+} 还原成不易被吸附的 Fe^{2+}；或加入掩蔽剂掩蔽杂质离子，如加入酒石酸(或柠檬酸)使 Fe^{3+} 生成稳定的配合物；必要时，可将杂质先分离出去一部分。

(3)选择适当的洗涤剂洗涤：选择能与沉淀所吸附的杂质离子交换的电解质溶液作为洗涤剂，当然所选的洗涤剂必须是在干燥或灼烧时容易挥发除去的物质。

(4)选择适当的沉淀条件：沉淀吸附作用与沉淀的粒度、沉淀类型、温度和陈化过程等有关。因此，要获得纯净的沉淀，应根据具体情况选择合适的沉淀条件。

(5)进行再沉淀：将沉淀过滤洗涤后，再重新溶解，使沉淀中的杂质进入溶液，然后，进行二次沉淀。再沉淀对于除去吸留的杂质特别有效。

三、沉淀的过滤和洗涤

(一)沉淀的过滤

以上制得的沉淀是与母液混在一起的。在母液中含有过量的沉淀剂和其他可溶性杂质。为了将沉淀与母液分离，必须进行过滤。采用什么滤器过滤，取决于沉淀过滤后的处理方式，如果过滤后只需干燥即可得到称量形式的沉淀，可用玻砂坩埚过滤。过滤前，玻砂坩埚需在与干燥测定相同的温度下干燥至恒重。如果需高温灼烧才能得到称量形式的沉淀(如 $BaSO_4$、$Fe(OH)_3 \cdot xH_2O$ 等)，则应使用滤纸过滤。所用的滤纸为定量滤纸，定量滤纸是经灼烧后其灰分质量应不超过 0.1 mg 的滤纸，因此也称为无灰滤纸。滤纸的大小应根据沉淀的量来决定，通常采用直径为 9 cm 的滤纸。滤纸的疏密应根据沉淀的性质加以选择，以沉淀不易穿过并保持尽可能快的过滤速度为原则。一般细晶形沉淀，例如 $BaSO_4$ 需用致密的滤纸(慢速滤纸)；胶状沉淀，例如 $Fe(OH)_3$、$Al(OH)_3$ 可用质松孔大的滤纸(快速滤纸)。

(二)沉淀的洗涤

为了除去母液并洗去沉淀表面吸附的杂质，必须进行洗涤。采用的洗涤液，应既能洗去杂质，使沉淀的溶解损失量不致超过允许误差范围，又能在干燥或灼烧时可除去的洗涤液。

洗涤液选择的原则：

(1)溶解度较小而又不易生成胶状沉淀的,可用蒸馏水洗涤;

(2)溶解度较大的沉淀,可用沉淀剂的稀溶液来洗涤。也可用另配的沉淀饱和溶液洗涤;

(3)溶解度较小的胶状沉淀需用挥发性电解质(如 NH_4NO_3)的稀溶液进行洗涤;

(4)若沉淀不会因温度升高而显著溶解,最好用热洗涤液洗涤,因为热洗涤液能提高洗涤效率减少吸附,防止胶溶,增加过滤速度。

不管用什么洗涤液,沉淀都会或多或少地溶解一些,洗涤液的用量越多,溶解损失也越大。因此,洗涤时,通常采用少量多次的洗涤原则,即每次洗涤时,洗涤液的用量要少,洗后要尽量沥尽,再加新的洗涤液,多洗几次,这样既可将沉淀洗净,又可减少沉淀的溶解损失。其洗涤效率的公式为:

$$c_1(V + V_0) = c_0 V_0$$

$$c_1 = c_0 \left(\frac{V_0}{V + V_0} \right)$$

$$c_2 = c_1 \left(\frac{V_0}{V + V_0} \right) = c_0 \left(\frac{V_0}{V + V_0} \right) \left(\frac{V_0}{V + V_0} \right) = c_0 \left(\frac{V_0}{V + V_0} \right)^2$$

$$c_3 = c_0 \left(\frac{V_0}{V + V_0} \right)^3$$

$$\vdots$$

$$c_n = c_0 \left(\frac{V_0}{V + V_0} \right)^n \tag{8-5}$$

式中　V_0——母液的体积;

　　　V——洗涤液的体积;

　　　c_0——母液中的杂质浓度;

　　　c_1——经第一次洗涤后母液中的杂质浓度;

　　　c_2——经第二次洗涤后母液中的杂质浓度;

　　　$\vdots$

　　　c_n——经第 n 次洗涤后母液中的杂质浓度。

下面用实例来说明。假设沉淀上留存的母液为 1 mL,其中杂质为 10 mg,用下列两种方法洗涤的效果对比如下。

例如,用大量洗涤液洗涤沉淀一次,若在沉淀上加洗涤液 100 mL 洗涤,则残留的杂质量为:

$$c_1 = 10 \times \left(\frac{1}{100 + 1} \right)^1 = 0.1 \text{ mg}$$

又如,用少量多次的方法洗涤沉淀,如用 27 mL 洗涤液分三次洗涤(即每次 9 mL),经洗涤后残留的杂质量为:

$$c_3 = 10 \times \left(\frac{1}{9 + 1} \right)^3 = 0.01 \text{ mg}$$

计算结果表明,用 27 mL 洗涤液分三次洗涤沉淀,其效果比用 100 mL 洗涤液洗涤一次的效果好得多。采用少量多次的洗涤原则大大提高了洗涤效率。

过滤和洗涤通常采用倾注法,即让沉淀和溶液一起放置,待澄清后,将上层清液分次沿玻棒倾注入滤器上,让沉淀留在烧杯内,直至上清液倾注完毕。然后,将少量洗涤液注入有沉淀的烧杯中,充分搅拌,静置分层后,再将上清液通过滤器,如此洗涤数次,最后将沉淀转移到滤器上,进行洗涤。用倾注法洗涤和过滤沉淀可使沉淀能与洗涤剂充分混合,杂质易被洗净;因为沉淀最后才转移到滤器上,所以滤孔不易被堵塞,过滤速度较快,因此,常被广泛采用。

沉淀是否洗净,必须经过检查。例如,以 $BaCl_2$ 沉淀 $NaSO_4$ 为 $BaSO_4$ 沉淀时,应洗涤到无氯离子为止。可取少量新滤液加入适量 $AgNO_3$ 试液检查,至无白色浑浊产生,即认为沉淀已经洗净。

四、沉淀的干燥或灼烧

干燥或灼烧的目的是除去沉淀中的水分和其他挥发性杂质,并使沉淀形式转变为组成固定和性质稳定的称量形式。

若沉淀只需除去水分和吸附的一些挥发性物质,则经干燥处理即可;当有些沉淀需要较高的温度才能除去水分或成为称量形式时,可在高温下灼烧至恒重的坩埚中进行烘干和灼烧,如 $BaSO_4$ 沉淀需在 800 ℃ 灼烧后才能完全除去水分;对于某些组成不固定、干燥后不能称重的沉淀,通常需要在更高的温度下灼烧,使之转变为适合称量的称量形式。如在氨碱性溶液中析出的 $Al(OH)_3 \cdot xH_2O$,经 105 ℃ 干燥后其含水量不定,故需在高温灼烧后转变成组成固定的 Al_2O_3 才能进行称量。

五、分析结果计算

在沉淀法中,分析结果通常是以被测组分 B 在试样中的质量分数来表示,即

$$\omega_B = \frac{m_B}{m_S} \qquad (8-6)$$

如果最后得到的称量形式就是被测组分的形式,则分析结果可按上式直接计算,比较简单。但在多数情况下,沉淀的称量形式和被测组分的表现形式不同,这时需要根据称量形式的质量计算出被测组分的质量,然后再由试样的质量和被测组分的质量计算出被测组分的含量。

例 8-5 测定硫酸钠含量时,称得试样 0.312 0 g,溶解后加 $BaCl_2$ 沉淀剂使之沉淀,经过滤、洗涤、干燥和灼烧后得称量形式 $BaSO_4$ 0.411 6 g,试计算试样中 Na_2SO_4 的质量分数。

解 先根据称量形式的质量计算被测组分的质量 x:

$$Na_2SO_4 + BaCl_2 \rightleftharpoons BaSO_4 \downarrow + 2NaCl$$

$$\begin{array}{ccc} 142.04g & & 233.39g \\ xg & & 0.4116\ g \end{array}$$

$$x = m_{Na_2SO_4} = m_{BaSO_4} \cdot \frac{M_{Na_2SO_4}}{M_{BaSO_4}}$$

$$= 0.411\ 6 \times \frac{142.04}{233.39} = 0.411\ 6 \times 0.608\ 6 = 0.250\ 5$$

再计算试样中被测组分的质量分数:

$$\omega_{Na_2SO_4} = \frac{m_{Na_2SO_4}}{m_S} = \frac{0.250\ 5}{0.312\ 0} = 0.802\ 9 = 80.29\%$$

在上述计算中,称量形式的质量和试样的质量是实验测得值,而被测组分的摩尔质量与称量形式的摩尔质量的比值是一个常数值,称为换算因数或化学因数,常用 F 表示,一般保留四位有效数字。

$$F = \frac{a \times 被测组分的摩尔质量}{b \times 称量形式的摩尔质量} \qquad (8-7)$$

式中 a、b 是使分子和分母中所含主体元素的原子个数相等而需要乘以的适当的系数,即化学因数 F 为被测组分的摩尔质量与称量形式的摩尔质量的简单倍数比。

例如 $F = \frac{2M_{Fe_3O_4}}{3M_{Fe_2O_3}}$ 中,$a = 2$,$b = 3$,则分子和分母中 Fe 的原子数相等,依此类推。

因此,沉淀法的分析结果可按下式计算:

$$\omega_B = \frac{m_W \cdot F}{m_S} \qquad (8-8)$$

显然,利用换算因数 F,可以很方便地从称得的称量形式的质量 m_W 和试样的质量 m_S,计算出被测组分 B 的质量分数。

例 8-6 测定某含铁试样中铁的含量时,称取试样 0.250 0 g,沉淀为 $Fe(OH)_3$,然后灼烧为 Fe_2O_3,称得其质量为 0.249 0 g,求此试样中 Fe 的含量。若以 Fe_3O_4 表示结果时,其含量又为多少?

解 以 Fe 表示时:

$$F = \frac{2M_{Fe}}{M_{Fe_2O_3}} = \frac{2 \times 55.847}{159.69} = 0.699\ 4$$

$$\omega_{Fe} = \frac{m_W \cdot F}{m_S} = \frac{0.249\ 0 \times 0.699\ 4}{0.250\ 0} = 69.66\%$$

以 Fe_3O_4 表示时:

$$F = \frac{2M_{Fe_3O_4}}{3M_{Fe_2O_3}} = \frac{2 \times 231.54}{3 \times 159.69} = 0.9\ 666$$

$$\omega_{Fe_3O_4} = \frac{m_W \cdot F}{m_S} = \frac{0.249\ 0 \times 0.966\ 6}{0.250\ 0} = 96.27\%$$

例 8-7 测定二草酸氢钾($KHC_2O_4 \cdot H_2C_2O_4 \cdot 2H_2O$)的含量,用 Ca^{2+} 为沉淀剂,最后灼烧成 CaO。称取试样 0.517 2 g,最后得 CaO 0.226 5 g,计算试样中 $KHC_2O_4 \cdot H_2C_2O_4 \cdot 2H_2O$ 的含量。

解 因为 $$KHC_2O_4 \cdot H_2C_2O_4 \cdot 2H_2O \leftrightarrow 2CaC_2O_4 \leftrightarrow 2CaO$$

$$F = \frac{M_{KHC_2O_4 \cdot H_2C_2O_4 \cdot 2H_2O}}{2M_{CaO}} = \frac{254.19}{2 \times 56.08} = 2.266$$

所以

$$\omega = \frac{m_W \cdot F}{m_S} = \frac{0.2265 \times 2.266}{0.5172} = 99.24\%$$

六、应用与示例

沉淀法是临床、卫生检验和药品质量检查常用方法之一。可用于测定某些无机物和有机物。

无机物的测定,如硫化物(用适当的氧化剂处理成硫酸盐)、可溶性硫酸盐可用 $BaCl_2$ 沉淀为 $BaSO_4$ 测定其含量;铝盐、铁盐可沉淀为氢氧化物,然后灼烧成氧化物形式测定其含量;镁盐、磷酸盐可用沉淀为 $MgNH_4PO_4$ 的方法测定;体液中的 Na^+ 可用沉淀为醋酸铀酰锌钠或焦性锑酸钠的方法进行测定。

有机物的测定,如生物碱或某些有机碱类,在一定酸度下可用适当的沉淀剂,使之成为难溶盐。例如:用苦味酸沉淀黄连素及哌嗪;硅钨酸沉淀盐酸硫胺(维生素 B_1)。此外,血清蛋白的测定也常用沉淀法。

(一)玄明粉中 Na_2SO_4 的含量测定

玄明粉是含无水 Na_2SO_4 的一种药物,在中医用作泻下药。可用 $BaCl_2$ 作为沉淀剂,使之形成 $BaSO_4$ 沉淀:

$$Na_2SO_4 + BaCl_2 \Longrightarrow BaSO_4 \downarrow + 2NaCl$$

取本品以 105 ℃ 干燥后,准确称取一定量试样,加水溶解,再加 HCl 煮沸,在不断搅拌下缓缓加入热 $BaCl_2$ 溶液,等不再发生沉淀后,置于水浴加热、静置,经过滤、洗涤至不再显氯化物反应,干燥并灼烧至恒重,将准确称定的结果与 0.608 6 相乘,即可求得试样中 Na_2SO_4 的质量(含 Na_2SO_4 不得少于 90.0%)。

(二)血清中蛋白总量的测定

血清中蛋白包括白蛋白和球蛋白。可用丙酮使其沉淀,然后经洗涤除去脂肪与盐类,再干燥、称量,便可测定其含量。

取一定量血清试样,加入丙酮,放置使蛋白沉淀,离心,除去上清液;再用丙酮洗涤,离心,除去离心液;然后加氯化钠溶液,并加醋酸使成酸性,在沸水浴上煮沸,离心除去上清液;以蒸馏水洗涤沉淀,转入已称重的玻砂坩埚中过滤、抽干,于 105 ℃ 干燥后,称量,便可计算出每 100 mL 血清中所含蛋白质的总量。正常值为 6.4 ~ 8.0 g/100 mL。

本章小结

1. 基本概念

(1)同离子效应:增加构晶离子的浓度使沉淀溶解度降低的现象。

(2)盐效应:是沉淀的溶解度随着溶液中电解质浓度的增大而增大的现象。

(3)酸效应:溶液的酸度对沉淀溶解度的影响。

(4)配位效应:溶液中存在能与构晶离子生成可溶性配合物的配位剂,使沉淀溶解度增大的现象。

2. 基本理论

(1)沉淀的形成过程:

$$构晶离子 \rightarrow 晶核 \rightarrow 沉淀微粒 \rightarrow 聚集速度大 \rightarrow 晶型沉淀$$
$$凝聚速度大 \rightarrow 无定形沉淀$$

(2)晶型沉淀的条件:稀溶液、热溶液、慢慢搅拌下加入沉淀剂、陈化。

(3)无定形沉淀的沉淀条件:浓溶液、热溶液、加入大量电解质、搅拌、不必陈化。

(4)影响沉淀纯度的因素:共沉淀和后沉淀。

3. 基本公式

分配比
$$D = \frac{c_{有}}{c_{水}}$$

萃取效率
$$E\% = \frac{D}{D + V_{水}/V_{有}}$$

转换因数
$$F = \frac{a \times 被测组分的摩尔质量}{b \times 称量形式的摩尔质量}$$

思 考 题

1. 晶形沉淀和非晶形沉淀的条件是什么？
2. 干燥有哪几种方式？试举例说明什么情况下采取什么干燥方式。
3. 如何提高沉淀的纯度,减小沉淀的溶解度?
4. 影响沉淀溶解度的因素有哪些?

习 题

1. 计算下列各种化学因数的值

被测组分	称量形式	化学因数
Al	Al_2O_3	
Fe_3O4	Fe_2O_3	
$MgSO_4 \cdot 7H_2O$	$Mg_2P_2O_7$	
$(NH_4)_2Fe(SO_4)_2 \cdot 6H_2O$	Fe_2O_3	
$C_4H_{10}N_2H_3PO_4H_2O$	$C_4H_{10}N_2C_6H_3O_7N_3$	

(0.529 2;0.966 6;2.215;4.911;0.371 4)

2. 测定 1.023 9 g 某试样中 P_2O_5 的含量时,用 $MgCl_2$、NH_4Cl、$NH_3 \cdot H_2O$ 使磷沉淀为 $MgNH_4PO_4$,过滤、洗涤、灼烧成 $Mg_2P_2O_7$,称得其质量为 0.283 6$_g$,计算试样中 P_2O_5 的含量 (质量分数)。(P_2O_5 分子量 = 141.95,$Mg_2P_2O_7$ 分子量 = 222.55)

(17.67%)

3. 用沉淀法测定 Ba^{2+} 的含量时,欲得 $BaSO_4$ 沉淀 0.50 g,应称取约含 90% 的 $BaCl_2 \cdot 2H_2O$ 多少克？ ($BaCl_2 \cdot 2H_2O$ 分子量 = 244.26,$BaSO_4$ 分子量 = 233.39)

(0.58 g)

4. 称取 0.367 5 g $BaCl_2 \cdot 2H_2O$ 试样,将 Ba^{2+} 沉淀为 $BaSO_4$,需加过量 50% 的 0.50 mol/L 的 H_2SO_4 溶液多少毫升(mL)？

(4.5 mL)

5. 某含 Cl^- 和 Br^- 0.202 3 g 的试样,用 $AgNO_3$ 作为沉淀剂,可得 AgCl 和 AgBr 混合沉淀 0.3131 g,将此混合物在氯气流中全部转化为 AgCl 后,沉淀变为 0.268 8 g。求试样中 Cl^- 和 Br^- 的含量各是多少？ (AgCl 分子量 = 143.32,AgBr 分子量 = 187.77,Cl 原子量 = 35.45,

Br 原子量 = 79.90)

(15.39% ;39.38%)

6. 某试样含 35% 的 $Al_2(SO_4)_3$ 和 60% $KAl(SO_4)_2 \cdot 12H_2O$,若用沉淀法使成为 $Al(OH)_3$ 沉淀,灼烧后得 0.15 g Al_2O_3,应称取该试样多少克?

(0.89 g)

7. 按下列数据计算某葡萄糖试样的干燥失重。空称量瓶的质量为 19.381 2 g,称量瓶 + 试样总量为 20.240 6 g,干燥后称量瓶 + 试样总量为 20.161 3 g

(9.23%)

8. 称 0.175 8 g 纯 NaCl 与纯 KCl 的混合物,然后将氯沉淀为 AgCl 沉淀,过滤,洗涤,恒重得 0.410 4 g 的 AgCl。计算试样中 NaCl 与 KCl 的百分含量各是多少?

(97. 79% ;2. 21%)

第九章
电位法及永停滴定法

学习提要：

在本章中，掌握电位滴定（potentiometric titration）和永停滴定法（dead-stop titration）的基本原理及应用。熟悉指示电极（indicator electrode）与参比电极（reference electrode）的定义及工作原理。了解离子选择电极（ion selective electrode，ISE）的种类及性能。

The brief summary of study：

In this chapter, master the basic principle and application between potentiometric titration and dead-stop titration, familiarize the definition and the work principle between the indicator electrode and reference electrode. Comprehend the category and performance of ion selective electrode（ISE）.

根据专业的需要，这里只介绍直接电位法、电位滴定法及永停滴定法。

第一节 电位法的基本原理

一、原电池和电解池

电化学电池（Electrochemical cell）由两个电极插在同一溶液内，或分别插在两个能够互相接触的不同溶液内所组成。电极与溶液的接触面间产生一电位差，称为电极电位（Electrode potential）；两个组成不同的溶液接触面间也产生一电位差，称为液接电位（Liquid junction potential）。电化学电池的电动势，由两个电极电位和一个（或几个）液接电位决定。

电化学电池有两种：一种是原电池（Galvanic cell），原电池的电极反应是自发的，可产生电能；另一种是电解电池（或简称电解池，Electrolytic cell），电解电池的电极反应不是自发的，而是当外接电源在它的两个电极上加一电动势后才能产生，就是说，必须消耗一定的电能才可使电解池发生电极反应。

Daniell 电池的构成：于一烧杯中盛 1 mol/L 的 Zn^{2+} 溶液，其中插一金属 Zn 片作为电极；于另一烧杯中盛 1 mol/L Cu^{2+} 溶液，其中插一金属 Cu 片作为电极；两个烧杯用充有 KCl 及琼脂凝胶混合物的倒置 U 形管连接（这个 U 形管叫做盐桥，它可以提供离子迁移的通路，但又使两种溶液不致混合，并且还能消除液接电位），这样便组成一个我们熟知的 Daniell 电池，如图9-1所示。

若用导线将两个电极连接起来，则可见金属 Zn 氧化溶解，Zn^{2+} 进入溶液：

$$Zn \Longleftrightarrow Zn^{2+} + 2e \qquad \varphi^{\ominus}_{Zn^{2+}/Zn} = -0.763 \text{ V}$$

Cu^{2+} 还原成金属 Cu,沉积在电极上:

$$Cu^{2+} + 2e \Longleftrightarrow Cu \qquad \varphi^{\ominus}_{Cu^{2+}/Cu} = +0.337 \text{ V}$$

这个自发电池的总反应为:

$$Zn + Cu^{2+} \Longleftrightarrow Zn^{2+} + Cu$$

在不消耗电流的情况下,测量这个电池的
电动势值应当为:

$$E = 0.337 - (-0.763) = 1.100 \text{ V}$$

Cu 极为正极(cathode),产生还原作用;Zn 极为
负极(anode),产生氧化作用。

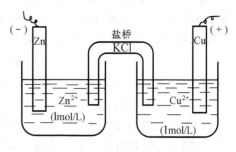

图 9-1　Daniell 电池示意图

另取一原电池,将其正极与 Daniell 电池的正极(Cu 极)连接,负极与 Daniell 电池的负极(Zn 极)连接。若是原电池的电动势小于 1.100 V,则 Daniell 电池仍按自发电池那样的电极反应产生电流;若是原电池的电动势刚好等于 1.100 V,则 Daniell 电池的两极不产生电极反应,此时无电流流动;若是原电池的电动势大于 1.100 V,则有方向相反的电流流过,Zn 电极处产生还原反应:

$$Zn^{2+} + 2e \Longleftrightarrow Zn$$

Cu 电极处产生氧化反应:

$$Cu - 2e \Longleftrightarrow Cu^{2+}$$

总的电池反应为:

$$Zn^{2+} + Cu \Longleftrightarrow Zn + Cu^{2+}$$

这时的 Daniell 电池便成为一个电解电池,Zn 极叫做阴极(产生还原作用,仍名 cathode),Cu 极叫做阳极(产生氧化作用,仍名 anode)。当有 I 值的电流流通时,为了克服 Daniell 电解电池的内阻 R,原电池的电动势(外加电压)必须达到并超过

$$E_{外加} = 1.100 + IR \quad \text{(V)}$$

才成。

若取两个铂金片作为电极,浸在 1 mol/L $HClO_4$ 溶液中,外加一电动势使有电流流通,则见一个电极上产生 H_2,另一个电极上产生 O_2。即电解反应为:

$$2H^+ + 2e \Longleftrightarrow H_2 \qquad \varphi^{\ominus}_{H^+/H_2} = 0.0000 \text{ V}$$

$$H_2O \Longleftrightarrow \frac{1}{2}O_2 + 2H^+ + 2e \qquad \varphi^{\ominus}_{O_2/H_2O} = +1.23 \text{ V}$$

产生 H_2 的电极是阴极(起还原反应),产生 O_2 的电极是阳极(起氧化反应)。理论上外加电压达到 1.23 V 时便应开始电解,但实际上则必须达到 1.70 V。超出的 0.47 V 名为超电压,在这里主要是产 O_2 电极的超电压(overpotential)。

二、指示电极和参比电极

凡电极电位能随溶液中离子活度(或浓度)的变化而变化,也就是电位能反映离子活度(或浓度)大小的电极,称为指示电极(indicator electrode)。凡电极电位不受溶液组成变化的影响,且数值比较稳定的电极,称为参比电极(reference electrode)。

(一)指示电极

常用的指示电极有如下四类。

1. 金属－金属离子电极　由金属插在该金属离子溶液中组成,其电极电位决定于溶液中的金属离子活度(或浓度),故可用于测定金属离子活度(或浓度)。

例如,将 Ag 丝插入 Ag^+ 溶液,便构成这种电极,其电极反应为:

$$Ag^+ + e \Longleftrightarrow Ag$$

电极电位为　$\varphi = \varphi^{\ominus}_{Ag^+/Ag} + 0.059 \lg[Ag^+]$ 　(25 ℃)

表示式为　$Ag \mid Ag^+$。

因为此类电极只含有一个相界面,也称第一类电极。

2. 金属－金属难溶盐电极　由涂有金属难溶盐的金属插在该金属难溶盐的阴离子溶液中组成,其电极电位决定于溶液中的阴离子浓度,故可用于测定阴离子浓度。

例如,将涂有 AgCl 的 Ag 丝插在 Cl^- 溶液中,便构成这种电极,称为 Ag－AgCl 电极。电极反应为:

$$AgCl + e \Longleftrightarrow Ag + Cl^-$$

电极电位与难溶盐的浓度积有关,为:

$$\begin{aligned}
\varphi &= \varphi^{\ominus}_{Ag^+/Ag} + 0.059 \lg[Ag^+] \\
&= \varphi^{\ominus}_{Ag^+/Ag} + 0.059 \lg \frac{K_{sp}}{[Cl^-]} \\
&= \varphi^{\ominus}_{Ag^+/Ag} + 0.059 \lg K_{sp} - 0.059 \lg[Cl^-] \\
&= \varphi^{\ominus}_{AgCl/Ag} - 0.059 \lg[Cl^-]
\end{aligned}$$

电极的表示式为　$Ag \mid AgCl \mid Cl^-$。

3. 惰性金属电极　由惰性金属插入含有某氧化态和还原态电对的离子溶液中组成。在这里,惰性金属并不参与电极反应,仅在电极反应过程中起一种传递电子的作用。电极电位决定于溶液中氧化态和还原态的活度(或浓度)比值,故可用于测定氧化态或还原态的浓度。

例如,将白金丝(Pt)插入含有 Fe^{3+} 及 Fe^{2+} 的溶液,便构成这种电极。

电极反应为:　　　　　$Fe^{3+} + e \Longleftrightarrow Fe^{2+}$

电极电位:　　　$\varphi = \varphi^{\ominus}_{Fe^{3+}/Fe^{2+}} + 0.059 \lg \frac{[Fe^{3+}]}{[Fe^{2+}]}$ (25 ℃)

电极表示为 $Pt \mid Fe^{3+}, Fe^{2+}$。

惰性金属电极也称氧化还原电极,由于没有相界面又称为零类电极。

4. 膜电极　是由固体膜或液体膜为传感体,用以指示溶液中某种离子浓度的电极,统称为膜电极。膜电极是电位法中应用最多的一种指示电极,在这类电极上没有电子交换,电极电位的产生是离子交换和扩散的结果,其值也随溶液中膜电极响应的离子浓度(活度)而变。各种离子选择性电极和测定测量溶液 pH 的玻璃电极均属此类,其特性将在下节中较详细地讨论。

作为一支指示电极,应符合下列基本要求:

(1)电极电位与有关离子浓度(确切地说是活度)之间,应该符合 Nernst 方程式关系;

(2)对有关离子的响应要快,重现性好;

(3)结构简单,便于使用。

(二)参比电极

标准氢电极是测量电位值的基准,其制作和使用均较麻烦,故通常并不用这种电极作为参比电极。常用的参比电极有下面两种,它们的电位是以标准氢电极为标准比较测得的。

1. 饱和甘汞电极(asturatedcalomal electrode),简写为 SCE。图 9 - 2 表示饱和甘汞电极的简单结构,其原理与 Ag - AgCl 电极相同。电极由两个玻璃套管组成,内管盛 Hg 和 Hg - Hg_2Cl_2 糊状混合物,下端用浸有饱和 KCl 溶液的棉花(或纸浆)塞紧,上端封入一段铂丝作为连接导线之用;外管下端用石棉丝或微孔玻璃片(或素烧瓷片)封住,内盛带有固体 KCl 的 KCl 饱和溶液。饱和甘汞电极的电位是

$$\varphi = \varphi_{Hg_2Cl_2/Hg}^{\ominus} - 0.059 \lg[Cl^-] \quad (25\ ℃)$$

或 $\varphi = 0.2412 - 6.61 \times 10^{-4}(T - 25) - 1.75 \times 10^{-6}(T - 25)^2$

若外管内盛的是 1 mol/L KCl 或 0.1 mol/L KCl 溶液,则电极电位分别是 0.280 V 和 0.334 V(25 ℃)。

2. 银-氯化银电极　银-氯化银电极构造更加简单:取玻璃管,下端用石棉丝封住,内盛 KCl 溶液,溶液中插一涂有 AgCl 的 Ag 丝,上端用塞塞紧并接出导线,即成。饱和 KCl 的 Ag - AgCl 电极电位为 0.1971 V(25 ℃);1 mol/L 和 0.1 mol/L KCl 的 Ag - AgCl 电极,其电极电位(25 ℃)分别为 0.222 V 和 0.288 V。

作为参比电极,应该符合下列基本要求:

(1)电位稳定,可逆性好,在测量电动势过程中,有不同方向的微弱电流通过,电位能保持不变;

(2)重现性好;

(3)装置简单,使用寿命长。

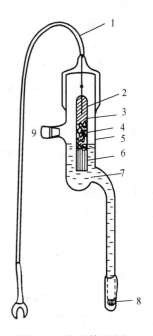

图 9 - 2　饱和甘汞电极
1—电极引线;2—玻璃管;3—汞;4—汞-甘汞糊(Hg_2Cl_2 和 Hg 研磨的糊);5—玻璃外套管;6—石棉或纸浆;7—饱和 KCl 溶液;8—素烧瓷片;9—小橡皮塞

三、相界电位和液接电位

(一)相界电位

金属晶体是由金属离子和自由电子所构成的。将金属插入该金属离子的溶液中时,金属离子有从金属相进入溶液相的趋势,金属离子进入溶液后,金属相中留下过剩的电子,这些电子与进入溶液的金属离子在金属的表面上形成双电层;金属离子也有从溶液相进入金属相的趋势,溶液中留下过剩的阴离子,阴离子与进入金属相的金属离子在金属表面上也形成双电层。在金属电极上,这两种倾向同时存在。由于金属离子在金属相中和在溶液相中的化学势不同,两种趋势的大小也不同。Ag 在 $AgNO_3$ 溶液中形成 Ag 带正电(有过剩的 Ag^+)、溶液带负电的双电层;Zn 在 $ZnSO_4$ 溶液中形成 Zn 带负电(有过剩的电子)、溶液带正电的双电层。双电层的形成,使两相界面处出现电位差。当金属离子进出溶液的速度相等时,金属相与溶液相之间建立起动态平衡,达到一个稳定的电位差值,叫做相界电位(phaseboundary potential)。即溶液中的金属电极电位。

惰性金属,如铂,可以看做是个"电子储存器"。当把它插在含有某种物质的氧化态和还原态(如 Fe^{3+} 和 Fe^{2+})同时存在的溶液中时,由于氧化还原离子在溶液中的化学势不同,也使金属带正电或负电,并与溶液在界面处形成双电层,最后达到平衡时,也建立起一个稳

定的相界电位。

（二）液接电位

两种组成不同或组成相同而浓度不同的电解质溶液接触时,两溶液界面两边存在的电位,称为液体接界电位。

当两种浓度不同的 $AgNO_3$ 溶液相接触时,由于界面间存在着浓度差,溶质将由浓度大的一方,向浓度小的一方扩散。Ag^+ 的扩散速度比 NO_3^- 小,扩散的结果,一方 NO_3^- 过剩带负电,另一方 Ag^+ 过剩带正电,在界面处形成一双电层,产生电位差。当扩散作用达到平衡后,界面上即建立起一个稳定的液接电位。

当浓度相同的 $AgNO_3$ 溶液与 HNO_3 溶液相接触时,H^+ 向 $AgNO_3$ 溶液中扩散,Ag^+ 向 HNO_3 溶液中扩散。H^+ 的扩散速度比 Ag^+ 大得多,最后 $AgNO_3$ 溶液中阳离子过剩带正电,HNO_3 溶液中阳离子不足带负电,在界面间形成一双电层,产生电位差。最后也建立起一个稳定的液接电位。

液接电位很难准确计算和准确测量,实践中常在两个溶液中间插一盐桥以消减液接电位。盐桥内充以高浓度的 KCl(或别种适当的电解质)溶液。因为 KCl 溶液的浓度高,所以当它与别的溶液相接触时,扩散作用总是以 KCl 为主;又因为 K^+ 和 Cl^- 的扩散速度非常接近,故产生的液接电位极小,小到可以忽略不计。

四、可逆电极和可逆电池

当一个无限小的电流以相反方向流过电极时(即电极反应是在电极的平衡电位下进行时),发生的电极反应是互为逆反应的,称为可逆电极反应。如果一个电极的电极反应是可逆的,并且反应速度很快,便称之为可逆电极。如果电极反应不可逆,反应速度很慢,则称为不可逆电极。可逆电极达到平衡(电极)电位快,测量时电极电位稳定,受扰动后平衡(电极)电位恢复得也快。

组成电池的两个电极都是可逆电极时,这个电池称为可逆电池;如果两个电极或其中之一,是不可逆的,则称为不可逆电池。只有可逆电池才能用经典的热力学方法处理。

五、电极电位的计算和电池电动势的测量

一个电池的电动势应等于:

$$E = (E_+ - E_-) + E_j + IR \qquad (9-1)$$

如果用盐桥把液接电位 E_j 消除,控制通过的电流 I 极小使由于电池内阻产生的电位降 IR 小到可以忽略不计,则电池的电动势便等于两个电极的还原电位之差。即:

$$E = E_+ - E_- \qquad (9-2)$$

如果其中一个电极是参比电极,其电位值已知并恒定,则根据测量的电动势值便可算出另一个电极(指示电极)的电位值。再根据 Nernst 方程式关系,便可求出溶液中相关离子的浓度。

为了不使显著电流流过电池,测量电动势时不能使用一般伏特计,必须使用电位计(potentiometer)按补偿法进行。

图 9-3 是一个带有一条均匀电阻线作为线性分压器的简单电位计线路图。图中电源(V)是通用的 3V 电池(其值无须准确知道),把它接在一条均匀滑线电阻(AB)的两端,线上标有从 0 到 1.5 V 准确校正过的刻度(电阻线长短与电动势大小成正比),可以读准到

0.1 mV(大多数市售电位计,滑线的一大部分是精密的固定电阻,一小部分是可变电阻)。使用时首先校准仪器:将双刀双向开关(S)掷向韦斯顿标准电池(Weston standard cell),沿滑线电阻(AB)移动接触点(C)使停在标准电池的电动势(1.018 6 V,20 ℃)刻度处,轻叩叩键(K),观察检流计(G)指针有无偏转。小心调节可变电阻(R),直到检流计指针指零(表示无电流通过)。这样校准之后,将开关(S)掷向未知电池,移动接触点(C)并轻叩叩键,直至检流计(G)中无电流通过为止。此时滑线电组上的电动势读数即是未知电池的电动势值。

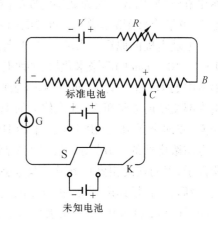

图9-3 带有线性分压器的
简单电位计线路图

这里所使用的检流计其灵敏度必须足够高。如果电池的内阻与检流计的内阻之和为1 000 Ω,欲求测定误差小于0.1 mV,显然检流计的灵敏度必须高于10^{-7} A/mm才成。

目前使用最多的是电子电位计,它对内阻很大的电池也能测准到0.1 mV。

第二节　直接电位法

将合适的指示电极和参比电极插入阴阳离子的待测溶液中构成一个原电池,测量所成原电池的电动势,然后,根据Nernst方程式中电极电位与有关离子活度(或浓度)间的关系,求出离子活度(或浓度)的方法,叫做直接电位法。这里只介绍两种重要应用。

(1)利用pH玻璃电极测定溶液的pH;

(2)利用离子选择电极测定溶液中阴阳离子的浓度。

一、氢离子活度的测定——玻璃电极

测定溶液pH首先让待测溶液和两个电极构成一个原电池。一个为参比电极,一个为指示电极。参比电极通常以饱和甘汞电极(SCE)最为常用。测定H^+活度时,指示电极有:氢电极、醌氢醌电极、锑电极和玻璃电极等。由于氢电极装置复杂,使用手续麻烦,非十分必要时通常不用;醌氢醌电极和锑电极目前已多被玻璃电极所代替;因此,这里只着重介绍应用最广的玻璃电极。

(一)玻璃电极

1.玻璃电极的构造　玻璃电极的构造如图9-4所示。它是由在玻璃管下端,接一软质玻璃(组成为Na_2O,CaO,和SiO_2)的球形薄膜(其厚度不到0.1 mm),膜内盛一定浓度KCl溶液的pH4或pH7的缓冲溶液,溶液中插入Ag-AgCl电极(称为

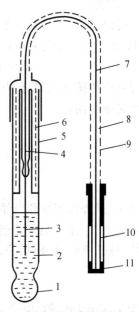

图9-4　玻璃电极

1—玻璃膜球;2—缓冲溶液;3—银-氯化银电极;4—电极导线;5—玻璃管;6—静电隔离层;7—电极导线;8—塑料高绝缘;9—金属隔离罩;10—塑料高绝缘;11—电极接头

内参比电极)所构成。因为玻璃电极的内阻很高(~100 MΩ),故导线及电极引出线都要高度绝缘,并装有屏蔽隔离罩,以防漏电和静电干扰。

2.玻璃电极的原理 当玻璃的内、外表面与水溶液接触时,都能吸收水分,形成一厚度为 $10^{-4} \sim 10^{-5}$ mm 的溶胀水化层,即水化凝胶层。水化凝胶层中的 Na^+(或别种一价离子)与溶液中的 H^+ 进行交换,使膜内、外表面上的 Na^+ 的点位几乎全被 H^+ 所占据。越深入硅胶层内部交换的数量越少,即点位上的 H^+ 越来越少,Na^+ 越来越多。达到干玻璃层上便全无交换,亦即全无 H^+。由于溶液中的 H^+ 浓度与硅胶层中的 H^+ 浓度不同,H^+ 将由浓度高的一方向浓度低的一方扩散(负离子及高价正离子难以进出玻璃膜,故无扩散),余下过剩的阴离子,因而在两相界间形成一双电层,产生电位差。产生的电位差抑制 H^+ 继续扩散的速度;最后,当扩散速度不变,扩散作用达到动态平衡时,电位差也达到稳定。这个电位差值便是相界电位,如图 9 – 5。在水化凝胶层内部,由于 H^+ 和 Na^+ 的流动速度不同,产生与液接电位相似的扩散电位(diffusion potential)。不过,只要膜内、外两个表面的物理性能完全相同,且表面上的 Na^+ 点位都已充分为 H^+ 所占据,则两个凝胶层所产生的扩散电位大小相等方向相反,互相抵消,故可不予考虑。

电流通过干玻璃层,是通过 Na^+ 从一个点位到另一个点位的移动;在两个凝胶层内,电流是由 Na^+ 和 H^+ 二者传递;在凝胶 – 溶液界面上,电流的通过是由于 H^+ 的传递。

可以看出,整个玻璃膜的电位 E_m,是两个相界电位 V_1 和 V_2 之差,设 $V_1 > V_2$,则:

$$E_m = V_1 - V_2 \qquad (9-3)$$

相界电位值按下式遵守 Nernst 方程式关系(电位差均按膜对溶液而言):

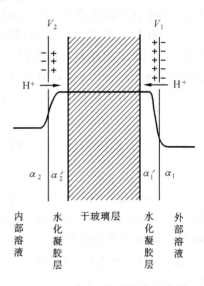

图 9 – 5 玻璃电极膜电位示意图

$$V_1 = K_1 + \frac{2.303RT}{F} \lg \frac{a_1}{a'_1} \qquad (9-4)$$

$$V_2 = K_2 + \frac{2.303RT}{F} \lg \frac{a_2}{a'_2} \qquad (9-5)$$

a_1 和 a_2 是外部溶液和内部溶液中的 H^+ 活度;a'_1 和 a'_2 是接触外部、内部溶液的两个凝胶层中的 H^+ 活度。只要玻璃膜内外两个表面的物理性能相同,即两个表面上的 Na^+ 点位数相同,且已全被 H^+ 所代替,则 $K_1 = K_2$,$a'_1 = a'_2$。因此,得膜电位为:

$$E_m = V_1 - V_2 = \frac{2.303RT}{F} \lg \frac{a_1}{a_2} \qquad (9-6)$$

因为 a_2 是个固定值,保持不变,故上式可写为

$$E_m = K' + \frac{2.303RT}{F} \lg a_1 \qquad (9-7)$$

K' 为常数,可见,膜电位与外部溶液的 H^+ 活度的对数间,有直线关系。整个玻璃电极的电位为:

$$\varphi = E_m + \varphi_{AgCl/Ag} = K'' + \frac{2.303RT}{F} \lg a_1 \qquad (9-8)$$

式中
$$K'' = K' + \varphi_{AgCl/Ag}$$

$\varphi_{AgCl/Ag}$ 代表 Ag – AgCl 内参比电极电位，K'' 称为电极常数，式(9 – 8)说明玻璃电极的电位与外部溶液 H^+ 活度 a_1 的关系符合 Nernst 方程式，可用于测定溶液的 H^+ 活度 a_1 值。

3. 玻璃电极的性能　玻璃电极对 H^+ 很敏感，达到平衡快；可以做得很小，能用于 1 滴溶液的 pH 测定；可以连续测定，记录流动液的 pH；因为它是由膜电位确定 H^+ 活度，电极上无电子交换，所以不受溶液中存在氧化剂或还原剂的干扰；浑浊、带色的液体也可使用。由

$$\varphi = K'' + \frac{2.303RT}{F}\lg a_1 = K'' + \frac{2.303RT}{F}\lg a_{H^+} =$$
$$K'' - 0.059\,\text{pH} \quad (25\ ℃) \tag{9 – 9}$$

可知，溶液的 pH 每改变一个单位，电极电位当改变 0.059V 或 59 mV(25 ℃)，此值称转换系数，若以 S 表示，则：

$$S = \frac{-\Delta\varphi}{\Delta\text{pH}} = \frac{2.303RT}{F} \tag{9 – 10}$$

在使用玻璃电极所作的 φ – pH 曲线中，S 便是直线的斜率。通常玻璃电极的 S 值稍小于理论值(相差不超过 2 mV/pH)。在使用过程中，由于玻璃电极逐渐老化，S 值与理论值的偏离越来越大，最后不能再用。

一般玻璃电极的 φ – pH 曲线，只在一定范围内呈直线，在较强的酸碱溶液中，便偏离直线关系。在 pH > 9 的溶液中，普通玻璃电极对 Na^+ 也有响应，因而反应出的 H^+ 活度高于真实值，亦即 pH 读数低于真实值，产生负误差。这种误差叫做碱误差或钠误差。使用含 Li_2O 的锂玻璃制成的玻璃电极，可测至 pH13.5 也不产生误差。在 pH < 1 的溶液中，普通玻璃电极反应出的 pH 值高于真实值，产生正误差。这种误差叫做酸误差，其产生原因可能是由于大量水与 H^+ 水合，水的活度显著下降所致。普通玻璃电极产生酸碱误差的情况，可参看图 9 – 6。

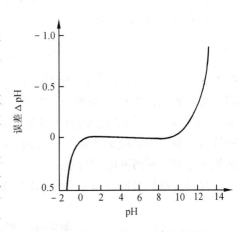

图 9 – 6　普通玻璃电极的酸碱误差

由于制造工艺等原因，玻璃膜内、外两个表面吸水形成凝胶层的能力并不完全相同，它们对 H^+ 交换的结果也不完全相同，当膜两侧溶液的 pH 相等时，两侧电位的差值($V_1 – V_2$)理应等于 0，可实际的 E_m 并不是 0，而是有几个毫伏之差。这个电位叫做不对称电位(Asymmetry potential)。不对称电位已包括在电极电位公式的常数项内，只要它维持常数，对测量 pH 便无影响。但是，在电极使用过程中，膜外表面可能受腐蚀、受污染、脱水等作用，会使不对称电位的值发生变动而不维持恒定值。因此，为了避免产生误差，对玻璃电极的预先处理，使用和保存等，必须严加注意。

温度过低，玻璃电极的内阻增大；温度过高，于离子交换不利；所以，一般玻璃电极最好在高于 0 ℃低于 50 ℃温度范围内使用。

玻璃电极的电阻很大，所以组成电池的内阻很高，这就要求通过的电流必须很小，否则电位降 IR 便产生不可忽视的误差。为此，在用玻璃电极测量溶液的 pH 时，须使用输入电流很小(或者说输入阻抗很大)的电子管或晶体管电位计。

(二)测量原理和方法

选择饱和甘汞电极(SCE)作为参比电极,将它与玻璃电极插入待测溶液构成电池如下:

$$(-)玻璃电极\mid 待测溶液 \parallel SCE(+)$$

$\mid$表示相界,$\parallel$表示盐桥。

$$
\begin{aligned}
E &= \varphi_{SCE} - (E_m + \varphi_{AgCl/Ag}) \\
&= (\varphi_{SCE} - \varphi_{AgCl/Ag}) - (K' + 0.059\lg a_{H^+}) \quad (25\ ^\circ\!C) \\
&= K - 0.059\lg a_{H^+} \quad\quad\quad\quad\quad\quad\quad\quad\quad (9-11) \\
&= K + 0.059pH
\end{aligned}
$$

式中,$K = \varphi_{SCE} - \varphi_{AgCl/Ag} - K' = $常数。

由于液接电位未必能用盐桥完全消除,且其值常有微小变动,又由于玻璃电极的不对称,电位也常有微小变动,因此 K 值不能很好地维持在一恒定的值上。为了克服这一缺点,测量必须采用"两次测量"法,其步骤如下:

(1)先将玻璃电极与 SCE 插入一 pH 值准确已知的标准溶液中,测量电动势得:

$$E_S = K + 0.059pH_S \quad (25\ ^\circ\!C) \quad\quad\quad\quad (9-12)$$

(2)再用待测溶液代替标准溶液测量电动势,得:

$$E_X = K + 0.059pH_X \quad (25\ ^\circ\!C) \quad\quad\quad\quad (9-13)$$

二式相减,合并同类项,得:

$$pH_X = pH_S + \frac{E_X - E_S}{0.059} \quad (25\ ^\circ\!C) \quad\quad\quad\quad (9-14)$$

根据 pH_S、E_S 和 E_X,按上式即可算出 pH_x 值。必须指出,饱和甘汞电极在标准溶液中和在待测溶液中的液接电位未必相同,二者的差值叫做残余液接电位(Residual liquid-junction potential),其值不易知道,但只要标准溶液和待测溶液的离子强度和 pH 值极其接近,残余液接电位便可小到接近于零。通常 pH 值的关系更为显著,为此,在选择标准溶液时,其 pH_S 必须尽量与待测溶液的 pH_X 接近。

我国标准计量局颁布有六种 pH 标准缓冲溶液,它们在不同温度的 pH_S 值可见表 9-1。

表 9-1　六种标准缓冲溶液的 pH_S 值

温度 ℃	0.05 mol/L 四草酸氢钾	25 ℃ 饱和酒石酸氢钾	0.05 mol/L 邻苯二甲酸氢钾	0.025 mol/L 混合磷酸盐	0.01 mol/L 硼砂	25 ℃ 饱和氢氧化钙
0	1.67	–	4.01	6.98	9.46	13.42
5	1.67	–	4.00	6.95	9.39	13.21
10	1.67	–	4.00	6.92	9.33	13.01
15	1.67	–	4.00	6.90	9.28	12.82
20	1.68	–	4.00	6.88	9.23	12.64
25	1.68	3.56	4.00	6.86	9.16	12.46
30	1.68	3.55	4.01	6.85	9.14	12.29
35	1.69	3.55	4.02	6.84	9.10	12.13
40	1.69	3.55	4.03	6.84	9.07	11.98
45	1.70	3.55	4.04	6.83	9.04	11.83
50	1.71	3.56	4.06	6.83	9.02	11.70

表 9 - 1(续)

温度 ℃	0.05 mol/L 四草酸氢钾	25 ℃饱和酒石酸氢钾	0.05 mol/L 邻苯二甲酸氢钾	0.025 mol/L 混合磷酸盐	0.01 mol/L 硼砂	25 ℃饱和氢氧化钙
60	1.72	3.57	4.09	6.84	8.97	11.43
70	1.74	3.60	4.12	6.85	8.93	—
80	1.76	3.62	4.16	6.86	8.89	—
90	1.78	3.65	4.20	6.88	8.86	—
95	1.80	3.66	4.22	6.89	8.84	—

(三)测量误差和注意事项

因为标准缓冲溶液的 pH_S 最高只能准确到 ±0.01 pH 单位,且残余液接电位通常也相当于 ±0.01 pH 单位以上,所以待测溶液的 pH_X 的准确度最好只能达到 ±0.02 pH 单位;两个溶液的 pH 值最好只能区别到 ±0.004 ~ ±0.002 pH 单位。±0.02 pH 单位的误差,相当于 ±4.7%(~1.2 mV) a_{H^+} 的误差;±0.004 pH 单位的误差,相当于 ±1.0% a_{H^+} 的误差。

使用玻璃电极测定溶液 pH 时,应注意:

(1)电极的适用 pH 范围,不可在有碱误差或酸误差的范围内测定;必要时应对测定结果加以校正;

(2)所选标准溶液的 pH_S 值,应尽量与待测液的 pH_X 值接近;

(3)电极浸入溶液后须有足够的平衡时间。一般在缓冲较好的溶液中,几秒钟即可(搅拌溶液);在缓冲不好的溶液(如中和滴定接近终点时)中,常需数分钟;

(4)标准溶液与待测溶液的温度必须相同;

(5)玻璃电极在不用时,宜浸在水中保存;

(6)使用标准缓冲水溶液校准玻璃电极,然后用它测定非水溶液的 pH 值,没有多大意义,因为这样做残余液接电位较大,准确度低,所得结果只能叫做非水溶液的"表观 pH"(apparent pH),在只用以指示 pH 变化情况的场合,如非水酸碱滴定,可以使用。

(四)pH 计

pH 计是专为使用玻璃电极测定溶液 pH 值而设计的一种电子电位计。玻璃电极的内阻很高,测定由它组成的电池的电动势时,只允许有微小的电流通过,否则定会引起很大误差。例如,对于内阻为 100 MΩ 的玻璃电极,在测量中若有 10^{-9} A 电流通过(一般灵敏检流计所能测量的),电池中将产生 $10^{-9} \times 100 \times 10^6 = 0.1$ V 的电位降,这使测得的电位值比真实值小 0.1 V。以每 pH 单位相当于 60 mV 计算,测得的 pH 就是 1.6 pH 单位的误差。

但是,利用输入阻抗很大的电子电位计,则测量时通过的电流可小至 10^{-12} A 以下,这样,对内阻为 100 MΩ 的电池所引起的电位降仅达 $10^{-12} \times 10^8 = 0.0001$ V,只相当于 0.002 pH 单位的误差。

为了方便起见,在 pH 计的读数尺上直接标示 pH 值,由 pH 计的内部装置,将电池输出的电动势直接转换成 pH 读数。

pH 计直接以 pH 值标示,每一 pH 间隔应相当于 2.303RT/F(V),此值随测量电池中溶液温度的改变而改变。因此,每台 pH 计上都装有温度调节器,调节它可以使每一 pH 间隔相当于在某一测定温度时应有的伏数。例如,待测溶液和标准溶液的温度若为 25 ℃时,旋转温度调节钮使之指在 25 ℃处,便可在溶液 pH 改变一个单位时,pH 计的电动势相应地改变0.059 V;pH 计的每一个 pH 间隔,都相当于输入电压有 0.059 V 的变化。

pH 计经过温度调节后,只能反映溶液在该温度的 pH 变化。要使 pH 计读数盘直接指示待测溶液的 pH 值,还必须用一种标准溶液加以校准。例如,将由 pH4.00 标准溶液所组成的电池的电动势输入 pH 计时,仪器读数不一定正好指 4.00,还需要用定位调节器加以"定位"。定位调节器的作用是在电池的电动势上再加一适当电压,使 pH 计读数与溶液的 pH 值一致。

通过上述两步调节后,pH 计与测量电池之间便有了完全相应的关系;再对待测溶液进行测定,pH 计便可准确地指出溶液的 pH 值。

满盘读数为 14pH 单位的普通 pH 计,精度可达 ±0.1 ~ ±0.01 pH 单位。还有扩展读数尺(电压信号放大),满盘读数为 1.4 pH 单位的 pH 计,精度可达 ±0.001 pH 单位。

(五)应用

因为玻璃电极有许多优良性能,所以用玻璃电极和 pH 计作为工具,几乎可以解决所有 pH 测定问题。被测溶液可以带色、浑浊、粘稠,测前无需作预处理,测后溶液不致受破坏。在工业制造、科学研究、医药卫生、摇控监测等各个方面,无不可以广泛使用。

二、一些阴阳离子活度的测定——离子选择性电极

电位法测定其他阴阳离子的关键是为被测离子选择一支合适的指示电极。其中应用最多、最重要的指示电极是一类被称为离子选择电极的膜电极。本节将对离子选择电极作简要介绍。

(一)测定原理

1. 离子选择电极(Ion selective electrode,ISE) 是一种对溶液中特定离子(阴、阳离子)有选择性响应能力的电极。其电极电位与响应离子活度(或浓度)满足 Nernst 关系,它们与一般电极体系不同,离子选择电极电位不是来源于交换电子的电极反应,而是来源于响应离子在电极膜上的离子交换和扩散作用。1975 年国际纯粹与应用化学联合会(IUPAC)建议的定义:离子选择电极是电化学的敏感体(Sensor),它的电位与溶液特定离子的活度存在对数关系,这种装置不同于含氧化还原反应的体系。

根据以上对离子选择电极特性的说明,前述测量溶液 pH 的玻璃电极就是一种对氢离子有选择性响应的离子选择性电极。事实上玻璃电极正是一种使用最早、研究最多、应用最有效的离子选择电极。因此,以上关于玻璃电极的基本构造、膜电位形成与特性、分析原理和测量方法,以及应用的优越性等方面的讨论,原则上也适用于其他离子选择电极。

前面已经提过,在 pH > 9 的溶液中,普通玻璃电极对 Na^+ 也有响应;若在 $a_{H^+} \leqslant 10 \sim 12$ mol/L,$a_{Na^+} \geqslant 10^{-2}$ mol/L 的溶液中,几乎完全响应 Na^+。可见,用这种电极测量溶液的 pH,只有 a_{Na^+} 小到一定程度以下,才不干扰测定。如果把玻璃膜的成分改成 Na_2O、Al_2O_3、SiO_2,则电极响应 Na^+ 的能力大大提高,响应 H^+ 的能力大大降低;在 pH = 11 的溶液中,可以用其作为 Na^+ 的指示电极测定 a_{Na^+}。总之,电极的响应都是具有选择性的,只有在其他离子响应能力极小的情况下,才具有"专属性"。

近 50 年来,创造出不少电极,其中包括对 Na^+、K^+、Li^+、NH^{4+}、NO_3^- 等离子,及气体 CO_2、NH_3、SO_2 测定的离子选择电极。目前国内外已生产出几十种测定阴阳离子活度的离子选择性电极,其中有些已被广泛应用,有些还不够理想。因为用离子选择性电极测定阴阳离子活度,比用玻璃电极测定溶液 pH 具有更大的优越性,所以有关它们的生产和研究,正处在急剧发展之中。

2.电极的基本构造与电极电位　离子选择电极属于膜电极,其构造随电极膜(敏感膜)的特性不同而不同。但一般都包括电极膜、支持体(电极管)、内参比溶液和内参比电极四个基本部分,如图9-7。当把电极膜浸入溶液时,膜内、膜外溶液中有选择性响应的离子,通过离子交换和扩散作用在膜两侧产生膜电位,达平衡后形成稳定的膜电位。因为内参比溶液中有关离子的浓度恒定,内参比电极的电位恒定,所以离子选择性电极的电极电位只随待测离子的活度不同而变化,并符合Nernst方程式:

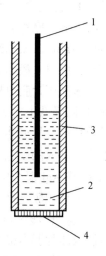

$$\varphi = K \pm \frac{2.303RT}{nF}\lg a_i = K' \pm \frac{2.303RT}{nF}\lg C_i$$

$$K' = K \pm \frac{2.303RT}{nF}\lg \frac{f_i}{\alpha_i}$$

图9-7　离子选择电极的基本构造
1—内参比电极;2—内参比溶液;3—支持体;4—电极膜

式中K和K'为电极电位活度式和浓度式的电极常数;a代表活度;f代表活度系数;C代表分析浓度;α代表副反应系数;n为响应离子电荷,响应离子为阳离子时取 + 号,为阴离子时取 - 号。

应当指出:有些离子选择性电极的膜电位不是通过简单的离子交换或扩散作用建立的,膜电位的建立是通过诸如沉淀或络合平衡,影响膜上有关离子的活度,从而产生膜电位的变化,电极电位也符合 Nernst 方程式。

还有一些离子选择性电极的作用原理,目前仍不十分清楚。

(二)电极类型

离子选择性电极的类型,可归纳如表9-2。下面分别予以简要介绍。

表9-2　离子选择电极类型

A. 原电极

　1.晶体电极:均膜电极;非均膜电极

　2.非晶体电极:刚性基质电极;流动载体电极

B. 敏化离子选择电极

　1.气敏电极

　2.酶电极

(1)晶体电极:电极膜由导电性的难溶盐晶体组成,是目前应用较多的一种离子选择电极。根据活性物质在电极膜中的分布状态,又可区分为均相膜电极和非均相膜电极。

均相膜电极:包括单晶膜电极与多晶压片膜电极。单晶膜电极的敏感膜是用难溶盐的单晶切片制成的,可以测定组成单晶体的阴离子和阳离子。例如,将 LaF_3 单晶(常加入少量 EuF_2 以增加导电性),切成直径 1 cm 左右,厚约 1 ~ 2 mm 的薄片,用环氧树脂粘在塑料管的一端,管内充以 0.1 mol/L 的 NaF 及 0.1 mol/L 的 NaCl 溶液,插入 Ag - AgCl 电极作为内参比电极,即构成 F^- 选择性电极。用它可以在 pH5.0 ~ 6.0 的溶液中测定 1 ~ 10^{-6} mol/L 范围内的 F^- 浓度;浓度大于 1 000 倍的其他卤素离子不干扰测定。只有 OH^- 干扰较大,不能超过 F⁻ 含量的 1/10。又如，用纯净的 Ag_2S 晶形沉淀，研成粉末，高压压成致密的直径约 1~1.5 cm，厚约 2~3 mm 的薄片。用它做成电极，可以测定 Ag^+ 和 S^{2-} 的浓度。同样，用 AgCl、AgBr 或 AgI 薄膜，可以制成 Ag^+ 和 Cl^-、Br^-、I^- 的选择性电极。若将 Ag 丝压入 AgCl 薄片并拔出一段作为导线，则可做成不必加内充液的 Ag^+ 和 Cl^- 选择性电极。

多晶压片膜电极的敏感膜是由一种多晶粉末，或由一种多晶粉末添加 Ag_2S 粉末（增加导电性、降低电极的内阻和光敏性）压制而成的。由于 Ag_2S 的导电性较好，常将它与别种难溶盐混合压成薄片，制成一些阴阳离子的选择性电极。例如，Ag_2S 与 CuS 或 CdS 或 PbS 混合压制成的膜电极，可以作为 Cu^{2+}、Cd^{2+}、Pb^{2+} 的选择性电极；Ag_2S 与 AgSCN 或 AgCl，或 AgBr，或 AgI 混合压制成的膜电极，可以作为 SCN^-、Cl^-、Br^-、I^- 的选择性电极。

非均相膜电极：电极的敏感膜是将具有离子交换性质的难溶物粉末与一种憎水性材料（如硅橡胶、塑料和石蜡等）混合在一起制成薄膜。此种膜电极的原理、构造和应用，均与晶体膜或压片膜电极相似，只是这种电极膜的抗破碎和抗膨胀的性能较好。目前常用的有 X^-、S^{2-}，及 Ag^+、Pb^{2+} 等选择性电极。

（2）非晶体电极：电极膜由非晶体材料组成，根据膜的物理状态，又可分为刚性基质电极和流动载体电极。

刚性基质电极：包括各种玻璃膜电极。此类电极对金属离子的响应取决于离子的玻璃膜的组成。利用不同成分的玻璃，可以制成不同的金属离子选择性玻璃膜电极。例如，用成分为 11% Na_2O，18% Al_2O_3 和 71% SiO_2 制成玻璃膜，接在玻璃管下端，管内充以 0.1 mol/L 的 NaCl 溶液，插入一 Ag-AgCl 丝，便构成 Na^+ 选择性电极；用它可以测定 Na^+，2 800 倍以下的 K^+ 不干扰。目前已有 Li^+、Na^+、K^+、Ag^+ 等金属离子和 NH_4^+ 等玻璃膜电极问世。

流动载体电极：这类电极又叫液膜电极。电极敏感膜的特点是，将与响应离子有作用的一种载体（缔合剂或络合剂）溶解于与水不相混溶的有机溶剂中，组成一种离子交换剂。再将此液体吸附在具有惰性、多孔性和憎水性的塑料薄膜内，以此膜做成离子选择性电极的膜。液体膜电极有两种：一种是利用可电离的离子交换剂，另一种是利用大环状化合物作为中性载体。离子交换液膜电极，可以以 Ca^{2+} 选择性电极为例，加以阐述，见图 9-8。

电极膜为由聚乙烯或聚氯乙烯或醋酸纤维素制成的多孔薄片；离子交换剂贮槽内贮有 0.1 mol/L 磷酸二癸钙的二正辛基磷酸溶液作为离子交换体，多孔薄片吸入液体离子交换

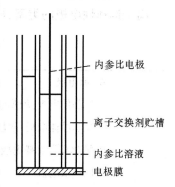

内参比电极

离子交换剂贮槽

内参比溶液

电极膜

图 9-8 Ca^{2+} 流动载体膜电极

体形成电极膜；内参比溶液由 0.1 mol/L $CaCl_2$（饱和以 AgCl）作为内部溶液；内参比电极为 Ag-AgCl 内参比电极。用这种 Ca^{2+} 选择性电极，可在 pH5.5~11 的溶液中，测定低达 5×10^{-7} mol/L Ca^{2+} 的浓度，50 倍以下的 Mg^{2+}，1000 倍以下的 K^+、Na^+，无干扰。

应用不同的阴阳离子液体离子交换剂，还可制成 Cu^{2+}、Pb^{2+}、BF_4^-、Cl^-、ClO_4^-、NO_3^- 等液膜离子选择性电极。

中性载体液膜电极：中性载体是一种电中性的有机大分子化合物。这种分子有与阳离子形成偶极配合体的能力，它可环绕具有适当电荷和原子半径的阳离子形成溶剂化外壳以代替水合层。这样产生的带正电的阳离子络合物，连同周围的阴离子，可溶于有机溶剂，并在其中流动，有机溶剂层成为阳离子的迁移通道，亦即构成离子选择性膜。常用的大分子有

机化合物有缬氨霉素、巨环内酯放线菌素以及环巨醚（冠醚）等类。常用的有机溶剂为硝基苯、氯苯及溴苯等。

例如，在图 9−8 的装置中，若离子交换剂贮槽内是以缬氨霉素（作为中性载体）溶于二苯醚的 5% ~ 10% 溶液，内参比溶液是 0.1 mol/L 的 KCl 溶液，内参比电极和多孔薄片仍然不变，便构成一 K^+ 选择性电极。用它可以测定 10^{-1} ~ 10^{-6} mol/L 的 K^+ 的浓度，10 000 倍以下的 Na^+，100 倍以下的 H^+，5 000 倍以下的 Ca^{2+}、Mg^{2+}，不致干扰。

中性载体液膜电极目前主要是响应一价阳离子，特别是 K^+ 和 NH_4^+，其他较少见。

（3）气敏电极：是 20 世纪六七十年代发展起来的一种新型离子选择电极，它的结构与上述离子选择电极有所不同，基本组成部分见图 9−9。各部分的性能如下：

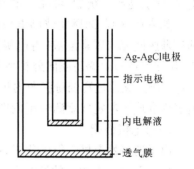

透气膜：为一憎水性微孔塑料薄膜，只允许待测气体通过，不允许溶液中的离子透过；

内电解液：其组成包括响应气体离子平衡反应需要的组分、稳定参比电极电位需要的组分、渗透压调节剂和 pH 缓冲剂。

参比电极：通常为 Ag − AgCl 电极，它与指示电极同装在气敏电极体内；

图 9−9 气敏电极示意图

指示电极：为一支对内参比液中待测气体平衡离子有选择性响应能力的电极。

气敏电极内部除有指示电极外，还装有参比电极，电极本身就是一个完整的电池装置。故测量时无需另设参比电极，其工作原理可以以 NH_3 气敏电极为例来阐述。在 NH_3 气敏电极中主要是 0.1 mol/L NH_4Cl 溶液（内含有少量渗透压调节剂及 pH 缓冲剂等）为内参比溶液，以 pH 玻璃电极为指示电极，用聚偏氟乙烯或聚四氟乙烯的微孔薄片制成透气膜，它只允许待测气体 NH_3 气通过，其他离子均不能通过。以 Ag − AgCl 电极为参比电极。当把 NH_3 气敏电极插入含 NH_3 待测溶液时，NH_3 通过透气膜扩散，直到膜内外两边的 NH_3 气分压相等为止。按照 Henry 定律，气体分压与其在溶液中的浓度成正比。扩散到膜内的 NH_3 与溶解在内部溶液（内参比溶液）中的 NH_4^+ 达成平衡：

$$NH_3 + H_2O \Longrightarrow NH_4^+ + OH^-$$

根据 $K_b = \dfrac{a_{NH_4^+} \cdot a_{OH^-}}{a_{NH_3}}$ 关系，又因为内部溶液中有大量的 NH_4^+，可以认为 $a_{NH_4^+}$ 是固定不变的，因此 a_{OH^-} = 常数 × a_{NH_3}，用 pH 玻璃电极指示溶液中 a_{OH^-} 的变化，则气敏电极电位便按照 Nernst 方程式关系随 $[OH^-]$ 而改变，也就是随待测溶液中的 NH_3 浓度变化而改变：

$$\varphi = K - \frac{2.303RT}{F}\lg a_{OH^-} = K - \frac{2.303RT}{F}\lg k a_{NH_3}$$

$$= K' - \frac{2.303RT}{F}\lg a_{NH_3} = K' + \frac{2.303RT}{F}p_{NH_3} \qquad (9-15)$$

可见，气敏电极电位（电池电动势）按照 Nernst 关系式随待测溶液中 NH_3 浓度的改变而改变。NH_3 气敏电极在 pH > 11 的溶液中，可以测定浓度低达 10^{-6} mol/L 的 NH_3。除 NH_3 气敏电极外，CO_2、NO_2、SO_2，以及 H_2S、HCN、O_2 等气敏电极也已得到应用。

（4）酶电极：通常是在一般离子选择电极的电极膜上，再覆盖一层对待测物质有反应作用的酶，电极膜对酶反应的产物有选择性响应的能力。图 9−10 是尿素酶电极的示意图。

研制酶电极的关键是寻找一种合适的酶反应,该反应有确定的产物,此产物可以用一种离子选择电极测量。例如,将尿素酶固定在凝胶内,然后涂布在 NH_4^+ 玻璃电极的敏感膜上,便构成一尿素酶电极。当电极插入含有尿素的溶液中时,尿素扩散进入凝胶层,经尿素酶催化水解,形成 NH_4^+:

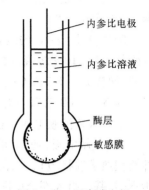

内参比电极

内参比溶液

酶层

敏感膜

$$NH_2CONH_2 + 2H_2O + H^+ \rightleftharpoons 2NH_4^+ + HCO_3^-$$

NH_4^+ 扩散至 NH_4^+ 选择性玻璃电极表面,便产生响应,引起电极电位变化,达到平衡后,可在一定范围内,遵守 Nernst 关系。

如果在 NH_4^+ 选择性玻璃电极膜外,封上一层赛璐玢薄膜,两层薄膜间充入尿素溶液,将电极插入未知浓度的尿素酶溶液中,则尿素透过赛璐玢膜向外扩散,与试液中的尿素酶作用产生

图 9 – 10　尿素酶电极

NH_4^+,NH_4^+ 又通过赛璐玢膜向内扩散至 NH_4^+ 电极表面,产生响应,引起电位变化。这样的电极就变成了测定尿素酶浓度的选择性电极。

(三)电极性能

离子选择性电极性能的优劣,可从下述几个方面考查衡量。

1. 与 Nernst 方程式的符合性　多数离子选择性电极的电极电位与被测离子活度之间,应符合 Nernst 方程式关系,$\varphi – \lg a$ 直线的斜率为 $2.303RT/nF$。但也有一些电极与此有偏离。通常斜率的实际值小于理论值,但偏离不可过大。

2. 选择性　理想的离子选择性电极,只对特定的一种离子产生电位响应,但实际上电极膜对欲测离子以外的其他离子也有响应,因而产生干扰。在有干扰离子存在时,应采用下面修正的 Nernst 方程式计算电极电位:

$$\varphi_{X,Y} = K \pm \frac{2.303RT}{nF}\lg[\,a_X + K_{X,Y}(a_Y)^{n_X/n_Y}\,] \tag{9 – 16}$$

式中 $\varphi_{X,Y}$ 代表有干扰离子时的电极电位;X 代表选择响应离子;Y 代表发生干扰响应离子;常数 K 包括各液接电位、不对称电位和膜电极的标准电位等;阳离子取 + 号,阴离子取 – 号。n_X 和 n_Y 代表 X 和 Y 离子的电荷数;a_X 和 a_Y 代表 X 和 Y 的活度;$K_{X,Y}$ 称为选择性系数或选择比(Srlectivitycorffcent 或 Selectivity ratio),它可以用来估计干扰离子带来的测量误差。其含义是,在相同条件下,同一电极对 X 和 Y 离子响应能力之比,亦即提供相同电位响应的 X 离子和 Y 离子的活度比,表示为:

$$K_{X,Y} = \frac{\text{对 Y 的响应能力}}{\text{对 X 的响应能力}} = \frac{a_X}{(a_Y)^{n_X/n_Y}}$$

其值总是小于 1。例如,一个 pH 玻璃电极对 Na^+ 的选择性系数 $K_{H^+,Na^+} = 10^{-11}$,意即此电极对 H^+ 的响应比对 Na^+ 的响应灵敏 10^{11} 倍;或者说,$a_{H^+} = 10^{-11}$ mol/L 对电极电位的影响与 $a_{Na^+} = 1$ mol/L 的影响相等。知道选择性系数值和干扰离子的活度,便可根据 φ_{XY},式估计出干扰离子对欲测离子活度值造成的误差。例如,$K_{X,Y} = 1/100$,当 $a_Y = a_X$,$n_X = n_Y$ 时,

$$\varphi = K + \frac{2.303RT}{n_xF}\lg[\,a_x + \frac{1}{100} \times a_x\,] \tag{9 – 17}$$

意即 Y 对 a_x 应当产生 1/100 的正误差。

市售离子选择性电极,都应给出对有关干扰离子的选择性系数值。如果没有,也可自己测求。方法是:用该离子选择性电极测定一系列不同 a_x 溶液的 $\varphi_{X,Y}$,画出一条 $\varphi_{X,Y} – a_x$ 响

应曲线;同样,再做一条 $\varphi_{X,Y}-a_Y$ 响应曲线。在两条曲线上找出一具有同一 $\varphi_{X,Y}$ 值时的 $a^{\circ}{}_X$ 和 $a^{\circ}{}_Y$,则:

$$K_{X,Y} = \frac{a^{\circ}{}_X}{a^{\circ}{}_Y} \tag{9-18}$$

此式适用于 $n_X = n_Y$ 的情况。若 $n_x \neq n_y$,则(9-18)式应为:

$$K_{X,Y} = \frac{a_X^{\ominus}}{(a_Y^{\ominus})^{n_X/n_Y}} \tag{9-19}$$

可以看出,$K_{X,Y}$ 值越小,干扰离子的影响越小,电极的选择性能越高。

3. 测定下限 离子选择性电极的测定下限,决定于电极膜难溶盐的溶解度,即测定的下限不可能低于难溶盐本身溶解所产生的离子活度。实际上电极的测定下限,总是比理论值要大些。

4. 有效 pH 范围 每种离子选择性电极都有其一定的 pH 适用范围,超出这个范围,便要偏离 $\varphi - \lg a$ 直线关系,引起误差。当然,有效 pH 范围越大,电极的应用范围越广。

5. 响应速度 一般离子选择性电极的响应速度很快,数秒钟即可达到平衡。也有些电极的响应速度较慢,需要数分钟甚至更长的时间才能达到平衡,得出稳定的 E 值。溶液浓度越低,响应速度越慢。搅拌可以缩短达到平衡的时间。

另外,离子选择性电极,尚有内阻、不对称电位、温度系数、寿命等性能指标。

(四)测定方法

使用离子选择性电极,是按直接电位法测定离子活度的。以离子选择性电极为指示电极,饱和甘汞电极为参比电极,电池的电动势通常是用精密酸度计(带量程扩大的高输入阻抗毫伏计)或数字显示毫伏计测量。也有少数直读离子活度的离子活度计出售。

应用直接电位法测定出来的是游离离子的活度,但对分析者来说,目的都是要知道浓度。活度与浓度之间有下面关系:

$$a = fC$$

活度系数 f 值,决定于溶液的离子强度 I。若能知道 I 值,可按下面修正的 Debye-Huckel 公式算出离子的活度系数:

$$-\lg f = 0.512 Z^2 \left[\frac{\sqrt{I}}{1+\sqrt{I}} - 0.2I \right]$$

但在绝大多数情况下,离子强度 I 无法知道,因而活度系数 f 也就无法计算。在实际工作中,都是采用控制标准溶液与待测溶液的离子强度基本一致的方法来解决这一问题,这样可使待测离子的活度系数在两种溶液中保持相同,维持常数。

控制溶液离子强度一致的方法有二:一是如果样品溶液中含有浓度较高而且基本恒定的非欲测电解质,则可以以样品溶液本身为基础,用相似的组成制备标准溶液;二是外加一种浓度较高的"离子强度调节剂"于样品和标准溶液中,使它们的离子强度由于都是由调节剂所决定的而达到一致。通常离子强度调节剂中还含有 pH 缓冲剂和干扰消除剂,统称为"总离子强度调节缓冲剂"(total ion strength adjustmeut buffer,TISAB)。例如,在用 F^- 离子选择性电极测定自来水中 F^- 含量所加的缓冲剂,便属这种。

常用的测定方法有下面三种。

1. "两次测量"法 根据 Nernst 方程式计算,以测定 X^- 为例。测得的电动势(设 SCE 为正极)为:

$$E = \varphi_{SCE} - \left(K' - \frac{2.303RT}{nF}\lg a_{X^-} \right)$$

$$= (\varphi_{SCE} - K') + \frac{2.303RT}{nF}\lg f C_{X^-}$$

$$= \left(\varphi_{SCE} - K' + \frac{2.303RT}{nF}\lg f \right) + \frac{2.303RT}{nF}\lg C_X$$

$$= K + \frac{2.303RT}{nF}\lg C_{X^-}$$

用已知浓度的标准溶液与待测溶液,分别加入离子强度调节剂,测出 E_s 和 E_x。这时 f 已是恒定值,根据两次测定的值计算,得:

$$E_x - E_s = \frac{2.303RT}{nF}\left[\lg(C_{X^-})_x - \lg(C_{X^-})_s \right] \qquad (9-20)$$

解之,便可求出游离 X^- 的浓度值。

2. 标准曲线法　配制一系列不同浓度的标准溶液,分别加入离子强度调节剂后,测量各电动势。在坐标纸上以 E 对 $\lg C$ 作图,得一条标准曲线。取样品溶液,加离子强度调节剂,测 E。从标准曲线上找出相应的 C 值。

本法的优点是即使电极系统有些不符合 Nernst 方程式关系,也能得到满意结果。

3. 标准加入法　取一定体积的待测溶液,测量电动势 E_1;于其中加入浓度比待测溶液大数十倍以上、体积比待测溶液小数十倍以上的标准溶液,再测量电动势 E_2。根据下面推导出来的公式,即可求出待测溶液中的离子总浓度。

加入小体积标准溶液前后,溶液的离子强度无大改变,待测物的 f 值无大改变,游离离子所占分数 a 无大改变;液接电位也无大改变。设开始浓度是 C_x,体积是 V_x;加入标准溶液的浓度为 C_s,体积为 V_s;参比电极为正极。则

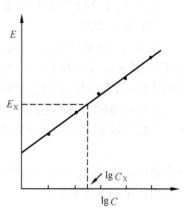

图 9-11　标准曲线法示意图

$$E_1 = K \mp \frac{2.303RT}{nF}\lg a_1 f_1 C_x \qquad ①$$

$$E_2 = K \mp \frac{2.303RT}{nF}\lg a_2 f_2 \left[\frac{C_x V_x + C_s V_s}{V_x + V_s} \right] \qquad ②$$

式②-①,因 $a_1 \approx a_2$,$f_1 \approx f_2$,故得:

$$\Delta E = \mp \frac{2.303RT}{nF}\left[\lg\left(\frac{C_x V_x + C_s V_s}{V_x + V_s} - \lg C_x \right) \right]$$

$$= \mp \frac{2.303RT}{nF}\lg\left[\frac{C_x V_x + C_s V_s}{C_x(V_x + V_s)} \right]$$

令 $S = \mp \frac{2.303RT}{nF}$,则:

$$\Delta E / S = \lg\frac{C_x V_x + C_s V_s}{C_x(V_x + V_s)}$$

$$10^{\frac{\Delta E}{S}} = \frac{C_x V_x + C_s V_s}{C_x(V_x + V_s)} = \frac{V_x}{V_x + V_s} + \frac{C_s V_s}{C_x(V_x + V_s)}$$

$$C_x = \frac{c_S V_S}{(V_X + V_S)10^{\frac{\Delta E}{S}} - V_X}$$

已知 V_x、C_S、V_S、ΔE，即可按上式求出 C_X 值。

若测定的是阴离子，S 应为 + 号。测定的是阳离子，S 则取 - 号。

本法的优点是虽然电极反应出来的是游离离子活度关系，但求出的却是离子的总浓度；电极无需校正；不必加离子强度调节剂；只需一种浓度的标准溶液；不必做标准曲线；有大量络合剂存在也无妨碍；简单迅速。

（五）测量的准确度

由于液接电位的变动，温度波动，及未充分达到平衡等种种原因，离子选择性电极的电位，很难准确到 1 mV。反应在电动势上起码也有 1 mV 的误差。根据 Nernst 方程式关系可知：

$$\frac{\Delta E}{\Delta C} = \frac{RT/nF}{C}$$

故

$$\frac{\Delta C}{C} = \frac{nF}{RT}\Delta E \approx 39n\Delta E \tag{9-21}$$

可见，对 1 价离子来说，±1 mV 将引起浓度 4% 的相对误差；2 价离子，相对误差加倍。虽然测量仪器能够测准到 0.1 mV，也不能改进这种情况。

（六）应　用

离子选择性电极的发展和生产，大大开扩了直接电位法的应用范围，使一些阴阳离子活度的测量，能像 pH 值测量一样的简单快速，对低浓度物质的分析十分有利。在环境污染、遥控监测、水质分析、食品分析、土壤分析、医药卫生、生理生化研究、化工控制、海洋研究、工农业生产等很多方面，都已得到广泛应用。它还可以用作指示电极，进行各种电位滴定。

三、直接电位法的优缺点

前面已多次提过，由于指示电极本身结构的问题，以及参比电极电位有变动，存在未知的液接电位，电位计线路在校准之后发生未能觉察的移动，温度有改变，未能充分达到平衡等种种原因，使指示电极的电位（或电池的电动势），最高只能测准到 1 mV。1 mV 的误差，将对 [H⁺] 或其他一价阴阳离子浓度产生 4% ~5% 的相对误差。这使直接电位法的发展受到一定的限制。然而近 20 年来，由于 pH 玻璃电极的持续发展，特别是一些阴阳离子选择性电极的研制，大大开扩了直接电位法的应用。它适合低浓度（ ~10^{-6} mol/L）物质的分析，即使相对误差大些也是允许的；所用样品溶液的体积可以很小（小于 1 mL），可以带色，可以浑浊；测定之后样品溶液不受破坏。对于连续自动分析和生化分析两个方面，直接电位法更有其独到之处。例如，将指示电极和参比电极插入生物体或化学体系，借电动势信号，可以对难以接触的地方或反应有危险的地区，如脑神经细胞和原子反应堆等，进行远距离的连续测定和记录。更新更多的指示电极，更广泛的应用，还正在发展着。

第三节　电位滴定法

一、概述

电位滴定法(Potentiometric titration)是借助指示电极电位的变化以确定滴定终点的滴定方法。电位滴定法可以应用于酸碱、沉淀、络合、氧化还原及非水等各种滴定。

应用电位滴定法所得结果的准确度,比直接电位法高,比指示剂法也高。由于电位滴定不用指示剂确定终点,因此不受溶液带色或浑浊等的限制。对于没有合适指示剂的滴定,电位滴定法具有特殊价值。对于使用指示剂难以判断终点的场合,用电位法来帮助判断并确定终点颜色,更为客观、可靠。电位滴定的终点是以电讯号显示的,容易用此电讯号控制滴定系统,达到滴定自动化的目的。目前,自动滴定法中以电位滴定用得最多。

电位滴定法不仅用于滴定分析,还可用以确定一些热力学常数,如弱酸、弱碱的电离常数,络离子的稳定常数等。

二、原理与方法

(一)基本原理

各种滴定分析法都要研究滴定过程中有关离子浓度的变化情况,即绘制滴定曲线。酸碱滴定法用 pH - V 关系绘制,沉淀滴定法用 pAg - V 关系绘制,络合滴定法用 pM - V 关系绘制,氧化还原滴定法用 E - V 关系绘制。可见,只要选用适当的指示电极,配合参比电极,与滴定溶液组成电池;测量滴定过程中电池电动势的变化;根据 Nernst 方程式关系可知,电极电位或电动势的变化,直接反映溶液中 pH、pAg、pM、E 等参数的变化;再以滴定剂体积与电动势 E 作图,从得到的 E - V 曲线,即滴定曲线,便可确定出滴定终点来。电位滴定法与指示剂滴定法相比,具有客观、可靠,准确度高,易于自动化,不受溶液有色、浑浊的限制等优点。是一种重要的滴定分析方法。在制定新的指示剂滴定分析方法时,常借助电位滴定法确定指示剂的变色点或检查新方法的可靠性。尤其是对那些没有指示剂可以利用的滴定反应,利用电位滴定法更为有利。原则上讲,只要能够为滴定剂或待测物质找到合适的指示电极,电位滴定便可用于任何类型的滴定反应。随着离子选择电极的迅速发展,可选用的指示电极愈来愈多,电位滴定法的应用范围也愈来愈广。

(二)仪器装置

电位滴定的仪器装置比较简单,可见图 9 - 12。

(三)终点确定方法

在电位滴定时,边滴定边记录滴定剂体积 V 及电位计(或 pH 计)读数 E(或 pH)。在终点附近,因为电位变化逐渐加大,应减小滴定剂的每次加入量,并每加一小份(加 1 滴)即记录一次数据,各次小份的体积最好一致,这样可使以后的数据处理较为方便,准确。

下面介绍几种数据处理和确定终点的方法。

1. E - V 曲线法　　用加入滴定剂的毫升数(V)为横坐标,电位计读数(E)为纵坐标画图,得 E - V 曲线。曲线上的转折点即是终点。例如,根据表 9 - 4 的第一栏和第二栏数据作图,即得这样的曲线,见图 9 - 13(a)。

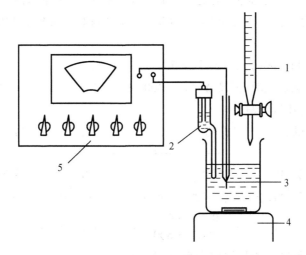

图 9 - 12　电位滴定装置图

1—滴定管;2—参比电极;3—指示电极;4—电磁搅拌器;
5—电子电位计

2. $\Delta E/\Delta V - \bar{V}$ 曲线法　本法又称一级微商法。从图 9 - 13(a)可见,在远离终点处,V 改变一小份,E 改变很少,即 $\Delta E/\Delta V$ 较小;在靠近终点处,V 改变一小份,E 的改变逐渐加大,即 $\Delta E/\Delta V$ 逐渐增大;在终点时,V 改变一小份,E 改变最大,即 $\Delta E/\Delta V$ 达最大值。终点过后,$\Delta E/\Delta V$ 逐渐增大;在终点时,V 改变一小份,E 改变最大,即 $\Delta E/\Delta V$ 达最大值。终点过后,$\Delta E/\Delta V$ 又逐渐减小。为此,以 $\Delta E/\Delta V$ 对 $\bar{V}$(两次体积的平均值)作图,得图9 - 13(b)所示的曲线;与曲线最高点相应的体积即是终点。数据处理方法可见表9 - 4。与每个 $\Delta E/\Delta V$ 相应的滴定剂体积,都是取前后两个体积数据的平均值($\bar{V}$)。不经作图,只从表 9 - 4 也可看出 $\Delta E/\Delta V$ 最大值所相应的体积:最大值应当在 540 与 520 之间,相应的体积应当为11. 35 mL。

3. $\Delta^2 E/\Delta V^2 - V$ 曲线法　本法又称二级微商法。$\Delta^2 E/\Delta V^2$ 的含意是在 $\Delta E/\Delta V - \bar{V}$ 曲线上,体积改变一小份所引起的 $\Delta E/\Delta V$ 的改变,即 $\Delta(\Delta E/\Delta V)/\Delta V$。从图 9 - 13(b)可见,在终点前,$V$ 变化一小份引起 $\Delta E/\Delta V$ 的变化逐渐加大,即 $\Delta^2 E/\Delta V^2$ 逐渐加大,至终点附近达最大值;终点过后,V 增加一些,$\Delta E/\Delta V$ 减小一些,至终点附近,一小份 V 引起的 $\Delta E/\Delta V$ 的变化最大(负最大);恰在终点时,V 的变

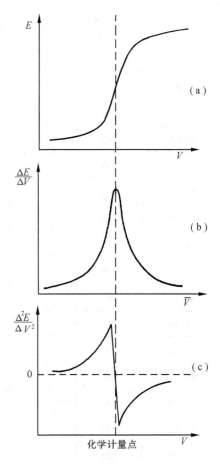

图 9 - 13　滴定数据处理曲线

· 169 ·

化所引起的 $\Delta E/\Delta V$ 的变化为零。为此,以 $\Delta^2 E/\Delta V^2$ 对 V 作图,得图 9-13(c)曲线。数据见表 9-4 中的最后一栏。与 $\Delta^2 E/\Delta V^2$ 为 0 相应的体积,需要时,可用内插法计算得来。例如,

加入 11.30 mL 滴定剂时, $\Delta^2 E/\Delta V^2 = 5\,600$

加入 11.35 mL 滴定剂时, $\Delta^2 E/\Delta V^2 = -400$

按下面图意进行比例计算:

$$V(mL) \qquad 11.30 \qquad\qquad x \qquad\qquad 11.35$$

$$\Delta^2 E/\Delta V^2 \qquad 5\,600 \qquad\qquad 0 \qquad\qquad -400$$

$$(11.35 - 11.30) : (-400 - 5\,600) = (x - 11.30) : (0 - 5\,600)$$

$$x = 11.30 + \frac{0 - 5\,600}{-400 - 5\,600} \times 0.05 = 11.347 = 11.35$$

即滴定到终点时,消耗滴定剂的体积应为 11.35 mL。

表 9-4　典型的电位滴定数据表

(1)	(2)	(3)	(4)	(5)	(6)	(7)	(8)
滴定剂体积 V/mL	电位剂读数 E/mV	ΔE	ΔV	$\Delta E/\Delta V$ /(mV/mL)	平均体积 $\bar{V}/mL$	$\Delta(\Delta E/\Delta V)$	$\Delta^2 E/\Delta V^2$
0.00	114						
		0	0.10	0.0	0.05		
0.10	114						
		16	4.9	3.3	2.55		
5.00	130						
		15	3.00	5.0	6.50		
8.00	145						
		23	2.00	11.5	9.00		
10.00	168						
		34	1.00	34	10.50		
11.00	202						
		16	0.20	80	11.10		
11.20	218						
		7	0.05	140	11.225		
11.25	225					120	2 400
		13	0.05	260	11.275		
11.30	238					280	5 600
		27	0.05	540	11.325		
11.35	265					-20	-400
		26	0.05	520	11.375		
11.40	291					-220	-4 400
		15	0.05	300	11.425		
11.45	306						
		10	0.05	200	11.475		
11.50	316						
		36	0.50	72	11.75		
12.00	352						
		25	1.00	25	11.50		
13.00	377						
		12	1.00	12	13.50		
14.00	389						

三、应用与示例

容量分析的各种滴定,只要能找到合适的指示电极,都可采用电位法指示终点。

一般采用电动势与滴定剂体积数据,按前面所述方法作图,都可找出终点。

(一)酸碱滴定

酸碱滴定常用的电极对为玻璃电极与饱和甘汞电极。用 pH 计测定滴定溶液 pH 值,以 pH 对 V 作图,得到的滴定曲线与酸碱滴定法中计算的滴定曲线一致。

用电位滴定法得到的滴定曲线,比按理论计算得到的滴定曲线更切合实际。除确定终点外,利用酸碱电位滴定法,还可以研究极弱的酸碱、多元酸碱、混合酸碱等能否滴定;可以与指示剂的变色情况相核对以选择最适宜的指示剂,并确定正确的终点颜色。利用电位滴定法还可以测定一些平衡常数。例如,在用强碱滴定弱酸的滴定曲线上,中和一半时溶液的 pH 值即是弱酸的 pKa 值。

(二)沉淀滴定

沉淀滴定常用银盐或汞盐作为标准溶液。用银盐标准溶液滴定时,指示电极用银电极(纯银丝);用汞盐标准溶液滴定时,指示电极用汞电极(汞丝或铂丝上镀汞,或把金电极浸入汞中做成金汞齐)。在银量法及汞量法滴定中,Cl^- 会有干扰,因此不宜直接插入饱和甘汞电极,通常是用 KNO_3 盐桥把滴定溶液与饱和甘汞电极隔开。

沉淀法电位滴定,可用来测定 Ag^+、Hg^{2+}、Pb^{2+}、Cl^-、Br^-、I^-、SCN^- 及 $Fe(CN)_6^{4-}$ 等离子的浓度。

用硝酸铅或高氯酸铅溶液滴定硫酸盐,用草酸盐溶液滴定铅离子,或用镧盐溶液滴定氟化物等,因无合适的指示剂而难于用一般容量滴定法进行;但用 Pb^{2+}、F^- 等离子选择性电极为指示电极进行电位滴定,则并不困难。

(三)络合滴定

EDTA 络合滴定金属离子,是络合滴定中广泛应用的方法,按理可以用与被滴定的金属离子相应的金属电极作为指示电极。然而,这些金属电极大多在金属离子活度范围变化较宽时,其电位与 Nernst 方程式不能完全相符,对溶解氧及其他共存离子多很敏感,因而不能用作指示电极。某些离子选择性电极虽可作为络合滴定的指示电极,但目前适用的还为数不多。

实际上现在多采用 Hg/Hg(Ⅱ)- EDTA 作为指示电极。这是在滴定溶液中加入少量极稳定的 Hg(Ⅱ)- EDTA 络合物,浓度约为 10^{-4} mol/L,插入汞电极及饱和甘汞电极,用 EDTA 标准溶液滴定,记录电池电动势及滴定剂体积并作图,得到的滴定曲线与络合滴定一章中所讲的滴定曲线一致。

只要金属与 EDTA 的络合物不如 Hg(Ⅱ)- EDTA 的络合物稳定,都可用这种方法进行电位滴定。

试以 Ca^{2+} 的滴定为例,阐明 Hg/Hg(Ⅱ)- EDTA 电极的使用原理。由于 HgY^{2-} 比 CaY^{2-} 稳定,加入的 HgY^{2-} 保持原状不变。开始滴定以后,溶液中有 HgY^{2-}、CaY^2 及 Ca^{2+} 等离子,滴定系统的电池组成为:

$$Hg \mid Hg_2Cl_2(饱和),KCl(饱和) \parallel Ca^{2+},CaY^{2-},HgY^{2-} \mid Hg$$

按照 Nernst 方程式,Hg/Hg(Ⅱ)- EDTA 电极的电位,决定于溶液中 Hg^{2+} 的浓度:

$$\varphi = \varphi^{\ominus} + \frac{0.059}{2}\lg\left[Hg^{2+}\right]$$

Hg^{2+} 是由 HgY^{2-} 离解出来的:

$$HgY^{2-} \rightleftharpoons Hg^{2+} + Y^{4-}$$

按照络合平衡的稳定常数式:

$$K_{HgY^{2-}} = \frac{\left[HgY^{2-}\right]}{\left[Hg^{2+}\right]\left[Y^{4-}\right]} = 6.3 \times 10^{21}$$

则:

$$\left[Hg^{2+}\right] = \frac{\left[HgY^{2-}\right]}{K_{HgY^{2-}}\left[Y^{4-}\right]}$$

代入电极电位式,得:

$$\varphi = \varphi^{\ominus} + \frac{0.059}{2}\lg\frac{\left[HgY^{2-}\right]}{K_{HgY^{2-}}\left[Y^{4-}\right]}$$

从 EDTA 与 Ca^{2+} 之间的反应:

$$Ca^{2+} + Y^{4-} \rightleftharpoons CaY^{2-}$$

及稳定常式:

$$K_{CaY^{2-}} = \frac{\left[CaY^{2-}\right]}{\left[Ca^{2+}\right]\left[Y^{4-}\right]} = 1.0 \times 10^{11}$$

得:

$$\left[Y^{4-}\right]^{-} = \frac{\left[CaY^{2-}\right]}{K_{CaY^{2-}}\left[Ca^{2+}\right]}$$

因此:

$$\varphi = \varphi^{\ominus} + \frac{0.059}{2}\lg\frac{K_{CaY^{2+}}\left[Ca^{2+}\right]\left[HgY^{2-}\right]}{K_{HgY^{2-}}\left[CaY^{2-}\right]}$$

$$= \varphi^{\ominus} + \frac{0.059}{2}\lg\frac{K_{CaY^{2-}}\left[HgY^{2-}\right]}{K_{HgY^{2-}}\left[CaY^{2-}\right]} + \frac{0.059}{2}\lg\left[Ca^{2+}\right]$$

上式中的 $K_{CaY^{2-}}$ 和 $K_{HgY^{2-}}$ 都是常数; $\left[HgY^{2-}\right]$ 是加入的 HgY^{2-} 的浓度,忽略滴定溶液体积变化,也可认为是个常数;接近等当点时,Ca^{2+} 已几乎完全变成 CaY^{2-},忽略滴定溶液体积变化,CaY^{2-} 也可认为是一常数;这样,上式便可写作:

$$\varphi = K + \frac{0.059}{2}\lg\left[Ca^{2+}\right] = K - \frac{0.059}{2}pCa^{2+} \qquad (9-22)$$

滴定溶液组成的电池的电动势为(以 SCE 为负极):

$$E = \varphi_{Hg/Hg(\text{II})-EDTA} - \varphi_{SCE}$$

$$= K + \frac{0.059}{2}\lg\left[Ca^{2+}\right] = K' - \frac{0.059}{2}pCa^{2+} \qquad (9-23)$$

E 随 pCa 的变化而变化,所以 $E-V$ 曲线的形状与 $pCa-V$ 曲线的形状一致。

(四)氧化还原滴定

氧化还原滴定一般都用铂电极作为指示电极。为了响应灵敏,电极表面必须洁净光亮,如有沾污,须用热 HNO_3(或加入少量 $FeCl_3$)浸洗,必要时用氧化焰灼烧。滴定分析中所讲的氧化还原滴定,都可以用电位滴定法来完成。

以前已经讨论过,氧化还原滴定突跃范围的大小,与两个电对的标准电极电位之差有关。差值愈大,突跃范围愈大,滴定准确度愈高。

氧化剂电对及还原剂电对在半电池反应中得失的电子数不相同时,$E-V$ 曲线不对称,转折点与等量点不吻合;用一次微商法和二次微商法所确定的终点与等量点之间也稍有差异,但只要突跃范围足够大,这种差异便可以忽略不计。

(五)非水溶液滴定

在非水溶液电位滴定中,以酸碱滴定用得最多。

滴定碱性物质时,常用的电极系统如下:

1.玻璃电极－甘汞电极或玻璃电极－银－氯化银电极　适用于在冰醋酸、醋酐、醋酸－醋酐混合液、醋酐－硝基甲烷混合液等溶剂系统中的滴定。

2.四氯醌－四氯氢醌－甘汞电极　适用于在冰醋酸中滴定。

在上述滴定中,为了避免由甘汞电极漏出的水溶液干扰非水滴定,可采用饱和氯化钾无水乙醇溶液代替电极中的氯化钾饱和水溶液。滴定生物碱或有机碱的氢卤酸盐时,对氯化物干扰滴定,可用适当的盐桥把甘汞电极与滴定溶液隔开。

滴定酸性物质时,常用的电极系统如下。

1.玻璃电极－甘汞电极　适用于在二甲基甲酰胺溶液中测定极弱的酸类。

2.锑电极－甘汞电极　适用于在苯－甲醇混合液中滴定取代脂肪酸类。滴定时常加入少量氯化锂以增加溶液的导电性。

在介电常数较大的溶剂中滴定,电动势读数较为稳定,但突跃不够明显;在介电常数较小的溶剂中滴定,反应容易进行完全,滴定突跃较为明显,但电动势读数不够稳定。因此,在非水溶液中进行电位滴定时,常于介电常数较大的溶剂中加一定比例的介电常数较小的溶剂。这样,既容易得到较稳定的电动势,又能获得较大的滴定突跃。

许多化合物的非水滴定,由于没有适当的指示剂指示终点,或虽有指示剂但终点变化不鲜明,因而不能进行。在这种情况下,可用电位法确定终点,或进行对照以确定终点时指示剂的正确颜色变化。下面以四咪唑的滴定为例,说明用电位滴定为对照以确定指示剂终点颜色的方法。

滴定时以玻璃电极为指示电极,饱和甘汞电极为参比电极,同时加结晶紫为指示剂。盐酸四咪唑先用醋酸汞转化为醋酸盐,然后用高氯酸标准溶液滴定。反应如下:

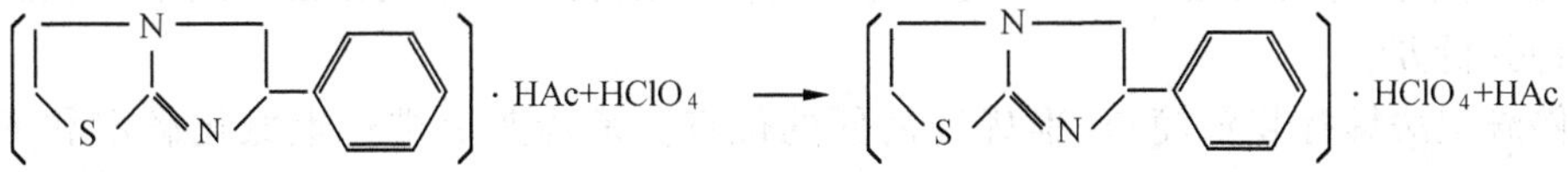

操作步骤:取四咪唑约 0.2 g,精密称定,加冰醋酸 25 mL 溶解后,加结晶紫指示剂 2 滴,用 0.1 mol/L 的 $HClO_4$ 滴定。滴定数据见表 9－5。

当 $HClO_4$ 的滴入体积为 7.39 mL 时,$\Delta^2 E/\Delta V^2 = 50\ 680$;当滴入体积为 7.41 mL 时,$\Delta^2 E/\Delta V^2 = -55\ 566$。可见终点应在 7.39～7.41 mL 之间,确切值应为:

$$7.39 + 0.02 \times \frac{50\ 680}{50\ 680 - (55\ 566)} = 7.40\ \text{mL}$$

并且,终点时指示剂应显蓝色。

表 9-5　典型的电位滴定数据表

0.1 mol/L HClO₄ 溶液 V/mL	电位计读数 E/mV	指示剂颜色	ΔE	ΔV	$\Delta E/\Delta V$/(mV/mL)	平均体积 $\overline{V}$/mL	$\Delta^2 E/\Delta V^2$
2.00	290	紫					
			0	2.00	0.0	3.00	
4.00	290	紫					
			70	3.00	2.5	5.50	
7.00	360	紫					
			38	0.30	127	7.15	
7.30	440	紫					
			42	0.09	466	7.35	1 695
7.39	440	紫					
			60	0.02	3000	7.40	50 680
7.41	500	蓝					
			40	0.03	1 333	7.43	−55 566
7.44	540	天蓝					
			25	0.02	1250	7.45	−4 150
7.46	565	蓝绿					
			35	0.04	875	7.48	
7.50	600	黄绿					
			60	0.50	120	7.75	
8.00	660	黄					

第四节　永停滴定法

永停滴定法(Dead-stop titration),又称双电流或双安培滴定法(Double amperometric titration)。测量时,把两个相同的指示电极(通常为铂电极)插入待滴定的溶液中,在两个电极间外加一小电压(约为几十毫伏),然后进行滴定。观察或记录滴定过程中通过两个电极的电流变化,根据电流变化的特性确定滴定的终点。该法不属于电位法而属于电流滴定法中的一种分析方法。

永停滴定法具有装置简单、准确和简便的优点。是药典上进行重氮化滴定和 Karl-Fischer 法进行水分测定的法定方法。

一、基本原理

若溶液中同时存在某电对的氧化形及其对应的还原形物质,如含有 I_2 及 I^- 的溶液,插入一支铂电极,则 Nernst 方程式关系为:

$$\varphi = \varphi_{I_2/I^-}^{\ominus} + \frac{0.059}{2}\lg\frac{C_{I_2}}{C_{I^-}^2}\quad(25\ ℃)$$

若同时插入两个相同的铂电极,因两个电极电位相等,则不会发生任何电极反应,没有电流通过电池。若在两个电极间外加一小电压,则接正端的铂电极将发生氧化反应:

$$2I^- \Longleftrightarrow I_2 + 2e$$

接负段的铂电极上将发生还原反应:

$$I_2 + 2e \Longleftrightarrow 2I^-$$

这就是说,将产生电解反应。但只有两个电极同时发生反应,它们之间才会有电流通过。在滴定过程中,当反应电对氧化形和还原形的浓度相等时,电流最大;当反应电对氧化形和还原形的浓度不相等时,电流的大小由浓度小的一方(氧化形或还原形)的浓度所决定。

像 I_2/I^- 这样的电对,在溶液中与双铂电极组成电池,外加一个很小的电压就能产生电解作用,有电流通过,称为可逆电对。

若溶液中的电对是 $S_4O_6^{2-}/S_2O_3^{2-}$,同时插入两个铂电极,同样外加一很小的电压,由于只能发生反应:$2S_2O_3^{2-} \longrightarrow S_4O_6^{2-} + 2e$,不能发生反应:$S_4O_6^{2-} + 2e \longrightarrow S_2O_3^{2-}$,所以不能发生电解,无电流通过。这种电对叫做不可逆电对。对于不可逆电对,只有当两个铂电极间的外加电压很大时,才会产生电解,但这是由于发生了其他类型的电极反应所致。永停滴定法便是利用上述现象以确定滴定终点的方法。在滴定过程中,电流变化可能有以下不同情况。

(1)滴定剂属于可逆电对,被测物属于不可逆电对,用碘滴定硫代硫酸钠就是这种情况。

将硫代硫酸钠溶液置烧杯中,插入两个铂电极,外加 10～15 mV 的电压,用灵敏电流计测量通过两极间的电流。在终点前,溶液中只有 $S_4O_6^{2-}/S_2O_3^{2-}$ 电对,因为它们是不可逆电对,虽有外加电压,电极上也不能发生电解反应。另外,溶液虽有 I^- 存在,但 I_2 浓度一直很低,无明显的电解反应,所以电流计指针一直停在接近零电流的位置上不动。一旦达到滴定终点并有稍过量的 I_2 加入后,溶液中建立了明显的 I_2/I^- 可逆电对,电解反应才得以进行,产生的电解电流使电流计指针偏转并不再返回零点的位置。随着过量 I_2 的加入,电流计指针偏转角度增大。滴定时的电流变化曲线如图 9 – 14。

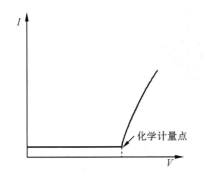

图 9 – 14　碘滴定硫代硫酸钠的滴定曲线

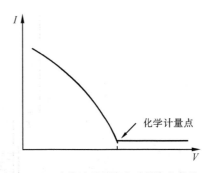

图 9 – 15　硫代硫酸钠滴定碘的滴定曲线

(2)滴定剂为不可逆电对,被测物为可逆电对,用硫代硫酸钠滴定含 I_2 的 KI 溶液即属于这种情况。在滴定到达前,溶液 I_2/I^- 为可逆电对,有电解电流通过两电极,随着滴定的进行,I_2 浓度逐渐变小,电解电流也逐渐变小,滴定终点时降至零电流。终点后,溶液中 I_2 的浓度极低,溶液中只有 I^- 及不可逆的 $S_4O_6^{2-}/S_2O_3^{2-}$ 电对存在,此时电解反应基本停止。电流计指针将停留在零电流附近并保持不动。滴定时的电流变化曲线如图 9 – 15。此类滴定法是根据滴定过程中,电解电流突然下降至零并保持在零不再变动的现象而确定滴定的终点,故历史上得到永停滴定法的名称。

(3)滴定剂与被测物均为可逆电对,用 Ce^{4+} 滴定 Fe^{2+} 即是这种情况。开始滴定前溶液中只有 Fe^{2+} 离子存在,阴极上不可能有还原反应,所以无电解反应,无电流通过。当 Ce^{4+} 离子不断滴入时,Fe^{3+} 离子不断增加,因为 Fe^{3+}/Fe^{2+} 属于可逆电对,故电流也不断增大;当 $C_{Fe^{3+}} = C_{Fe^{2+}}$ 时电流达到最大值;继续加入 Ce^{4+} 离子,Fe^{2+} 离子浓度逐渐下降,电流也逐渐下降,达到终点时电流降至最低点。终点过后,Ce^{4+}离子过量,由于溶液中有了Ce^{4+}/Ce^{3+}可逆电对,随着$C_{Ce^{4+}}$不断增加,电流又开始上升,情况如图9－16。

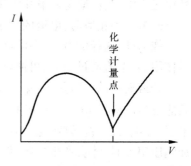

图9－16　Ce^{4+}滴定Fe^{2+}的滴定曲线

二、方法

永停滴定法的仪器装置,一般如图9－17所示。图中B为1.5 V干电池,R为5 000 Ω左右的电阻,R'为500 Ω的绕线电位器,G为电流计(灵敏度为10^{-7} ~ 10^{-9} A/分度),S为电流计的分流电阻,作为调节电流计灵敏度之用,E和E'为两个铂电极。滴定过程中用磁力搅拌器搅动溶液。调节R'得到适当的外加电压,一般为数毫伏至数十毫伏即可。根据电流计本身的灵敏度及有关电对的可逆性,用S调节G,以得到适宜的灵敏度。通常只需在滴定时仔细观察电流计指针变化,指针位置突变点即是滴定终点。必要时可每加一次标准溶液,测量一次电流。以电流为纵坐标,以滴定剂体积为横坐标绘制滴定曲线,从中找出滴定终点。

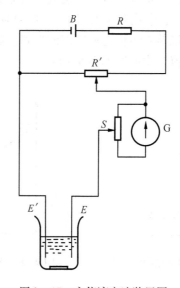

图9－17　永停滴定法装置图

本章小结

1. 基本概念

（1）指示电极:是电极电位值随被测离子的活(浓)度变化而变化的一类电极。

（2）参比电极:在一定条件下,电极电位基本恒定的电极。

（3）玻璃膜电位:跨越整个玻璃膜的电位差。

（4）不对称电位:在玻璃电极膜两侧溶液 pH 相等时,仍有 1 ~ 3 mV 的电位差,这一电位差称为不对称电位。是由于玻璃内外两表面的结构和性能不完全相同,以及外表面玷污、机械刻画、化学腐蚀等外部因素所致的。

(5)酸差:当溶液 pH < 1 时,pH 测得值(即读数)大于真实值,这一正误差为酸差。

(6)碱差:当溶液 pH > 9 时,pH 测得值(即读数)小于真实值,这一负误差为碱差,也叫钠差。

(7)转换系数:当溶液 pH 每改变一个单位时,引起玻璃电极电位的变化值。

(8)离子选择电极:对溶液中特定离子有选择性响应的膜电极。

2. 基本理论

(1)pH 玻璃电极基本构造:玻璃膜、内参比溶液(H^+ 与 Cl^- 浓度一定)、内参比电极(Ag – AgCl 电极)、绝缘套。

(2)直接电位法测量溶液 pH:①测量原理 $E = K' + 0.059pH_x$。

②两次测量法 $pH_x = pH_s + \dfrac{E_x - E_s}{0.059}$。$pH_s$ 要准,而且与 pH_x 差值不大于 3 个 pH 单位,以消除液接电位。

(3)离子选择电极:①基本结构:电极膜、电极管、内参比溶液、内参比电极;②分类:原电极、敏化电极;③响应机制及电位选择性系数;④测量方法:两次测量法、校正曲线法、标准加入法。

(4)电位滴定法:以电位变化确定滴定终点。

(5)永停滴定法:以电流变化确定滴定终点,三种电流变化曲线及终点确定。

思 考 题

1. 什么是电化学分析法,分为哪几类?

2. 化学电池的构成,分为哪几类,区别是什么?

3. 什么是指示电极和参比电极?

4. 玻璃电极的作用原理是什么?

5. 用 pH 玻璃电极测量 pH 时,其原理是什么,应采用的什么方法测定?

习 题

1. 已知 $\varphi'_{Cu^{2+}/Cu} = 0.34\ V$,$\varphi'_{Pb^{2+}/Pb} = (0.13\ V$。计算下列电池电动势,并写出反应方程。

$$Pb | Pb(NO_3)_2(0.10\ mol \cdot L^{-1}) \parallel CaSO_4(0.10\ mol \cdot L^{-1}) | Cu$$

$$(0.47\ V;Cu^{2+} + Pb \Longleftrightarrow Cu^{2+} + Pb^{2+})$$

2. 计算下列电池的电动势

$$SCE \parallel Na_2C_2O_4(5.0 \times 10^{-4}\ mol \cdot L^{-1}),Ag_2C_2O_4(饱和) | Ag$$

(已知 $K_{sp,Ag_2C_2O_4} = 1.1 \times 10^{-11}$,$E_{SCE} = 0.242\ V$,$E^{\ominus}_{Ag^+/Ag} = 0.799\ V$)。

$$(0.331\ V)$$

3. 下列电池玻璃电极 | 标准 pH 缓冲液或未知液 ∥ SCE

当标准 pH 缓冲溶液 pH = 6.87 时,电动势是 0.386 V;当缓冲溶液被未知溶液取代时,测得电动势是 0.508 V。求未知溶液的 pH 值。

（pH = 8.94）

4. 电池:标准氢电极 $\left|\begin{smallmatrix} \text{HCl} \\ \text{NaOH} \end{smallmatrix}\right.$ 溶液 ‖ SCE 在 HCl 溶液中,测得电动势为 0.276 V;而在 NaOH 溶液中,测得电动势为 1.036 V;在 100 mLHCl 及 NaOH 的混合液中,测得电池的电动势为 0.954 V。计算此混合液由多少毫升 HCl 和 NaOH 溶液组成。

（V_{NaOH} = 50.17 mL；V_{HCl} = 100 − 50.17 = 49.83 mL）

第十章
可见－紫外分光光度法

学习提要：

在本章中,掌握 Lambert-Beer 定律和单组分及多组分的定量分析方法。了解影响 Beer 定律的因素及误差。了解分光光度计(spectrophotometer)的基本构造。熟悉紫外吸收光谱(absorption spectrum)与有机分子结构的关系及光谱特征。

The brief summary of study：

In this chapter, master the Lambert-Beer law and grasp the quantitative analysis method between single component sample and multi component sample. Know the factors that influence Lambert-Beer law and the error find out the conformation of spectrophotometer. Acquaint with the relationship between UV absorption spectrum and the structure of organic compound and the characteristic of the spectrum.

可见－紫外光区一般是指波长从 200 nm 至 760 mm 范围内的电磁辐射,其中波长小于 400 nm 的为紫外光区,大于 400 nm 的为可见光区。可见－紫外分光光度法是根据物质的分子对这一光区电磁辐射的吸收特性进行物质成分分析与分子结构分析的方法,属于分子吸收光谱法。

第一节　电磁辐射与电磁波谱

(一)电磁波

电磁辐射是一种以极高速度传播的能量,具有波粒二象性。可以用波的参量如频率(ν)、波长(λ)、周期(T)及振幅(A)等等来描述各种电磁波。电磁辐射是横波,具有相同位相的两个相互垂直的振动矢量(电矢量与磁矢量)同时又与辐射方向相垂直(图 10-1)。与其他波动现象(如水波、声波)不同的是,电磁波不需要传播媒介。

所有电磁波在真空中以同样的最大速度 c 传播。$c = 2.997\ 925 \times 10^{10}$ cm·s^{-1}。在任何介质中,由于辐射的电磁场与介质间的作用,传播速度都比在真空中的小。在同一介质中,不同的电磁波有不同的速度。同一电磁波在不同介质中的速度亦不同。真空中速度与介质中速度的比值是介质的折射率($n = c/$介质中速度)。

各种电磁辐射的本质区别是频率不同。每一种电磁辐射有确定不变的频率,取决于辐射源。由于在真空中的速度相同,各种辐射在真空中有固定的波长:

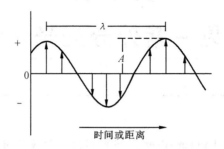

图 10 - 1　波长为 λ，振幅为 A 的
面偏振单色辐射示意图

$$\lambda = \frac{c}{\nu} \qquad (10-1)$$

在介质中,波长变小,是真空中波长的 $1/n$。习惯上常用波长来标记各种不同的电磁辐射,所用的数值是真空中的波长。波长的单位在紫外可见区常用纳米(Nanometer,nm),有时亦用埃(Angstrom,Å)。红外光区常用微米(Micrometer,μm)作为波长的单位。

$$1\ nm = 10^{-3}\ \mu m = 10^{-6}\ mm = 10^{-7}\ cm = 10^{-9}\ m$$
$$1\ Å = 10^{-1}\ nm = 10^{-10}\ m$$

频率的单位是赫(Hertz,Hz),是每秒振动次数。光的频率数值很大,为了方便,常用波数(Wave number,ν)来代替频率。波数的定义是光在真空中通过单位长度距离时的振动次数,是频率与真空中光速的比值:

$$\sigma = \frac{1}{\lambda} = \frac{\nu}{c} \qquad (10-2)$$

波数的常用单位是 cm^{-1}。例如波长为 200 nm 的光,其频率与波数是:

$$\nu = 3 \times 10^{10}/200 \times 10^{-7} = 1.5 \times 10^{15} Hz$$
$$\sigma = 1/200 \times 10^{-7} = 50\ 000\ cm^{-1}$$

（二）辐射能

关于电磁辐射与物质运动之间能量的转移,如吸收或发射,需用粒子性来解释。电磁辐射的粒子性就是指辐射能是由一颗一颗不连续的粒子流传播的。这种粒子叫光子(Photon),它是量子化的,只能一整个一整个地发射出或被吸收。光子的能量(E)取决于频率:

$$E = h\nu \qquad (10-3)$$

h 是 Plank 常数,其值为 $6.626\ 2 \times 10^{-34}$ J·s。频率愈大或波长愈短的光,其能量愈大。例如,波长为 200 nm 的光,一个光子的能量是:

$$E = 6.626 \times 10^{-34} \times \frac{2.997\ 925 \times 10^{10}}{200 \times 10^{-7}} = 9.932 \times 10^{-19} J$$

这样小的能量用电子伏(eV)作为单位较方便,1 eV 等于 $1.602\ 1 \times 10^{-19}$ J。上例一个光子的能量可写作:

$$E = \frac{9.932 \times 10^{-19}}{1.602\ 1 \times 10^{-19}} = 6.2\ eV$$

讨论化学问题常要用到 1 摩尔光子的能量这样一个概念。1 摩尔光子的能量就是 $6.022\ 17 \times 10^{-23}$ 个光子的能量。所以 200 nm 的光,1 摩尔光子的能量是:

$$E_{M} = 9.932 \times 10^{-19} \times 6.022\ 17 \times 10^{23}$$
$$= 5.98 \times 10^{5}\ \text{J/mol}$$

(三)分子能级与电磁波谱

分子、原子、电子都是运动着的物质,都具有能量,亦都是量子化的。在一定的环境条件下,整个分子有一定的运动状态,具有一定的能量,是电子运动,原子间的振动,分子转动等等能量的总和:

$$E_{分子} = E_{电子} + E_{振动} + E_{转动} + \cdots$$

分子中各种不同运动状态都应有一定的能级。图 10-2 简示分子中三种能级:电子能级(基态与激发态),振动能级($V = 0, 1, 2, 3, \cdots$),转动能级($J = 0, 1, 2, 3, \cdots$)。

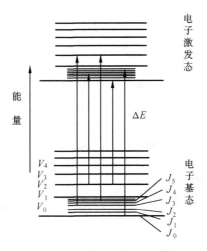

图 10-2　分子能级跃迁示意图

当吸收一个具有一定能量的光子时,分子就由较低的能级 E_1 跃迁到较高的能级 E_2,被吸收光子的能量必须与分子跃迁前后的能级差 ΔE 恰好相等,否则不能被吸收:

$$E_{分子} = E_2 - E_1 = E_{光子} = h\nu \tag{10-4}$$

上述分子中这三种能级,以转动能级差最小,约在 $0.025 \sim 1 \times 10^{-4}$ eV 之间。单纯使分子的转动能级跃迁所需的辐射是波长约为 50 μm ~ 1.25 cm 的辐射,属远红外区和微波区。分子的振动能级差约在 1 ~ 0.025 eV 之间,使振动能级跃迁所需辐射的波长约为 1.25 ~ 50 μm,在中红外区。分子外层电子跃迁的能级差约为 1 ~ 20 eV,所需辐射的波长约为 60 nm ~ 1.25 μm,其中以可见紫外光区为主要部分。

分子的能级跃迁是分子总能量的改变。当发生振动能级跃迁时,常伴有转动能级跃迁。在电子能级跃迁时,则伴有振动能级和转动能级的改变(图 10-2)。

电磁辐射中已被应用于分析目的的波谱区域,大致划分如表 10-1。

表 10－1　电磁波谱分区示意图

能量/eV	频率/Hz	辐射区段	波长（常用单位）	波数/cm^{-1}	光谱类型	跃迁类型
4.1×10^{6}—	1×10^{21}—	γ 射线	—0.000 3 nm	3.3×10^{10}	γ 射线发射	核反应
4.1×10^{4}—	1×10^{19}—	X 射线	—0.03 nm	3.3×10^{8}	X 射线吸收发射	电子（内层）
410—	1×10^{17}—		—3 nm	3.3×10^{6}	真空紫外吸收	电子（外层）
4.1—	1×10^{15}—	紫外	—300 nm	3.3×10^{4}	紫外可见　吸收发射荧光	
		可见			红外吸收拉曼	分子振动
0.0—	1×10^{13}—	红外	—30 μm	3.3×10^{2}		分子转动
4.1×10^{-4}—	1×10^{11}—	微波	—3 mm	3.3×10^{0}	微波吸收　电子自旋共振	磁场诱导电子自旋能级跃迁
4.1×10^{-6}—	1×10^{9}—	无线电波	—30 cm	3.3×10^{-2}		
4.1×10^{-8}—	1×10^{7}—		—30 m	3.3×10^{-4}	核磁共振	磁场诱导核自旋能级跃迁

第二节　可见－紫外吸收光度法的基本原理

一、Lambert-Beer 定律

Lambert-Beer 定律是吸收光度法的基本定律,是说明物质对单色光吸收的强弱与吸光物质的浓度和厚度间关系的定律。Beer 定律说明吸收强弱与浓度的关系;Lambert 定律又称 Bouguer 定律,说明吸收强弱与厚度间的关系。定律推导如下。

光束在每单位时间内所传输的能量或光子数是光的功率(辐射功率),可用符号 P 表示。在光度法中,习惯上用光强这一名词代替光功率,并以符号 I 代表。

假设一束平行单色光通过一个含有吸光物质的物体(气体、液体或固体)。物体的截面积为 s,厚度为 L,如图 10－3 所示。物体中含有 n 个吸光质点(原子、离子或分子)。光通过此物体后,一些光子被吸收,光强从 I_0 降低至 I。

今取物体中一个极薄的断层来讨论,设此断层中所含吸光质点数为 dn,这些能捕获光子的质点可以看作是截面 s 上被占去一部分不让光子通过的面积 ds,即:

$$\mathrm{d}s = k\mathrm{d}n \qquad (10-5)$$

则光子通过断层时,被吸收的机率是:

$$\frac{\mathrm{d}s}{s} = \frac{k\mathrm{d}n}{s}$$

因而使投射于此断层的光强 Ix 被减弱了 $\mathrm{d}Ix$,所以有:

$$-\frac{\mathrm{d}Ix}{Ix} = \frac{k\mathrm{d}n}{s}$$

由此可得,光通过厚度为 L 的物体时,有:

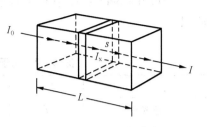

图 10-3　光通过截面积厚度的吸光介质

$$-\int_{I_0}^{I}\frac{\mathrm{d}Ix}{Ix} = \int_0^n\frac{k\mathrm{d}n}{s}$$

$$-\ln\frac{I}{I_0} = \frac{kn}{s}$$

$$-\lg\frac{I}{I_0} = \lg e \cdot k \cdot \frac{n}{s} = E \cdot \frac{n}{s} \qquad (10-6)$$

又因截面积 s 与体积 V,质点总数与浓度 C 等有以下关系:

$$s = \frac{V}{L}, \qquad n = V \cdot C$$

$$\frac{n}{s} = L \cdot C$$

代入(10-6)式得:

$$-\lg\frac{I}{I_0} = ECL \qquad (10-7)$$

即为 Lanbert-Beer 定律的数学表达式。其中 $\frac{I}{I_0}$ 是透光率,用 T 来表示,常用百分数表示;又以 A 代表 $-\lg T$,并称之为吸收度,于是:

$$A = -\lg T = ECL \quad 或 \quad T = 10^{-A} = 10^{-ECL} \qquad (10-8)$$

　　上式说明单色光通过吸光介质后,透光率 T 与浓度 C 或厚度 L 之间的关系是指数函数的关系。例如,浓度增大一倍时,透光率从 T 降至 T^2。若以透光率的负对数为吸收度 A,则吸收度与浓度或厚度之间是简单的正比关系;其中 E 是比例常数,又称为吸收系数。

　　如果溶液中同时存在两种或两种以上吸光物质时,则溶液的吸收度将是各组分吸收度的总和。设同时存在有 $a,b,c\cdots$ 等吸光物质,分别有 $n_a,n_b,n_c,\cdots$ 个质点,又根据各自的吸光本领不同,(10-5)式中的 k 可有各自的值,于是:

$$\mathrm{d}s = k_a\mathrm{d}n_a + k_b\mathrm{d}n_b + k_c\mathrm{d}n_c + \cdots$$

同理可得:

$$-\frac{\mathrm{d}Ix}{Ix} = \frac{1}{s}(k_a\mathrm{d}n_a + k_b\mathrm{d}n_b + k_c\mathrm{d}n_c + \cdots)$$

$$A = -\lg\frac{I}{I_0} = L(E_a \cdot C_a + E_b \cdot C_b + E_c \cdot C_c + \cdots)$$

$$= A_a + A_b + A_c + \cdots \qquad (10-9)$$

　　所以,只要共存物质不互相影响性质,即不因共存物而改变本身的吸收系数,则总吸收度是各共存物吸收度的加和,而各组分的吸收度由各自的浓度与吸收系数所决定。吸收度的这种加和性质是测定混合组分的依据。

Lambert – Beer 定律中有关术语和符号,在各书刊中常有不同,常见的有如表 10 – 2 所列。

表 10 – 2　用于 Lambert – Beer 定律的名词符号对照

名　词	符号	定义	其他同义名词及符号
透光率	T	I/I_0	透射率,P/P_0
吸光度	A	$\lg(I_0/I)$ 或 $-\lg T$	消光,E 光密度,D 或 O
吸收系数	E	A/CL	消光系数,比消光 a、k、ε
厚度	L	光路长度	$E_{1\,cm}^{1\%}$
吸光率		$1-T$ 或 $(I_0-I)/I_0$	l、b、d、A

二、吸收系数与吸收光谱

(一)吸收系数

吸收系数 E 的物理意义是:吸光物质在单位浓度及单位厚度时的吸收度。在给定条件(单色光波长、溶剂、温度等)下,吸收系数是物质的特性常数,不同物质对同一波长的单色光,可有不同的吸收系数,因此,可作为定性的依据。在吸收度与浓度(或厚度)之间的直线关系中,吸收系数是斜率,因此,也是定量的依据,其值愈大,表明该物质的吸光能力愈强,灵敏度愈高,测定愈准确。

吸收系数,常用的有两种表示方式:

(1)摩尔吸收系数(Molar absorptivity,molar extinction coefficient)用 ε 或 E_M 为标记。是在一定波长时,溶液为 1 mol/L,厚度为 1 cm 时的吸收度。

(2)比吸收系数(Specific absorptivity,specific extinction coefficient)或称百分吸收系数。用 $E_{1\,cm}^{1\%}$ 表示,是指浓度为 1%(W/V)的溶液,厚度 1 cm 时的吸收度。

吸收系数两种表示方式之间的关系是:

$$\varepsilon = \frac{M}{10}E_{1\,cm}^{1\%} \qquad (10-10)$$

其中 M 是吸光物质的摩尔质量。摩尔吸收系数多用于研究分子结构,比吸收系数多用于测定含量。

摩尔吸收系数一般不超过 10^5 数量级。通常将 ε 值达 10^4 的划为强吸收,小于 10^2 的划为弱吸收,介乎两者之间的称为中强吸收。吸收系数 ε 或 $E_{1\,cm}^{1\%}$ 不能直接测定,需用已知准确浓度的稀溶液,先测得吸收度 A 值,再换算成浓度为 1 mol/L 溶液的吸收度。例如,氯霉素($M=323.15$)的水溶液在 278 nm 有吸收峰。设用纯品配制 100 mL 含 2.00 mg 的溶液,以 1.00 cm 厚的吸收池,在 278 nm 处测得透光率为 24.3% 。则:

$$E_{1\,cm}^{1\%} = \frac{-\lg T}{CL} = \frac{0.614}{0.002} = 307$$

$$\varepsilon = \frac{323.5}{10} \times E_{1\,cm}^{1\%} = 9\,920$$

$$\lg\varepsilon = 4.0$$

（二）吸收度的测量

1. 溶剂与容器的选择　测量溶液吸收度的溶剂与容器（吸收池）应在所用的波长范围内有较好的透光性，即不吸收光或吸收很弱。因为玻璃不能透过紫外光，所以，在紫外区只能用石英池。许多溶剂本身在紫外光区有吸收峰，只能在它吸收较弱的波段使用。表10－3列出一些溶剂适用范围的最短波长。低于这些波长就不宜采用。同时，溶剂应纯净，避免杂质干扰。

表10－3

溶剂	波长极限/nm	溶剂	波长极限/nm	溶剂	波长极限/nm
乙醚	210	乙醇	215	四氯化碳	260
环己烷	200	2,2,4－三甲戊烷	220	甲酸甲酯	260
正丁醇	210	对－二氧六环	220	乙酸乙酯	260
水	200	正己烷	220	苯	260
异丙醇	210	甘油	230	甲苯	285
甲醇	205	1,2－二氧己烷	233	吡啶	305
甲基环己烷	210	二氯甲烷	235	丙酮	330
96%硫酸	210	氯仿	245	二硫化碳	385

2. 空白对比　测量吸收度实际上是测量透光率。透光率的量度不能像图10－3所示那样用测量入射光和透射光的光强来得到。这是因为光束通过时，光强的减弱不只是由于被测物质的吸收所致，还有溶剂与容器的吸收、光的散射和界面反射等因素，都可使透射光减弱。这些因素是与被测物质的吸收无关的，但却干扰透光率的测量。为了抵消这些干扰因素的影响，须采用空白对比方法。空白是指与试样组成完全相同的溶液，只是不含被测物质。测定时一般要经三个步骤。

（1）调仪器本身的零点：遮断光路，调节仪器使透光率读数为0；

（2）消除空白吸收：将空白溶液置于比色皿中放入光路，调节仪器使透光率读数为100%，以此作为 I_0；

（3）测量样品吸收：再将试样溶液放入光路，读出的透光率才是 I/I_0。一般仪器都可直接读出其负对数值，亦即吸收度 A 值。

（三）吸收光谱

吸收光谱又称吸收曲线，是以波长或波数为横坐标，以吸收度为纵坐标所描绘的图线，如图10－4所示。吸收光谱上，一般都有一些特

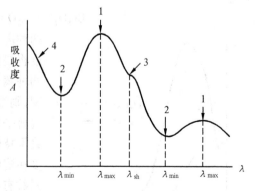

图10－4　吸收光谱示意图
1—吸收峰；2—谷；3—肩峰；4—末端吸收

征值。在曲线上比左右相邻处都高的一处称为吸收峰，其所在波长称为最大吸收波长（λ_{max}）；在曲线上比左右相邻处低的地方称为谷，其所在波长是最小吸收波长（λ_{min}）；介乎两者之间，形状像肩的所在，是肩峰（shoulder peak，λ_{sh}）；在图谱短波长端只呈现较强吸收而

不成峰形的部分称为末端吸收。一种物质在吸收光谱上,可出现几个吸收峰。不同物质可有不同的吸收峰、谷和肩峰。也有的物质在所用波段范围不出现吸收峰。同一物质的吸收光谱有相同的 λ_{max}、λ_{min} 及 λ_{sh};并且在同一波长处的吸收系数应相同,所以同一物质相同浓度的吸收曲线应能相互重合。因此,吸收光谱曲线的特征以及整个光谱的形状是定性鉴别的依据之一。

采用不同的纵坐标,将改变吸收光谱的形状(图 10 - 5),但仍保留其特征。紫外可见吸收光谱多用吸收度为纵坐标。红外光谱多用透光率为纵坐标。改变溶液的浓度使光谱曲线的高度改变,但不能改变 λ_{max}、λ_{mix} 及 λ_{sh} 的位置。以吸收度为纵坐标时,曲线上各点高度与浓度之间成正比关系。当吸收光谱的纵坐标采用吸收系数 E 或它的对数值时,则光谱曲线与浓度无关。以透光率 $T\%$ 为纵坐标时,谷的地方是吸收峰。

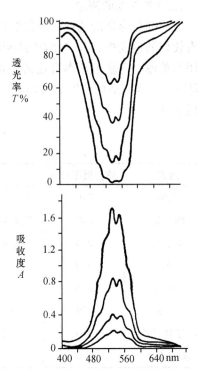

图 10 - 5　纵坐标不同的吸收光谱
KMnO$_4$ 溶液的四种浓度:5,10,20,40 ppm,1 cm 厚度

三、影响 Beer 定律的因素

按照 Beer 定律,浓度 C 与吸收度 A 之间的关系应该是一条通过原点的直线。事实上,往往容易发生偏离直线的现象,而引入误差。导致偏离的主要原因有化学方面的和光学方面的因素。

(一)化学因素

溶液中溶质可因浓度改变而有离解、缔合、与溶剂间的作用等等原因而发生偏离 Beer 定律的现象。例如,在水溶液中,Cr(VI)的两种离子,$Cr_2O_7^{2-}$(橙色)与 CrO_4^{2-}(黄色)有以下平衡:

$$Cr_2O_7^{2-} + H_2O \rightleftharpoons 2CrO_4^{2-} + 2H^+$$

两种离子有不同的吸收光谱(图 10 - 6),溶液的吸收度将是两种离子吸收度之和。如果溶液浓度改变时,两种离子浓度的比值($[CrO_4^{2-}]/[Cr_2O_7^{2-}]$)能保持不变,则浓度与吸收度之间可有直线关系。但由于上述离解平衡的存在,两种离子的比值在水溶液中不能始终保持恒定。浓度降低时,比值变大,使 CrO_4^{2-} 的吸收度在溶液总吸收度中所占比值增大。由于两者的吸收系数有很大差别,使 Cr(VI)的总浓度与吸收度之间的关系偏离直线。

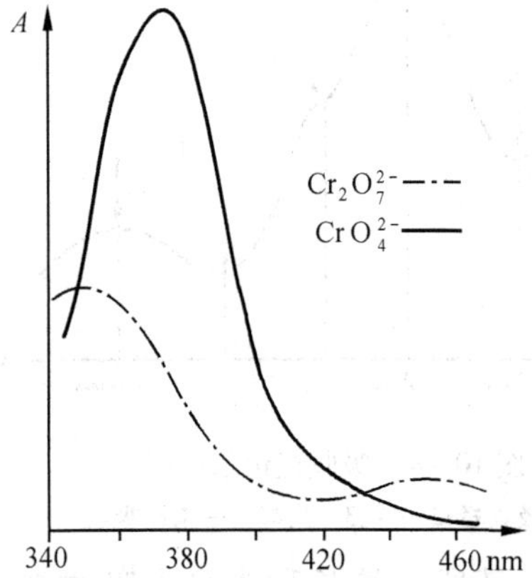

由化学因素引起的偏离,有时可通过控制溶液条件设法减免。上例若在强酸性溶液中测定 $Cr_2O_7^{2-}$,或在强碱溶液中测定 CrO_4^{2-},都可避免偏离现象。

此外,能产生荧光的物质,由于荧光进入检测器,

图 10 - 6　水溶液中 Cr(VI)两种
离子的吸收曲线

可导致透光率增大,也是偏离 Beer 定律的原因之一。

(二)非单色光的影响

Beer 定律的一个重要前提是单色光,即只有一种波长的光。而实际测定中并不能像理论要求那样单纯,常有不同波长的光同时存在。多色光可以使吸收度变值而偏离 Beer 定律。其主要原因是由于物质对不同波长的光有不同的吸收系数。现以一种简单情况加以讨论,作为定性说明。设被测物对波长为 λ_1 与 λ_2 两种光的吸收系数为 E_1 与 E_2。测定时,两种光各以强度为 I_{01} 与 I_{02} 同时入射试样。则因:

$$I = I_0 \cdot 10^{-ECL}$$

故此混合光的透光率为:

$$T = \frac{I_1 + I_2}{I_{10} + I_{20}}$$

$$= \frac{I_{01} \cdot 10^{-E_1 LC} + I_{02} \cdot 10^{-E_2 CL}}{I_{01} + I_{02}}$$

$$= 10^{-E_1 CL} \cdot \frac{I_{01} + I_{02} \cdot 10^{(E_1 - E_2)CL}}{I_{01} + I_{02}}$$

所以
$$A = -\lg T = E_1 CL - \lg \frac{I_{01} + I_{02} \cdot 10^{(E_1 - E_2)CL}}{I_{01} + I_{02}} \qquad (10-11)$$

从(10-11)式可看出,只有当 $E_1 = E_2$ 时,$A = ECL$ 才能成立。当 $E_1 \neq E_2$ 时,A 与 C 之间不是直线关系,即不符合 Beer 定律。假若 λ_1 是所需光的波长,则 λ_2 的光所产生的影响将是:①当 $E_2 > E_1$ 时,使吸收度增大,产生正偏差;②当 $E_2 < E_1$ 时,使吸收度降低,产生负偏差;③E_2 与 E_1 的差值愈大,偏差愈显著。这些影响的程度还与两种光的强度比和检测器对两种光灵敏度的差异等等因素有关。

实际上,有两种性质不同的非单色光,一种是属于光谱带宽范围内的,另一种是没有一定规律的杂散光。

1. 光谱带宽度　分光光度计是将具有连续光谱的多色光经分光器分取其中一狭小光带作为单色光源的。这种单色光包含所需波长 λ_0 和两侧一段范围内的光。这一范围常用半波宽表示(图 10-7),称为谱带宽度,简称谱带宽。谱带宽的值愈小,单色光愈纯。

谱带宽度大,可使吸收度变值,光谱曲线变形。这从(10-11)式的分析可以理解。光谱上的尖峰锐谷和陡度大的曲线部分更易受谱带宽的影响而变形,使峰值降低,谷值增大,甚至使一些峰谷消失(图 10-8)。对于宽钝的峰和谷,由于相邻波长处吸收系数变化不大,因此受谱带宽的影响较小。为免除谱带宽度过大产生的误差,一般认为适宜的谱带宽应小于被测物吸收峰半高宽的 1/10。

2. 杂散光　从分光器得到的单色光中,还有一些不在谱带宽范围内的与所需波长相隔较远的光,称为杂散光(Stray light)。杂散光一般来源于仪器制造过程中难以避免的瑕疵。仪器的使用保养不善,光学元件受到尘染或霉蚀,是杂散光增多的常见原因。

杂散光的波长和强度,与在用光的波长与强度间的关系没有一定的规律,也随仪器而不同。

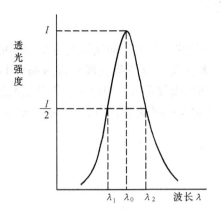

图 10-7 单色光的谱带宽

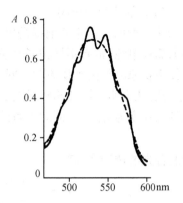

图 10-8 KMnO$_4$ 溶液的吸收光谱
谱带宽度 1 nm(—)与 15 nm(－－)

杂散光也可使光谱变形、变值。往往在透射光很弱的情况下,产生明显的作用。在吸收很强的波长处,如果杂散光 I_S 不被吸收,则透光率将增大,而使吸收度值 A 下降。

$$T = \frac{I + I_S}{I_0 + I_S} > \frac{I}{I_0}$$

吸收光谱中有时在末端吸收处出现假峰(False peak),就是由于有不被吸收的杂散光透过而形成的。

(三)其他光学因素

1. 散射 光路上的质点对光有散射作用。质点的大小,从最简单的小分子直到与波长数值相类同的大分子这样一个范围内,散射都遵循瑞利(Rayleigh)公式

$$I_S = \frac{8\pi^4\alpha^2}{\lambda^4\gamma^2}(1 + \cos^2\theta)I_0 \tag{10-12}$$

I_S 是与质点相距 γ 并与照射光方向成 θ 角处的散射光强;I_0 是投射于质点的波长为 λ 的光强;α 是质点的可极化度(Polarizability),大体上与质点的大小成正比。

散射,不同于反射和折射,是向空间各个方向散射的。散射可使透射光减弱。对于真溶液,质点小,α 值小,散射光不强;同时,因有空白对比,一般不影响吸收度测量。值得注意的是,一些含有大分子的试样,例如含胶体、蛋白质类的溶液,因 α 值增大而使散射剧增,特别是对波长短的光,尤为显著。而且,这类溶液往往不易制备相同的空白对比,因此可使测得的吸收度偏高。

2. 反射 光通过折射率不同的两种介质界面时,有一部分被反射。反射光强 I_r 与入射光强 I 的比值为反射率 R。入射角不是很大时,依据菲涅尔(Fresnel)定律,一般符合下式:

$$R = \frac{I_r}{I} = \left(\frac{n_1 - n_2}{n_1 + n_2}\right)^2 \tag{10-13}$$

n_1 与 n_2 是介质 1 与介质 2 对入射光的折射率,两者差值愈大反射率愈大,即因反射而损失的光能愈多。光通过吸收池时,有 4 个界面,有十分之一或更多的光能因反射而损失。一般情况下,可用空白对比补偿。当空白溶液与试样溶液的折射率有较大差异时,可使吸收度值产生偏差。例如,试样含有未知的折射率大的组分,或被测组分折射率特别大且浓度高等情况下,都不易用空白补偿。

3.非平行光　通过吸收池的光,一般都不是真正的平行光,倾斜光通过吸收池的实际光程将比垂直照射的平行光的光程长。使厚度 L 增大而影响测量值。入射角为 i 的光通过厚度为 L 的吸收池时,实际光程为 $L \cdot \sec i$。这种测量时实际厚度的变异也是同一物质用不同仪器测定吸收系数时产生差异的主要原因之一。

四、透光率测量误差

与上述各种影响因素引入的误差不同,透光率测量的误差是测量中的随机误差,来自仪器的噪音(Noise)。仪器在测量时将光信息转变成的电讯号经过放大再由显示器给出测得值的过程中,有某种程度的不确定性,使测得值带有一定幅度的偶然误差,即透光率测量误差。误差的数值可以用多次测量值的平均偏差或标准差表示。这里用 ΔT 为代表。

作为测定目的浓度或吸收度的误差与透光率测量误差间的关系可从 Beer 定律导出:

$$C = \frac{A}{EL} = -\frac{1}{EL} \cdot \lg T$$

微分:

$$dC = -\frac{\lg e}{EL} \cdot \frac{dT}{T}$$

以上式除之:

$$dC = \frac{\lg e}{\lg T} \cdot \frac{dT}{T}$$

所以,浓度的相对误差 $\Delta C / C$ 为:

$$\frac{\Delta C}{C} = \frac{0.4343}{\lg T} \cdot \frac{\Delta T}{T} \tag{10-14}$$

(10-14)式表明测定结果的相对误差是透光率 T 的函数,同时也取决于 ΔT 的大小。

ΔT 是仪器测得透光率 T 值的不确定部分,主要包含两类性质不同的因素。一类是与光讯号无关的,称为 0%T 噪音或暗噪音(Dark noise);另一类是随光讯号的强弱而变化的讯号噪音,或讯号散粒噪音(Signal shot noise)。根据仪器的性能不同和测定时的条件差异,实际测量值中的 ΔT 可以是其中一类因素起主要作用,其他因素可以忽略;也可能是两者的合成效应。需根据具体情况分析。

(一)暗噪音

暗噪音是指光电换能器(检测器)与放大电路等各部件的不确定性。这种噪音的强弱取决于各种电子元件和线路结构的质量、工作状态以及环境条件等。不论是有光照射或无光照射时,噪音的幅度都不变。如果 ΔT 主要是由这一类噪音产生,则可将(10-14)式中的 ΔT 看作是一个常量。测量结果的相对误差与测量值之间的关系有如图 10-9 中的实线。当 A 值在 0.2~0.7(或 T 值65%~20%)间,曲线较平坦,且相对误差 $\Delta C / C$ 的值较小,是对测量比较适宜的区域。超出这个范围,虽然透光率测量的误差 ΔT 不变,但 $\Delta C / C$ 的值却急剧上升。曲线有一个极值点,可将(10-14)式的导函数取零值解得:

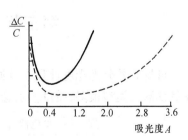

图 10-9　暗噪音(实线)与讯号噪音(虚线)的误差曲线

$$\left(\frac{\Delta C}{C}\right)' = \left(\frac{\Delta T}{T\ln T}\right)' = -\Delta T \cdot \frac{1+\ln T}{(T\ln T)^2} = 0$$

$$\ln T = -1, \qquad T = 0.368$$

极值点对于测定并无特殊意义。工作中没有必要去寻求。

由于仪器制造工艺的改进,目前分光光度计的暗噪音已相当低,常不占重要地位。只有在透光率很低时,或在使用仪器的末端波长时(光很弱),这种噪音才是主要的。对于紫外可见分光光度计、高精度的仪器,暗噪音形成的 ΔT 可低达 0.01%,一般中等仪器约为 0.3%。对于用热敏检测器的仪器,如红外分光光度计,暗噪音一般是 ΔT 中不可忽略的部分。

(二)讯号噪音

讯号噪音亦称讯号散粒噪音。光敏元件受光照射时的电子迁移,例如光电管中电子从阴极飞向阳极,或光电池中电子越过堰层,电子是一个一个地受激发而迁移的。若用很小的时间单位来衡量,则每一单位时间中电子迁移的数量是不相等的,而是在某一均值周围的随机数,形成测量光强时的不确定性。随机数变动的幅度随光照增强而增大,讯号噪音与被测光强的方根成正比,其比值 K 与光的波长及光敏元件的品质有关:

$$\Delta I = k\sqrt{I} \qquad \Delta I_0 = k\sqrt{I_0}$$

因 $T = I/I_0$,由讯号噪音产生的 ΔT,根据误差传递规律有:

$$\left(\frac{\Delta T}{T}\right)^2 = \left(\frac{\Delta I}{I}\right)^2 + \left(\frac{\Delta I_0}{I_0}\right)^2 = k^2\left(\frac{1}{I} + \frac{1}{I_0}\right) = \frac{K^2}{I_0}\left(\frac{1}{T} + 1\right)$$

因 I_0 是定值,令 $k^2/I_0 = k^2$,则:

$$\frac{\Delta T}{T} = K\sqrt{\frac{1}{T} + 1}$$

代入(10 - 14)式得

$$\frac{\Delta C}{C} = \frac{0.434K}{\lg T} \cdot \sqrt{\frac{1}{T} + 1} \qquad\qquad (10 - 15)$$

按(10 - 15)式所得的浓度相对误差与测得值间的关系如图 10 - 9 中虚线所示。误差较小的范围,一直伸延到高吸收度区,对测定是个有利因素。

第三节 可见 – 紫外分光光度计

可见紫外分光光度计是在可见紫外光区可任意选择不同波长的光测定吸收度的仪器。商品仪器的类型很多,质量差别悬殊,基本原理相似。光路可用方框图示意如下:

光源 → 单色器 → 吸收池 → 检测器 → 讯号处理及显示器

一、主要部件

1. 光源　分光光度计要求有能发射强度足够而且稳定的、具有连续光谱的光源。紫外区和可见区通常分别用氢灯和钨灯两种光源。光源的发光面积应该小,同时应附有聚光镜将光聚集于单色器的进光狭缝。

（1）钨灯或卤钨灯：钨灯光源是固体炽热发光,又称白炽灯。发射光能的波长覆盖较宽,但紫外区很弱。通常取其波长大于350 nm的光为可见区光源。卤钨灯的发光强度比钨灯高。白炽灯的发光强度与供电电压的3~4次方成正比,所以供电电压要稳定。

（2）氢灯或氘气：氢灯是一种气体放电发光的光源,发射自150 nm至约400 nm的连续光谱,具有石英窗或用石英灯管制成,用作紫外区光源。氘灯比氢灯发光强,现在仪器多用氘灯。气体放电发光需先激发,同时应控制稳定的电流,所以都配有专用的电源装置。氢灯或氘灯的发射光谱中有几根原子谱线,可作为波长校正用。目前,常用的有486.13 nm(F线)和656.28 nm(C线)。

2.单色器　单色器的作用是将来自光源混有各种波长的光按波长顺序分散,并从中取出所需波长的光。单色器由狭缝、准直镜及色散元件等组成。原理简示如图10－10。聚集于进光狭缝的光,经准直镜变成平行光,投射于色散元件。色散元件的作用是使各种不同波长的平行光有互不相同的投射方向（或偏转角度）。再经与准直镜相同的聚光镜将分散后的平行光聚集于出光狭缝上,形成按波长排列的光谱。转动色散元件的方位可使所需波长的光从出光狭缝分出。

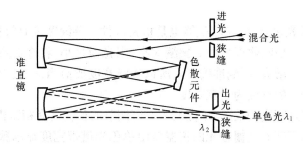

图10－10　单色器光路示意图($\lambda_1 > \lambda_2$)

（1）色散元件：常用的色散元件有棱镜和光栅。早年的仪器多用棱镜,近年多用光栅。

棱镜：棱镜的色散作用是由于棱镜材料对不同波长的光有不同的折射率所致。折射率差别愈大色散作用（色散率）愈大。棱镜材料有玻璃和石英二类。玻璃对可见光区的色散率比石英大,但不能透过紫外光（即吸收紫外光）。石英棱镜对紫外光有很好的色散作用,但在可见区不如玻璃的色散。棱镜的形状有60°的,也有制成30°反射式的（图10－11）。

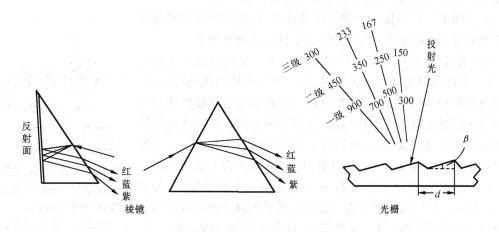

图10－11　棱镜和光栅的色散

191

棱镜的色散率随波长而变,所以用棱镜分光得到的光谱按波长排列是疏密不均的,长波波长区密,短波波长区疏。

光栅:光栅是一高度抛光的表面上刻出大量平行、等距离的槽,射到每一条槽上的光被衍射或散开成一定角度,在其中的某些方向产生干涉作用,使不同波长的光有不同的方向,出现各级明暗条纹,形成光栅的各级衍射光谱。光栅色散后的光谱与棱镜不同,光栅的光谱是由紫到红,各谱线间距离相等,是均匀分布的连续光谱。实用的光栅是一种称为闪耀光栅的反射光栅(图10-11),其刻痕是有一定角度(闪耀角 β)的斜面,刻痕的间距 d 称为光栅常数,d 愈小色散率愈大,但 d 不能小于辐射的波长。用于紫外区的光栅,用铝作为反射面,每毫米刻痕一般有 600~1200 条。近年来,用激光全息技术生产的全息光栅(Holographic grating)能提高质量,降低工本,已得到普遍采用。

(2)准直镜:准直镜是以狭缝为焦点的聚光镜。其作用是将进入单色器的发散光变成平行光,又用作聚光镜将色散后的单色平行光聚集于出光狭缝。用凸透镜作为准直镜坚固耐用,但有色差,多用于低廉仪器。一般都用抛物柱面反射镜。因为铝面对紫外光的反射率比其他金属高,所以紫外分光光度计的反射镜面都是镀铝的。铝面易受损蚀,是其不足处,应经常注意保护。

(3)狭缝:与其他光学部件一样,狭缝也是精密部件。狭缝宽度直接影响分光质量。狭缝过宽,单色光不纯,可使吸收度变值。狭缝太窄,则光通量小,将降低灵敏度;或因增大放大器放大倍数而使噪音增大,影响准确度。所以狭缝宽度要恰当,一般以减小狭缝宽度时,试样吸收度不再改变时的宽度为适宜宽度。

廉价仪器多用固定宽度的狭缝,不能调节。可调节的狭缝需有精密机械连动,使进出光狭缝等宽并准确显示宽度。光栅分光的仪器多用单色光谱带宽度显示狭缝宽度,直接表达单色光纯度,可在一定范围内调节。棱镜仪器因色散不均匀,只能用狭缝实际宽度表示,在 0~2 mm 或 0~3 mm 范围内调节,谱带宽需根据仪器色散率及所在波长从狭缝宽度换算得到。

3. 吸收池　用光学玻璃制成的吸收池,只能用于可见光区。用熔融石英(氧化硅)制的吸收池,适用于紫外光区,也可用于可见光区。用作盛空白溶液的吸收池与盛试样溶液的吸收池应互相匹配。即具有相同的厚度和相同的透光性。在测定吸收系数或利用吸收系数进行定量测定时,还要求吸收池有准确的厚度(光程)。

4. 检测器　检测器是一类光电换能器,是将所接收到的光信息转变成电信息的元件。常用的有光电池与光电管两类。

(1)光电池:光电池是一种光敏半导体。光照使它产生光电流,在一定范围内光电流与光强成正比,可直接用微电流计测量。光电池有两种,硒电池与硅光电池。硒光电池对光敏感的波长范围与人眼视觉敏感范围相似,只能用于可见光区。硅光电池的敏感波长可延伸到紫外区,能同时适用于紫外区和可见区。光电池价廉耐用,但不适用于弱光,只能用于谱带宽较大的低廉仪器。

(2)光电管:光电管内装有一个阴极和一个丝状阳极,如图10-12所示。阴极的凹面涂有一层对光敏感的碱金属或碱金属氧化物或二者的混合物;当光线照射时,这些金属物质即发射电子;光愈强,放出的电子愈多。与阴极相对的阳极,有较高的正电位,

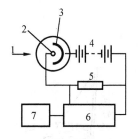

图 10-12　光电管示意图
1—照射光;2—阳极;3—光敏阴极;4—90V 直流电流;5—高电阻;6—直流放大器;7—指示器

吸引电子而产生电流。此光电流很小,需放大才能检出。目前,国产光电管有两种,即紫敏光电管为铯阴极,适用波长为 200 ~ 625 nm;红敏光电管,为银氧化铯阴极,适用波长为 625 ~ 1 000 nm。

(3)光电倍增管:光电倍增管的原理和光电管相似,结构上的差别是在涂有光敏金属的阴极和阳极之间还有几个倍增极(一般是九个),如图 10 - 13 所示。阴极遇光发射电子,此电子被电压高于阴极 90 V 的第一倍增极加速吸引,当电子打击到此倍增极时,每个电子使倍增极发射出好几个额外电子。然后,这些电子再被电压高于第一倍增极 90 V 的第二倍增极加速吸引,每个电子又使此倍增极发射出多个新的电子。这个过程一直重复到第九个倍增极,从第九个倍增极发射出的电子数已比第一倍增极发射的电子大大增加,使每个光子最后可以发射出 10^6 ~ 10^7 个电子,然后被阳极收集,产生较强的电流。为了增加测量灵敏度,将此电流进一步放大,由指示器显示,或用记录器记录下来。

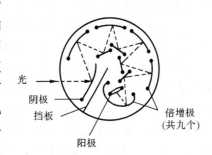

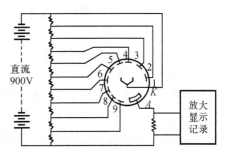

图 10 - 13 光电倍增管示意图

5. 讯号处理与显示器 光电管输出的电讯号很弱,需经过放大才能以某种方式将测得结果显示出来,讯号处理过程中也会包含一些数学运算,如对数函数、浓度因素等运算乃至微分积分等处理。

显示器可有电表指示,数字显示,荧光屏显示,结果打印及曲线扫描等等。显示方式一般都有透光率与吸收度两种方式,有的还可转换成浓度、吸收系数等显示。

二、分光光度计的光学性能与类型

近年来的仪器有许多改进,质量不断有所提高,尤其是微电子技术的应用使仪器逐步实现了电脑化,无论是在操作程序还是在结果处理等方面都提供了不同程度的自动化设施,可大大提高分析工作的质量和速度。商品仪器的品目繁多,不胜枚举。本节只就光学性能方面列举一些主要项目,并就光路结构的几种类型略作介绍,以资参考。

1. 可见紫外分光光度计的主要光学性能 仪器的光学性能指标主要有:波长范围、波长精度、单色光纯度及光度测量精度等。一般用下列项目表示。

波长范围:是仪器能测量的波长范围,一般从短波长端 200 nm 左右至长波长端 800 nm 左右。有的仪器可延伸至近红外区,长波长端可达 2.5 μm;也有只能用于可见光区的仪器。

波长准确度:以仪器显示的波长数值与单色光的实际波长值之间的误差表示,一般可在 ±0.5 nm 范围内或更小。

波长重现性:是指重复使用同一波长时,单色光实际波长的变动值,此值一般是波长准确度误差的一半左右。

狭缝或谱带宽:单色器狭缝的作用是调控单色光的谱带宽度。棱镜分光仪器常用狭缝实际宽度表示,一般在 0 至 2 或 3 nm 间可调。光栅分光仪器常用单色光的谱带宽表示狭缝宽度,一般在 0~5 nm 范围内可调。有分档调节的,也有连续可调的。有些低价的仪器,狭缝是固定的,不能随意改变宽度。

分辨率:分辨率是单色器分光本领的指标,用仪器能分辨出的最接近的两谱线间的距离来表示,距离(Δλ)愈小,分辨效果愈好。棱镜仪器的分辨率,紫端高,红端低。光栅仪器较均匀。一般应在狭缝不太小的情况下能分辨 365 nm 处的汞三线(365.01,365.48,366.33 nm),或钠双线(589.0 与 589.6 nm)。

杂散光:通常以测光讯号较弱的波长处(如 200 或 220 nm,310 或 340 nm 处)所含杂散光的强度百分之比为指标。一般可不超过 0.5%,有的可小于 0.003%。

测光准确度:有二种表示方式,以透光率测量值的误差或以吸收度测量值的误差表示。透光率测量误差一般约 ±0.5% 或更小。用吸收度测量值误差表示时,常同时注明吸收度值,例如,A 值为 1 时误差在 ±0.005 以内,A 值为 0.5 时误差在 ±0.003 以内等。

测光重现性:是在同样情况下重复测量光度值的变动性。一般为测光准确度误差范围的一半左右。

2. 几种光路类型　紫外可见分光光度计的光路系统大致可分为单光束、双光束、双波长与双重单色器几种。

(1)单光束分光光度计:单光束仪器只有一束单色光。空白溶液的 100% 透光率调节和试样溶液透光率的测定,都是在同一位置用同一束单色光先后进行的。仪器的结构比较简单,但对光源发光强度的稳定性要求较高,见单光束分光光度计光路示意图 10-14。国产

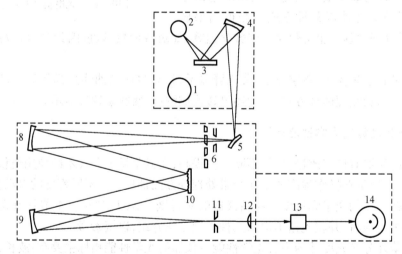

图 10-14　单光束分光光度计光路示意图

1—氘灯;2—钨灯;3,5—平面反射镜;4—聚光镜;6—进口狭缝;7—滤光系统;8,9—球面反射镜;10—光栅;11—出口狭缝;12—柱面透镜;13—吸收池;14—光电倍增管

751 型仪器是这一类型的代表,有氘灯与钨灯光源,波长范围 200~1 000 nm,用棱镜分光,波长准确度在 400 nm 以下不超过 0.4 nm。光电管讯号放大后用电压补偿法测量透光率,其准确度误差在 ±0.3% 以内。狭缝自 0~2 nm 范围内连续可调。杂散光在 200 nm 处小于0.3%。适用于定性与定量工作。

(2)双光束分光光度计:双光束光路是被普遍采用的光路,图 10-15 表示其光路原理。

光源 W（可见光用）及 D_2（紫外光用）发出的光经反射镜 M_1 反射，通过滤光片 F 和狭缝 S_1，经过 M_2、M_3 用光栅 G 分光，经 M_4、M_5 及狭缝 S_2 得到单色光。单色光 M_6 和 M_7 被旋转扇形镜 R_1 分成交替的两束光，分别通过 M_8、M_9 透过样品池 C_1 和参比池 C_2，再经 M_{10}、M_{11} 与 R_1 同步的扇形镜 R_2 将两束光交替地经 M_{12} 照射到光电倍增管 E，使光电管产生一个交变脉冲讯号，经过比较放大后，由显示器显示出透光率、吸光度、浓度或进行波长扫描，记录吸收光谱。扇面镜以每秒几十转至几百转的速度均速旋转，使单色光能在很短时间内交替地通过空白与试样溶液，可以减免因光源强度不稳而引入的误差。测量中不需要移动吸收池，可在随意改变波长的同时记录所测量的光度值，便于描绘吸收光谱。

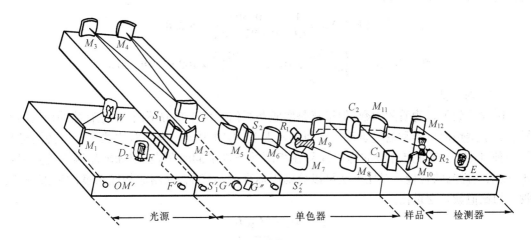

图 10-15　双光束分光光度计光路示意图

第四节　定量分析方法

一、单组分的定量方法

根据 Beer 定律，物质在一定波长处的吸收度与浓度之间呈线性关系。因此，只要选择一定的波长测定溶液的吸收度，即可求出浓度。通常应选被测物质吸收光谱中的吸收峰处，以提高灵敏度并减少测定误差。被测物如果有几个吸收峰，可选不易有其他物质干扰的，较高的吸收峰。一般不选光谱中靠短波长末端的吸收峰。

（一）吸收系数法

吸收系数是物质的常数，只要测定条件（溶液浓度与酸度，单色光纯度等）不致于引起对 Beer 定律的偏离，即可根据测得的吸收度求得浓度：

$$C = \frac{A}{EL}$$

常用于定量的是比吸收系数。

例 10-1　维生素 B_{12} 的水溶液在 361 nm 处的比吸收系数的值是 207，若用 1 cm 吸收池测得溶液的吸收度是 0.414，则浓度为

$$C = \frac{A}{EL} = \frac{0.414}{207 \times 1}$$
$$= 0.002 \text{ g/100 mL}$$
$$= 20 \text{ μg/mL}$$

应注意计算结果是 100 mL 中所含 g 数,这是由比吸收系数的定义所决定的。

有的文献是将溶液吸收度换算成样品的比吸收系数,而后与经典吸收系数相比来求含量。

例 10 – 2 B_{12} 样品 25.0 mg 用水溶成 1 000 mL,以 1 cm 吸收池于吸收峰所在的 361 nm 处测得吸收度为 0.507,则:

$$(E_{1\text{ cm}}^{1\%})_{\text{样}} = \frac{A}{CL} = \frac{0.507}{0.002\ 5 \times 1} = 202.8$$

$$样品\ B_{12}\% = \frac{(E_{1\text{ cm}}^{1\%})_{\text{样}}}{(E_{1\text{ cm}}^{1\%})_{\text{标}}} \times 100\% = \frac{202.8}{207} \times 100\% = 98.00\%$$

（二）对比法

吸收系数虽是物质的常数,但毕竟是实验测得值。由于来源不同,难免有某种程度的差异。为了避免因仪器和测定条件不同而引入误差,有时须用标准品对比法。即将待测样品与一种可信的,有确定含量的标准样品在相同的条件下同时测定,与标准品测得的数据对比,以求出样品的含量。对比方法可以分别用标准品与样品,配制成相同浓度的溶液,则吸收度的比值就是含量比。

$$A_{\text{标}} = EC_{\text{标}} L$$
$$A_{\text{样}} = EC_{\text{样}} L$$

因是用同种物质、同台仪器及同一波长测定的,故 L 和 E 相等,所以:

$$\frac{A_{\text{标}}}{A_{\text{样}}} = \frac{C_{\text{标}}}{C_{\text{样}}} \times 100\%$$

也可求出样品的浓度:
$$C_{\text{样}} = \frac{A_{\text{标}}}{A_{\text{样}}} C_{\text{标}}$$

若浓度不等,则可按吸收系数计算:

$$样品含量 = \frac{E_{1\text{ cm样}}^{1\%}}{E_{1\text{ cm标}}^{1\%}} = \frac{A_{\text{样}} \cdot C_{\text{标}} \cdot P_{\text{标}}}{A_{\text{标}} \cdot C_{\text{样}}}$$

式中 C 是配制浓度,不是测得的浓度;$P_{(\text{标})}$ 是标准品的百分含量,通常是纯品,即 $P_{(\text{标})} = 1$。对比法虽有标准品对照,但并非可以降低对仪器或测定条件的要求。例如,波长不准确、单色光谱带宽过大、杂散光过高等等,都可能使测定结果发生不应有的误差。

（三）标准曲线法

用吸收系数 E 值作为换算浓度的因数进行定量的方法,不是任何情况下都能适用的。特别是在单色光不纯的情况下,测得的吸收度值可以随所用仪器不同而在一个相当大的幅度内变化不定,若用吸收系数换算成浓度,则将产生很大误差。但若是认定一台仪器,固定其工作状态和测定条件,则浓度与吸收度之间的关系在很多情况下仍然可以是直线关系或近似于直线的关系。即:

$$A = KC \quad 或 \quad A \approx KC \tag{10 – 16}$$

此时,K 值已不再是物质的常数,不能用作定性依据。K 值只是个别具体条件下的比例常数,不能互相通用。虽然有这些限制,但因为对仪器的要求不高,所以,根据(10 – 16)式的关系进行定量是吸收光度法中较简便易行的方法,尤其是对能吸收可见光的有色溶液的测定更是常用的方法,通常称为光电比色法。

测定方法如下。

因为(10－16)式中的 K 值不是物质常数,所以,必须先用标准品找出吸收度 A 与浓度 C 间的关系。方法是配制一系列浓度不同的标准品溶液,其基质应与样品的基质相同,分别测定吸收度;然后以标准溶液的浓度为横坐标,以相应的吸收度为纵坐标,绘制 $A－C$ 关系图,考查实验所得数据中浓度与吸收度之间是呈直线关系还是有明显的弯曲。若是弯曲的,则可在坐标纸上描绘成适中的光滑曲线,即标准曲线或工作曲线。以后在测得样品溶液吸收度时,就从这一曲线上查对,以得到所求的浓度。如果标准溶液的测得值显示吸收度与浓度之间有明显的直线关系,则可将实验数据用直线回归的方法,求出回归直线方程,供以后测定中计算浓度用。一般情况下,通过实验条件的探索和改进,大都可以得到一个比较满意的操作方法,使吸收度与浓度间的关系在一定的浓度范围内有较好的直线关系,如图10－16。

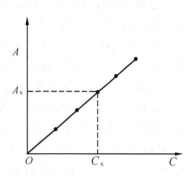

图10－16　标准曲线

配制样品液,在与测定标准溶液相同的条件下,测定样品液的吸收度值,根据吸收度值按图10－16所示查出样品溶液的浓度。如果要求精确测定时,可根据回归直线方程来计算样品溶液的浓度。

二、有色化合物的测定方法——光电比色法

可见分光光度法是对于能吸收可见光的有色溶液的测定方法,通常也称为光电比色法。也是临床检验常用的方法之一。

光电比色法之所以能被广泛采用,除了方法本身有灵敏、简便等优点外,最主要的原因是许多不吸收可见光的无色物质可以用显色反应使其变成有色物质,用光电比色的方法加以测定。而且能提高测定的灵敏度和选择性。

显色反应的类型很多,如络合反应、氧化还原反应、缩合反应等。其中应用最广的是络合反应。

显色反应及其条件　金属离子与配位体可形成稳定的有色络合物或络离子,吸收系数 ε 值可高达 10^5,灵敏度高,且常有较好的选择性,适用于微量比色分析。配位体多为有机物,已经有大量的有机试剂用于比色分析。也可利用金属离子作为试剂测定具有配位体性质的有机物,例如用铝或锆测定黄酮类化合物。

金属离子与两种或两种以上配位体形成的络合物称为多元络合物,用得较多的是与二种配位体形成的三元络合物,有提高比色分析选择性与灵敏度的作用。

一些表面活性剂参与金属离子和显色剂的反应时能形成胶束状化合物,可使吸收峰向长波段移动,使吸收系数也增大。表面活性剂多为长碳链的季胺盐类,以及动物胶与聚乙烯醇等。

形成离子对(离子缔合物)的反应也被应用于比色法。例如生物碱类与酸性染料或雷氏盐,金属络合离子与阳离子表面活性剂等形成的离子对都可用于比色分析。

显色反应的有色产物,若能溶于有机溶剂,则可萃取后进行比色测定,有利于排除干扰和提高灵敏度。

（1）显色反应须能符合下述要求：

①被测物质与所生成的有色物质之间，必须有确定的定量关系，方能使反应产物对光的吸收度准确地反映被测物含量；

②反应产物必须有足够的稳定性，以保证测得的吸收度有一定的重现性；

③如试剂本身有色，则反应产物的颜色与试剂颜色须有明显的差别，即产物与试剂对光的最大吸收波长应有较大差异，才能分辨出产物的吸收与试剂的吸收；

④反应产物的摩尔吸收系数足够大，一般为 $10^3 \sim 10^5$，才能有足够的灵敏度；

⑤显色反应须有较好的选择性，才能减免干扰因素的干扰。对于萃取比色法，应有足够大的分配比，以保证萃取完全。

（2）反应条件的影响：关于显色反应能否达到上述要求，与反应条件有很大关系。对显色反应影响较大的因素主要有：试剂与溶剂、酸碱度、反应时间及温度等。

①试剂与溶剂：选用试剂不但要考虑显色反应的灵敏度、显色的稳定性和反应的选择性，而且，还应考虑试剂的用量。为使反应能进行完全，常需加入过量的显色试剂，但试剂的用量，可影响产物的组成。例如，Fe^{3+} 与 SCN^- 的络合反应，可生成多种不同组成的络离子。SCN^- 的浓度低时，主要产物是 $FeSCN^{2+}$，当 SCN^- 为 0.1 mol/L 左右时生成 $Fe(SCN)_2^+$，若 SCN^- 的浓度大于 0.2 mol/L 时则生成 $Fe(SCN)_6^{4-}$ 等阴离子。为使产物组成一定，应控制试剂的浓度。

溶剂的性质可影响物质对光的吸收，使之呈现不同的颜色。例如，苦味酸在水溶液中呈黄色，而在氯仿中则几乎无色。溶剂也与显色反应产物的稳定性有关，例如，硫氰化铁红色络合物在丁醇中比在水中稳定。在萃取比色中，则应选用分配比高的萃取溶剂。

②酸碱度：许多有色物质的颜色，随溶液中的氢离子浓度而改变，同时显色反应的历程也多与溶液的酸碱度有关。例如，络合反应中所用络合剂多为弱酸，溶液的酸度也会阻碍络合剂离解，酸度过小又可使金属离子水解沉淀。由于酸度影响络合剂的离解，在不同酸度时，可生成不同组成的络离子。如 Fe^{3+} 与磺基水杨酸根（$C_7H_4SO_6^{2-}$）的络合，在 pH1.8 ~ 2.5 时，生成 $Fe(C_7H_4O_6S)^+$（红褐色）；pH4 ~ 8 时，生成 $Fe(C_7H_4O_6S)_2^-$（褐色）；pH8 ~ 11.5 时，形成 $Fe(C_7H_4O_6S)_3^{3-}$（黄色）；pH > 12 时，生成 $Fe(OH)_3$ 沉淀。

其他反应，如氧化还原反应，缩合反应等，溶液的酸碱性也是反应的重要条件之一。有些反应对溶液的酸碱性很敏感，须用缓冲溶液来保持溶液的 pH 值恒定。

③反应时间：由于反应速度不同，完成反应所需要的时间也常有较大差异。甚至有色产物在放置过程中颜色也会发生变化。有的在显色后经过短时间放置即逐渐减褪；有的在显色后颜色慢慢加深，须经过一定时间才能达到稳定。有的反应颜色能保持较长时间稳定不变；有的只能维持短暂的稳定时间。对于一个显色反应中各个步骤所需时间和颜色能稳定地保持多久，常须通过实验确定。

④温度及其他：很多显色反应在室温下进行，室温的变动一般对结果影响不大。有些涉及氧化还原或缩合等反应，常须考虑温度；提高温度可促进反应速度，但也可产生副反应，须在适当的温度下进行。有些反应与溶解度有关，也要考虑温度；提高温度促进溶解，以利反应进行；或降低温度以避免沉淀溶解，都应根据具体的反应考虑适当的温度。

其他如见光易变质的产物，放置过程中应避光；易受空气中氧干扰的，应密闭放置。

（3）反应条件的控制：确定显色反应的最适宜条件，须通过实验验证。对于已经制定的比色方法，不应随意更改条件。如需要改变条件或新建方法中要考查某一条件对比色的影响时,可通过实验描绘吸收度 – 条件曲线,或不同条件下的吸收度 – 浓度曲线,从中选定适宜的条件。例如,考察显色稳定的时间,可在显色后每隔一段时间测一次吸收度,测量多次;从所得到的吸收度 – 时间曲线上,可以找到显色稳定的时间范围,如图10 – 17所示,从而可制订最适宜的时间。又如,考察试剂用量这一条件与灵敏度和准确度的关系,可按照制备标准曲线的方法,固定其他条件,改变试剂用量,每一试剂用量均可得到一条 A – C 曲线;选择其中直线关系好、斜率大的那一种试剂用量。其他条件如酸碱度、温度等,均可仿此得到图10 – 18 的考察曲线,找出最佳条件范围。

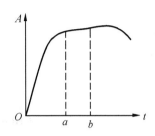

图 10 – 17　稳定性考察曲线

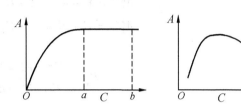

图 10 – 18　溶剂用量的考察曲线

三、多组分的测定

有两种或多种组分共存时,可根据各组分吸收光谱相互重叠的程度分别考虑测定方法。最简单的情况是某组分的吸收峰所在波长处,其他组分没有吸收,如图10 – 19(a)所示,则可按单组分的测定方法分别在 λ_1 处测定 a 组分,在 λ_2 处测定 b 组分的浓度。

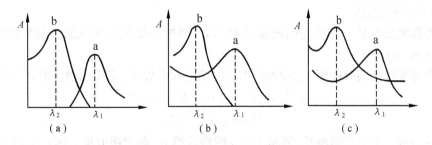

（a）　　　　　　　　　　（b）　　　　　　　　　　（c）

图 10 – 19　混合组分吸收光谱的三种相干情况示意图

如果 a、b 两组分的吸收光谱有部分重叠,如图 10 – 19(b)所示,在 a 组分的吸收峰 λ_1 处 b 组分没有吸收,而在 b 的吸收峰 λ_2 处 a 组分有吸收,则可先在 λ_1 处按单组分测定法测得混合物溶液中 a 组分的浓度 C_a,再在 λ_2 处测得混合物溶液的吸收度 A_2^{a+b},即可根据吸收度的加和性计算出 b 组分的浓度 C_b。因为:

$$A_2^{a+b} = A_2^a + A_2^b = E_2^a \cdot C_a + E_2^b \cdot C_b \qquad \left(C_a = \frac{A_1^a}{E_1^a} \right)$$

故

$$C_b = \frac{1}{E_2^b}(A_2^{a+b} - E_2^a C_a) \qquad\qquad (10 – 17)$$

式中 a、b 两组分在 λ_2 处的吸收系数 E_2^a 与 E_2^b 需事先求得。

在混合物测定中更多遇到的情况是各组分的吸收光谱相互都有干扰,如图 10 – 19(c)

所示。原则上,只要混合组分的吸收光谱有一定的差异,都可以根据吸收度加和性的基本原理设法测定。依据测定目的不同,有时需同时测定各共存组分的浓度,有时希望消除干扰组分的吸收,以测定其中某一组分的浓度;同时,亦可按照各组分吸收曲线的形状不同和相互干扰的程度不同,可以推演出一些测定方法。现介绍几种如下。

（一）解线性方程组法

如图 10 – 19(c) 中 a、b 两组分混合物溶液,若事先测知在 λ_1 与 λ_2 处两组分各自的吸收系数 E_1^a、E_1^b、E_2^a 与 E_2^b 之值,则在两波长处测得混合物溶液吸收度 A_1^{a+b} 与 A_2^{a+b} 的值后,即可用线性方程组解得两组分的浓度。因:

$$A_1^{a+b} = A_1^a + A_1^b = E_1^a \cdot C_a + E_1^b \cdot C_b$$
$$A_2^{a+b} = A_2^a + A_2^b = E_2^a \cdot C_a + E_2^b \cdot C_b$$

故

$$C_a = \frac{A_1^{a+b} \cdot E_2^b + A_2^{a+b} \cdot E_1^b}{E_1^a \cdot E_2^b - E_2^a \cdot E_1^b}$$

$$C_b = \frac{A_2^{a+b} \cdot E_1^a - A_1^{a+b} \cdot E_2^a}{E_1^a E_2^b - E_2^a E_1^b}$$

(10 – 18)

式中浓度 C 的单位依据所用吸收系数而定,一般用比吸收系数,则浓度为百分浓度。

解线性方程组的方法是混合测定的经典方法。在所选波长处各组分的吸收系数间的差别大,并都有良好的重现性,则可得比较准确的结果。本法也可以用于三组分或更多组分的混合物测定。若单从数学处理的角度看,只须用作测定的波长点数等于或多于所含的组分数,则都能被应用。而且繁冗的运算过程现亦已可由计算机来完成。不过在实际应用中,对于组分较多的混合物,要能选择为数较多而又适用于测定的波长点,但并不常能如愿。

（二）等吸收点法

两种物质若在某一波长处的吸收系数相等,则这一波长称为这两种物质的等吸收点（isobestic point）。

测得等吸收点的吸收度 A_e,即可根据共同的吸收系数 E_e,求得两物质的总浓度 C_{a+b}:

$$A_1^{a+b} = E_e C_a + E_e C_b = E_e (C_a + C_b)$$
$$C_a + C_b = A_e^{a+b}/E_e$$

然后再选一个适当的波长,例如 a 或 b 的吸收峰处,测定吸收度。因已求得总浓度,所以,计算就较简单。例如,在 a 的吸收峰 λ_1 处测得混合物溶液的吸收度 A_1^{a+b},同时又测得等吸收点的吸收度 A_e^{a+b},则可计算 a 的浓度 C_a。因为:

$$A_1^{a+b} = E_1^a \cdot C_a + E_1^b \cdot C_b$$
$$= E_1^a \cdot C_a + E_1^b (C_{a+b} - C_a)$$

故:

$$C_a = \frac{A_1^{a+b} - E_1^b C_{a+b}}{E_1^a - E_1^b}$$

$$= \frac{A_1^{a+b} - A_e^{a+b} E_1^b / E_e}{E_1^a - E_1^b}$$

一些弱电解质或容易水解的物质,常因溶液的酸碱性改变而离解或分解,形成吸收光谱不相同的物质。例如,酸碱指示剂 HIn 与共轭碱 In⁻,又如,水杨酸甲酯与水解产物水杨酸,都有不同的吸收光谱,等吸收点可以用来测定这一类物质的总浓度,可排除一些影响因素。

（三）等吸收双波长消去法

吸收光谱重叠的 a、b 两组分共存时，先把一种组分 a 的吸收度设法消去。方法是选取二个波长 λ_1 与 λ_2（图 10-20 左），使组分 a 在这两个波长处的吸收度相等；而对欲测组分 b，则两波长处的吸收度有显著的差别。用这样两个波长测得混合物溶液的吸收度之差 ΔA，只与 b 组分的浓度成正比，而与 a 组分的浓度无关。因此，可以消去 a 的干扰，而直接测得 b 的浓度，用数学式表示如下：

$$A_2 = A_2^a + A_2^b$$
$$A_1 = A_1^a + A_1^b$$
$$\because \quad A_1^a = A_2^a$$
$$\therefore \quad \Delta A = A_1^b - A_2^b$$
$$= (E_1^b - E_2^b) C_b \cdot l$$

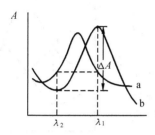 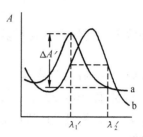

图 10-20　等吸收双波长消去法示意图

左图消去 a 测定 b；右图消去 b 测定 a

被测组分 b 在两波长处的吸收系数差别愈大，愈有利于测定。需测另一组分 a 时，也可用相同方法，另取两个适宜波长 λ_1 与 λ_2，消去 b 的干扰（图 10-20，右）。

本法还可行之有效地用于浑浊溶液的测定。浑浊液因有固体悬浮于溶液中，遮断一部分光线，使测得的吸收度增高，这种因浑浊表现的吸收度与浑浊程度有关，但一般不受波长影响或影响甚微，可看作在所有波长处的吸收度是相等的。因此，可任意地选择两个适当波长，用 ΔA 法消除浑浊干扰。

（四）倍率减差法

用上述等吸收双波长消去干扰，有时不容易从两组分的吸收光谱中找到合适的等吸收波长；倍率减差法则可增加选择波长的可能性。假设选定 λ_1 与 λ_2 两波长（图 10-21），并以纯 a 溶液在两波长处吸收度的比值为 k。则：

$$k = \frac{A_2^a}{A_1^a} = \frac{E_2^a}{E_1^a}$$

且规定：

$$\Delta A = kA_1 - A_2$$

则可将 a 组分消去：

$$\Delta A^a = kA_1^a - A_2^a = \frac{E_2^a}{E_1^a} \cdot E_1^a C_a - E_2^a C_a = 0$$

而对于被测组分 b，则 ΔA 与浓度成正比：

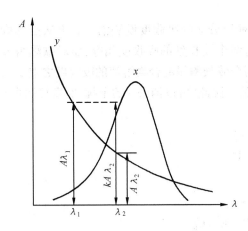

图 10-21 倍率减差法图例

$$\Delta A^{\mathrm{b}} = kA_1^{\mathrm{b}} - A_2^{\mathrm{b}} = (kE_1^{\mathrm{b}} - E_2^{\mathrm{b}}) \cdot C_{\mathrm{b}}$$
$$= kC_{\mathrm{b}}$$

因此,混合物溶液在两波长处测得的吸收度经过倍率减差后可消去干扰组分 a,测 b 的浓度:

$$\Delta A^{\mathrm{a+b}} = kA_1^{\mathrm{a+b}} - A_2^{\mathrm{a+b}} = kA_1^{\mathrm{a}} + kA_1^{\mathrm{b}} - A_2^{\mathrm{a}} - A_2^{\mathrm{b}}$$
$$= kA_1^{\mathrm{b}} - A_2^{\mathrm{b}} = (kE_1^{\mathrm{b}} - E_2^{\mathrm{b}}) \cdot C_{\mathrm{b}} = kC_{\mathrm{b}}$$

同理,若将倍率系数改为 b 组分吸收系数比:

$$k' = \frac{E_2^{\mathrm{b}}}{E_1^{\mathrm{b}}}$$

则可消 b 组分而测得 a 组分。这样用两个不同的系数比计算,可同时求得两组分的浓度。

结合等吸收点的利用,倍率减差法还可能用于三元组分的测定。例如,图 10-22 中 a、b、c 三组分,在等吸收点 λ_1 与 λ_2 处,a、b 两组分的吸收系数相等,所以吸收系数比 k 是常数:

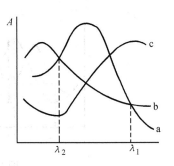

图 10-22 相同浓度的 a、b、c 三种物质的吸收曲线

$$E_2^{\mathrm{a}} = E_2^{\mathrm{b}} = kE_1^{\mathrm{a}} = kE_1^{\mathrm{b}}$$
$$A_2^{\mathrm{a}} - kA_1^{\mathrm{a}} = 0$$
$$A_2^{\mathrm{b}} - kA_1^{\mathrm{b}} = 0$$

若以此三元混合液在 λ_2 处测得的吸收度 $A_2^{\mathrm{a+b+c}}$ 减去其在 λ_1 处测得的 $A_1^{\mathrm{a+b+c}}$ 的 K 倍 ΔA,则:

$$\Delta A = A_2^{\mathrm{a+b+c}} - kA_1^{\mathrm{a+b+c}} = A_2^{\mathrm{a}} + A_2^{\mathrm{b}} + A_2^{\mathrm{c}} - kA_1^{\mathrm{a}} - kA_1^{\mathrm{b}} - kA_1^{\mathrm{c}}$$
$$= A_2^{\mathrm{c}} - kA_1^{\mathrm{c}} = (E_2^{\mathrm{c}} - kE_1^{\mathrm{c}})C_{\mathrm{c}} = KC_{\mathrm{c}}$$

所以,可从混合物溶液在 λ_1 与 λ_2 处测得的吸收度求得组分 C 的浓度。

(五)三波长法

三波长法也是一种先消除一个组分,测定另一个组分的方法。方法要求找出三个适宜的波长。为了要消除组分 a 的干扰吸收,要使 a 组分的吸收曲线上,处于这三个波长上的点能在一根直线上,见图 10-23,实线上 A、B、C 三点。于是,根据相似三角形的等比性质,组分 a 在这三个波长处的吸收度有以下关系:

$$(A_1^{\mathrm{a}} - A_2^{\mathrm{a}}) : m = (A_2^{\mathrm{a}} - A_3^{\mathrm{a}}) : n$$

整理后得:

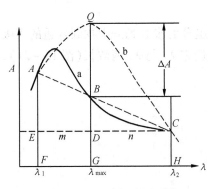

图 10-23 三波长法原理图

$$A_2^{\mathrm{a}} = \frac{n}{m+m} \cdot A_1^{\mathrm{a}} + \frac{m}{m+n} \cdot A_3^{\mathrm{a}}$$
$$= k_1 A_1^{\mathrm{a}} + k_3 A_3^{\mathrm{a}} \tag{10-19}$$

现若规定：

$$\Delta A = A_2 - k_1 A_1 - k_3 A_2$$

则 a 组分的吸收就被消除：

$$\Delta A^{a} = A_1^{a} - k_1 A_1^{a} - k_3 A_3^{a} = 0$$

而对于被测组分 b(图 10 – 23,虚线),则：

$$\Delta A^{b} = A_1^{b} - k_1 A_1^{b} - k_3 A_3^{b}$$
$$= C_b (E_2^{b} - k_1 E_1^{b} - k_3 E_3^{b}) = K C_b \qquad (10-20)$$

混合物溶液在这三个波长测得的吸收度、按上述方法计算出 ΔA,也是与 a 组分浓度无关,而与 b 组分浓度成线性关系的。

　　常数 k_1, k_3 与 K 可通过实验预先测得。方法是先配制二个不同浓度的 a 组分溶液,分别测定三个波长处的吸收度,代入(10 – 19)式,从所得二元一次方程组解得 k_1 与 k_3。然后用已知 b 组分浓度的溶液测得三个波长处的吸收度,代入(10 – 20)式,即可求得 K。选择波长时,应考虑使 K 的绝对值大一些。

第五节　紫外吸收光谱与有机分子结构的关系

一、基本概念

(一)电子跃迁的类型

　　化合物的可见紫外吸收光谱主要是由分子中的价电子的跃迁而产生的。分子中的价电子有成键的 σ 键电子与 π 键电子,还可以有未成键的 p 电子(以下都称它为 n 电子)。电子围绕分子或原子运动的几率分布叫做轨道。电子所具有的能量不同,轨道也不同。当它们吸收一定的能量后,就跃迁到能级更高的轨道而呈激发态。未受激发的较稳定的价态叫基态。成键电子的能级比未成键电子的能级低。例如,两个氢原子形成一个氢分子时,两个氢原子上的 s 电子都跃迁到能级更低的 σ 键轨道上

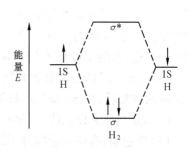

图 10 – 24　H_2 的成键和反键轨道

去,成为更稳定的状态,如图 10 – 24 所示。可是,分子外层还有一种更高的能级存在,称做反键轨道,用"＊"号标记,图中的 σ^* 轨道就叫 σ 反键轨道。分子中有 π 键时,还有 π 反键轨道 π^*。π^* 的能级比 σ^* 低,比未成键电子的能级高。分子中 n 电子的能级基本上保持原子状态时的能级,比成键电子高,比反键轨道的能级低。n 电子或成键电子都可以吸收一定的能量跃迁到反键轨道上去。有机分子外层电子的跃迁有以下几种类型。

　　(1)$\sigma \rightarrow \sigma^*$ 跃迁:饱和烃只有能级低的 σ 键,它的反键轨道也只有 σ^*。σ 与 σ^* 的能级差大,实现 $\sigma \rightarrow \sigma^*$ 跃迁需要的能量高,吸收峰在远紫外区。例如,甲烷的吸收峰在 125 nm,乙烷在 135 nm,饱和烃类吸收峰波长一般都小于 150 nm,超出一般仪器的测定范围。

　　(2)$\pi \rightarrow \pi^*$ 跃迁:不饱和烃类分子中有 σ 键和 π 键电子,也有 σ^* 与 π^* 的轨道。π 键上的电子跃迁到 π^* 上去所需的激发能较 $\sigma \rightarrow \sigma^*$ 跃迁所需的能量低,孤立的 $\pi \rightarrow \pi^*$ 跃迁吸收峰大都在 200 nm 左右,吸收系数很大,属于强吸收。例如,乙烯 $CH_2 = CH_2$ 的吸收峰在

165 nm，ε 为 10^4。具有共轭双键的化合物，相间的 π 键与 π 相互作用形成离域键，电子容易激发，使 $\pi \to \pi^*$ 跃迁所需能量减小，如丁二烯的 λ_{max} 在 217 nm（ε 为 21 000）。共轭键愈长跃迁所需能量愈小。

（3）$n \to \pi^*$ 跃迁：含有杂原子的不饱和基团，如具有 $C = O$、$C = S$、$-N = N-$ 等的化合物，在杂原子上有未成键的 n 电子，能级较高。激发 n 电子跃迁到 π^*，即 $n \to \pi^*$ 跃迁所需能量较小，近紫外区的光能就可以激发。不过，$n \to \pi^*$ 跃迁的吸收系数小，属弱吸收。例如丙酮，除有 $\pi \to \pi^*$ 跃迁的强吸收峰以外，还有吸收峰在 279 nm 左右的 $n \to \pi^*$ 跃迁，ε 为 $10 \sim 30$。

（4）$n \to \sigma^*$ 跃迁：如 $-OH$，$-NH_2$，$-X$，$-S$ 等基团连接在分子上时，杂原子上未共用 n 电子跃迁到 σ^* 轨道上，形成 $n \to \sigma^*$ 跃迁，所需能量与 $\pi \to \pi^*$ 跃迁接近。如甲醇，除 $\sigma \to \sigma^*$ 跃迁的吸收峰外，其 $n \to \sigma^*$ 跃迁的吸收峰在 183 nm，ε 为 150；又如三甲基胺 $(CH_3)_3N$ 的 $n \to \sigma^*$ 跃迁，吸收峰在 227 nm，ε 约为 900，属于中强吸收。

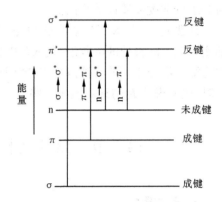

图 10 – 25　分子中价电子能级跃迁示意图

综上所述，电子由基态跃迁到激发态时所需能量是不同的，所以吸收光能的波长也不同。它们所需能量的大小，可用图 10 – 25 表示。并有下列次序：

$$\sigma \to \sigma^* > n \to \sigma^* \geqslant \pi \to \pi^* > n \to \pi^*$$

其中，$n \to \pi^*$ 跃迁所需的能量在可见光区及紫外光区，吸收的波长可用可见 – 紫外分光光度计测定。单独双键的 $n \to \pi^*$ 与 $n \to \sigma^*$ 跃迁所需的能量大小差不多，它们都靠近光谱的 200 nm 一边，有的吸收峰大于 200 nm，有的小于 200 nm，它们在吸收光谱上常呈现末端吸收。另外，$\pi \to \pi^*$ 跃迁的吸收系数比 $n \to \pi^*$ 大得多，表示前者电子跃迁几率较大，亦即浓度相同的两种物质，在 $\pi \to \pi^*$ 跃迁的吸收峰比 $n \to \pi^*$ 跃迁的吸收峰高。

（二）发色团和助色团、长移和短移

（1）发色团：有机化合物分子结构中含有 $\pi \to \pi^*$ 或 $n \to \pi^*$ 跃迁的基团，如 $C = C$、$C = O$、$C \equiv C$、$-N = N-$、$-NO_2$、$-C = S$ 等，能在紫外可见光区范围内产生吸收的基团称为发色团，也称生色团（Chromophore）。

（2）助色团：助色团（Auxochrome）是指含有非键电子的杂原子的饱和基团，如 $-OH$、$-NH_2$ 及卤素等。当它们与发色团或与饱和烃相连时，能使该生色团的吸收峰向长波方向移动，并使吸收强度增加。

若助色团与发色团相连则产生 $n \to \pi^*$ 跃迁，使吸收向长波方向移动。以乙烯为例，它与助色团相连接时，例如接上 $-NR_2$（+40 nm）、$-OR$（+30 nm）、$-SR$（+45 nm）、$-Cl$（+5 nm）或 $-CH_3$（+5 nm）等基团时，吸收峰都向长博移动，其中烷也是一个助色团，但影响较小。助色团如果和共轭双键或苯环相连，不仅使吸收向长波长移动，而且还使吸收度增大。例如，苯的一个吸收峰在 255 nm，ε 为 200，当它被一个 $-OH$ 基取代后，吸收峰移至 270 nm，ε 为 1450。

（3）红移（Redshift）：简称长移。由于化合物的结构的改变，如发生共轭作用，引入助色团或溶剂改变等，使吸收峰向长波长移动的现象称深色移动（bathochronic shift），或红移。

（4）蓝移:简称短移。当化合物的结构改变时,或受溶剂的影响等,使吸收峰向短波长方向移动的现象称为浅色移动(hypochromic shift),或蓝(紫)移(blue shift)。

（5）增色效应或减色效应:由于化合物的结构的改变或其他原因,使吸收强度增大的现象称为吸收增强效应或浓色效应(hyperchronic effect);使吸收强度减弱的现象称为吸收减弱效应或淡色效应(Hypochromic effect)。

（三）吸收带

吸收带(Absorption band)就是吸收峰在可见紫外光谱中的位置。根据分子结构与取代基团的种类,可把吸收带分为四种类型,便于在解析光谱时,可从这些吸收带推测化合物分子结构情况。

（1）R 带:由 $n \to \pi^*$ 跃迁引起的吸收峰所在的位置。是含杂原子的不饱和基团,如 $C = O$、$-NO$、$-NO_2$、$-N = N-$ 等这一类发色团的特征吸收带。它的特点是处于较长波长范围(~ 300 nm),而且是弱吸收,其摩尔吸收系数值一般在 100 以内,所以测 $n \to \pi^*$ 跃迁要用较浓的溶液进行测量。溶剂的极性增大时,R 带发生短移。所以在非极性溶剂中吸收峰在较长波长处,若改用极性溶剂时,吸收峰短移,说明有 R 带存在。另外,当有强吸收峰在其附近时,R 带有时出现长移,有时被掩盖。例如,丙酮在 276 nm 的吸收峰,ε 为 15,即为 R 带吸收。

（2）K 带:K 带相当于共轭双键中 $\pi \to \pi^*$ 跃迁所产生的吸收峰,它的特点是吸收峰的波长比 R 带短,而 $\varepsilon \geqslant 10^4$。例如,丁二烯 $CH_2 = CH - CH - CH_2$ 的 λ_{max} 为 217 nm($\varepsilon, 10^4$),就属于 $\pi \to \pi^*$ 跃迁的 K 带;巴豆醛 $CH_3CH = CH - CHO$ 有两个吸收峰,λ_{max} 分别为 218 nm($\varepsilon, 1.8 \times 10^4$)和 321 nm($\varepsilon, 30$),前者为 K 带,后者为 R 带等。

（3）B 带:B 带相当于芳香族(包括杂芳香族)化合物的特征吸收带之一。纯苯于气体状态下,在 230~270 nm 出现精细结构的吸收光谱,见图 10-26 左图;因在蒸气状态中分子间彼此作用小,反映出孤立分子振动、转动能级跃迁,在苯溶液中,因分子间作用力加大,转动消失仅出现部分振动跃迁,因此谱带较宽,见图 10-26 右图;在极性溶剂中溶剂和溶质间作用更大,振动和转动均表现不出来,因而精细结构消失,B 带出现一个较宽的谱带,其重心在 256 nm 附近,ε 为 200 左右。

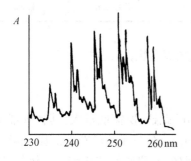 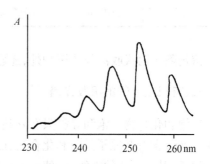

图 10-26　苯的 B 带吸收光谱(左:苯蒸气;右乙醇中苯的稀溶液)

（4）E 带:E 带也相当于芳香族化合物的特征吸收,认为是由苯环结构中三个乙烯的环状共轭系统的跃迁所发生,分为 E_1 带及 E_2 带。E_1 带的吸收峰约在 180 nm($\varepsilon, 4.7 \times 10^4$),$E_2$ 带吸收峰在 200 nm 左右($\varepsilon, 7 \times 10^8$),都属强吸收。苯环上当有助色团如 $-OH$、$-Cl$ 等取代时,E_2 带出现长移,但一般在 210 nm 左右;当有发色团取代而且与苯环共轭时,E_2 带常和 K 带合并,吸收峰更长移,而使 B 带也向长波移动,如苯乙酮的三个吸收峰为 240 nm(ε, 1.3×10^4),278 nm(ε,1.1×10^4)及 319 nm(ε,50),分别属于 K 带、B 带及 R 带。

(四)溶剂效应

化合物在溶液中的紫外吸收光谱常受到溶剂的影响,在非极性溶剂如乙烷中所得的光谱接近于气体。极性溶剂对溶质的吸收带影响较大,这是因为极性溶剂和溶质间可形成氢键,使电子能级差值降低,又由于基态与激发态的降低程度不同,引起 $n \rightarrow \pi^*$ 及 $\pi \rightarrow \pi^*$ 跃迁的情况也不同。如图 10 - 27 所示,在 $\pi \rightarrow \pi^*$ 跃迁的情况中,激发态的极性比基态强,极性溶剂使激发态的能极降低比基态时更多,因此,使 $\pi \rightarrow \pi^*$ 跃迁所需能量变小,吸收峰长移。而在 $n \rightarrow \pi^*$ 跃迁情况中,未共用的 n 电子在基态时与极性溶剂形成的氢键比激发态时更稳定,使跃迁所需能量增大,吸收峰短移。例如,异丙叉丙酮的溶剂效应,如表 10 - 4 所示。

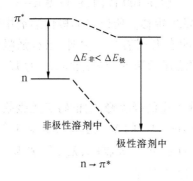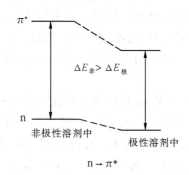

图 10 - 27　极性溶剂对两种跃迁能级差的影响

表 10 - 4　溶剂极性对异丙叉丙酮的两种跃迁吸收峰的影响

跃迁类型	正己烷	氯仿	甲醇	水	迁移
$\pi \rightarrow \pi^*$	230 nm	238 nm	237 nm	243 nm	长移
$n \rightarrow \pi^*$	329 nm	315 nm	309 nm	305 nm	短移

溶剂除了对吸收波长的影响外,还影响吸收强度和光谱形状,如前述。

三、有机化合物的吸收光谱

1. 饱和化合物　饱和烃类只有 σ 键,只能产生 $\sigma \rightarrow \sigma^*$ 跃迁,所需能量大,其吸收带在真空紫外区。含有杂原子的饱和化合物,因有未成键的 n 电子而有 $n \rightarrow \sigma^*$ 跃迁。原子半径大的杂原子,其 n 原子的能级高,使 $n \rightarrow \sigma^*$ 跃迁所需的能量较小,吸收峰波长较长。例如,碘代烃的吸收峰波长比溴代烃或氯代烃的长(见表 10 - 5)。

表 10 – 5　含有杂原子的饱和化合物的吸收峰

助色团	化合物	溶解	跃迁	λ_{max}/nm	ε_{max}
—	CH_4	气态	$n \rightarrow \sigma^*$	<150	—
—Cl	CH_3Cl	正己烷	$n \rightarrow \sigma^*$	173	200
—Br	$CH_3CH_2CH_2Br$	正己烷	$n \rightarrow \sigma^*$	208	300
—I	CH_3I	正己烷	$n \rightarrow \sigma^*$	259	400
—OH	CH_3OH	正己烷	$n \rightarrow \sigma^*$	177	200
—SH	CH_3SH	乙醇	$n \rightarrow \sigma^*$	195	1400
—NH_2	CH_3NH_2	乙醇	$n \rightarrow \sigma^*$	215	600

2. 不饱和脂肪族化合物　含孤独双键的烯烃,吸收峰波长低于 200 nm。有共轭双键存在时,因形成大 π 键,使 π 与 π* 之间的能级差变小,吸收峰长移,吸收峰增强,呈现 K 吸收带的性质。共轭体系中若有杂原子,则 R 吸收带也长移。共轭体系的增长使长移效应也随之增强,甚至可吸收可见光而呈现颜色。

(1)共轭烯烃:除了增加共轭双键可使 K 带长移以外,共轭体系中碳原子上的取代基也有长移效应;同时,分子的结构也对吸收光谱有影响。共轭体系中的双键如果在脂环上也使K 带长移,尤其是其中有二个双键在同一个脂环中时,长移更显著。例如,一些共轭二烯化合物的吸收峰波长与摩尔吸收系数如下:

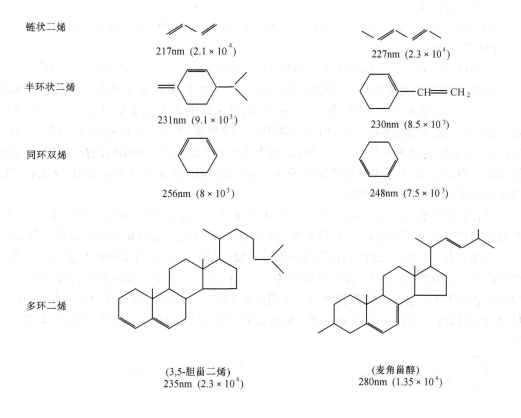

链状二烯　　217nm (2.1×10^4)　　227nm (2.3×10^4)

半环状二烯　　231nm (9.1×10^3)　　230nm (8.5×10^3)

同环双烯　　256nm (8×10^3)　　248nm (7.5×10^3)

多环二烯　　(3,5-胆甾二烯) 235nm (2.3×10^4)　　(麦角甾醇) 280nm (1.35×10^4)

（2）α,β-不饱和酮、醛、酸和酯:羰基与烯键共轭使醛、酮的 K 带与 R 带都发生长移，也使酸或酯的 K 带长移。共轭碳上的取代基或共轭系加长也都对它们有长移效应。

（3）含氮化合物:含有杂原子的不饱和基团，这些基团除羰基外，常见的是含氮基团，它们在有共轭时也有吸收峰长移的现象。例如,α,β-不饱和甲亚胺在 205～220 nm 有 K 带吸收;α,β-不饱和酰胺或内酰胺在 200～220 nm 有 K 吸收带;硝基烯在 220～255 nm 有很强的 K 带吸收，其 R 带常被掩盖。

3. 芳香族化合物

（1）苯与取代苯:苯有 E_1 带与 E_2 带的强吸收和 B 带的中强吸收三个吸收带，这些吸收带都是 $\pi \rightarrow \pi^*$ 跃迁引起的。B 带是芳香化合物的特征吸收带，对鉴定芳香化合物很有作用。

当苯环上有取代基时，苯的三个吸收带都长移，且使 ε 值增大，B 带的精细结构亦因取代基而简单化，烷基取代对此效应较小，含未成键电子基团取代时，此效应明显。尤其是在极性溶剂中，精细结构消失（图10-28）。

在取代苯中，因 E_1 带在远紫外区，研究较少，而对 E_2 带和 B 带研究最为广泛。取代基的性质不同，红移效应不同。各种取代基的长移效应强弱次序大至如下:

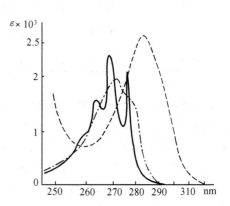

图 10-28　溶剂对苯酚吸收光谱的影响

邻对位定位基:

—N(CH$_3$)$_2$ > —NHCOCH$_3$ > —O$^-$ > —NH$_2$ > —OCH$_3$ > —OH > —Br > —Cl > —CH$_3$

间位定位基:

—NO$_2$ > —CHO > —CHCH$_3$ > —COOH > —COO$^-$ > —CN > —SO$_2$NH$_2$ > —NH^{3+}

助色团取代时，烷基取代对苯的光谱形状影响不大，仍保持 B 带的精细结构。当苯环上具有孤对电子杂原子取代时，由于 p-π 共轭，使苯环的 E 带和 B 带明显产生长移，B 带强度也增加。把苯酚变为酚盐时，由于未共用电子的增加，使 p-π 共轭加强，结果 E_2 及 B 带长移，而 ε 值也显著增大（图10-36）。利用此现象可以推测苯酚结构的存在与否。又如把苯胺变为苯胺盐，由于失去未共用电子，p-π 共轭消失，吸收带与苯的相似，这也是用以判断苯胺结构存在与否的根据。

当有发色团取代时，在 200～250 nm 处出现 K 吸收带（ε 值约 104），B 带的长移也大。乙酰苯和苯甲醛等同时有 K 带 B 带及 R 带吸收带。有些化合物的 B 带可被 K 带所掩盖。

苯环上有二个取代基时，其长移效应不仅与取代基类别有关，还和取代位置有关。若二个取代基互为邻位或间位时，或对位取代的二个基团属于同一类性质的基团，则长移效应与单取代相差不大。若是对位取代的两个基团性质不同，一个是邻对位定位基，一个是间位定位基，则长移效应特别显著，常超过两基团各自效应的加和。例如，一些化合物的 K 带 λ_{max} 如下:

—OH　211 nm

—NO$_2$　252 nm

$$\text{—NH}_2 \quad 230 \text{ nm} \qquad H_2N\text{—}\langle\text{—}\rangle\text{—NH}_2 \quad 230 \text{ nm}$$

苯环上的结构 —NO₂ 278.5 nm (邻羟基硝基苯)，间位 —NO₂ 273.5 nm

$$O_2N\text{—}\langle\text{—}\rangle\text{—NO}_2 \quad 266 \text{ nm} \qquad O_2N\text{—}\langle\text{—}\rangle\text{—COOH} \quad 265 \text{ nm}$$

$$HO\text{—}\langle\text{—}\rangle\text{—NO}_2 \quad 317.5 \text{ nm} \qquad H_2N\text{—}\langle\text{—}\rangle\text{—NO}_2 \quad 381 \text{ nm}$$

苯环相互并连成稠苯类时,长移也显著。例如,萘与蒽。萘的最大吸收波长为 275 nm (ε 为 5600),而蒽的最大吸收波长为 352 nm(ε 为 160 000)。

(2)芳杂环类:饱和杂环的吸收峰波长都低于 220 nm,不饱和的芳杂环有紫外吸收。芳杂环类的紫外吸收有许多与苯系相类似的地方。例如,苯和吡啶、萘和喹啉、蒽和吖啶等都有相类似的紫外光谱。芳杂环上有取代基后,也有长移现象。含氮六元杂环的紫外吸收也与苯相似,有 B 带的精细结构,不过,较不明显。由于杂原子上有未成键电子,取代基性质与取代位置对吸收光谱的影响变化较大。例如,2 位与 4 位羟基取代的吡啶,紫外吸收峰波长较短而吸收强度较大,这是因为它们有吡啶酮的结构:

(吡啶-2-酚 ⇌ 2-吡啶酮结构图示) , (吡啶-4-酚 ⇌ 4-吡啶酮结构图示)

本章小结

1. 基本概念

(1)透光率(T):透过光与入射光强度之比($T = I_t/I_0$)。

(2)吸光度(A):透光率的负对数[$A = -\lg T = \lg(I_0/I_t)$]。

(3)吸收系数(E):吸光物质在单位浓度及单位厚度时的吸光度。根据浓度单位的不同,常有摩尔吸收系数和比吸收系数之分。

(4)电子跃迁类型:

$\sigma \to \sigma^*$ 跃迁:处于 σ 成键轨道上的电子吸收光能后跃迁到 σ^* 反键轨道。饱和烃中电子跃迁均为此种类型,吸收波长 <150 nm。

$\pi \to \pi^*$ 跃迁:处于 π 成键轨道上的电子吸收光能后跃迁到 π^* 反键轨道上,所需的能量小于 $\sigma \to \sigma^*$ 所需的能能量。孤立的 $\pi \to \pi^*$ 跃迁吸收波长一般在 200 nm 左右,共轭的 $\pi \to \pi^*$ 跃迁吸收波长 >200 nm,强度大。

$n \to \pi^*$ 跃迁:含有杂原子不饱和基团,其非键轨道中的孤对电子吸收能量后向 π^* 反键轨道跃迁,这种吸收一般在近紫外区(200 ~ 400 nm),强度小。

$n \to \sigma^*$ 跃迁:含孤对电子的取代基,其杂原子中孤对电子吸收能量后向 σ^* 反键轨道跃迁,吸收波长约为 200 nm。

以上四种类型跃迁所需能量大小排列为: $\sigma \rightarrow \sigma^* > n \rightarrow \sigma^* \geqslant \pi \rightarrow \pi^* > n \rightarrow \pi^*$

2. 基本理论

Lambert-Beer 定律:当一束平行单色光通过均匀的非散射试样时,试样对光的吸收度与试样的浓度及厚度成正比。$A = ECL$。

双波长分光光度法:等吸收双波长消去法和系数倍率法均利用 $\Delta A_{干扰} = 0$, $\Delta A_{信号} = \Delta A_{被测}$ 原理消去干扰组分的吸收度值。

3. 基本计算

Lambert-Beer 定律数学表达式: $A = -\lg T = ECL$ 或 $T = 10^{-A} = 10^{-ECL}$

摩尔吸收系数与比吸收系数的关系: $\varepsilon = E_{1\,cm}^{1\%} \times \dfrac{M}{10}$

思 考 题

1. 紫外 - 可见分光光度法定性分析和定量分析的依据是什么?

2. 朗伯 - 比耳定律的物理意义是什么,适用条件有哪些?

3. 偏离朗伯 - 比耳定律的主要因素有哪些?

4. 紫外 - 可见分光光度计由哪几部分组成?

5. 为什么最好在最大吸收波长处测定化合物的含量?

习 题

1. 将下列透光度换算为吸光度:

(1)0; (2)50; (3)100

$(\infty ; 0.301 ; 0)$

2. 将下列吸光度值换算为透光度:

(1)0.010; (2)0.30; (3)1.00

$(97.7\% ; 50.1\% ; 10\%)$

3. 有一溶液,每升中含有 5.0×10^{-3} g 溶质,此溶质的摩尔质量为 125 g·mol^{-1}。将此溶液放在 1.00 cm 厚的比色皿内,测得的吸光度是 1.00。计算该溶质的摩尔吸附系数。

$(2.5 \times 10^4 \text{ L·mol·cm}^{-1})$

4. 某化合物的摩尔质量为 164 g·mol^{-1},在 266 nm 时,采用 1.00 cm 比色皿测得 2.31×10^{-5} mol·L^{-1} 溶液的吸度光为 0.822。计算在相同波长下的摩尔吸光系数。

$(3.56 \times 10^4 \text{ L·mol}^{-1}\text{·cm}^{-1})$

5. 检验药物中维生素 B$_1$ 的含量时,在相同条件下,第一个试样 $T_1 = 75.3\%$,第二个试样 $T_2 = 47.8\%$。求这两个样品中维生素 B$_1$ 的浓度比为多少?

(0.383)

6. 有一溶液放在厚度为 2.0 cm 的比色皿内,测得的透度度为 60%。若将此溶液放在厚度为(1)5.0 cm,(2)1.0 cm 的比色皿内,其透光度和吸光度各为多少?

$$(0.555,27.9\%;0.111,77.4\%)$$

7. 利用以下所提供的数据,计算各空格中的量。

编号	A	$T/\%$	$\varepsilon/(L \cdot mol^{-1} \cdot cm^{-1})$	b/cm	$C/(mol \cdot L^{-1})$
(1)	a	31.2	2.67×10^4	1.50	d
(2)	1.02	b	9.96×10^3	c	5.11×10^{-5}

$$(a=0.506, b=9.5\%, c=2.0 \text{ cm}, d=1.26 \times 10^{-5} \text{ mol} \cdot L^{-1})$$

8. 测定某试样 Mn 的含量。称取 0.450 g 试样,用酸分解后将试样中的 Mn 氧化成 MnO_4^-,用 100 mL 容量瓶将溶液稀释至刻度。以 2.00 cm 比色皿于 520 nm 波长下测得 $T=28.8\%$。已知该显色反应在 520 nm 处的 $\varepsilon = 2\ 235$ L $\cdot$ mol$^{-1} \cdot$ cm^{-1},求试样中 Mn 的含量。

（已知 $M_{Mn} = 54.94$ g $\cdot$ mol^{-1}）

$$(0.15\%)$$

第十一章
荧光分析法

学习提要：

在本章中，掌握荧光分析(fluorometry)的基本原理和荧光分析的定量方法及荧光强度的影响因素。了解荧光与分子结构的关系。熟悉荧光分析法的应用。

The brief summary of study：

In this chapter, master the basic principle of fluorometry, the quantitative analysis method and the factors that influence fluorescence intensity. Know the relationship between fluorescence and molecular structure. Acquaint with the application of fluorometry.

第一节　概　述

在第十章中，我们已经讨论了物质对可见和紫外区电磁辐射的吸收。分子吸收了这一光谱区的辐射后，它的电子能级跃迁到饿发态，然后以热能形式将这一部分能量释放出来，本身又回复到基态。如果吸收辐射能后处于电子激发态的分子以发射辐射的方式释放这一部分能量，这一现象我们称为发光(Luminescence)。最常见的两种发光现象是荧光(Fluorescence)和磷光(Phosphorescence)。这两种发光过程的机理不同，我们可以从实验中观察激发态分子寿命的长短来加以区别。对荧光来说，当激发光停止照射后，发光过程几乎立即停止($10^{-9} \sim 10^{-6}$ s)，而磷光则将持续一段时间($10^{-4} \sim 10$ s)。

物质因所接受的电磁辐射能量大小不同，所发射的荧光也就不同，有下列几种类型。

(1)物质中的原子，当用 X 射线作为照射源(光源)时，能发射 X 射线，其波长可作为确定元素种类的依据，射线强度可作为测定含量的依据。这种分析方法叫做 X 射线荧光分析法(Xrayfluorescent method)。

(2)含有金属原子的试样，经气化后，金属原子就处于基态。当用该原子的特征谱线作为光源激发，其电子由激发态重新降落至基态时，如果发射与激发波长相同的荧光线，则称为共振荧光，有时还发射比共振荧光波长稍长、强度较弱的荧光线。各元素的原子所发射的共振荧光波长各异，可用于确定元素的种类；从荧光强度，可测出试样中该元素的含量。这种分析方法称为原子荧光分析法(Atomic fluorescent method)。

(3)有些物质的多原子分子，在用紫外光、波长较短的可见光或红外光照射时，亦能发射共振荧光及比光源波长较长的紫外、可见或红外荧光，根据荧光波长可确定物质分子具有某种结构,从荧光的强弱可测定物质的含量,这就是通常所谓的荧光分析法(Fluorimetry)。更确切地说,是分子荧光分析法(Molecular fluorescent method)。

本章仅讨论以可见光、紫外光为光源的荧光分析法。测量荧光的仪器称为荧光计(Fluorometer)及荧光分光光度计(Fluorospectrophotometer)。荧光分析法与可见紫外分光光度法相似,但方法的灵敏度比后者高。

第二节　荧光分析的基本原理

一、分子荧光的发生过程

某些物质吸收了一定波长的光能之后,基态电子跃迁到激发态,此类电子经与同类分子或与它种分子相互碰撞,消耗相当能量,而下降到第一电子激发态中的最低振动能阶。由此最低能阶下降到基态中的某些不同振动能阶,同时发射出比原来所吸收的频率较低,波长较长的光能,称为荧光(见图11-1)。

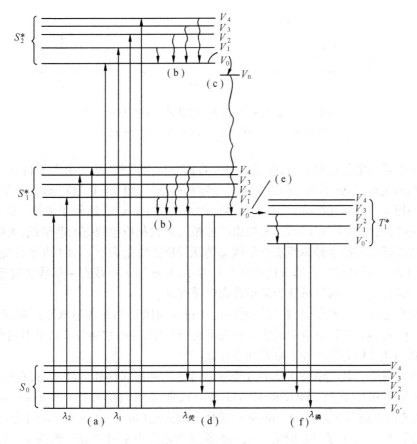

图 11-1　荧光与磷光产生示意图
(a)—吸收;(b)—振动弛豫;(c)—内部能量转换;(d)—荧光;(e)—体系间跨越;(f)—磷光

1.分子的激发态　由图 11 – 1 可见,一个分子的电子能态包括基态 S_0 及各个激发态 S_1^*,S_2^*,…,当电子从基态跃迁到激发态时,分子受到激发,分子的能量相应地随着增加。从吸收光谱上可看到一个或几个电子跃迁的吸收峰,由于在每个分子轨道的电子能阶上包含着一系列非常靠近的振动能阶,因此,每个电子吸收谱带包括有一系列非常靠近的振动跃迁吸收峰。

大多数分子含有偶数电子,在基态时这些电子存在于各个原子或分子轨道上,成对自旋,方向相反,电子净自旋等于零($S=0$),因此都是抗磁性的,其能阶不受外界磁场影响而分裂,如图 11 – 2A。即基态没有净自旋,电子能态的多重性可用 $2S+1$ 表示,可见,基态的多重性 $M=2S+1=1$,这样的电子能态称单线态(Singlet state)。当基态分子的一个成对电子,吸收光能而被激发的过程中,通常它的自旋方向不变($\Delta S=0$),则激发态仍是单线态,如图 11 – 2B。

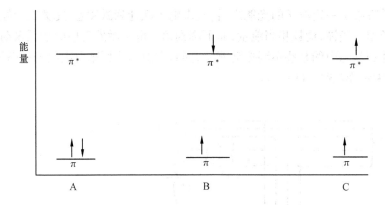

图 11 – 2　具有 π 电子分子的几种电子能态示意图
A.基态(π^2);B.激发单线态($\pi\pi^*$);C.激发三线态($\pi\pi^*$)

如果一个成对电子被激发后,在激发态上自旋方向有改变,即二个电子自旋方向相同,就成为自旋不成对,即分子电子净自旋不等于零而等于 1,即 $S=1$,这样的分子在磁场中会受到磁场的影响而发生能级分裂,亦即其多重性 $M=2S+1=3$。这种激态称三线态(Triplet state,三重态),见图 11 – 2C 所示。三线态的能量常常较相应单线态的能量低,因此,单线态至三线态的跃迁所需能量较单线态至单线态的跃迁所需能量为小。由于电子自旋方向的改变在光谱学上一般是禁阻的,即跃迁的几率非常小,只相当于单线态 – 单线态过程的 10^{-6},所以分子中的价电子的跃迁可认为从单线态到单线态。

处于激发态的分子不稳定,在较短时间内通过辐射跃迁和非辐射跃迁过程释放多余的能量,使分子回到基态,即自身去活化。在去活化过程中,有些物质分子就发射出荧光,所以分子荧光必须使某些分子先处于激发状态才能产生。

2.荧光的发生　处于激发状态的分子可以通过几种不同途径回到基态,在回到基态的过程中,常发生振动弛豫(Vibrational relaxation)、能量的内部转换(Internal converion of energy)、荧光的发射(Fluorescent emission)及体系间跨越(Intersystem crossing)等过程。

(1)振动弛豫:分子受激发时电子从基态跃迁到激发态的几个振动能级上,这个跃迁所需的时间很短,约 10^{-15} s。因此,一个分子被激发后的瞬间同它在基态时具有相同的几何形状和相同的环境。如果分子在溶液中被激发,则激发态分子与溶剂分子间碰撞机会很多,就将过剩的振动能量通过非辐射形式(即非量子化形式)传递给溶剂分子,这个过程只需

$10^{-11} \sim 10^{-13}$ s,从原来的电子激发能态的某一振动能阶到达同一激发电子能态的最低振动能阶上,这一过程称为振动弛豫。

(2)内部能量转换:内部能量转换是受激分子将能量转变为非量子化的热能而落到低一级的电子能态高振动能阶上的过程。这个过程在受激分子的去活化过程中占优势,所以大多数化合物没有荧光。内部能量转换过程的速度,决定于体系能态之间的相对能量差。从图 11-1 中又可看出,当 S_1^* 激发态上较高振动能阶常常同 S_2^* 激发态上的低振动能阶相重叠时,受激分子常由高电子能级以无辐射跃迁方式转移至低电子能级的过程称为内部能量转换。内部转换容易发生,速度也很快,在 $10^{-11} \sim 10^{-13}$ s 内即可完成。所以通过重叠的振动,能阶发生内部转换的几率要比由高激发态发射荧光而失去能量的几率大得多。

(3)荧光的发射:无论分子处于哪一个激发单线态,通过内部能量转换、振动弛豫等过程后,均可返回到第一激发态单线态的最低振动能阶,然后再以辐射形式发射光量子而返回到基态的任一振动能级上,这时发射的光量子即称为荧光。如果发射荧光的几率较高,这个发射过程则较快,需 $10^{-7} \sim 10^{-9}$ s,这个时间与单线态的平均寿命一致,也代表荧光的寿命。由于发生内部能量转换和振动弛豫时损失了一部分能量,所以荧光的能量小于激发光的能量,故发射荧光的波长总比激发光的波长长。

(4)体系间跨越:这是一个受激分子的电子在激发态发生自旋反转而使分子的多重性发生变化的过程。和内部转换一样,如果两个电子能态 S_1^* 的最低振动能阶同三线态 T_1^* 的较高振动能阶重叠,就容易发生电子自旋状态反转,这一过程称为体系跨越。由单线激发态到三线态体系间跨越后,荧光光量子减少,强度减弱,甚至荧光熄灭。含有重原子(如碘、溴等)的分子中,体系间跨越跃迁最为常见。这是因为在高原子序数的原子中电子的自旋与轨道运动之间的相互作用较大,有利于电子自旋反转的发生。在溶液中存在氧分子等顺磁性物质也能增加体系间跨越的发生,因而使荧光减弱。

(5)外部能量转换:如果分子在溶液中被激发,激发态分子与溶剂分子及其他溶质分子之间相互碰撞而失去能量,常以热能的形式放出,这个过程称为外部能量转换,简称外转换。外转换也是一种热平衡过程,常发生在第一激发态单线态或第一激发三线态的最低振动能级向基态转换的过程中,所需时间也为 $10^{-9} \sim 10^{-7}$ s。外转换可降低荧光强度。

总之,处于激发态的分子,可以通过上述几种不同途径组合回到基态,哪种途径的速度快,哪种途径就优先发生。如果发射荧光使受激分子去活化过程与其他过程相比要快的话,则荧光的发射几率高、强度亦大;如果其他途径比荧光发射过程快,则荧光很弱或者没有。

3. 荧光的量子效率 φ_f 如果在受激分子回到基态过程中没有其他过程同发射荧光过程相竞争,那么在这一段时间内所有激发态分子都将以发射荧光的方式回到基态,这一体系的荧光过程的量子效率就等于 1。荧光的量子效率就是激发态分子中以发射荧光的量子数目占分子吸收激发光的量子总数的比例,它的数值在 0 与 1 之间。例如,罗丹明 B 在乙醇中 $\varphi_f = 0.97$,蒽在乙醇中为 0.30,菲在乙醇中为 0.10,萘在乙醇中为 0.12 等。荧光量子效率常用 φ_f 表示:

$$\varphi_f = \frac{发射荧光的量子数目}{吸收激发光的量子数目}$$

实际上,从最低激发单线态发射的荧光量子的数目亦可用荧光过程的速度常数 K_f 表示,而用 K_e 代表非辐射失活过程的速度常数,K_x 代表体系间跨越系统的速度常数。所以,φ_f 也可以写为:

$$\varphi_{f} = \frac{K_f}{K_f + K_c + K_x}$$

如果 K_f 大大超过 K_c 和 K_x，则 φ_f 接近于 1；如果 K_c 或 K_x 大大超过 K_f，则 φ_f 将趋近于 0。K_f 及 K_x 值决定于分子结构，而 K_c 决定于分子所处的环境。例如，荧光素在水中 $\varphi_f = 0.65$，在 0.1 mol/L NaOH 中 $\varphi_f = 0.92$。奎宁在不同溶剂中受 K_c 影响而有不同的 φ_f 值，它在苯、乙醇及水中的 φ_f 的相对值依次为 1，30 和 1 000。

4. 磷光的发生   从图 11 - 1 所示，受激分子，经从单线态到三线态的体系间跨越后，接着就发生快速地振动驰豫而到达三线态 $V = 0$ 的能阶上。由于三线态到单线态的跃迁是自旋禁阻的，当没有其他过程同它竞争时，三线态的寿命比较长（$10^{-3} \sim 10$ s 左右），而使发射光量子的跃迁也就有了可能。这种发射光量子的现象就称为磷光。由此可见，荧光与磷光的根本区别在于：荧光是由单线态到单线态的跃迁所发射的光量子；而磷光则是由三线态到单线态跃迁所发射的光量子。磷光的能量比荧光小，波长较长，从激发到发光，磷光所需的时间较荧光长，甚至有时在激发光源关闭后，还能看到磷光的存在。由于分子激发三线态的寿命比激发单线态的寿命长，因而与溶剂碰撞的几率也高，失去激发能的可能性也大，以致在室温条件下不能观察到溶液中的磷光现象。因此，试样采用液氮冷冻以使碰撞去活化和振动驰豫去活化降低至最低限度，在这种条件下才能观察到某些分子的磷光现象。

二、激发光谱与荧光光谱

已经知道，荧光是在一定波长光的照射下，某些分子受到激发后发出光量子所致。对一种特定的物质分子来说，到底哪些波长的光使之激发而发出荧光？哪个波长光激发后所产生的荧光强度最强？这可由实验测定物质分子的激发光谱与荧光光谱来说明。

荧光物质常用紫外光或波长较短的可见光激发而发生荧光。如果将激发荧光的光源用单色器分光，测定每一波长的激发光所发射的荧光强度，以荧光强度 F 作为纵坐标，激发光波长 λ 作为横坐标作图，就可得到荧光物质的激发光谱（Excitation spectrum）图，如图 11 - 3 所示。

从图 11 - 3（a）可找到荧光强度最强时的激发波长，选用此波长作为激发光源可得到强度最大的荧光。荧光强度与电子从最低激发单线态向基态跃迁的几率有关，跃迁几率越大，荧光强度亦

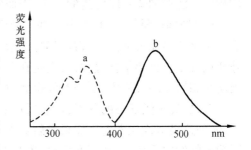

图 11 - 3   硫酸奎宁的激发光谱（虚线）及荧光光谱（实线）

越强。而跃迁几率又与分子对激发光源的摩尔吸收系数 ε_λ 成正比。具有 π 共轭体系的分子，它的 $\pi \rightarrow \pi^*$ 跃迁几率大，ε_λ 也大，当它发射荧光时，从 π^* 跃迁到 π 的几率也相应地大，荧光强度亦强。所以发生荧光强度最强的激发波长实际也是分子吸收最强的波长，因此，有些书上认为荧光物质的激发光谱与该物质的吸收光谱相一致，只不过前者以荧光的强度 F 代替吸收度 A 被记录下来。

前面讲过，分子由激发光激发后，电子从激发态的最低振动能阶开始跃迁而发射荧光。由于电子可以回到基态的任一振动能阶，再经进一步振动弛豫，各自很快地回到最低振动基态，因此得到的荧光不是属于单一波长的光，而是一种混合波长的荧光。哪种波长的荧光强度最强，亦即电子回到哪个振动能阶上的几率最大，须通过实验才能知道。即以选好的最大

的激发波长光作为光源,用另一单色器将发生的荧光分光,记录每一个荧光波长的荧光强度 F,以 F 与荧光波长作图,可得到荧光光谱(Fluorescence spectrum),见图 11 –3(b),从图上可找到一条荧光强度最强的波长,这就是最强的荧光发射波长。电子回到基态时以发射这个能量的机率为最大。

前已讲过,如果荧光物质有二个以上最大吸收波长,有些波长可使分子激发到第二电子激发态 S_2^*,由于能量的内部转换,被吸收的能量仍被转换到第一电子激发态的最低振动能阶,然后再发射荧光。因而荧光物质的吸收光谱有两个以上峰时,不管使用哪个波长作为激发光源,其荧光光谱的形状和峰位都是相同的,即荧光光谱的形状与激发光的波长无关。至于哪个激发波长产生的荧光强度最强,则必须从荧光的激发光谱作出判断。

图 11 – 4 是蒽在乙醇溶液中的激发光谱和荧光光谱。可以看到蒽的激发光谱同荧光光谱大致成镜像对称。蒽的激发光谱虽然在 250 nm 和 350 nm 处有两个峰,但不论用哪一个峰的波长作为激发光源,所得到的荧光光谱的形状和峰的位置都是相同的。还可以看到在 350 nm 波长处的吸收峰有几个小峰,这是基态的蒽分子吸收能量后跃迁到激发单线态的不同振动能阶所形成的。同样,荧光峰的小峰是蒽分子从激发单线态的最低振动能阶跃迁到基态的不同振动能阶时,发射出的荧光光量子的能量有所不同而形成的。两种光谱成镜像对称,是因为在多数分子中,能量在基态的振动能阶上分布情况和

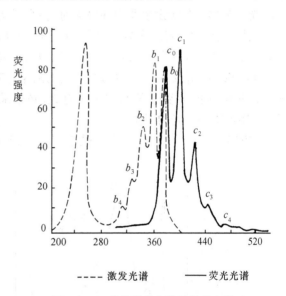

图 11 – 4 蒽的激发光谱及荧光光谱

在第一电子激发态中的振动能阶上分布相似,见图 11 – 5。在激发光谱中,跃迁能量最小的波长与荧光光谱中发射能量最大的波长相一致,这种与激发波长相同的荧光称为共振荧光。

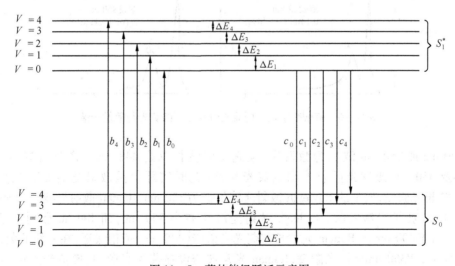

图 11 – 5 蒽的能级跃迁示意图

同时,跃迁能量最大的激发波长与荧光光谱中发射能量最小的波长相对应,这样就出现了荧光光谱的形状和激发光谱的形状非但极为相似,而且两者形成镜像。

在测量荧光光谱时必须注意散射光的影响。散射光有两种:一是 Rayleigh 光;另一是 Raman 光。

当一束平行光照射在液体样品上时,大部分光线透过溶液,小部分由于光子和物质分子相碰撞,使光子的运动方向发生改变而向不同角度散射,这种光称为散射光(Scattering light)

光子和物质分子发生弹性碰撞时,不发生能量的交换,仅仅是光子运动方向发生改变,这种散射光叫做 Rayleigh 散射光。

光子和物质分子发生非弹性碰撞时,在光子运动方向发生改变的同时,光子与物质分子发生能量交换,光子把部分能量传给物质分子或从物质分子获得部分能量,从而发射出比入射光波长稍长或稍短的光,这两种光均称为 Saman(拉曼)散射光。

Rayleigh 散射及 Raman 散射对荧光的测定都有干扰,特别是 Raman 光的波长位置与荧光波长非常接近,对荧光的测定干扰更大,必须采取措施消除。方法是选择适当的激发波长,可消除 Raman 光的干扰。

如图 11 - 6 所示,这是一个硫酸奎宁的 0.05 mol/L 的 H_2SO_4 溶液,由实验结果表明,无

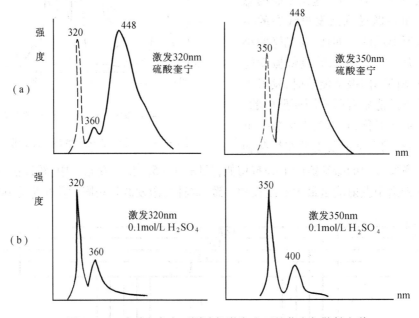

图 11 - 6   硫酸奎宁在不同波长激发光下的荧光与散射光谱

论用 320 nm 或 350 nm 波长为激发光,荧光发射波长总是 448 nm。将空白溶剂分别在 320 nm 及 350 nm 激发光照射下测定荧光光谱(此时实际上是散射光而非荧光),当用 320 nm 波长光激发,发生的 Rayleigh 散射光波长仍为 320 nm,Raman 散射光波长为 360 nm;如用 350 nm 波长光激发时,Rayleigh 散射光波长亦为 350 nm,而 Raman 散射光波长为 400 nm。由于 400 nm 的 Raman 光波长与荧光光谱峰(448 nm)值很接近,在一般的荧光分光计上测定时,用 350 nm 波长光激发,Raman 光常被掩没在荧光光谱中,使荧光光谱不纯,有时还要影响最大发射荧光波长的准确位置,使其偏离。凡此现象,均可对分析工作带来误

差。因此,在测定时,要准确选择激发波长,既要能产生最大的荧光强度,又不能让荧光波长产生偏离。在实际工作中,有时宁可牺牲一些荧光强度而保证荧光的纯度。因此,**激发波长的选择应尽量使它所产生的 Raman 散射光波长与荧光波长相距较远。**

表 11 - 1 为水、乙醇、环己烷、四氯化碳及氯仿五种常用溶剂在不同彼此激发光照射下 Raman 光的波长,可供选择激发波长或溶剂时参考。从表中可见,四氯化碳的 Raman 光与激发光的波长极为接近,所以其 Raman 光几乎不干扰荧光。而水和乙醇、环己烷的 Raman 光波长较长,使用时必须注意。

表 11 - 1　在不同波长激发光下主要溶剂的 Raman 光波长(nm)

溶剂	激发光(nm)				
	248	313	365	405	436
水	271	350	416	469	511
乙醇	267	344	409	459	500
环己烷	267	344	408	458	499
四氯化碳	—	320	375	418	450
氯仿	—	346	410	461	502

三、荧光与分子结构

分子能发生荧光或磷光,首先要求分子结构能吸收紫外和可见辐射,具有 π、π,及 n、π 电子共轭结构的分子均能吸收这类辐射而发生 $\pi \rightarrow \pi^*$ 或 $n \rightarrow \pi^*$ 钥迁,然后,在受激分子的去活化过程中发生 $\pi^* \rightarrow \pi$ 或 $\pi^* \rightarrow n$ 跃迁,而出现荧光或磷光。发生 $\pi \rightarrow \pi^*$ 跃迁的分子,其摩尔吸收系数比 $n \rightarrow \pi^*$ 跃迁分子的大 $100 \sim 1\,000$ 倍;它的激发单线态与三线态间的能量差别比 $n \rightarrow \pi^*$ 的大得多,电子不易形成自旋反转,体系间跨越几率很小。因此,$\pi \rightarrow \pi^*$ 跃迁的分子,发生荧光的量子效率高,速率常数大,荧光也强。但 $n \rightarrow \pi^*$ 跃迁引起的 R 带是一个弱吸收带,电子跃迁几率小,由此产生的荧光极弱。所以,实际上只有分子结构中存在共轭的 $\pi \rightarrow \pi^*$ 跃迁,才有利于发射荧光。下面略述具有 π 电子共轭结构分子发生荧光强弱的一些规律。

1. 取代基对分子发射荧光的影响

(1)取代基能增加分子的 π 电子共轭程度,常使荧光增强,荧光量子效率也较高。例如,苯环上取代给电子基团—NH_2、—OH、—OCH_3 等,及能延长共轭体系的基团—C_6H_5、—$CH = CH_2$、—CN、—R 等,这些化合物的荧光量子效率较苯高,荧光激发波长亦较长。

(2)取代基能减弱分子的 π 电子共轭作用,常使荧光减弱或破坏。例如,苯环上取代基是吸电子基团—$COOH$、—CH_3COOH、—$NHCOCH_3$、—NO_2、—$N = N$—及卤素,都会减弱甚至熄灭荧光。

(3)一些对 π 电子共轭体系相互作用较小的取代基—SO_3H 和—NH_3^+,对分子发射荧光只有很微的影响。

2. 分子的刚性和共平面性　共平面性高的刚性多环不饱和结构的分子有利于荧光的发射。例如,在相似的测定条件下,芴和联苯的量子效率分别为 1.0 和 0.2,二者的结构差别

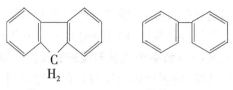

芴 $\varphi_f = 1.0$ 联苯 $\varphi_f = 0.2$

主要是由于亚甲基的加入使芴分子的共面性及刚性增大,使二者在荧光性质上发生显著差别。分子缺乏刚性使内转换速率增大,容易发生分子的非辐射去活化过程。共平面性差的非刚性分子中某些基团(或某部分结构)相对于分子的其他部分结构可作低频振动,这种振动无疑将造成某些能量损失。此外,当荧光染料吸附在固体表面上时,常常使荧光发射增强,这也可以用固体表面诱导了分子结构的附加刚性及共平面性来说明。具有这种特性的例子很多,例如荧光素和酚酞:

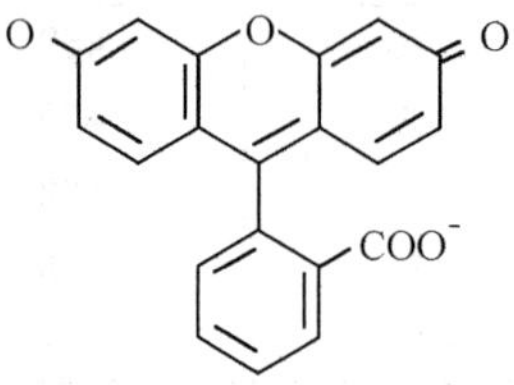

荧光素 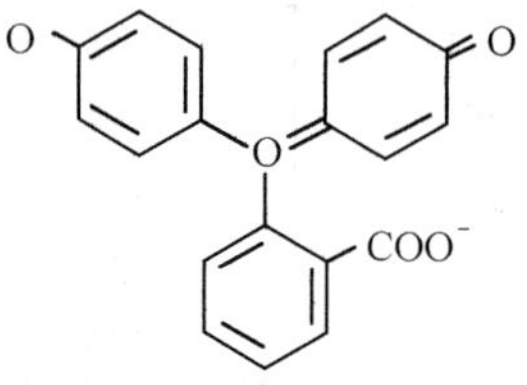   酚酞

尽管这两种化合物的结构十分相似,但荧光素在溶液中有很强的荧光而酚酞却没有。这是因为荧光素的分子具有刚性结构,共面性增加,减少了分子振动和单线态–三线态的体系间跨越以及碰撞去活化的可能。因此,激发的电子下降到第一电子激发态的最低振动能阶后,绝大部分以荧光的形式发射而回到基态。

分子的共面性和刚性的影响也可以用来说明某些有机络合剂同金属离子络合时荧光增强的现象。例如8–羟基喹啉的荧光强度要比其镁的络合物或铝的络合物的荧光强度小得多。

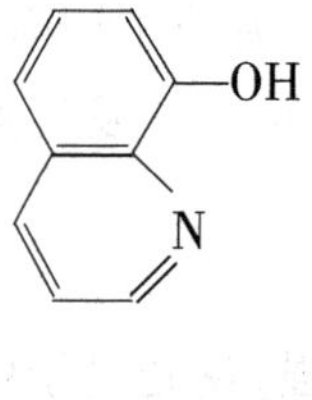

8–羟基喹啉 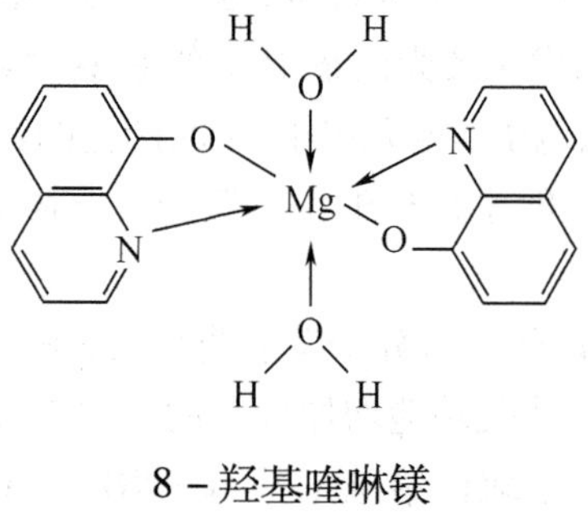   8–羟基喹啉镁

3. 长共轭结构 不饱和稠环结构有利于荧光的发射。例如,苯及其稠环,稠环愈长,共面性愈大,结构中的π电子共轭程度也愈大,分子的荧光量子效率也愈大,荧光光谱越易向长波长移动。苯和萘的荧光在紫外区,蒽的荧光呈蓝色,并四苯的荧光显绿色,并五苯在红色区。稠芳环分子排列的几种形状对荧光也有影响,如蒽和菲相比,前者荧光波长在400 nm,而后者在350 nm;并四苯的荧光波长为480 nm,而苯并蒽为380 nm。

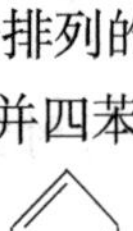

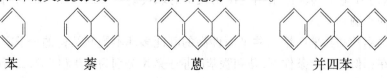

苯 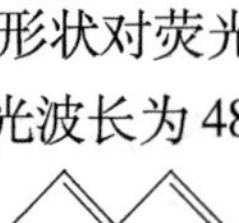   萘 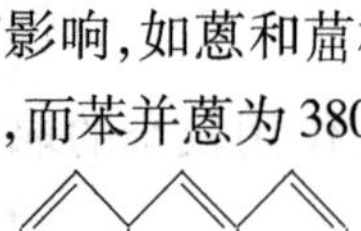   蒽 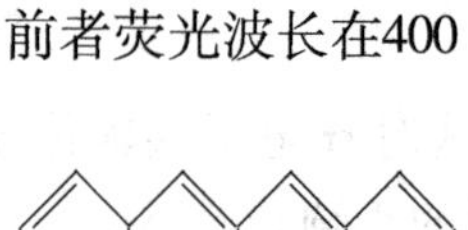   并四苯

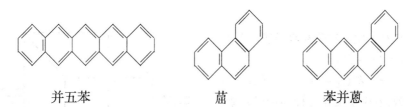

并五苯   菎   苯并蒽

简单的杂环化合物如吡啶、呋喃、噻吩和吡咯都不发生荧光;而稠芳环结构的杂环化合物通常都发生荧光。苯稠环形成的杂环化合物像喹啉、异喹啉和吲哚类化合物等,吸收峰处的摩尔吸收系数增高,因此,可以观察到荧光现象。有时位阻效应也影响荧光的强弱。如 1 - 二甲胺基 - 萘 - 7 - 磺酸盐的荧光量子效率为 0.75;而其 8 - 磺酸盐的荧光效率为 0.03。

4.环境对分子发射荧光的影响

(1)温度和溶剂的影响:大多数分子在升温时,分子与分子之间,分子与溶剂分子之间的碰撞率增加,荧光量子效率随之而减小。溶剂粘度减小可导致相同结果。溶剂极性增大,对 n、π 共轭的荧光物质 n→π* 跃迁所需的能量增加,跃迁几率减小,摩尔吸收系数也减小,荧光强度减弱;相反,π、π 共轭的荧光物质,在极性溶剂中 π→π* 所需能量较小,跃迁几率增加,从而增强了荧光的强度。含有重原子的溶剂如四溴化碳和碘乙烷等,使化合物的荧光大大减弱。溶剂溶解有氧,常使荧光熄灭。

(2)pH 值的影响:带有酸性或碱性环状取代基的芳香化合物的荧光一般都与 pH 值有关,有些化合物在离子状态时不显荧光。如苯胺,在 pH7～12 中为分子状态,显蓝色荧光;但在 pH <2 时形成苯胺阳离子,pH >13 时形成苯胺阴离子状态,均不产生荧光。

$$\text{苯胺}-NH_3^+ \underset{H^+}{\overset{OH^-}{\rightleftharpoons}} \text{苯胺}-NH_2 \underset{H^+}{\overset{OH^-}{\rightleftharpoons}} \text{苯胺}-NH^-$$

pH <2   pH7～12   pH >13

(3)荧光物质浓度的影响:在低浓度时,荧光的强度与荧光物质的浓度呈线性;但在高浓度时,由于自吸收现象使线性偏离。荧光物质分子间碰撞及与溶剂分子间碰撞的结果产生自熄灭。自熄灭现象随荧光物质的浓度增加而增强。当发射波长与荧光物质的吸收峰相重叠时将发生自身吸收。在测定时,由于发射光束通过溶液,荧光被分子自身吸收而减弱。

了解荧光发射的强度和化学结构以及环境的关系,可使分析工作者预测哪些分子会发生荧光,在哪些条件下荧光强度增大或减小,从而便于考虑建立合适的荧光分析方法,以测定物质的含量。由于荧光与分子结构有关,人们可以根据荧光光谱及最大荧光峰的波长位置来推断有机化合物的某些结构。

第三节　荧光强度与物质浓度间的关系

一、荧光强度与溶液浓度的关系

荧光由物质在吸收光能之后发射而出,因此,溶液的荧光强度与该溶液吸收光能的程度以及溶液中荧光物质的荧光量子效率有关。溶液被入射光(I_0)激发后,可以在溶液的各个方向观察荧光强度(F)。但由于激发光的一部分被透过(I),因此,在透射光的方向观察荧光是不适宜的。一般是在与激发光源垂直的方向观测,如图 11 -7 所示,溶液中荧光物质浓度为 c,液

层厚度为 L。

荧光强度 F 正比于被荧光物质吸收的光的强度。即 $F \propto (I_0 - I)$：

$$F = K'(I_0 - I) \qquad (11-1)$$

式中 K' 为常数，取决于荧光过程的量子效率。根据 Beer 定律：

$$\frac{I}{I_0} = 10^{-ECL} \qquad (11-2)$$

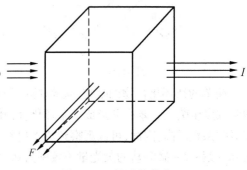

图 11-7　溶液的荧光

将 (11-2) 式代入 (11-1) 式，得到：

$$F = K'I_0(1 - 10^{-ECL}) = K'I_0(1 - e^{-2.3ECL}) \qquad (11-3)$$

将 (11-3) 式中 $e^{-2.3ECL}$ 展开，得：

$$e^{-2.3ECL} = 1 + \frac{(-2.3ECL)}{1!} + \frac{(-2.3ECL)^2}{2!} + \frac{(-2.3ECL)^3}{3!} + \cdots \qquad (11-4)$$

将 (11-4) 式代入 (11-3) 式得：

$$\begin{aligned} F &= K'I_0\left[1 - \left(1 + \frac{(-2.3ECL)}{1!} + \frac{(-2.3ECL)^2}{2!} + \frac{(-2.3ECL)^3}{3!} + \cdots\right)\right] \\ &= K'I_0\left[2.3ECL - \frac{(-2.3ECL)^2}{2!} - \frac{(-2.3ECL)^3}{3!} - \cdots\right] \end{aligned} \qquad (11-5)$$

若浓度 c 很小，ECL 之值也很小，当 $ECL \leqslant 0.05$ 时，式中第二项以后的各项可以忽略。所以：

$$F = KC \qquad (11-6)$$

在浓度低时，溶液的荧光辐射强度与荧光物质的浓度呈线性；$ECL \geqslant 0.05$ 时，荧光强度和溶液浓度不呈线性，则 (11-5) 式括号中第二项以后的数值就不能忽略了。此时，荧光强度与溶液浓度之间不呈线性关系。

荧光分析法定量的依据是荧光强度与荧光物质的浓度的线性关系，而荧光强度的灵敏度取决于检测器的灵敏度，即只要改进光电倍增管和放大系统，使极微弱的荧光也能被检测器检测到，就可以测定很稀的溶液的浓度，因此，荧光分析法的灵敏度很高。在紫外分光光度法中，定量的依据是浓度与吸收度 A 成线性关系，所测得的是透过光强和入射光强的比值，即 $\frac{I}{I_0}$。即使增加 I_0，也会使 I 按比例增大，因而并不能影响 A 值，所以并不能使灵敏度有所提高。这就是用荧光分析法测定，其灵敏度比紫外分光光度法测定的灵敏度高的原因。

二、定量分析方法

目前，荧光分析大多用于荧光物质的定量分析，测定方法与分光光度法基本相同。

1. 工作曲线法　荧光分析一般多采用工作曲线法，即从已知量的标准物质经过和试样相同的处理之后，配成一系列标准溶液，测定这些溶液的荧光强度，以荧光强度为纵坐标，标准溶液浓度为横坐标绘制工作曲线。然后，在同样条件下测定试样溶液的荧光强度，再由工作曲线求出试样中荧光物质的含量。

在测定工作曲线时，常采用系列中某一标准溶液作为基准，将空白溶液的荧光强度读数调至 0%，将该标准溶液的荧光强度读数调至 100% 或 50%，然后测定系列中其他各个标准溶液的荧光强度。在实际工作中，当仪器调零之后，先测定空白溶液的荧光强度读数 (F_0)，然后测定标准溶液的荧光强度读数(F),从后者中减去前者($F-F_0$),就是标准溶液本身的荧光强度。通过这样测定,再绘制工作曲线。为了使在不同时间所绘制的工作曲线一致,在每次测制工作曲线时均采用同一标准溶液对仪器进行校正。如果试样溶液在紫外光照射下不很稳定,则须改用另一种稳定而所发生的荧光峰(或色调)和试样溶液的荧光峰(或色调)相近似的标准溶液作为基准。例如,在测定维生素 B_1 时,采用硫酸奎宁作为基准。

2. 比例法　如果荧光的标准曲线通过零点,就可选择其线性范围,用比例法进行测定。取已知量的纯净荧光物质,配制一标准溶液(C_s),使其浓度在线性范围之间,测定荧光强度 F_s。然后在同样条件下测定试样溶液的荧光强度 F_x。由标准溶液的浓度和两个溶液的荧光强度比,求得试样中荧光物质的含量(C_x)。在空白溶液的荧光强度调不到0%时,必须从 F_s 及 F_x 值中扣除空白溶液的荧光强度 F_0,然后再进行计算。

$$F_s - F_0 = 2.3K'_f I_0 E C_s L$$
$$F_x - F_0 = 2.3K'_f I_0 E C_x L$$

因为是同一荧光物质,I_0、K'_f 及 E 相同,L 一定,所以:

$$\frac{F_s - F_0}{F_x - F_0} = \frac{C_s}{C_x}$$

$$C_x = \frac{F_x - F_0}{F_s - F_0} \cdot C_s \tag{11-7}$$

3. 多组分混合物的荧光分析　在荧光分析中,也可以像分光光度法一样,从混合物中不经过分离就可测得被测组分的含量。

如果混合物中各个组分荧光峰相距较远,而且相互之间无显著干扰,则可分别在不同波长处测定各个组分的荧光强度,从而直接求出各个组分的浓度。如不同组分的荧光光谱相互重叠,则利用荧光强度的加和性质,在适宜的荧光波长处,测定混合物的荧光强度。再根据被测物质各自在适宜荧光波长处的最大荧光强度,列出联立方程式,求算它们各自的含量。

对较高浓度的荧光物质,和紫外分光光度法一样,也可用差示荧光法测定。

三、影响荧光强度的因素

在环境对分子发射荧光的影响中,已讲过温度、溶剂、溶液的 pH 及浓度对荧光强度的影响情况,因此,在定量测定时,注意在较低温度下,严格掌握测定溶液的必要 pH 值,配制适宜的测定溶液浓度(浓度 <1 mg/mL)才能获得灵敏准确的结果。此外,必须注意下列几点。

(1)激发光源:某些荧光物质的溶液在激发光较长时间的照射下很容易分解,而使荧光强度不断降低。为避免或减少荧光物质的分解,测定时应注意光闸不能经常开着。

(2)溶剂:同一种荧光物质在不同溶剂中,其荧光光谱的位置和强度都有差别,一般是荧光峰的发射波长,随着溶剂的介电常数增大而增大。例如,8-羟基喹啉在四氯化碳、氯仿、丙酮及乙腈中的荧光量子效率依次递增。配制溶液的溶剂除水外,常用的还有乙醇、环己烷、四氯化碳、氯仿、丙酮、乙腈等。这些溶剂常含有荧光物质,影响测定,必须经过重蒸等净化处理后才能使用。

(3)散射光:配制溶液的溶剂、容器以及能形成胶粒的溶质在激发光照射下,常发射散射光,如果荧光光谱与此种散射光重叠或部分重叠,就要影响荧光的测量,因而在测定时应设法避免。

前面已讲过,Raman 散射光常在空白溶剂中出现,它与荧光光谱比较接近,因此要设法避免。在测定前,用所需激发光源先测一下空白溶剂的发射光谱,可以看到它的 Rayleigh 散射及 Raman 散射光谱。如果 Raman 散射光谱距离荧光光谱较近或两者重叠,就得选择另一比原来波长短的激发光源,以免 Raman 散射光的干涉。对某一溶剂讲,不同激发光源会产生不同的 Raman 散射光。

从表 11–1 中可以看到,四氯化碳的 Raman 散射光与激发光的波长极为靠近,所以四氯化碳的 Raman 光几乎不干扰荧光光谱。另外,水、乙醇及环已烷的 Raman 线甚强,而氯仿的较弱,使用时必须注意。

在用滤光片荧光计测定时,应采用适宜的复合滤光片除去散射光。或适当调节狭缝宽度以减弱散射光的强度。

总之,影响荧光的因素较多。最适宜的测定条件,如 pH、溶剂温度、试剂的浓度以及荧光强度最大时所需的时间等,必须通过实验来寻求。

第四节　仪器与技术

一、荧光计的主要部件

用于测量荧光的仪器种类很多。从简单的滤光片荧光光度计到结构复杂的精密荧光分光光度计,但仪器的部件不外乎包括下列四个基本部分:激发光源;样品池;检测器;滤光片和单色器。

1. 激发光源　测量荧光强度所用的激发光源一般要比测量吸收度中所用的光源强度强,通常用汞弧灯、氢弧灯、氙灯及卤钨灯。汞弧灯产生强烈的线光谱。高压汞蒸气灯能发射 365,398,405,436,546,579,690 及 734(nm)谱线,它主要供给近紫外光,作为激发光源。如果物质的荧光波长较短,则用石英灯泡封制的低压汞蒸气灯,它可发射波长短于 300 nm 的紫外光,最强的谱线是 254 nm(253.7 nm)。汞弧灯所发射的光谱线是不连续的,大都作为滤光片荧光光度计的光源。氙弧灯内装有氙气,通电后氙气电离,同时产生较强的连续光谱,分布在 250~700 nm 之间,而在 300~400 nm 波段内射线的强度几乎相等。目前,荧光分光光度计都用它作为光源。氙弧灯点燃时需用高达 3 万伏的电压触发,使用时以连续点燃为宜,应避免频繁启动。此外,亦有用石英灯泡封制的氖灯(220~450 nm)或卤钨灯(碘钨灯或溴钨灯,300~700 nm)的。

2. 样品池　测定荧光用的样品池须用低荧光的玻璃或石英材料制成。样品池的形状以散射光较少的方形为宜。测低温荧光或磷光时,在石英样品池之外套上一个装盛液氮的透明石英真空瓶,以便降低温度。

3. 检测器　用可见紫外光作为激发光源时,产生的荧光多数属可见光,一般都可用肉眼观察。荧光强度较低,在滤光片荧光度计及荧光分光光度计中则用光电倍增管检测,其输出可用高灵敏度的微电计测定,或再经放大后输入记录器中,自动描绘光谱图。

4. 滤光片和单色器　滤光片荧光光度计通常采用两个滤光片。放在光源和样品池之间的滤光片称为激发滤光片或第一滤光片,它可以把不需要的光线滤去,让所选择的激发光透过而照射在测定物质上。在样品池和检测器之间的滤光片称为荧光滤光片或第二滤光片,它可以把由激发光所发生的反射光、溶剂的散射光以及溶液中杂质所发生的荧光滤去,只让样品溶液所发生的荧光通过而照射于检测器上。

滤光片常分带通型及截止型两种。带通滤光片只透过（或吸收）某波长范围的光，其光谱特性参数有：①最大透过率的波长 λ_0，有时称主峰波长；②最大透射百分率 T_{max}；③半宽度 $\Delta\lambda$，即在 $T_{max} \sim \lambda$ 透射光谱峰上，50% 透射时的峰两侧的波长间距。截止滤光片的主要特性参数是透过界限波长 λ_t，是指滤光片透射光谱曲线上最大透射率的 50% 处的波长。如图 11 - 8 所示。

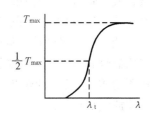

图 11 - 8　截止滤光片的
主要特性 λ_t

例如，若用带通滤光片 λ_0 为 360 nm，400 nm 等作为激发滤光片时，可选用 λ_t 为 420 nm，450 nm 等截止滤光片作为荧光滤片。为了减低背景强度，荧光滤片的选择应使其带通尽量狭小，此时可选择二片适宜的波光片复合使用。

采用高压汞蒸气灯所发生的 365 nm 汞线为激发光源时，第一滤光片一般采用 2mm 厚的伍德玻璃，它几乎使全部可见光及紫外光无法透过而只让 365 nm 射线透过。如果采用 436 nm 这条蓝线为激发光时，则采用紫色及绿色复合滤光片为第一滤光片，以滤去 365 nm 及其附近的紫外射线。第二滤光片的选择应根据荧光光谱、激发光的波长、溶剂散射光的波长来决定。例如，采用 365 nm 为激发光源时，产生 450 nm 的荧光，则以选择能将 430 nm 以下的光线除去而又能将 450 nm 的光透过的滤光片为适宜。因为它既能除去激发光源（365 nm），又能除去水的 Raman 散光（416 nm）。截止滤光片常能达到这种目的。

在荧光分光光度计中，都用光栅作为单色器，因为光栅的色散是由紫外线到红外线间不随波长而有疏密变化，也就是谱线的波长读数是线性的，而且从光栅色散后得到谱线的强度比石英棱镜得到的要强，测定灵敏度比较高。但是色散后的光线有数级，须用前置滤光片加以消除。在测定荧光激发光谱时，置于样品池前的单色器为激发单色器；在测定荧光光谱时，置于样品池后面的单色器为发射单色器。当被测试样中有杂质荧光或散射光干扰时，也可以采用适宜的滤光片将它消除。

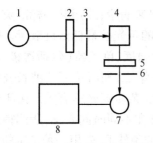

图 11 - 9　光电荧光计示意图
1—光源；2—第一滤光片；3，6—光栏；4—样品池；5—第二滤光片；7—检测器；8—光度计

二、荧光计的类型

荧光分析最初是用于物质的鉴定，所用的仪器极为简单，只需要一个高压汞蒸气灯和一片伍德玻璃作为滤光片，让主要光线 365 nm 透过而照射到检品上。如果检品发生荧光，则根据荧光的不同颜色作为鉴别。若需用波长较短的激发光，则采用附有能透过 254 nm 的紫玻璃的低压汞蒸气灯作为光源即可。

比较精密的荧光计有光电荧光计及荧光分光光度计二类。

1. 光电荧光计　光电荧光计又称滤光片荧光计，图 11 - 9 为其典型结构示意图。用汞蒸气灯作为光源，通过第一滤光片可获得测定物的激发光源；通过第二滤光片可得到比较纯的荧光。从样品池出来的荧光方向与激发光源排成直角形；测定不透明固体样品时则排成锐角。荧光的强度在早期设计的仪器中大都采用光电池或光电管检测。近代仪器大多采用光电倍增管。

在选择滤光片时,应先将样品在分光光度计上测定最大吸收峰的位置。根据最大吸收峰波长或谱带宽度,选择第一滤光片,这样选择的光源可以激发出最强的荧光。然后选择第二滤光片,直至得到最大讯号输出为止。

2. 荧光分光光度计　见图11-10,荧光分光光度计采用氙灯作为光源,通过狭缝,经光栅色散后照射到被测物质上,发射的荧光用光电倍增管检测,并经放大器放大后记录。

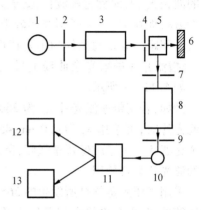

图11-10　荧光分光光度计结构示意图
1—光源;2,4—狭缝;3—激发单色器;5—样品池;6—表面吸光物质;7,9—狭缝;10—检测器;11—放大器;12—指示器;13—记录器

操作时,将发射单色器固定在比激发波长较长的任意波长上,以激发单色器进行波长扫描,记录不同激发波长下的相应荧光强度,即得到该物质的激发光谱,强度最大的激发波长就是该物质发射荧光最强的波长,也就是激发荧光最灵敏的波长。如果选择的激发波长不是发射荧光最强的波长,仍可得到相同的发射荧光光谱,但荧光强度相应减弱。不同荧光物质,其激发光谱也是不同的,发射的荧光波长也各异。物质所发射的荧光经色散后可得到荧光光谱。测定方法是将激发波长固定在发射荧光最强波长处,将样品产生的荧光通过发射单色器,将此单色器放在波长稍长于激发光谱范围内扫描,即得荧光强度 F 与荧光波长 λ 所作的荧光光谱图,最高峰波长就是物质在最大激发波长下所产生荧光最强的波长。荧光物质的最大激发波长 λ_{ex} 和所发射的最强荧光波长 λ_{em} 是鉴定物质的根据,也是定量测定时最灵敏的条件。

荧光分光光度计上的入射狭缝及出射狭缝,用以控制通过波长的谱带宽度及照射到测定样品上的光能强度。测定的目的不同,可以选择不同的狭缝,以获得较好测定结果为佳。

目前常用的荧光分光光度计有日立厂、Perkin Elmer 厂及岛津厂出品的各型号,各类型的仪器都用计算机控制操作。

3. 荧光计的校正

(1)灵敏度的校正:荧光计的灵敏度可用被测出的最低讯号来表示;或用某一标准荧光物质的稀溶液在一定激发波长照射下,能发射出最低讯噪比时的荧光的最低浓度表示。荧光分光光度计的灵敏度与三个方面有关。第一,与仪器上光源强度、单色器(包括透镜、反射镜等)的性能、放大系统的特征和光电倍增管的灵敏度有关;第二,和所选用的波长及狭缝宽度有关;第三,和被测定的空白溶剂和 Raman 散射、激发光、杂质荧光等有关。由于影响荧光计灵敏度的因素很多,同一型号的仪器,甚至同一台仪器在不同时间操作,所测得的结果也不尽相同。因而在每次测定时,在选定波长及狭缝宽度的条件下,先用一种稳定的荧光物质,配成浓度一致的标准溶液进行校正(或称标定),使每次所测得的荧光强度调节到相同数值(50%或100%)。如果被测物质所产生的荧光很稳定,则自身就可作为标准液。从紫外区到可见区内常用的标准荧光物质有酚(溶于甲醇)、吲哚(溶于乙醇)、奎宁(溶于0.05 mol/L硫酸)及荧光素(溶于水或乙醇)等。最常用的是硫酸奎宁,产生的荧光十分稳定。用0.001 g的奎宁标准品,溶于 0.05 mol/L 硫酸中使成 1 μg/mL 的浓度,将此溶液进行不同稀释后用于仪器的校正。

(2)波长校正:荧光分光光度计的波长刻度在出厂前一般都经过校正;但若仪器的光学

系统和检测器有所变动,或在较长时间使用之后,或在重要部件更换之后,有必要用汞弧灯的标准谱线对单色器波长刻度重新校正,特别在精细的鉴定工作中尤为重要。

（3）激发光谱和荧光光谱的校正:用荧光分光光度计所测得的激发光谱或荧光光谱,往往是表观的,不是真实的。其原因较多,如单色器的波长刻度不够准确,Raman 散射光的影响以及狭缝宽度较大等,但这些因素都可消除或得到校正。最主要的是光源的强度随波长而变,及每一个检测器(如光电倍增管)对不同波长的接受敏感度不同,即检测器的感应与波长不成线性。因此,在用单光束荧光分光光度计测定激发或发射光谱时,因为不用参比溶液作相对校正,所以影响特别大。尤其是当峰的波长处在检测器灵敏度曲线的陡坡时,误差最显著。因此,先将每一波长的光源的强度调整到一致(用仪器上附有的校正设备),然后根据表观光谱上每一波长的强度除以检测器对每一波长的感应强度进行校正,以消除这种误差。校正方法,各厂家出品的仪器不完全相同,这里不赘述了。目前生产的荧光分光光度计大多采用双光束光路,可用参比光束抵消光学误差。

第五节　应用与示例

一、有机化合物的荧光分析

有机化合物中脂肪族化合物的分子结构较简单,能发生荧光的为数不多。芳香族及具有芳香结构的化合物,因有 π 共轭体系容易吸收光能,其中结构庞大而复杂的化合物,在紫外光照射下大多能发生荧光。有时为了提高测定方法的灵敏度和选择性,常使弱荧光性物质与某些荧光试剂作用,以得到强荧光性产物。因此,荧光分析在有机物方面的测定为数很多。White C E 及 Weissler A 在每逢双数年份的 Analytical Chemistry 杂志上发表综述性文章中都有详细总结。能用荧光法测定的有机物、生化物质及药物等有 200 多种,其中包括像多环胺类、萘酚类、嘌呤类、吲哚类、多环芳烃类、具有芳环或芳杂环结构的氨基酸类及蛋白质等;药物中的生物碱类如麦角碱、蛇根碱、麻黄碱、吗啡、喹啉类及异喹啉类生物碱等;甾体如皮质激素及雌醇类等;抗生素如青霉素、四环素等;维生素如维生素 A、B_1、B_2、B_6、B_{12}、E、抗坏血酸、叶酸及烟酰胺等。还有中草药中的许多有效成分,不少是属于芳香性结构的大分子杂环类都能产生荧光,可用荧光法作初步鉴别及含量测定。荧光法的灵敏度高,取样少,方法快速,已成为医药学、生物学、农业科学和工业三废等科研工作的重要手段之一。由于荧光法比较灵敏,荧光光度计(λex 为 254 nm 的)及荧光分光光度计(λex 为可变连续光谱)已广泛用作高效液相色谱法的检测器。它对研究药物在体液中的浓度测定及药物在体内的代谢过程检测特别有用。

下面举几个重要荧光试剂,供学习参考。

（1）荧光胺(试剂)(Fluorescamine,Fluram):它能与脂芳族或芳香族伯胺类形成高度荧光衍生物,典型反应如下:

荧胺   吡咯啉酮(Pyrrolinone)

荧光胺及其水解产物不显荧光。100 mg 荧光胺溶于 100 mL 无水丙酮中,放置 24 小时后即可使用。取相当于 10μg 药物的甲醇或水溶液 0.1 mL,加适宜 pH 值的磷酸缓冲液 5 mL,加荧光胺试剂 0.1 mL,混合,放置 15 分钟后测荧光。

(2)1,2 - 萘醌 - 4 - 磺酸钠(NAS):它与含伯胺或仲胺的药物作用后,在 $NaBH_4$ 的还原下生成氢醌类荧光物质,λ_{ex}345 nm,λ_{em}405,多余的 $NaBH_4$ 用浓盐酸破坏。常用的为 0.5% 水溶液,可测定脂肪族及芳香族胺类、氨基酸及磺胺等药物。

(3)1 - 2 - 甲氨基 - 5 - 氯化磺酰萘(Dansyl - CI,丹酰氯):它与含有伯胺、仲胺及酚基的生物碱类反应生成荧光性产物。λ_{ex} 为 365 nm,λ_{em} 为 500 nm 左右。取 50 或 100 mg 试剂,溶解于 500 mL 无水丙酮中即可使用。与丹酰氯类似的一个试剂为丹酰肼(Dansyl - NHNH$_2$),能与可的松的羰基缩合,产生强烈荧光。

丹酰氯试剂不稳定,其水解产物 Dansyl - OH 呈蓝色荧光,必须暗处保存,每一周重新配制。

(4)邻苯二甲醛(OPA):在 2 - 巯基乙醇存在下,在 pH9 ~ 10 的缓冲液中本试剂与伯胺类,特别与除半光氨酸、脯氨酸及羟脯氨酸外的所有的 α - 氨基酸都能产生灵敏的荧光产物,其 λ_{em} 为 455 nm。取 OPA500 mg 溶于 10 mL 乙醇中,加 200 μg12 - 巯基乙醇。将此混合液加至 1 L 的 3% 的硼酸溶液中,再用 KOH 调节至 pH10,即为常用试剂溶液。

(5)NBD 试剂(7 - CI - 4 - nitrobenzo - 2 - oxa - 1,3 - diazole):它的结构式为:

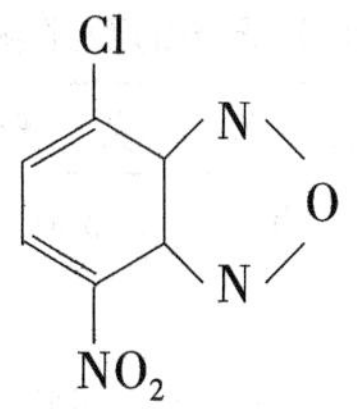

它能与伯胺及促胺类氨基酸产生强烈荧光,特别对脯氨酸能产生比伯胺类氨基酸强10倍以上的荧光,其 λ_{ex} 分别为448及455 nm;其 λ_{em} 分别为548及546 nm。试剂可配成乙醇溶液,浓度为1 μg/mL,为无荧光的黄色溶液,在水溶液中使用亦较稳定。目前,这些荧光试剂常用作高效液相色谱法分离测定氨基酸或体液中药物及代谢产物时的衍生化试剂,以便用荧光检测器检测,检测限可达 ng 级。

二、无机化合物的荧光分析

无机离子中除了铀盐等少数例外,一般不显示荧光,然而很多金属或非金属无机离子可以同一有 π 电子共轭结构的有机化合物形成有荧光的络合物后可用荧光法测定。Al、Au、B、Be、Ca、Cd、Cu、Eu、Ga、Gd、Ge、Hf、Mg、Nb、Pb、Rh、Ru、S、Sb、Se、Si、Sn、Ta、Tb、Th、Te、W、Zn 和 Zr 等能与一些有机试剂以形成荧光络合物的方式可以定量。还有一些无机阴离子如 CN^-、F^- 等,能与 Al、Zr 等离子强烈络合而使它们所形成的荧光络合物的荧光减弱或熄灭,从而可测定 CN^-、F^- 的浓度。

许多过渡金属离子不能形成荧光络合物,这是因为这些离子是顺磁性的,它们的单线激发态电子容易发生向三线态的系统跨越,在去活化过程中不易发生荧光,而常发生磷光。另外,过渡金属离子形成的络合物有许多靠得很近的能阶,容易发生内部转换而使分子失活,不大会发生荧光。所以,无机离子的荧光分析主要应用于上述二十多种离子。

很多有机化合物可以和无机阳离子形成荧光络合物,这些有机化合物一般都具有苯环结构以及二个以上能同金属离子络合的配位基团。常用的有机荧光试剂列举四种:

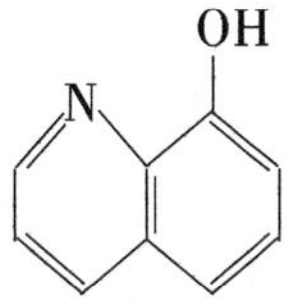

8－羟基喹啉

（用于 Al、Zn、Be）

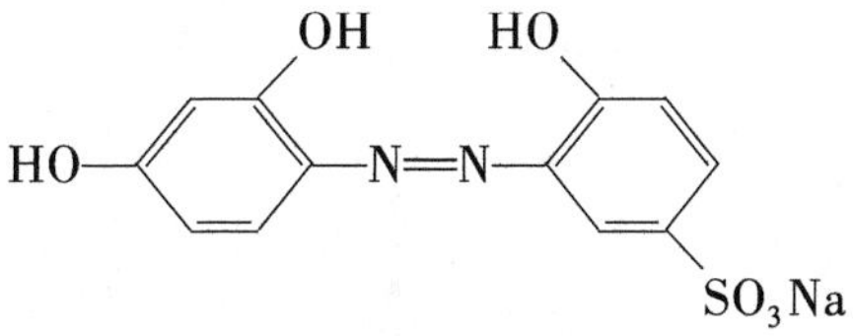

茜素紫酱 R

（用于 Al、F）

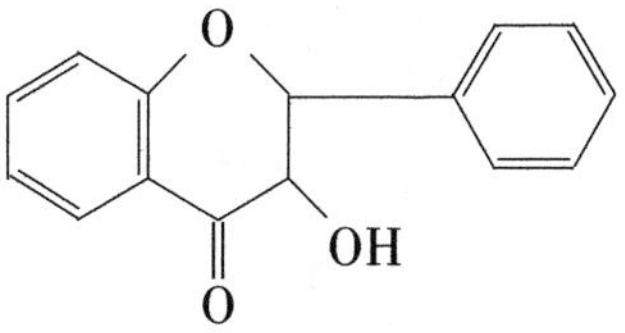

黄酮醇

（用于 Zr 和 Sn）

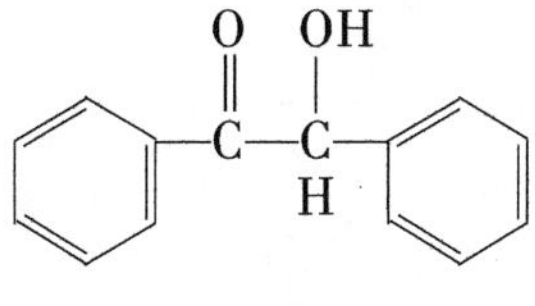

二苯乙醇酮

（用于 B、Zn、Ge、Si）

这些试剂的应用见表11－2。

表 11 – 2　无机离子的荧光测定法简表

离　子	试　剂	激　发	荧　光	干　扰	灵敏度
Al^{3+}	茜素紫酱 R	470	500	Be、Co、Cr、Cu、Th Zr、F、NO_2^-、Ni、PO_4^{3-}	0.007
F^-	铝 – 茜素紫酱 R	420	500	Be、Co、Cr、Cu、Fe Zr、Th、Ni、PO_4^{3-}	0.001
B_4O_7	二苯乙醇酮	370	450	Be、Sb	0.04
Cd^{2+}	2 – (邻羟基苯) – 苯异				

（9）瑞利（Rayleigh）散射：光子和物质分子发生弹性碰撞时，不发生能量交换，仅仅是光子运动方向发生改变，这种散射称为瑞利散射。

（10）拉曼（Raman）散射：光子和物质分子发生非弹性碰撞时，在光子运动方向发生改变的同时，光子与物质发生能量交换，光子把部分能量转移给物质分子或从物质分子获得部分能量，而发射出比入射光稍长或稍短的光，这种散射称为拉曼散射。

2. 基本理论

能够发射荧光的物质应同时具备的两个条件：①物质分子必须有强的紫外－可见吸收。②物质分子必须有一定的荧光效率。

思 考 题

1. 为什么荧光法比可见紫外法更灵敏？
2. 荧光是怎样产生的？
3. 荧光法定量分析的依据是什么，方法有哪两个？
4. 在荧光法中，何为激发光谱，何为发射光谱？
5. 什么是振动弛豫？

习 题

1. 如果一个溶液的吸光度为 0.035，计算式（11－5）括弧中第一项与第二项的比值。

2. 用荧光法测定复方炔诺酮片中的炔雌醇的含量时，取试品 20 片（每片含炔诺酮应为 0.54 ~ 0.66 mg，含炔雌醇应为 31.5 ~ 38.5 μg）研细溶于无水乙醇中，稀释至 250 mL，过滤，取滤液 5 mL，稀释至 10 mL，在激发波长 285 nm 和发射波长 307 nm 处测定荧光强度。如炔雌醇对照品的乙醇溶液（1.4 μg/mL）在同样测定条件下荧光强度为 65，则合格片的荧光读数应在什么范围？

(58.5 ~ 71.5)

3. 1.00 g 谷物制品试样，用酸处理后分离出核黄素及少量无关杂质，加入少量 $KMnO_4$，将核黄素氧化，过量的 $KMnO_4$ 用 H_2O_2 除去。将此溶液移入 50 mL 量瓶，稀释至刻度。吸取 25 mL 放入样品池中以测定荧光强度（核黄素中常含有发生荧光的杂质叫光化黄）。事先将荧光计用硫酸奎宁调整至刻度 100 处。测得氧化液的读数为 60 格，加入少量连二亚硫酸钠（$Na_2S_2O_2$），使氧化态核黄素（无荧光）重新转化为核黄素，这时荧光计读数为 55 格。在另一样品池中重新加入 24 mL 被氧化的核黄素溶液，以及 1 mL 核黄素标准溶液（0.5 μg/mL），这一溶液的读数为 92 格，计算试样中核黄素的含量（μg/g）。

(0.569 8 μg/g)

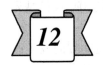

第十二章

色谱概论

学习提要：

在本章中需要掌握色谱法（chromatography）的概念。了解色谱法的起源，色谱法的分类及发展趋势。

The brief summary of study：

In this chapter，need to master the concept of chromatography. Acquaint with chromatographic origin，classification and its development trend.

色谱法（chromatography）是一类分离分析多组分混合物的有效的物理化学分析方法。它广泛应用于各个领域，已成为分析化学的一个重要分支。

色谱法是俄国植物学家 Tswett M 首创（1906）。他在研究植物色素成分时，将颗粒状碳酸钙填充于竖立的玻璃管中，然后将植物叶的石油醚浸取液由玻璃管顶端加入，并用石油醚冲洗。因植物叶的不同色素在碳酸钙柱上得到分离而形成不同颜色的谱带，Tswett M 称这种方法为色谱法。随着色谱法的不断发展，色谱对象已不限于有色物质了。但色谱这一名词却沿用下来。色谱分离方法与适当的检测手段相结合，就构成现代各种色谱分析方法。

在色谱法中，将上述起分离作用的填充颗粒碳酸钙的玻璃管柱称为色谱柱，固定在管内的填充物碳酸钙称为固定相，沿固定相流动的流体（如石油醚）称为流动相。

用液体作为流动相的色谱法称为液相色谱法。用气体作为流动相的色谱法称为气相色谱法。按所使用的固定相和流动相不同，色谱法可以分为以下几类：

（1）液相色谱法可分为：

①液－固色谱法：流动相为液体，固定相为固体吸附剂。

②液－液色谱法：流动相为液体，固定相为液体（涂在固体载体上）。

（2）气相色谱法可分为：

①气－固色谱法：流动相为气体，固定相为固体吸附剂。

②气－液色谱法：流动相为气体，固定相为液体（涂在固体载体上或毛细管壁上）。

将气相色谱法的理论和技术应用于经典的液相色谱法，并改用新型固定相和高压输送流动相，因而形成色谱法的新的分支——高效液相色谱法（HPLC）。

本书在第十三、十四、十五章中将分别讨论液相色谱法、气相色谱法和高效液相色谱法。

色谱法是分析化学中发展最快、应用最广的方法之一，这是因为现代色谱法是分离分析方法，具有分离与"在线"分析两种功能，能解决组分复杂的样品分析问题。

色谱法的发展趋势主要有两个方面，一方面是色谱方法及其硬件的进一步研究；另一方面是联用技术的发展。

1. 新型固定相和检测器的研究　虽然已有很多种类的色谱固定相，但新的固定相仍然不断出现,从而使色谱分析方法的应用越来越广泛。如各种手性固定相的出现使手性药物的分析变得十分方便,大大促进了手性药物的立体选择性研究。从 1985 年以来发展了内表面反相固定相等几种浸透限制固定相,允许体液如血浆等直接进样。1989 年又出现了灌注色谱固定相,用于各种生物大分子的分离分析。

2. 色谱新方法的研究　目前色谱方法的研究仍然十分活跃。新发展起来的电色谱法兼有毛细管电泳和微填充柱色谱法的优点,它将成为最重要的色谱方法之一。

3. 色谱 – 光谱联用技术　把色谱作为分离手段,光谱(或质谱)充作鉴定工具,各用其长,互为补充,已有 GC – MS、气相色谱 – 傅里叶变换红外光谱(GC – FTIR)、SFC – MS、HPLC – UV、HPLC – MS 及 TLC – UV 等多种联用仪器。还有毛细管区带电泳(CZE) – MS 和 HPLC – NMR 联用技术。由于计算机的运用,这些联用仪多数都能绘制光谱 – 色谱三维谱,即在一张纸上可以同时获得定性定量信息。

4. 色谱专家系统　这是一种色谱 – 计算机联用技术。色谱专家系统是指模拟色谱专家的思维方式,解决色谱专家才能解决的问题的计算机程序。完整的色谱专家系统包括了柱系统推荐和评价、样品预处理方法推荐与优化、在线定性、定量及结果的解析等功能。色谱专家系统的应用,将大大提高色谱分析工作的质量和效率。

本章小结

1. 基本概念
(1)色谱法:是一类分离分析多组分混合物的有效的物理化学分析方法。
(2)固定相:固定在玻璃板上的或填充在管内的填充物称为固定相。
(3)流动相:沿固定相流动的流体(如石油醚)称为流动相。
(4)气相色谱法:是用气体作为流动相的色谱法。
(5)液相色谱法:用液体作为流动相的色谱法
2. 基本理论
色谱法可以分为以下几类:
(1)液相色谱法
①液 – 固色谱法:流动相为液体,固定相为固体吸附剂。
②液 – 液色谱法:流动相为液体,固定相为液体(涂在固体载体上)。
(2)气相色谱法
①气 – 固色谱法:流动相为液体,固定相为固体吸附剂。
②气 – 液色谱法:流动相为气体,(涂在固体载体上或毛细管壁上)。

思　考　题

1. 什么是色谱法?
2. 色谱法的分类?

第十三章
液相色谱

学习提要：

在本章中,需要掌握色谱法的分离过程,液相色谱的分类。在柱色谱中掌握液-固吸附色谱(liquid-solid chromatography;LSC)、液-液分配色谱(liquid-liquid chromatography;LLS)、离子交换色谱法(ion exchange chromatography;IEC)、分子排阻色谱法(molecular exclusion chromatography;MEC)、亲合色谱法(affinity chromatography;AC)分离的基本原理,分配系数与保留时间(retention time)的关系。了解吸附等温线(adsorption isotherm)与色谱带形的关系。掌握固定相,流动相的选择原则。熟悉纸色谱法与薄层色谱法(thin layer chromatography;TLC)的基本原理,比移值与分配系数的关系,操作方法,展开剂的选择,定性和定量分析及应用。

The brief summary of study:

In this chapter, need to master chromatographic separation process and classify of liquid chromatography. Among the column chromatography, grasp separation principle of LSC、LLS、IEC and AC. Acquaint with the relationship between partition coefficient and retention time. Know about the relationship between adsorption isotherm and chromatographic strip. Grasp selective principle of stationary phase and mobile phase. Familiarize the basic principle of paper chromatography and TLC, acquaint with the relationship between rate of flow and partition coefficient, operating method, selecting development solvent and know about qualitative and quantitative analysis as well as its application.

第一节 概　　述

色谱法是一种广泛应用的物理和物理化学分离分析方法。开始由分离植物色素而得名,后来不仅用于分离有色物质,而且在多数情况是用于分离无色物质。色谱法的名称虽仍沿用,但与原来的含义已不尽相同了。

在分析化学中,分离问题是一个重要问题。我们已经接触过不少分离方法,如蒸馏、结晶、沉淀、萃取等。色谱法比这些分离方法优越之处,在于分离效率高,操作比较简便。所以色谱法无论在实验室、工厂或医药卫生、环境保护和化学有关的各部门都已广泛采用。

要想把不同的物质分开就要利用它们性质的差异。蒸馏是利用沸点的差异,沉淀和结晶是利用溶解度的差异,萃取是利用分配系数的差异,而色谱法则是利用物质在不同的两相中溶解、吸附、分配、离子交换或其他亲和作用的差异,使混合物中各组分分离。

一、色谱法过程

让我们通过一个实例来了解色谱法的大概。偶氮苯存在如下两种立体异构体:

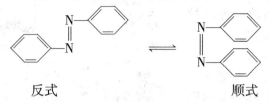

反式　　　　　　　顺式

它们的性质是很近,用沉淀、萃取方法无法分开,如用色谱法就能较容易地加以分离。

取一根玻璃管,下端垫一层精制棉或玻璃棉,装进吸附剂氧化铝(固定相)。把顺、反式偶氮苯的混合物用少量石油醚溶解,加到氧化铝柱的顶端,得到如图 13－1(a)的结果。两种偶氮苯吸附在氧化铝的表面,然后让含 20%乙醚的石油醚(流动相)通过柱,很快就会发现在白色氧化铝上出现两个色带,如图 13－1(b),继续这一操作,两个色带就会依次从柱中流出来,从而达到分离,如图 13－1(c)。

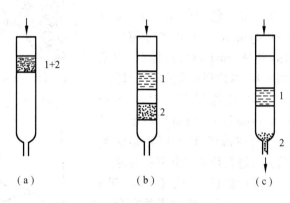

图 13－1　柱色谱示意图

因为,当溶剂流过时,已被吸附在柱上的两种偶氮苯又重新溶解于溶剂中而解吸,随着溶剂向前移动,已解吸的溶质遇到新的吸附剂颗粒,再次被吸附,如此在色谱柱上不断地发生吸附、解吸、再吸附、再解吸……的过程。两种化合物的理化性质差异本来并不大,在氧化铝表面吸附能力的差异也不大,但是经过多次重复的结果,使微小的差异积累起来就变成大的差异。色谱法就是利用这种分离技术使差异表现为几百次、几千次,因而大大提高了分离效率。

二、色谱法的分类

色谱法有多种类型(图 13－2),也有多种分类方法。

(一)按两相所处的状态分类

可见第十二章所述。

(二)按色谱法过程的机理分类

1.吸附色谱法　利用吸附剂表面对不同组分吸附性能的差异,而进行分离的方法。

2.分配色谱法(Partition chromatography)　利用不同组分在流动相和固定相之间的分配系数(或溶解度)不同,而使之分离的方法。

3.离子交换色谱法(Ionexchange chromatography)　利用不同组分对离子交换剂亲和力的不同,而进行分离的方法。

4.分子排阻色谱法(Molecular exclusion chromatography)　利用某些凝胶对不同组分因

分子大小不同而阻滞作用不同,进行分离的方法。

5.亲合色谱法（Affinity chromatography） 利用不同组分与固定相（固定化分子）共价键合的高专属性反应进行分离的一种新技术。常用于蛋白质的分离。

（三）按操作形式分类

1.柱色谱法 将固定相装于柱内,使样品沿一个方向移动而达到分离的目的。

2.纸色谱法（Paper chromatography） 用滤纸作液体的载体（担体,support）,点样后,用流动相展开,以达到分离鉴定的目的。

3.薄层色谱法（Thin layer chromatography） 将适当粒度的吸附剂涂铺成薄层,以与纸色谱法类似的方法进行物质的分离和鉴定。

4.薄膜色谱法（Thin film chromatography） 将适当的高分子有机吸附剂制成薄膜以与纸色谱法类似的方法进行物质的分离和鉴定。

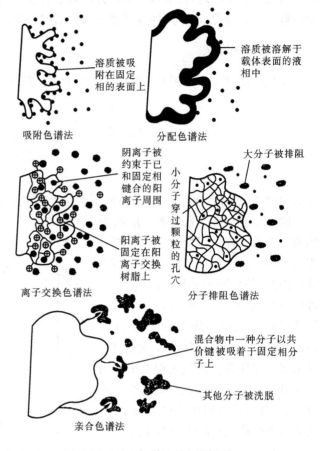

图13-2 色谱法的主要类型

与柱色谱法相对应,上述 2,3,4 三项色谱法统称为平面色谱法。色谱分类法如表13-1。

表13-1 色谱法分类

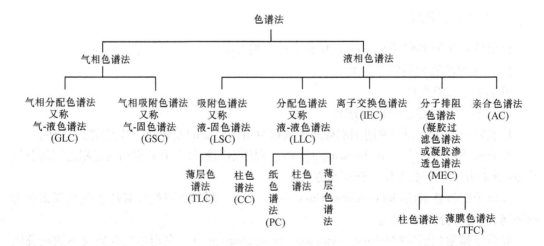

第二节　柱色谱法

一、液－固吸附柱色谱法

吸附色谱法是各种色谱法中最早建立的,关于吸附色谱法的若干原理对其他色谱法也适用。因此,我们首先讨论吸附色谱法。

（一）吸附作用与吸附平衡

所谓吸附（Adsorption）是指溶质在液－固或气－固两相的交界面上集中浓缩的现象,它发生在固体表面上,这种固体叫吸附剂。它是一些多孔性的物质,表面布满许多吸附点位,它的吸附能力直接影响吸附剂的性能。

常用的吸附剂如硅胶,它表面上的吸附点位主要是硅醇基（—Si—OH）上面的羟基,有三种类型。其中①是游离羟基（自由型）;②是键合羟基（束缚型）;③是键合活泼羟基（活泼型）。它们的吸附活性大小顺序为:③ > ① > ②。

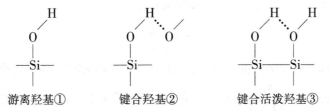

游离羟基①　　　　　键合羟基②　　　　　键合活泼羟基③

但是,从吸附性能来说,以游离羟基①形式的硅胶较好,大孔径硅胶的表面以游离羟基为主。硅胶经反复用酸浸泡或洗涤,可使表面羟基化而提高分离性能。

在液－固柱色谱法中,流动相为液体,固定相为吸附剂。利用吸附剂对于样品中各吸附能力的差别以达到分离的目的。吸附能力的大小可用吸附平衡常数 K 来衡量。吸附过程是流动相分子 Y 与样品中某组分分子 X 对吸附剂表面争夺吸附点位的过程,吸附剂吸附样品中 X 分子需要先解吸溶剂分子,才能在表面上容纳样品中的 X 分子。当达到吸附平衡时:

$$X_m + nY_a \rightarrow \cdots \rightarrow X_a + nY_m$$

a 为吸附剂表面;m 为流动相;n 为系数。于是:

$$K = \frac{[X_a][Y_m]^n}{[X_m][Y_a]^n} \tag{13-1}$$

K 为吸附平衡常数,简称吸附系数。吸附系数大的组分比吸附系数小的组分容易被吸附剂吸附,流出亦较慢。

（二）几个术语

作为流动相的溶剂（或气体）称为洗脱剂（Eluent）。从色谱柱的末端流出的溶剂称为洗脱液（Eluate）,使液体（或气体）通过色谱柱的过程叫做洗脱（Elution）。

洗脱剂——色谱柱——洗脱液
（加入）　　　　　　　（流出）

溶质组分如有不同的颜色,则它们在色谱柱中移动和分离的情况可以目视观察。如果溶质组分均无颜色,就需要检测流出液的浓度以判断组分分离和洗脱的情况。图 13 – 3 为二组分分离较理想的典型色谱图（或称洗脱曲线）。如果两峰有重叠，可在洗脱过程中逐步改变溶剂的组成以减少峰的重叠（增加极性较大的溶剂的比例量）。此种技术称为梯度洗脱（Gradient elution）。

溶质在色谱柱中被保留的程度常用保留比（Retention ratio）R 表示。其定义为：

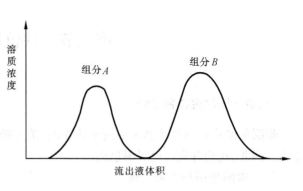

图 13-3 吸附色谱洗脱峰

$$R = \frac{溶剂通过色谱柱所需的时间}{溶质通过色谱柱所需的时间} \tag{13-2}$$

一种溶质从色谱柱中能够洗脱的最快时间就是溶剂通过柱所需要的时间。所以，经常是 $R \leqslant 1$。例如，如溶剂流出时间为 30 min，溶质洗脱需要 100 min，则 $R = \frac{30}{100} = 0.30$。

保留比给出溶质分子在流动相中停留的时间分数：

$$R = \frac{t_m}{t_m + t_s} \tag{13-3}$$

式中 t_m 为溶质在流动相中的时间；t_s 为溶质在固定相中的时间。如果溶质在流动相中的时间为 30%，则其保留比为 $\frac{30}{30+70} = 0.30$。它将以溶剂平均速率的 3/10 的速率移动，而它需要的流出时间则为溶剂平均速率的 10/3 倍。

方程式（13-3）可改写为：

$$R = \frac{1}{1 + \dfrac{t_s}{t_m}} \tag{13-4}$$

$\dfrac{t_s}{t_m}$ 可以用溶质在固定相中的摩尔数和流动相中的摩尔数表示。摩尔数又可由浓度（C）乘以两相各自的体积求得。故：

$$\frac{t_s}{t_m} = \frac{C_s V_s}{C_m V_m} = K \frac{V_s}{V_m} \tag{13-5}$$

比值 $\dfrac{C_s}{C_m}$ 就是分配系数 K，在稀溶液中，K 是个常数：

$$K = \frac{C_s}{C_m} \tag{13-6}$$

将（13-6）式代入（13-4）式得：

$$R = \frac{1}{1 + K \dfrac{V_s}{V_m}} = \frac{V_m}{V_m + K V_s} \tag{13-7}$$

可见，溶质组分在柱中移行的速率决定于组分的分配系数 K 值大小。如果 K 值小，溶质组分主要在流动相中，在柱中通过的就快。如果 K 值大，溶质组分大部分在固定相中，在柱中移动的就慢。

（三）分配系数与保留体积的关系

在色谱分离中，溶质在固定相和流动相中差速迁移，它既可进入固定相，又可进入流动相，这个过程叫分配过程，不论色谱机理属于哪一种，分配过程都存在。分配过程进行的程度，都可用分配系数 K 表示。在不同类型的液相色谱中 K 的含义有所不同。例如，在吸附色谱法中，K 为吸附平衡常数；在离子交换色谱法中，K 为交换常数或称选择性系数；在分子排阻色谱法中，K 为渗透系数。

混合物中组分的分配系数往往是不同的，即组分保留在柱上（固定相中）的特性是不同的。通常可用保留时间（Retention time），即被分析样品从进样开始到流出液中出现浓度极大点的时间；或保留体积（Retention volume），即被分析样品从进样开始到流出液中出现浓度极大点时，所通过流动相的体积，来衡量吸附剂吸附样品组分的强弱。

分配系数 K 值大，说明该物质在柱中被吸附得牢，移动速度慢，在固定相中停留的时间长，将最后出现在洗脱液中。亦即保留体积大，保留时间长。反之，如 K 值小，即这种物质在柱中被吸附得弱，迁移速度快，将首先出现在洗脱液中。亦即保留体积小，保留时间短。可见，混合物中各组分之间分配系数 K 值相差愈大，各物质愈容易彼此分离。如果 $K = 0$，就意味着溶质不能进入固定相，而始终停留在流动相里，并随着流动相迅速地流出。如果被分离物质的 K 值都很大或都很小，那将停留在柱上不能移动或者迅速流出。显然，这种固定相和流动相体系是不能实现分离的。因此，应当根据被分离物质的化学结构和性质（极性）适当地选择固定相和流动相，使分配系数即不太大，又不太小，并且使各组分的分配系数尽可能相差大一些，就可以使混合物中各组分分离完全。

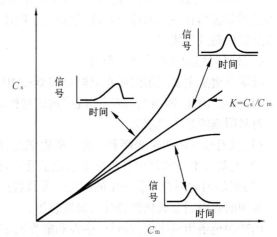

图 13-4　吸附等温线与色谱带形

（四）吸附等温线与色谱带形

在一定温度下，溶质组分在吸附剂上的吸附规律，可用在平衡状态时，此组分在两相中的浓度的相对关系以曲线表示，称为吸附等温线（adsorption isotherm）。当分配系数 $K\left(=\dfrac{C_s}{C_m}\right)$ 为一定值时，其等温线为一直线，色谱带为一高斯曲线。但在实际色谱柱中，$\dfrac{C_s}{C_m}$ 比值常因溶质总量的增加而有一些改变，因此等温线有些弯曲，色谱带也有些不对称。三种等温线和它们的带形，如图 13-4 所示。

1. 直线形等温线　图 13-4 中心的等温线是个理想的等温线，所得的色谱峰是对称峰。它表示吸附剂表面没有被溶质所饱和，线性等温线的斜率相当于两相中的分配系数（吸附平衡常数）$K = \dfrac{C_s}{C_m}$。它与溶液中组分浓度无关，即组分向前移动的速度不受浓度的影响。因此，色带上下对称，中间浓度最高，其流出曲线呈对称形，洗脱峰前沿不变形，后缘不拖尾。

2.凸形等温线 图 13 - 4 下部的等温线是凸形等温线。由于固体吸附剂表面活性不同,大多数液相色谱是非线性的。许多液 - 固色谱系统是符合 Freundlich 方程式的:

$$K = c_s / c_m^{1/n} \tag{13 - 8}$$

式中 c_s 为吸附平衡中吸附在固定相上的溶质浓度;c_m 为流动相中溶质浓度。K 和 n 都是常数,一般 $n > 1$。如图 13 - 4 右下部那样出现凸形等温线,当 c_s 值较高时,溶质集中的区域比溶质稀少的区域前进速度快,在洗脱时使曲线前端陡峭,溶质稀少区域由于移动速度较慢,浓度缓缓降低,使曲线后端有较长的拖尾。

已知在硅胶表面上有几种吸附能力不同的吸附点位,溶质在不同的吸附点位上的分配系数是不同的,溶质分子总是先占据强的吸附点位(K 大),然后再占据次强的、弱的、最弱的。所以,K 值总是随着溶质浓度的增加而逐渐减小(强吸附点位被饱和)。吸附等温线多数是凸形的,所以吸附色谱法中拖尾的现象是普遍的。不过,假如我们减少溶质的量,只利用凸形等温线开始的一部分,这时它近似于一条直线。流出曲线也就变得对称了。

3.凹形等温线 图 13 - 4 上部的等温线是一个典型的超载样(进样量超过一定限度)的等温线。由于进样量过大,影响了固定相的物理性质。固定相就不能作为溶质的稀溶液考虑了。随着溶质量的增加,$\dfrac{c_s}{c_m}$ 值也增大。即分配系数 K 值增大,等温线是凹形的。

因此,为了保证流出曲线的对称性,防止拖尾,在色谱分析中就应该注意控制溶质的量。每种色谱方法都有一定的进样限度,超过这个限度,拖尾现象就开始出现,这时我们说,这根柱或这块板超过负载了。

(五)吸附剂的选择和吸附活度

吸附色谱法主要利用溶质在吸附剂和流动相中的可逆平衡,以及吸附剂对不同物质吸附力的差异。因此,吸附剂、溶剂和洗脱剂的选择是吸附色谱法成败的关键。

对吸附剂的基本要求为:

(1)具有较大的吸附表面和一定的吸附能力,能使样品各组分达到预期的分离;

(2)与展开剂及样品中各组分不起化学反应,在展开剂中不溶解;

(3)吸附剂的颗粒应有一定的细度。并且粒度要均匀。

常用的吸附剂有氧化铝、硅胶、聚酰胺等。

国产的色谱用氧化铝有碱性、中性和酸性的三种。一般情况下,中性氧化铝使用最多。氧化铝为一种吸附力较强的吸附剂,具有分离能力强、活性可以控制等优点。

碱性氧化铝(pH9 ~ 10),适用于碱性(如生物碱)和中性化合物的分离。酸性化合物(用中性溶剂),则无法分离。

中性氧化铝(pH≈7.5),适用于分离生物碱、挥发油、萜类、甾体、蒽醌,以及在酸碱中不稳定的苷类、酯、内酯等化合物。凡是酸性、碱性氧化铝都可使用,中性氧化铝也都能适用。

酸性氧化铝(pH4 ~ 5),适用于分离酸性化合物,如酸性色素及某些氨基酸,以及对酸稳定的中性物质。

色谱用氧化铝按其活性可分为五级。活度级数越大,吸附性能越小,其活性大小与含水量有很大关系,可参阅表 13 - 2。由此可知,在一定温度下,加热除去水分可以使氧化铝的活性提高,吸附能力加强,称为活化(activation);反之,加入一定量的水分可使活性降低,称为脱活性(deactivity)。

表 13 – 2　硅胶、氧化铝的含水量与活性关系

硅胶含水量/%	活性级	氧化铝含水量/%
0	Ⅰ	0
5	Ⅱ	3
15	Ⅲ	6
25	Ⅳ	10
38	Ⅴ	15

1. 氧化铝活化方法　将需要活化的氧化铝置于约 400 ℃ 的电炉内,恒温 6 小时,取出,置于密闭干燥器内,冷却,备用。这样得到的氧化铝活性在 Ⅰ—Ⅱ 级。如果温度过高引起内部结构改变,反而使吸附力不可逆地下降。

2. 氧化铝活度测定方法——柱色谱法　测定氧化铝的活度可用 Brockmann 法。下述方法是简化了的 Brockmann 法。

取偶氮苯(1)、对甲氧基偶氮苯(2)、苏丹黄(3)、苏丹红(4)、对氨基偶氮苯(5)、对羟基偶氮苯(6)等六种染料,分别以石油醚(沸点 60 ℃ ~90 ℃)和苯(4：1)为溶剂,配成 0.04% 溶液。取以上六种染料溶液各 10 mL,分别通过 6 支内径为 1.5 cm,长 15 cm 内装待测活性的氧化铝,高度为 5 cm 的吸附柱,待溶液全部通过后,即以石油醚和苯(4：1)混合液 20 mL 洗脱,控制流速为 20~30 滴/分。根据下图,染料在吸附剂柱上的位置可判断氧化铝的活性级别。

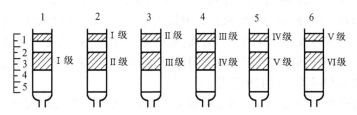

图 13 – 5　色谱法测定氧化铝的活度

1 – 6　染料号；Ⅰ – Ⅵ　活度级别号

硅胶是具有微酸性、吸附能力较氧化铝稍弱的常用吸附剂。可分离一些酸性和中性物质,如有机酸、氨基酸、萜类、甾体等。

色谱用硅胶一般以 $SiO_2 – xH_2O$ 表示,具有多孔性的硅氧交链结构,其骨架表面具有很多硅醇基,能吸附多量水分,此种表面吸附的水称为"自由水",当加热至 100 ℃ 左右,能可逆地被除去。硅胶的活性与含水量有关(表 13 – 2),含水量高则吸附力弱,当"自由水"含量高达 17% 以上时,吸附能力极低,但可作为分配色谱法的载体。交链结构内部含有的水,称为"结构水",于 500 ℃ 加热能不可逆地失去"结构水",由硅醇结构变成硅氧环结构。由于硅胶的吸附力主要与硅羟基数有关,因此,加热温度过高,吸附能力反而降低。

硅胶的活度测定,一般可采用与氧化铝统一的定级法。

(六)流动相的选择

在吸附色谱法中,溶解样品用的溶剂最好就是洗脱剂,以免区带在溶剂和洗脱剂接触处受到扰乱。流动相的性质对样品的吸附过程起重要的作用,因为吸附剂对溶剂也有作用,如

果溶剂被强烈地吸附就很难被样品置换,极性溶剂与溶质竞争占据吸附剂表面位置的倾向增强,使得吸附剂对溶质的吸附性相对减弱,所以,在选择流动相时,应同时考虑以下三方面的因素。

1. 被测物质的结构与性质 极性较大的化合物可以比较强地从溶液中被吸附剂吸附,需要极性较大的溶剂才能推动(置换)。被测物质的结构不同,所具有的极性也不相同,饱和碳氢化合物一般不被吸附或吸附得不牢。当于其结构中取代一个功能基后,则吸附性增强。常见的基团按其极性由小到大的次序是:

烷烃 < 烯烃 < 醚类 < 硝基化合物 < 二甲胺 < 酯类 < 酮类 < 醛类 < 硫醇 < 胺类
　　 < 酰胺 < 醇类 < 酚类 < 羧酸类

在判断物质极性大小时,有如下规律可循:

(1)如基本母核相同,则分子中基团的极性越大,整个分子的极性也越大;极性基团增多,则整个分子极性加大。

(2)分子中双键多,吸附力强;共轭双键多,吸附力增大。

(3)化合物取代基的空间排列,对吸附性也有影响。例如,同一母核中羟基处于能形成分子内氢键位置时,其吸附力弱于羟基处于不能形成氢键的化合物。

2. 吸附剂的性能 通过测定吸附剂的活度,可判断吸附剂的性能。

活性:Ⅰ级 > Ⅱ级 > Ⅲ级 > Ⅳ级 > Ⅴ级。

分离极性小的物质,一般选用吸附活性大一些的吸附剂;反之,分离极性大的物质应选用活性小的吸附剂。

3. 流动相的极性 通常极性小的溶剂对被分离混合物中极性小的物质亲和力强,在色谱过程中使它移动较快,从而与一些极性大的物质分离。同理,极性大的溶剂和中等极性的溶剂对极性大的和中等极性的物质亲和力强,从而与一些极性小的物质分离。

一般情况下,物质的极性,吸附剂的吸附性,均已固定,所以主要问题是选择极性不同的流动相。常用流动相极性递增的次序是:

石油醚 < 环己烷 < 四氯化碳 < 苯 < 甲苯 < 乙醚 < 氯仿 < 醋酸乙酯 < 正丁醇
　　 < 丙酮 < 乙醇 < 甲醇 < 水

选择色谱分离条件时,必须从吸附剂、洗脱剂和被分离物质三方面综合考虑。一般用亲水性吸附剂(如硅胶、氧化铝)作色谱分离时,如被测成分极性较大、应用吸附性较弱(活度较低)的吸附剂,则用极性较大的洗脱剂;如成分的亲脂性较强,则应该选用吸附性强(活度高)的吸附剂,极性较小的洗脱剂。

上述仅为一般规则,具体应用时,尚须灵活掌握,往往需要通过实验以寻找最合适的条件。

二、液 - 液分配柱色谱法

有些强极性的化合物,例如脂肪酸或多元醇能被吸附剂强烈吸附,用洗脱能力最强的流动相仍难推动。因此,用吸附色谱法分离是困难的。为了克服这种困难,发展了分配色谱法。

分配色谱法是根据物质在两种不相混溶(或部分混溶)的溶剂间溶解度的不同,而有不同的分配来实现分离的方法。在一定温度下,物质同时溶解于两种相接触而不能混溶的溶剂中,其中一种溶剂吸收在载体上作为固定相,另一种溶剂为流动相。比如硅胶可以吸收相当于其本身重量的70%的水分,仍可分散成粒而不妨碍装填。这时它的吸附性能消失,水已成为固定相,硅胶为载体。把欲分离的混合物溶解后,置于固定相的一个狭小的区域上,当流动相沿着载体移动时,溶质就在两相之间发生分配。不同的物质,在两相中有不同的分配系数 K,会逐渐分布于不同部位,形成色谱。

$$K = \frac{\text{固定相中溶质的浓度}}{\text{流动相中溶质的浓度}} \qquad (13-9)$$

分配系数是分配色谱较重要的参数。分配系数 K 值大,说明该物质在柱中停留时间长,移动速度慢,它将最后出现在洗脱液中,亦即保留体积大,保留时间长。反之,如 K 值小,则这种物质在柱中停留时间短,移动速度快,它将首先出现在洗脱液中,亦即保留体积小,保留时间短。

分配色谱法分离,主要决定于分配系数的差异。一般说来,各种类型化合物都能适用,特别适宜于亲水性物质,能溶于水而又稍能溶于有机溶剂者,如极性较大的生物碱、甙类、有机酸,酚性成分、糖类及氨基酸的衍生物等。

(一)载体和固定相

载体在分配色谱法中只起负载固定相的作用,本身应该是惰性的,不能有吸附作用。载体必须纯净,颗粒大小适宜,多数商品载体在使用之前需要精制、过筛。常用的载体除吸水硅胶外,还有纤维素、多孔硅藻土等。

固定相除水外,还有稀硫酸、甲醇、甲酰胺等强极性溶剂。

(二)流动相

分配色谱法中流动相与固定相的极性应相差很大,不能互溶,否则在层析过程中,会使分配平衡产生扰乱。一般可先选用对各组分溶解度稍大的溶剂为流动相,然后再根据分离情况改变流动相的组成,即可在流动相中加入一些其他溶剂组成混合溶剂,以改变各组分被分离的情况与洗脱速率。一般常用的流动相有石油醚、醇类、酮类、酯类、卤代烷及苯等或它们的混合物。

(三)反相分配色谱法

分配色谱法可分为正相分配色谱法和反相分配色谱法,当上述正相分配色谱法遇到分配系数 K 值小的化合物不能达到分离目的时,可采用反相分配色谱法(Reversed phase partition chromatography)。二者区别在于,正相分配色谱法中,固定相采用高极性的溶剂,流动相采用低极性的溶剂。而反相分配色谱法与此相反。在反相分配色谱法中,脂溶性组分移动慢,水溶性组分移动快。如果已知欲被分离组分主要为亲脂性成分,则可采用反相分配色谱法。

反相分配色谱法中常用的固定相有硅油、液体石蜡等。也可将载体硅胶中的亲水性基团 $-OH$ 先经酯化以增强其亲脂性,或将硅藻土加热至 110 ℃ 冷却后置于含有二氯二甲基硅烷 $[(CH_3)_2SiCl_2]$ 的干燥器中,经如此处理后就可与非极性溶剂混合而获得吸着牢固的固定相。

(四)应用

吸附柱色谱法和分配柱色谱法主要用于把混合物分离为单一成分,是中药、生化、有机等方面的重要的分离纯制手段。其他如定性、定量、纯度检查等方面也有应用。

三、离子交换柱色谱法

用一种能交换离子的材料为固定相(如无机物和树脂),利用它在水溶液中能与溶液中的离子进行交换的性质,来分离离子型化合物的方法,称为离子交换色谱法(Ion exchange chromatography)。操作手续与吸附或分配柱色谱法相似。在色谱管中装入离子交换剂(Ion exchanger),再使样品溶液通过,一些性质相似的离子就被离子交换剂所吸附。然后再用适当的洗脱剂冲洗,使样品向下移动,这时溶液中所含离子即与固定相上能游离的离子进行交换。样品离子在固定相上连续进行可逆的吸附交换和解吸作用。由于各种离子对交换剂的亲和力不同,因而移动的速度有快有慢,就在柱上形成色谱。

早在一百多年前就有人注意到土壤中某些无机物能除去水中的钾盐和铵盐,同时释放出相当计量的钙盐。后来又有人把沸石一类化学式为 $Na_2Al_2Si_4O_{12}$ 的硅铝酸盐用于水的软化。当时研究的交换剂多数是无机物。但是近年来多被合成的离子交换树脂(Ion exchange resin)所代替,因为树脂无论在机械强度、化学稳定性或交换容量和交换速度等方面都具有更多的优越性。

(一)离子交换树脂的化学结构

离子交换树脂是具有网状立体结构的高分子多元酸或多元碱的聚合物,不溶于水和许多有机溶剂中,按其性质可以分为两类,即阳离子交换树脂和阴离子交换树脂。金属阳离子在阳离子交换树脂上被交换而释放出 H^+ 离子,非金属离子及其他阴离子在阴离子交换树脂上被交换而析出 OH^- 离子。

1. 阳离子交换树脂(Cation exchange resin)　以苯乙烯型树脂为例。它是以苯乙烯为单体,二乙烯苯为交联剂聚合而形成的球形网状结构,再经磺化接上活性基团——磺酸基,就得到强酸性磺酸型阳离子交换树脂,其结构式如下:

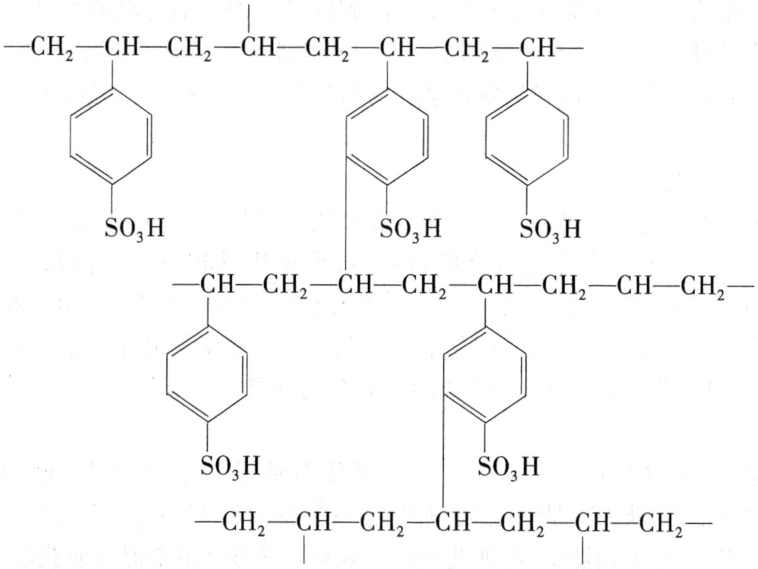

这种树脂化学性质很稳定,即使在 100 ℃也不受强酸、强碱、氧化剂和还原剂的影响,应用广泛。

在强酸型阳离子交换树脂中,磺酸基离解度最大,因此是强酸性的,其上的氢离子可被样品溶液中的阳离子交换。例如,NaCl 与强酸性阳离子交换树脂的交换反应为:

$$RSO_3^- H^+ + Na^+ + Cl^- \Longleftrightarrow RSO_3^- Na^+ + H^+ + Cl^-$$

Na^+ 离子被交换到树脂上,而溶液中得到的是代替 Na^+ 离子的 H^+ 离子。当用酸,如稀盐酸处理树脂时,可使其再生。即树脂回复到原来的 $RSO_3^- H^+$ 状态。

各种阳离子交换树脂结构上的不同,是由于碳氢骨架或可离解的酸性基团的不同。相同交联的离聚物,用各种基团代替磺酸基,就可以得到不同的阳离子交换树脂,常用的基团有—COOH、—PO$_3$H、—HPO$_2$H、—OH、—SH等,由于这些基团的酸度不同而得到不同酸度的阳离子交换树脂。

2. 阴离子交换树脂(Anion exchange resin) 阴离子交换树脂具有与阳离子交换树脂同样的有机骨架,只不过是在母体上引入了可离解的碱性基团。如果将上述由苯乙烯和二乙烯苯制得的聚合物用氯甲醚 CH$_3$OCH$_2$Cl 处理后,再用叔胺处理,则生成季铵型树脂。其结构式如下:

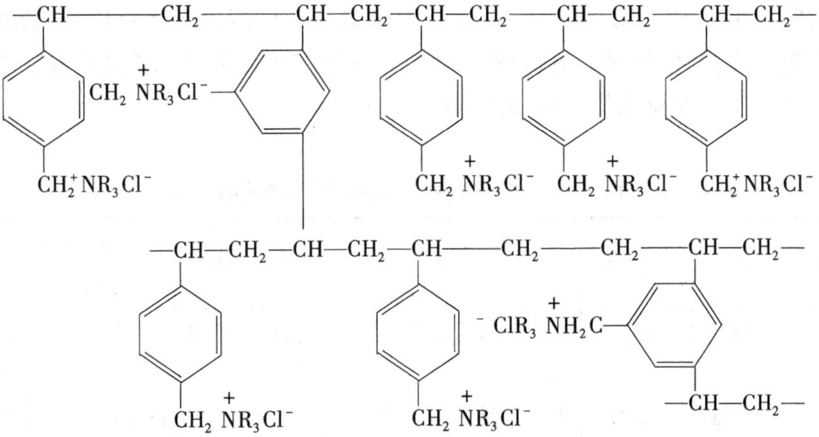

与上述磺酸型阳离子交换树脂比较,原结构中的—SO$_3$H基,已被—CH$_2$NR$_3$Cl$^-$基所代替。其中的 Cl$^-$ 离子能与阴离子交换,称为 Cl 型阴离子交换树脂。如果是以 OH$^-$ 离子代替 Cl$^-$,则成为 OH 型阴离子交换树脂。

在树脂分子中引入不同的碱性基团,例如—NR$_3^+$、—NH$_2$、—NHR、—NR$_2$等,就可以得到不同的碱性的阴离子交换树脂。具有—NR$_3^+$基团的碱性最强;具有—NH$_2$、—NHR基团的碱性较弱;具有—NR$_2$基团的碱性很弱。

阴离子交换树脂对化学试剂及热都不如阳离子交换树脂稳定。

(二)离子交换树脂的性能

1. 交联度 交联度(Degree of cross linking)表示离子交换树脂中交联剂的含量,通常以重量百分比表示。即在合成树脂时,二乙烯苯在原料中所占总重量的百分比。一般树脂通常含二乙烯苯8% ~12%。例如,上海树脂厂生产的聚苯乙烯型强酸性阳离子交换树脂,产品牌号为732(强酸1×7),其中1×7表示交联度是7%。

交联度与树脂的孔隙大小有关,交联度大,形成的网状结构紧密、网眼小,对外界离子进入树脂有阻碍作用,降低了离子交换达到平衡的速度,甚至使体积较大的离子根本不能进入树脂颗粒内部。例如,氨基酸和二肽,以选用8%交联度的树脂为宜;而对分子量较大的肽,则需用2% ~4%交联度的树脂为宜。一般只要不影响分离,以采用交联度较高的树脂为好。因为这样可以提高树脂对离子的选择性。商品的交联度从1%至16%的都有,8%的适宜于一般用途。阴离子交换树脂常用4%交联度的。

2. 交换容量 离子交换树脂的交换容量(Exchange capacity)决定于网状结构内所含有的酸性或碱性基团的数目。理论交换容量是指实验条件下,每克干树脂真正参加交换反应的基团数目。它表示离子交换树脂进行交换的能力大小。实际交换容量往往低于理论值，差别取决于树脂的结构与组成。交联度和溶液的 pH 都影响交换容量。交联度增大时，树脂对大离子的交换容量降低，pH 对含有离解度小的基团的树脂影响较大。如含有羧基、伯胺基、仲胺基的树脂。因为影响交换容量的因素较多，应在实际操作条件下测定，才较为准确。

交换容量的单位以毫摩尔/克或毫摩尔/毫升表示。树脂的交换容量一般为 1 ~ 10 mmol/g。

3. 粒度　离子交换树脂颗粒的大小，一般是以溶胀状态所能通过的筛孔来表示。交换纯水用的树脂多用过 10 ~ 50 目筛的，分析用的树脂一般采用过 100 ~ 200 目筛的。颗粒小离子交换平衡达成快，但洗提的流速较小，所以应根据工作需要选用不同粒度的树脂。

一些国产离子交换树脂的规格和性能见表 13 - 3。

表 13 - 3　一些国产离子交换树脂的规格和性能

产品牌号	类别	交换基	产品名称	生产单位	交换容量(毫摩尔/克)	粒度
强酸#	强酸	—SO₃H	苯乙烯、苯二乙烯阳离子交换树脂	南开大学化工厂	≥4.5	0.3 ~ 1.2mm (50 ~ 16 目)
732# (强酸 1 × 7)	强酸	—SO₃H	苯乙烯型强酸性阳离子交换树脂	上海树脂厂	≥4.5	16 ~ 50 目占 95% 以上
强酸 42# (华东)	强酸	—SO₃H OH		华东化工厂	2.0 ~ 2.2	
724# (弱酸)	弱酸	—COOH —OH	丙烯酸型碱性阳离子交换树脂	南开大学化工厂	≥9	20 ~ 50 目占 80% 以上
强碱 201#	强碱	—N (CH₃)₃	苯乙烯、二乙烯阴离子交换树脂	南开大学化工厂	2.7	0.3 ~ 1.0mm
711# (强碱 201 × 4)	强碱	—N (CH₃)₃	苯乙烯型强酸性阴离子交换树脂	上海树脂厂	≥3.5	16 ~ 50 目占 90% 以上
717# (强碱 201 × 7)	强碱	—N (CH₃)₃	苯乙烯型强酸性阴离子交换树脂	上海树脂厂	≥3	16 ~ 50 目占 90% 以上
701# (弱减 330)	弱减	—N = —NH₂	环氧型弱减阴离子交换树脂	上海树脂厂	≥9	10 ~ 50 目占 90% 以上
704# (弱减 311 × 2)	弱减		苯乙烯型弱减阴离子交换树脂		≥5	16 ~ 50 目占 95% 以上

(三)离子交换平衡

1. 选择性系数　离子交换反应可以下式表示：

$$R^-A^+ + B^+ \rightleftharpoons R^-B^+ + A^+$$

当反应达到平衡时，以浓度表示平衡常数为：

$$\frac{[B^+]_r[A^+]}{[A^+]_r[B^+]} = K_{A/B} \qquad (13-10)$$

$[A^+]_r$、$[B^+]_r$,分别为树脂中 A^+、B^+ 离子的摩尔浓度。$[A^+]$、$[B^+]$,分别表示在水溶液中 A^+、B^+ 离子的摩尔浓度。

各离子强度和树脂的填充状况一定时,$K_{A/B}$ 为一常数。平衡常数 $K_{A/B}$ 称为树脂对 A^+,B^+ 两种离子的相对选择性系数(Selectivity coefficient)或称交换系数。交换系数大的流出慢,交换系数小的流出快。

树脂的选择性随交联度的增加而增强。

在离子浓度相同的情况下,树脂优先选择具有较高电荷的离子,如阳离子交换树脂对带有不同电荷数的阳离子的选择性(相当于树脂对阳离子的亲和力)次序如下:

$$Th^{4+} > Fe^{3+} > Ca^{2+} > Na^+$$

同价离子的亲和力随着原子量的增大而有较大的亲和力,例如:

$$Li^+ < Na^+ < Rb^+ < Cs^+$$
$$Mg^{2+} < Ca^{2+} < Sr^{2+} < Ba^{2+}$$

应该指出,离子半径是一个重要因素。离子在溶液中被水化成为水化离子,离子交换树脂的亲和力随水化离子的半径增加而降低。水化最强的 Li^+ 离子,吸附得最弱,而水化最弱的 Cs^+ 离子,吸附得最强。

在常温、低浓度时,常见阳离子对强酸性阳离子交换树脂的交换次序为:

$$Fe^{3+} > Al^{3+} > Ba^{2+} > Pb^{2+} > Ca^{2+} > Ni^{2+} > Cd^{2+} \geqslant Cu^{2+} \geqslant Mn^{2+} \geqslant Zn^{2+} \geqslant Mg^{2+} > K^+$$
$$\geqslant NH_4^+ > Na^+ > H^+$$

在常温、低浓度时,常见阴离子对强碱性阴离子交换树脂的交换次序为:

$$PO_4^{3-} > SO_4^{2-} > I^- > HSO_4^- > NO_3^- > CN^- > NO_2^- > Cl^- > HCO_3^- > OH^-$$

2. 分离因子　离子交换树脂在分析上的重要用途之一是在一种离子大量存在时分离另外两种痕量存在的离子。

设溶液中含有痕量浓度的阳离子 B 和 C 以及高浓度的阳离子 A,这三种离子都能与树脂相进行交换反应。为简化计算,设每种离子具有相同的电荷数 n^+。并设开始时树脂的所有交换点位均被 A 占据。

当含有 A、B 及 C 的样品溶液加到离子交换柱上时,有下列交换平衡存在:

$$B^{n+} + R^{n-} \cdot A^{n+} \rightleftharpoons R^{n-} \cdot B^{n+} + A^{n+}$$
$$C^{n+} + R^{n-} \cdot A^{n+} \rightleftharpoons R^{n-} \cdot C^{n+} + A^{n+}$$

其选择系数为:

$$K_{B/A} = \frac{[B^{n+}]_r[A^{n+}]}{[A^{n+}]_r[B^{n+}]} \qquad (13-11)$$

及

$$K_{C/A} = \frac{[C^{n+}]_r[A^{n+}]}{[C^{n+}]_r[A^{n+}]} \qquad (13-12)$$

式中 $[B^{n+}]_r$、$[A^{n+}]_r$,分别为 B^{n+}、A^{n+} 在树脂相中的摩尔浓度,$[B^{n+}]$、$[A^{n+}]$,分别为 B^{n+}、A^{n+} 在水溶液中的摩尔浓度。

树脂相和溶液中痕量阳离子 B 及 C 的分配如以浓度分配比(Concentration distribution ratio)D 表示,则有:

$$D_B = \frac{[B^{n+}]_r}{[B^{n+}]} \tag{13-13}$$

及
$$D_C = \frac{[C^{n+}]_r}{[C^{n+}]} \tag{13-14}$$

式中$[B^{n+}]_r$与$[B^{n+}]$、$[C^{n+}]_r$与$[C^{n+}]$分别为,B^{n+}、C^{n+}在树脂相中的摩尔浓度和在水溶液中的摩尔浓度。

合并选择性系数方程式和浓度分配比方程式可得:

$$D_B = K_{B/A} \frac{[A^{n+}]_r}{[A^{n+}]} \tag{13-15}$$

$$D_C = K_{C/A} \frac{[A^{n+}]_r}{[A^{n+}]} \tag{13-16}$$

因为 A 是大量过量,而 B 和 C 只是痕量浓度,树脂中的 A 可以看做一个常数,所以上两式简化为:

$$D_B = (常数)_B \frac{1}{[A^{n+}]} \tag{13-17}$$

$$D_C = (常数)_C \frac{1}{[A^{n+}]} \tag{13-18}$$

(13-17)、(13-18)式表示,如果忽略活度效应,则 B 和 C 的浓度分配比与痕量离子各自的深度无关。而树脂上吸附的痕量离子与其浓度成正比。因为 A 和 B、C 争夺树脂相的交换点位,所以浓度分配比与 A 溶液的浓度成反比。

树脂相对 B 和 C 的吸附必须有显著差别,亦即 B 和 C 的浓度分配比必须有显著差别,才能将 B 和 C 完全分离。B 和 C 的浓度分配比值,称为分离因子(Separation factor)。用$\alpha_{B/C}$表示。

$$\alpha_{B/C} = \frac{D_B}{D_C} \tag{13-19}$$

代入(13-17)、(13-18)式可得:

$$\alpha_{B/C} = \frac{K_{B/A}}{K_{C/A}} \text{或} \ \alpha_{B/C} = K_{B/C} \tag{13-20}$$

所以,只要两个痕量组分的选择性系数$K_{B/C}$足够大,即令有大量过量的吸附阳离子 A 存在及 A 溶液的浓度较大,应用离子交换技术,也能将痕量组分 B 从另一种痕量组分 C 中分离开来。换言之,如果用 A 溶液冲洗离子交换柱的方法将 B 与 C 分离,分离完全与否仅决定于$K_{B/C}$值的大小,而与 A 的浓度无关。

(四)应用与示例

离子交换分离操作简便,无需特殊设备,而且树脂具有再生能力,可以反复使用,因此获得广泛的应用。不仅在分析化学中可除去干扰离子、测定盐类含量等,而且在药物生产、抗生素及中草药成分的萃取、水的纯制中都已普遍使用,这里仅作简要的介绍。

1.除去干扰离子　用离子交换树脂除去干扰离子通常有两种方式:

(1)将样品溶液通过交换柱,使干扰离子吸附在树脂上,而将待测离子接收于洗脱液中。

(2)使待测离子吸附在树脂上,让干扰离子留在洗脱液中。用水将干扰离子从柱中洗净后,再选用适当溶剂将待测离子洗脱下来。

欲除去干扰性阳离子,可用阳离子交换树脂。如制备"去离子水"就是一个典型的例子,天然水中含有 K^+、Na^+、Ca^{2+}、Mg^{2+} 等阳离子,及 Cl^-、Br^-、SO_4^{2-}、CO_3^{2-} 等阴离子。为了除去这些离子,应使水先通过氢型阳离子交换树脂柱,再通过氢氧型阴离子交换树脂柱。流出流即为"去离子水"。其导电率可小至 2×10^{-7} $cm^{-1} \cdot \Omega^{-1}$,可代替蒸馏水用。

2.盐类的测定 若将盐溶液通过一个 H 型阳离子交换柱,则发生下列反应:

$$H^+R^- + M^+ + A^- \Longrightarrow M^+R^- + H^+ + A^- \tag{13-21}$$

释放出等摩尔的酸 HA,用标准碱溶液滴定,便可测定该盐的含量。

例如,枸橼酸钠为一较强酸的盐,不能用酸量法在水溶液中直接滴定。与阳离子交换树脂进行交换反应时,生成枸橼酸,可用酚酞作指示剂,用标准碱溶液进行滴定。操作步骤:

(1)树脂的处理:取强酸性阳离子交换树脂 10~13 g,置蒸馏水中浸湿(维持在 50 ℃2 小时),连同水移入底部预先垫有玻璃棉的离子交换管中,上部也塞入玻璃棉少许以防止加入液体时有树脂颗粒浮起。自顶端加入 30~40 mL 的 2 mol/L HCl,开启活塞,使加入的盐酸以每分钟 5~10 mL 的流速流出,如此用盐酸处理 2~3 次,再用 60 ℃~70 ℃水冲洗,以每分钟 20~30 mL 的流速冲洗,至洗液不含氯化物,或对甲基橙指示剂不显红色为止。

(2)树脂中游离酸的检查:取新鲜煮沸并冷却的蒸馏水和树脂洗液各 100 mL,各加酚酞指示剂数滴,用 0.1 mol/L NaOH 溶液滴定,两者所消耗的 0.1 mol/L NaOH 溶液的毫升数相等,则该树脂即可应用。

(3)测定:精密称取样品约 2 g,置于 100 mL 容量瓶中,加水溶解并稀释至刻度,摇匀。精密吸取此溶液 10 mL,放入离子交换管中,启开活塞,以每分钟 1~2 mL 的流速流出,待溶液全部进入树脂后,再加蒸馏水冲洗,收集洗液,以酚酞作指示剂,用 0.1 mol/L NaOH 溶液滴定至淡红色(1 mL 0.1 mol/L NaOH 相当于 0.008 604 g 的枸橼酸钠),即得。

四、分子排阻色谱法

分子排阻色谱法(Molecular exclusion chromatography)最初称凝胶过滤法(Gel filtration),后来又有人称它为凝胶渗透色谱法(Gel permeation chromatography)。它是液体色谱法的一种,主要用于蛋白质及其他大分子的分离。固定相为化学惰性的多孔性物质,多为凝胶,凝胶是一种由有机物制成的分子筛。如果将凝胶颗粒在适宜的溶剂中浸泡,使其充分膨胀。然后装入色谱柱中,加样品后,再以同一溶剂洗脱。在洗脱过程中组分的保留程度,决定于其分子的大小。小分子可以完全渗透进入凝胶内部孔穴中而被滞留,中等分子可以部分的进入较大一些的孔穴中,大分子则完全不能进入孔穴中。只是沿凝胶颗粒之间的空隙,随溶剂流出。因此,大分子比小分子先流出柱,经过一定时间后,各组分按分子大小得到分离。

(一)原理

分子排阻色谱法的分离过程是在装有以多孔性物质——凝胶为填料的柱中进行的。柱的总体积为 V_A,它包括凝胶的骨架体积 V_g,凝胶的孔穴体积 V_i 以及凝胶颗粒之间的空隙体积 V_o:

$$V_A = V_i + V_o + V_g \tag{13-22}$$

$$V_t = V_i + V_o \tag{13-23}$$

V_t 是孔穴体积 V_i 与颗粒间体积 V_o 之和,构成柱内的空间。

孔穴体积 V_i 中的溶剂为固定相,而在颗粒间空隙体积 V_o 中的溶剂为流动相。一个凝胶颗粒含有许多不同尺寸的孔穴,这些孔穴对于溶剂分子来说是很大的,它们可以自由地扩散出入。如果样品中组分分子也足够小的话,则可以不同程度地往孔穴中扩散。大的分子不能进入孔穴或只能进入比较少的较大的孔穴,而小分子则除去能占有这些孔穴以外还能占有另外一些更小的孔穴。所以当样品溶液从柱中通过时,较小的分子在柱中停留的时

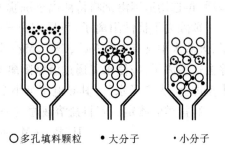

○多孔填料颗粒　●大分子　·小分子

图 13-6　分子排阻色谱示意图

间比大分子停留的时间要长。于是样品中的组分即按分子大小的顺序而分开,最先冲出的是最大的分子(图 13-6)。有下列关系:

$$V_e = V_o + V_{ic} \qquad (13-24)$$

V_e 是洗脱液体积;V_o 是颗粒间的空隙体积;V_{ic} 是对某种尺寸的溶质分子来说可以渗透进去的那部分孔穴的体积,是总的孔穴体积 V_i 的一部分。它和 V_i 之比等于分配系数 K:

$$K = \frac{V_{ic}}{V_i} \qquad (13-25)$$

从(13-23)式和(13-24)式得到:

$$V_e = V_o + K V_i$$

$$K = \frac{V_e + V_o}{V_i} \qquad (13-26)$$

可以将一种惰性大分子通过柱来测定 V_o 值,其洗脱体积即为 V_o 值。蓝色葡聚糖 2000(一种分子量为 2×10^6 的蓝色染料),最常用于这种测定。凝胶总体积 V_t,可从柱体积计算出来($V_t = \pi r^2 \times$ 长度)。也可以看作在样品组分分子(X)被流动相带至凝胶(S)的孔穴中,渗透与排斥处于平衡时:

$$X_m \Longleftrightarrow X_s$$

$$K = \frac{[X_s]}{[X_m]} \qquad (13-27)$$

$[X_s]$ 为渗透进入凝胶孔穴中的 X 分子的摩尔浓度;$[X_m]$ 为在流动相中的 X 分子的摩尔浓度,两者之比为渗透系数 K。K 值完全由溶质分子大小与凝胶孔穴大小决定,K 值大者表示分子容易进入孔穴而流出较慢。

(二)凝胶的化学结构

商品凝胶是干燥的颗粒性物质,严格地说只有这些颗粒性物质吸收大量液体溶胀后才能称为凝胶。因此,凝胶是含有大量液体(一般是水)的柔软而富于弹性的物质;是一个经过交联而具有立体网状结构的多聚体。吸水量大于 7.5 g/g 的凝胶,称为软胶;吸水量小于 7.5 g/g 的凝胶,称为硬胶。常用的凝胶有葡聚糖凝胶,是由葡萄糖(右旋糖酐)和甘油基通过醚桥(—O—CH₂—CHOH—CH₂—O—)相交联而成的多孔性网状结构。其化学结构如图 13-7 所示。

葡聚糖凝胶的基本骨架是葡聚糖。由于分子内含有大量羟基而具有极性,在水中即可膨胀成凝胶粒子。由于醚键的不活泼性,因而具有较高的稳定性。葡聚糖凝胶网眼的大小,可由制备时添加不同比例的交联剂来控制。交联度大的孔隙小,吸水少,膨胀也少,用于小

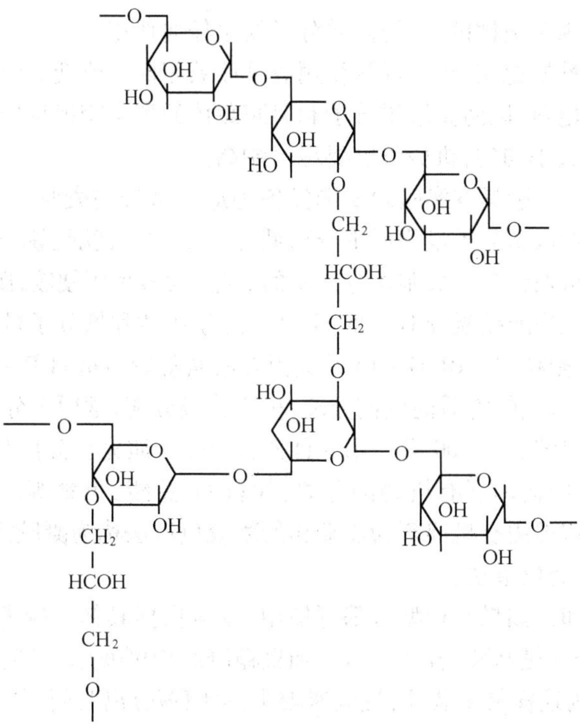

图 13 - 7　葡聚糖凝胶的化学结构

分子量物质的分离。交联度小的孔隙大,吸水膨胀的程度也大,适用于大分子物质的分离。交联度可用"吸水量"或"膨胀质量"表示,即每克干凝胶所吸收的水分质量。由这个量比较交联度。商品凝胶的型号,多用"吸水量"的 10 倍数字来表示。例如,每克干凝胶吸水量为 2.5 g 时,即定为 G - 25 型。表 13 - 4 列出各种型号的葡聚糖凝胶的适用范围及有关性能。

表 13 - 4　葡聚糖凝胶(G)的型号和性质

型号	分离范围(分子量)		吸水量	膨胀体积	浸泡时间	
	蛋白质	多糖	(g/g 干凝胶)	(mL/g 干凝胶)	20 ℃ ~25 ℃	90 ℃ ~100 ℃
G - 10	<700	<700	1.0 ±0.1	2 ~3	3	1
G - 15	<1 500	<1 500	1.5 ±0.2	2.5 ~3.5	3	1
G - 25	1 000 ~5 000	100 ~5 000	2.5 ±0.2	4 ~6	3	1
G - 50	1 500 ~30 000	500 ~10 000	5.0 ±0.3	9 ~11	3	1
G - 75	3 000 ~70 000	1 000 ~50 000	7.5 ±0.5	12 ~15	24	3
G - 100	4 000 ~150 000	1 000 ~100 000	10 ±1.0	15 ~20	72	5
G - 150	5 000 ~400 000	1 000 ~150 000	15 ±1.5	20 ~30	72	5
G - 200	5 000 ~800 000	1 000 ~200 000	20 ±2.0	30 ~40	72	5

(三)凝胶的选择

天然的或合成的凝胶,只有极少数能用来作排阻色谱的载体,这些凝胶需要符合下列要求：

(1)凝胶载体必须是惰性的,不与溶质分子发生任何作用;

(2)凝胶的化学性质稳定,可以反复使用数月或数年而不改变其色谱性质;

(3)尽可能低的电荷,以防止溶质分子和凝胶载体的离子交换反应;

(4)凝胶颗粒应大小均匀,机械强度要尽可能高。

除了一般要求外,对于具本实验须要选择各种适合型号的凝胶。从低分子量物质中分离高分子量物质,或者从高分子量物质中分离低分子量物质,就是说,对于分配系数上有显著差别的分离,称为组别分离。如制备分离中的脱盐,大多采用硬胶,既容易操作,又可得到满意的流速,常用交联葡聚糖凝胶 G-25、G-50;对于小肽和低分子量物质(1 000~5 000)的脱盐可采用交联葡聚糖 G-10、G-15 及聚丙烯酰胺凝胶 BioGel P-2、P-4。

一些分子量比较近似的物质的色谱分离,称为分级分离,常用于分子量的测定。可用葡聚糖凝胶 G-75、G-100、G-200 等。用这种方法要使物质完全分离是比较困难的。

亲脂性葡聚糖凝胶适用于有机物的分离,如黄酮、蒽醌、色素等。洗脱剂可用甲醇、乙醇、氯仿等。有人把这类用有机溶剂为流动相的凝胶色谱法称为凝胶渗透色谱法,而用水为流动相的称为凝胶过滤色谱法。

在选择凝胶型号时,如果几种型号都可使用,就应根据具体情况考虑。例如,要从大分子蛋白质中除去小分子氨基酸,各种型号的葡聚糖凝胶均可使用,但是最好选择交联度大的 G-25 或 G-50,因为这样易于装柱,且流速较快,可缩短分离时间;如果想把氨基酸收集于一个较小的体积内,并与大分子蛋白质完全分离,最好选用交联度较小,即孔隙较大的型号。这样,可以避免由于吸附作用而使氨基酸扩散。由此可见,从大分子物质中除去小分子物质时,在适用的型号范围内以选用交联度较大的型号为好;反之,如欲使小分子物质浓缩并与大分子物质分离,则在适宜型号范围内,以选用交联度较小的型号为好。

(四)应用与示例

分子排阻色谱法虽然历史不长,但由于它能解决一般方法不易分离的许多问题,而得到广泛的应用。不仅在分离大分子方面卓有成效,而且在分离小分子物质方面也取得不少进展。

1. 脱盐　在分离生化样品中,常常需要加入不同 pH 的缓冲溶液,或者采用盐析法,而使样品带入各种电解质。当需要脱盐时,可采用凝胶过滤法,将盐留在凝胶上,既快速又不致使蛋白质和酶的活性改变,更扩大了盐析法的使用范围和价值。

2. 浓缩　利用干燥凝胶吸水膨胀的性质,于高分子溶液中加入干凝胶、水及低分子物质,它们在凝胶吸水膨胀的过程中进入颗粒孔穴内部,高分子物质被排阻于外部溶液中。然后用离心或减压过滤的方法,使溶液与膨胀的颗粒分开,使高分子物质达到浓缩。例如自海水中浓缩少量维生素 B_{12}。

3. 用于分离精制　许多物质都可以用分子排阻色谱法精制,例如抗生素、激素、蛋白质、多肽、氨基酸、维生素、生物碱等。用该法测定大分子物质时,可除去少量低分子的干扰物质。分子排阻色谱法还可以除去药品中的热源,也是脱色的好方法。

4. 分子量的测定　分子排阻色谱法常用于测定高分子量物质(如蛋白质)的分子量,特别是球蛋白的分子量。因为分子量在 3 500(胰岛血糖素)~820 000(α-水晶蛋白)之间,都与洗脱体积有一定的线性关系。测定时,先用同类型的不同分子量的化合物,在适合的凝胶上,找出洗脱体积和分子量之间的关系,绘制校正曲线,由此曲线上再求出未知样品的分子量。

例 13 – 1　葡萄糖中淀粉的分离

取凝胶 G – 25(粗)17 g,加入过量的 1 mol/L NaCl 溶液,浸泡 3 小时后,装入色谱柱中,放出过量的 NaCl 液,然后,加入含少量淀粉的葡萄糖样品,用 1 mol/L NaCl 洗脱,收集流出液,检查组分出现的情况。当流至 32 mL 时出现淀粉(用碘 – 碘化钾试液检查),至 35 mL 时浓度最大,自开始出现时起,持续 12 小时,淀粉全部流出,至 60 mL 时葡萄糖开始流出(用费林试剂检查),在 73 mL 处达最大的浓度,继续流至 80 mL 时全部流出柱外,使淀粉与葡萄糖得到分离。

例 13 – 2　铁蛋白、铁传递蛋白与枸橼酸铁的分离。

铁蛋白(Ferritin,分子量,450 000)、铁传递蛋白(Transferrin,分子量,8 000)和枸橼酸铁的混合物可以采用分子排阻色谱法,在琼脂糖凝胶(Bio – Gel P – 300)上进行分离。

取含有铁蛋白 70 μg、铁传递蛋白 700 μg 及枸橼酸铁 96 μg 的混合液 0.5 mL,加入 φ1.5 cm×37 cm 装有 Bio – Gel P – 300 的色谱柱中,以 0.05 mol/L 的 N – 2 – 羟乙基哌嗪 – N – 2 – 乙烷碘酸(HEPES 缓冲液,pH8.0)和 0.1 mol/L 的 KCl 混合液洗脱,速率为 6.8 mL/h,每一部分收集洗脱液 0.65 mL。色谱图如图 13 – 8 所示。

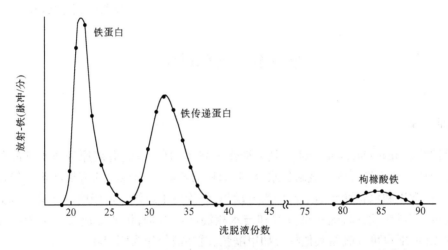

图 13 – 8　铁蛋白、铁传递蛋白及枸橼酸铁在 Bio – Gel P – 300 上的分离

五、亲合色谱法

亲合色谱法(Affinity chromatography)是较新发展的一种有效的分离方法。其原理如图 13 – 2 所示。在色谱柱中,仅与复杂混合液内一种具有特殊相互反应的溶质分子是以共价键合附着于固定相上的。当将其他物质冲洗完全后,再改变条件以降低这种溶质在固定相上的附着力从而可以洗脱下来。

这种方法是化学家设计的固定相与特定溶质互相反应的一种独特形式的色谱方法。这种技术特别适用于生物化学。可应用于酶、辅酶、抗体、激素等的分离。

这里举一个应用亲合色谱技术分离较小分子的例子。具有平面顺式二醇基团的分子可以使其通过色谱柱与苯硼酸结合以与其他混合物分离。亲合色谱琼脂糖凝胶 Affi – Gelbiol 是一种琼脂糖凝胶 Bio – Gel P – 6 与苯硼酸联结而成的商品:

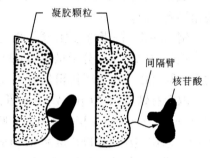

$$\underset{\text{间隔臂}}{\underbrace{\text{Bio}-\text{Gelp}-6-\overset{O}{\overset{\|}{C}}\text{NHCH}_2\text{CH}_2\text{NHC}\overset{O}{\overset{\|}{C}}\text{CH}_2\text{CH}_2\overset{O}{\overset{\|}{C}}\text{NH}}}\underset{\text{苯硼酸}}{\underbrace{}}$$

硼酸与平面顺式二醇形成共价结构,应用这种方法可以将核苷酸类(具有顺式二醇基团)与不具有顺式二醇基团的去氧核苷酸类或环状核苷酸类分开。核苷酸可以用含枸橼酸盐的缓冲液从亲合色谱柱上置换下来。上述亲合琼脂凝胶结构中的间隔壁(Spacerarm)是使苯硼酸基团从凝胶颗粒基体上伸展出来的一种方式。在有空间位阻的大分子亲合色谱法中,间隔壁是用来与凝胶基体结合的一种手段(图13-9)。

图 13-9　利用间隔臂便于溶质
－固定相相互作用的示意图

第三节　纸色谱法

一、原　理

纸色谱法(Papar chromatography)是以纸作为载体的色谱法,分离原理属于分配色谱的范畴。固定相一般为纸纤维上吸附的水分,流动相为不与水相混溶的有机溶剂。但在以后的应用中,也常用和水相混溶的溶剂作为流动相,因为滤纸纤维素所吸附的水有一部分和纤维素结合成复合物。所以,这一部分水和与水相混溶的溶剂,仍能形成类似不相混合的两相。除水以外,纸也可以吸留其他物质如甲酰胺、缓冲液等作为固定相。

纸色谱法的一般操作:取滤纸一条,接近纸条的一端,点加一定量欲分离的试液,干后悬挂在一密闭的色谱筒中,使溶剂(流动相)从试液斑点的一端,通过毛细管作用,慢慢沿着纸条向下扩展(叫下行法),或向上扩展(叫上行法)。此时,点在纸条一端试液中的各种物质随着溶剂向前流动,即在两相间进行分配。经过一定时间后,取出纸条,划出溶剂前沿线,使其干燥。如果欲分离物质是有色的,则在纸上可以看出各组分的色斑;如为无色物质,可用其他物理的或化学的方法使它们显出斑点来。

因此,纸色谱法可以看做是溶质在固定相和流动相之间连续萃取的过程。依据溶质在两相间分配系数的不同而达到分离的目的。

样品经层析后,常用比移值 R_f 来表示各组分在色谱中的位置(图13-10)。

$$\text{比移值}\ R_f = \frac{\text{原点至斑点中心的距离}}{\text{原点至溶剂前沿的距离}} \tag{13-28}$$

$$\text{A 物质的}\ R_f = \frac{a}{c} \qquad \text{B 物质的}\ R_f = \frac{b}{c}$$

（一）R_f 值与分配系数的关系

因为 R_f 值与欲分离物质的分配系数间存在一定的关系，故在一定条件下为常数，其值在 0 ~ 1 之间。若化合物的 $R_f = 0$，表示它在纸层上不随溶剂的扩散而移动，仍在原点位置；若 $R_f = 1$，表示溶质不进入固定相，即分配系数 $K = 0$。R_f 值越小，表示 K 值越大，从第二节（13 - 4）和（13 - 5）式可知 R_f 值与分配系数的关系：

$$R_f = \cfrac{1}{1 + K\left(\cfrac{V_s}{V_m}\right)} \qquad (13 - 29)$$

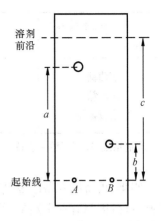

图 13 - 10　R_f 值的测量示意图

在上面的讨论中，仅把纸色谱法看做单纯的液 - 液分配色谱法，实际上纸色谱法机制往往比这复杂得多，可能包括溶质和纤维素载体之间的作用，例如吸附作用和形成氢键。在造纸的制浆和漂白过程中，可能引进羧基及其他基团，因此纸色谱法也有离子交换作用。

（二）R_f 值与化学结构的关系

化合物在两相中的分配比的大小，直接决定于化合物的分子结构。一般讲，化合物的极性或亲水性强，在水中分配量多，则在以水为固定相的纸色谱中 R_f 值小。如果极性小或亲脂性强，则 R_f 值大。应该根据整个分子及组成分子的各个基团来考虑化合物的极性大小。例如，糖类分子中含有多个极性基团的羟基，极性比非糖类化合物如生物碱类大得多。甙类是由糖与甙元缩合成的，甙元所含羟基的数目一般比糖少，所以甙类和其组成部分的糖比较，极性要弱些。就是同属于糖类而由于分子中含羟基数目不同，其极性大小也会有显著区别。例如，同属于六碳糖的葡萄糖、鼠李糖和洋地黄毒糖在同一条件下，但 R_f 值是不相同的。从表 13 - 5 中可以看出，葡萄糖的 R_f 值最小，其分子中有五个羟基，在这三种糖中极性最大。鼠李糖的 R_f 值比葡萄糖大，其分子中只有四个羟基，同时有一个甲基，甲基是偏于亲脂性的基团，所以从整个分子看，鼠李糖的极性比葡萄糖小。而洋地黄毒糖分子中，亲水性的羟基只有三个，还带有亲脂性的基团 $CH—T—CH_2—$，所以它的极性最小，R_f 值最大。

CHO	COH	CHO
HC—OH	HO—CH	CH₂
HO—CH	HO—CH	HCOH
HC—OH	HC—OH	HCOH
HC—OH	HC—OH	HCOH
CH₂OH	CH₃	CH₃
葡萄糖	鼠李糖	洋地黄毒糖

表 13 - 5　三种六碳糖的 R_f 值

溶剂系统 糖	1	2	3
葡萄糖	0.08	0.17	0.10
鼠李糖	0.27	0.42	0.44
洋地黄毒糖	0.58	0.66	0.88

溶剂系统:1.正丁醇 - 水;2.正丁醇 - 乙酸 - 水(4: 1: 5);3.乙酸乙酯 - 吡啶 - 水(25: 10: 35)

吗啡、可待因和蒂巴因是三种结构很相似的阿片生物碱。具有系统的骨架,吗啡有两个羟基,可待因只有一个羟基,并且还有一个亲脂性比较明显的甲氧基,与吗啡比较起来,极性要小些;蒂巴因则没有羟基,而有两个甲氧基,再多一个双键。显然蒂巴因在三种生物碱中极性最小,而亲脂性最大。表 13 - 6 中的数据,说明它们的 R_f 值与其极性的大小是完全符合的:

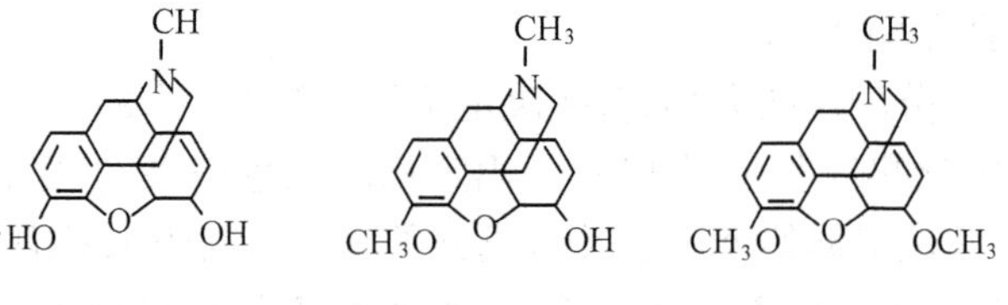

吗啡　　　　　　可待因　　　　　　蒂巴因

表 13 - 6　三种阿片生物碱的 R_f 值

溶剂系统 生物碱	1	2
吗啡	0.04	0.07
可待因	0.46	0.51
蒂巴因	0.68	0.67

溶剂系统:1.正丁醇 - 乙酸(100: 4)以水饱和;2.正丁醇 - 乙醇(100: 10)以水饱和

(三) R_f 值与两相溶剂比例量的关系

如果固定相中溶剂(水)比例量大,偏于亲脂性化合物的 R_f 值就会小,偏于亲水性化合物的 R_f 值就会大一些;流动相(有机溶剂)比例量大,所得结果正好与前者相反。这种条件将直接受到操作情况的影响。例如,溶剂的性质和组成,滤纸的厚薄均一和操作时的温度等。只要能掌握欲层析化合物的性质,选择适宜的溶剂系统,就可能如意地控制其 R_f 值,既可以使之增大,也可以使之减小。

二、操作方法

(一)色谱纸的选择与处理

(1)要求滤纸质地均匀,平整无折痕,边缘整齐,以保证展开剂展开速度均匀;应有一定的机械强度，当滤纸为溶剂润湿后，仍保持原状而不至折倒。

（2）纸纤维的松紧适宜，过于疏松易使斑点扩散，过于紧密则流速太慢。同时也要结合展开剂来考虑，以丁醇为主的溶剂系统，粘度较大，展开速度慢；相反，以石油醚、氯仿等为主的溶剂系统，则展开速度较快。

（3）纸质要纯，杂质量要小，并无明显的荧光斑点，以免与谱图斑点相混淆，影响鉴别。必要时可处理后再用。

在选用滤纸型号时，应结合分离对象加以考虑。对 R_f 值相差很小的化合物，宜采用慢速滤纸。若错用了快速滤纸，则易造成区带重叠而分不开。对 R_f 值相差较大的混合物，则可用快速或中速滤纸。在选用薄型或厚型滤纸时，应根据分离分析目的决定。厚纸载量大，供制备或定量用，薄纸供一般定性用。

有时为了适应某些特殊化合物分离的需要，可对滤纸进行一些处理，使滤纸具有新的性能。例如在分离酸、碱性物质时，为了取得较好的结果，必须维持恒定的酸碱度。可将滤纸浸于一定的 pH 缓冲溶液中预处理后再用或者在展开剂中加一定比例的酸或碱。对于一些极性较小的物质，常用甲酰胺（或二甲基甲酰胺，丙二醇等）来代替水作固定相，以增加其在固定相中的溶解度，降低 R_f 值，改善分离效果。例如，强心甙中毛花强心甙丙的纸层色谱鉴别就是用 20% 甲酰胺的丙酮溶液处理滤纸的。

表 13 - 7，列出了新华色谱滤纸的性质与规格。

表 13 - 7 新华色谱滤纸的性质与规格

型号	标重 /(g/m²)	厚度 /mm	吸水性(30 分钟 内水上升毫米)	灰分 /(g/m²)	性能	备 注
1	90	0.17	150 ~ 120	0.08	快速	
2	90	0.16	120 ~ 90	0.08	中速	相当于 Whatman 1 号
3	90	0.15	90 ~ 60	0.08	慢速	
4	180	0.34	151 ~ 121	0.08	快速	
5	180	0.32	120 ~ 91	0.08	中速	相当于 Whatman 3 号
6	180	0.32	90 ~ 60	0.08	慢速	

（二）固定相

滤纸纤维有较强的吸湿性，通常可含 20% ~ 25% 的水分。而且其中有 6% ~ 7% 的水是以氢键缔合的形式与纤维素上的羟基结合在一起的，在一般条件下较难脱去。所以，一般纸色谱法实际上是以吸收在纤维素上的水作为固定相，而纸纤维则是起到一个惰性载体的作用。如前所述，在分离一些极性较小的物质时，为了增加其在固定相中的溶解度，常用甲酰胺或二甲基甲酰胺，丙二醇等作为固定相。在特殊情况下，分离芳香油等非极性物质时，往往采用以石蜡油、硅油（Silicone）等作为固定相，以水溶液（或有机溶剂）作为流动相，这种方法称为反相纸上分配色谱法。

（三）点样

将样品溶于适当溶剂中，尽量避免用水，因为水溶液点易扩散，且不易挥发除去。一般用乙醇、丙酮、氯仿等，最好采用与展开剂极性相似的溶剂。若为液体样品，一般可直接点样。

点样量的多少与纸的性能、厚薄及显色剂的灵敏度有关,须多次实践才能决定。一般在几到几十微克。纸色谱法比柱色谱法更适于微量样品的分离。

点样方法,用内径 0.5 mm 管口平整的毛细管或微量注射器吸取试样,轻轻接触于滤纸的起始线上(距纸一端 3~4 cm 左右划一直线,在线上作一"×"号表示点样位置),各点距离约为 2 cm 左右。如样品浓度较烯,可反复点几次。每点一次可借助红外线灯或电吹风机促其迅速干燥。原点面积越小越好,每次点样后原点扩散直径以不超过 2~3 mm 为宜。

(四)展开(Development)

1. 展开剂的选择　要从欲分离物质在两相中的溶解度和展开剂的极性来考虑。在流动相中溶解度较大的物质将会移动得较快,因而具有较大的比移值(R_f)。对极性化合物来说,增加展开剂中极性溶剂的比例量,可以增大比移值;增加展开剂中非极性溶剂的比例量,可以减小比移值。

分配色谱法所选用的展开剂与吸附色谱法有很大的不同,多数采用含水的有机溶剂,纸色谱法最常用的展开剂是水饱和的正丁醇、正醇、酚等。此外,为了防止弱酸的离解,有时再加入少量的酸或碱,如乙酸、吡啶等。有时也加入一定比例的甲醇、乙醇等。这些溶剂的加入,增加了水在正丁醇中的溶解度,使展开剂的极性增大,增强它对极性化合物的展开能力。

如果以正丁醇 - 乙酸作流动相,应当先在分液漏斗中把它们与水振摇、分层后,分取被水饱和的有机层使用。流动相如果没有预先被水所饱和,则展开过程中就会把固定相中的水夺去,使分配过程不能正常进行。

2. 展开方式　按色谱纸的形状、大小选用合适的密闭容器。条形滤纸可在大试管或圆形标本缸中展开。先用溶剂蒸气饱和容器内部或用浸有展开剂的滤纸条贴在容器内壁上,下端浸入溶剂中,使缸内更快地为展开剂所饱和。也有将点好样的色谱纸,预先在溶剂蒸气饱和的色谱器中放置一定时间,使滤纸为溶剂蒸气所饱和,然后再浸入溶剂进行展开。

纸色谱法的展开方式,通常采用上行法展开(Ascending development),让展开剂借毛细管效应向上扩展。这种方式所用设备简单,应用广泛,但速度较慢。对于比移值较小的样品,由于展开距离较小,对不同成份分离效果较差,可用下行法展开(Descending development),借助于重力使溶剂由毛细管向下移行,斑点移动距离增大,可使不同成份能够满意地分开。对于成分复杂的混合物可用双向展开法(Two dimensiona development)。另外,还有水平展开、径向展开(Radial developement)、多次展开(Multidevelopment)等许多展开方式。要注意的是,不同展开方式 R_f 值是不一样的。

展开时要求恒温,因为温度的变化,影响物质在两相中的溶解度和溶剂的组成,所以,将影响比移值的重现性。

(五)显色

通常先在日光下观察,划出有色物质的斑点位置,然后在紫外光灯下,用短波(254 nm)或长波(365 nm)观察有无吸收或荧光斑点,并记录其颜色、位置及强弱;最后,利用各物质的特性反应喷洒适当的显色剂,使色谱显色。如被分离物质含有羧酸,则可喷洒酸碱指示剂显色。例如,溴甲酚绿,当斑点呈黄色时,可确证羧酸的存在。如为氨基酸则可喷洒茚三酮试剂,多数氨基酸呈紫色。个别氨基酸呈黄色。对还原性物质、含酚羟基物质,可喷三氯化铁 - 铁氰化钾试剂。各类化合物所用的显色剂可从手册或色谱法的专著查阅。

（六）定性分析

有色物质的定性，可以通过直接观察斑点的颜色和位置与已知的标准物质比较。无色物质根据其性质选用适合的显色剂或在紫外光下显出荧光斑点，测量其 R_f 值，再与标准物质比较。鉴定未知物往往需要采用多种不同的展开剂，得出几个 R_f 值均与对照纯品的 R_f 值一致，才比较可靠。

R_f 值是物质定性的基础。但是，由于影响 R_f 值的因素较多，要想得到重复的 R_f 值，就必须严格控制条件。但在许多实验者之间进行比较是困难的，因为两者条件不可能完全一致。因此建议采用相对比移值（relative R_f value）R_s 或 R_m 作对照，其定义如下：

R_s 表示相对比移值。显然 R_s 是样品移行距离与参考物质移行距离之比，这个比值可消除一些系统误差。参考物质可以是另外加入的一个标准物质，也可直接以样品中的一个组份作为参考物质。R_s 值与 R_f 值不同，它的值可以大于1。

当一个未知物在纸上不能鉴定时，可分离后剪下，洗脱，再用适宜的方法鉴定。

（七）定量分析

纸色谱法用于定量测定已经有比较成熟的方法。归纳起来大至有如下两种。

1. 剪洗法　根据测定方法的灵敏度，决定点样量，常常需要点成横条形，并于纸的两侧点上纯品作为定位用。如被测物质本身有色或紫外线下可识别斑点，则无须点纯品定位。如必须显色，则应将被测物的部分用玻璃覆盖起来，再喷显色剂仅使对照点显色，以确定对应的样品位置。然后将斑点剪下，并剪成细条，以适合的溶剂浸泡、洗脱、定量。定量大多采用比色法或分光光度法，一般可达 ±5% 的准确度。

2. 直接比色　近年来，由于仪器技术的发展，已有在滤纸上直接进行测定的色谱扫描仪、光密度计，能直接测定色斑颜色浓度，划出曲线，由曲线的面积求出含量。可达 5% ~ 10% 的准确度。

纸色谱法定量是一种微量操作方法，取样量少，而影响因素较多。因此必须严格操作，使实验条件尽量一致，同时多测几份样品，取其平均值，才能得到好的结果。

三、应用与示例

纸色谱法比柱色谱法操作简便，可以分离微克量的样品，混合物分离以后还可以在纸上直接进行定性、定量。因此广泛地应用于化合物的分离和鉴别，药物中微量杂质的检查，含量测定及微量制备等。

（一）磺胺类药物的纸色谱分离

碘胺类药物如磺胺噻唑和磺胺嘧啶混合物，可用 1% 氨水作展开剂，以对二甲胺甲苯配合为显色剂，进行纸上色谱分离。其操作步骤如下：

切取长约 28 cm、宽 4 cm 的细长方形滤纸条三条，于其一端 3 cm 处用铅笔划一起始线，距原点 20 cm 处划一前沿线，放入一被展开剂（1% 氨水）蒸气饱和的密闭容器中，24 小时后备用。

用微量注射器将约 2 μL 的样品溶液（含磺胺噻唑及磺胺密啶各约 1% 的浓氨溶液）及标准品溶液分别点于滤纸的起始线上，使原点直径在 0.3 cm 以内。待干后，立刻将滤纸条置于盛有展开剂的色谱缸内，并使滤纸条约有 1.5 cm 浸入展开剂中，密闭缸口，使溶剂向上展开，待溶剂上升至 20 cm 处，取出，划出前沿线，晾干。往纸条上均匀地喷洒显色剂，干后描出斑点的位置，求出样品及标准品中磺胺噻唑及磺胺嘧啶的 R_f 值。

（二）丹参注射液中原儿苯醛(3,4－二羟基苯甲醛)的测定

取新华色谱滤纸(长 33 cm,宽 10 cm)一条,在距纸一端 3 cm 处作起始线,用微量注射器吸取丹参注射液 2.00 μL,点加于起始线上使成一横条,点样过程中以电吹风机吹风使其迅速干燥。

将色谱滤纸悬挂于贮有展开剂 20% 氯化钾溶液:冰醋酸(100: 1)的色谱缸中,饱和半小时。再将点有样品的一端浸入展开剂中约 1.5 cm 处,待展开剂前沿离起始线约 25 cm 处(约 4 小时),取出,划出前沿线,晾干。置于紫外光灯(254 nm)下观察,用铅笔标出灰紫色暗斑的位置,即为原儿茶醛。

剪下已经确定位置的斑点,并将范围适当放宽些,将剪下的滤纸剪成细条,用 1 mol/L HCl 浸泡,洗脱。滤去滤纸,将洗脱液使成 10.00 mL,用 1 cm 比色池,于 280 ±2 nm 处测定吸收度,用空白展开的滤纸,经过同样处理做成空白对照液,测定吸收度。用比较法求算丹参注射液中原儿茶醛的含量。

第四节　薄层色谱法

一、原理

薄层色谱法是色谱法中应用最广泛的方法之一。操作方法类似于纸色谱法,而且分离速度更快,效率更高,适用于微量样品的分离鉴定。把吸附剂(或载体)均匀地铺在一块玻璃板上或塑料板上形成薄层,在此薄层上进行色谱分离,称为薄层色谱法。按分离机制可分为吸附、分配、离子交换、分子排阻等法。本节主要讨论吸附薄层色谱法。

铺好薄层的玻璃板,称为薄板、薄层或薄层板(Thin layer plate)。将待分离的样品溶液点在薄层的一端,在密闭的容器中用适用的溶剂(展开剂,Developer)展开。由于吸附剂对不同物质的吸附力大小不同,当溶剂流过时,不同物质在吸附剂和溶剂之间发生连续不断的吸附,解吸附。易被吸附的物质(吸附力强的物质),相对移动得慢一些,而较难被吸附的物质(也就是吸附力较弱的)则相对移动得快一些。经过一段时间的展开,不同的物质就被彼此分开,最后形成互相分离的斑点。

薄层色谱法的特点有:
(1)展开时间短,一般只需十至几十分钟;
(2)分离能力强,斑点集中;
(3)灵敏度高,通常几至几十微克的物质即可被检出;
(4)显色方便,可以直接喷洒腐蚀性的显色剂,如浓硫酸等;
(5)所用仪器简单,操作方便。

二、固定相

薄层色谱法所用的固定相从品种上看和柱色谱法所用的固定相是相同的。主要区别在于薄层用吸附剂要求粒度更细,如硅胶一般要求在 200 目左右。由于固定相的颗粒细,分离效率比相同长度的柱效率高得多,一般展开距离在 10～15 cm,比展开 40～50 cm 的滤纸效率还高。斑点比纸色谱法的小。

三、展开剂的选择

薄层色谱法中选择展开剂的一般规则与吸附柱色谱法中选择流动相的规则相同。极性大的化合物需用极性较大的展开剂,通常先用单一溶剂展开,根据被分离物质在薄层上的分离效果,再进一步考虑改变展开剂的极性或者选用混合溶剂。例如,某物质用苯展开时,R_f值太小,甚至停留在原点,则可加入一定量极性大的溶剂如丙酮、乙醇等,根据分离效果适当改变加入的比例,如苯:乙醇为9:1,8:2或7:3等。一般希望R_f值在0.2~0.8之间,如果R_f值较大,斑点都在前沿附近,则应加入适量极性小的溶剂(如石油醚)以降低展开剂的极性。为了寻找适宜的展开剂,往往需要经过多次实验,有时还需要采用两种以上溶剂比例一定的混合物。

要求所选择的展开剂,在分离两个以上组份的混合物时,使组份R_f差值大于0.05,以免斑点重叠。

和吸附柱色谱法一样,在选择展开剂时要同时对被测物质的性质、吸附剂的活性及展开剂的极性三方面的因素进行综合考虑。

四、操作方法

薄层色谱法的一般操作程序可分为制板、点样、展开和显色四个步骤。

(一)制板

常用薄板可分为加粘合剂的硬板和不加粘合剂的软板两种。

制备薄板所用的玻璃板必须表面光滑、清洁,不然吸附剂容易脱落;其大小可根据实际需要自由选择,小的可用载玻片,大的有20 cm×20 cm左右的玻片。

1. 不粘合薄层(软板)的制备　将色谱用吸附剂撒在玻璃板的一端,另取比玻璃板宽度稍长的玻璃管,在管的两端各包上橡皮膏,也可以套上塑料管或橡皮管,其厚度即为薄层的厚度,一般以0.25(用于分析分离)~1 mm(用于制备分离)为宜。在一端已包好的橡皮膏上,再多包5~6层橡皮膏或套一段橡皮管,作为涂铺时的固定边,以防止滑动时边缘不整齐。如图13-11所示。用力均匀地推挤吸附剂使成一均匀的薄层。推移时,不宜太快,也不应中途停顿,否则厚薄不均匀,影响层析效果。

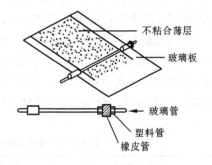

图13-11　制板操作示意图

软板制备方法比较简便,但由于无粘合剂,薄层很不坚固,易吹散、松动,因此在以后的点样、展开过程中,只能安放于近水平位置和在显色操作中也要加倍小心。

2. 粘合薄层(硬板)的制备　粘合薄层即在吸附剂中加入粘合剂,常用的粘合剂有煅石膏(G)和羧甲基纤维素钠(CMC-Na)。用煅石膏制成的薄层,机械性能较差,易脱落,但能耐受腐蚀性试剂的作用。用CMC-Na为粘合剂制成的薄层机械性能较强,可用铅笔写字,但不宜在强腐蚀性试剂存在时加热。

(1)各种粘合剂的比例:

①用煅石膏为粘合剂。硅胶-煅石膏(硅胶-G)薄层:含煅石膏量5%~15%,常用10%~13%。先将煅石膏($CaSO_4 \cdot 1/2H_2O$在140℃烘4小时)和少量硅胶研匀,分次加完

硅胶,充分研匀。制板时,每份加水2~3份,调成糊状,至石膏开始凝固时铺板。

氧化铝－煅石膏(氧化铝－G)薄层:一般含石膏量为5%,取氧化铝－石膏一份加水二份高速成糊状。按同法铺板。

②用CMC－Na为粘合剂。硅胶－CMC－Na薄层:取CMC－Na 0.7 g溶于100 mL水中,加热煮沸直到完全溶解,取180~200目硅胶55g,加0.7% CMC－Na液100 mL,搅匀,即可铺板。例如,硅胶为200~250目,CMC－Na液配成0.75%,静置后,取上清液使用。

氧化铝－CMC－Na薄层:取过200目筛孔的氧化铝60~80 g,加于100 mL 1% CMC－Na水溶液中按同法铺板。

(2)粘合薄层制备方法:

①倾注法。用倾注法铺板时,吸附剂糊中的水分要适当增加,根据所需薄层的厚度及玻板的大小,取一定容量的吸附剂糊均匀铺开成一薄层,铺成的薄层需在水平台面上晾干,再置烘箱中于110℃活化1小时,放置干燥器中备用。

②平铺法。在水平玻璃台面上,放上2 mm厚的玻璃板,二边用3 mm厚的长条玻璃做边,根据所需薄层的厚度(一般近制在0.5~1 mm),可在中间的玻璃板下面垫塑料薄膜。将调好的吸附剂糊倒在中间玻璃板上,用有机玻璃尺(或边缘磨光的玻璃条)沿一定方向,均匀地一次将糊刮平,使成一薄层,去掉两边的玻板,轻轻振动薄层板,即得均匀的薄层。任其自然干燥,按上法活化。

③涂铺器法。涂铺器的种类较多,构造比较复杂,这里不作介绍。使用器械涂铺的薄层,厚度比较均匀一致,操作也较简便。

3.薄层色谱法测定吸附剂的活度

(1)氧化铝不粘合薄层活度测定法:称取偶氮苯30 mg,对甲氧基偶氮苯、苏丹黄、苏丹红及对氨基偶氮苯各20 mg,分别溶于50 mL四氯化碳中,将五种染料各0.02 mL点于氧化铝薄层上,即用四氯化碳展开,根据表13－8确定其活度。

(2)硅胶粘合薄层活度测定法:称取二甲黄、苏丹红、靛酚蓝各40 mg,溶于100 mL苯中。将此混合液滴加于薄层上,用石油醚展开10 cm,混合物应不移动;如用苯展开,则应分成三个斑点,其R_f值分别为:二甲黄0.58,苏丹红0.19,靛酚蓝0.08,展开时间约为30~45分钟。经本法测定合格的硅胶薄层其活度与前述吸附剂定级法中Ⅱ~Ⅲ级活度相当。

表13－8 氧化铝活性和偶氮染料比移值($R_f \times 100$)的关系

偶氮染料	Ⅱ/%	Ⅲ/%	Ⅳ/%	Ⅴ/%
偶氮苯	59	74	85	95
对甲氧基偶氮苯	16	49	69	89
苏丹黄	1	25	57	78
苏丹红	0	10	33	56
对氨基偶氮苯	0	3	8	19

(二)点样

方法与纸色谱法相同,最好在密闭容器中点加样品,以免吸附剂在空气中吸湿而降低活性。如在空气中点加,一般以不超过10分钟为宜。

（三）展开

上行法常用于粘合薄层的展开。将薄层板直立于盛有展开剂的色谱缸中（色谱缸只要比薄层板稍大一些即可，容器密闭后溶剂蒸汽容易达到饱和而使 R_f 值能够一致），展开剂浸没薄板下端的高度不宜超过 0.5 cm，薄板上的原点不得浸入展开剂中。待展开剂前沿达一定距离，如 10 ~ 20 cm 时，将薄层板取出，在前沿处作出标记。待展开剂挥散后，显色。

薄层的展开方式和纸层类似，还可用下行法，径向展开法，单向多次展开法，双向展开法等。对于不粘合薄层的展开，则多用倾斜上行法。

（四）显色

展开后斑点的检测也和纸色谱法基本相同。区别在于薄层可用腐蚀性试剂如 H_2SO_4 显色。其他用于纸色谱法的显色剂同样可用于薄层显色。如为硬板可将显色剂直接喷洒在板上，立即显色或加热至一定温度显色。软板因不加粘合剂，如直接喷洒显色，往往将吸附剂吹散，导致整个实验的失败。宜采用湿态显色，即趁吸附剂上的展开剂尚未挥发时立即喷显色剂，或溶剂全部除去后，将薄层的一端轻轻浸入显色剂中，待显色剂扩展到全部薄层后，取出，使干，可显出清晰的斑点。若被检物质能被显色剂展开，则不能用此法。

有的物质找不到合适的显色剂，可在薄层上喷洒荧光物质的溶液（如 0.04% 荧光素钠水溶液或 0.5% 桑色素甲醇溶液），也可将一些荧光物质掺在吸附剂中制板，然后和普通板一样处理。经展开后，分离的各区带部分，掩盖了紫外线对其照射的强度，即在整个荧光背景上被检物质呈现暗色斑点。常用的荧光物质有硅酸锌锰（波长 254 nm 显绿色荧光）、硫化锌镉（波长 365 nm 显黄色荧光），以及荧光素钠和罗丹明 B 等。

五、定性、定量分析

（一）定性分析

薄层经显色确定斑点位置后，计算 R_f 值，然后与文献记载的 R_f 值比较以鉴定各种物质。但是薄层的 R_f 值与纸层一样受到许多因素的影响，要想使测定条件完全一致比较困难。因此多将样品与标准品在同一块薄层上展开，显色后，根据样品的 R_f 值及显色过程中的不同现象与标准品对照比较进行定性鉴别。为了使样品得到良好分离，以便于进行定性分析，一次展开不行，可以进行多次展开或预分离来排除干扰物质。还可以进行双向展开。

双向展开定性法如图 13 – 12 所示。先在薄层板上 S 处点上待测样品，在 T_1 及 T_2 处点上相同的标准品，图 13 – 12(a) 已标明它们的位置。用适当展开剂向上展开，斑点位置如图 13 – 12(b) 所示。经过干燥使展开剂挥发干净后，再换另一种燕尾服开剂，将薄层板转 90° 再进行第二次展开，斑点的位置如图 13 – 12(c) 所示。

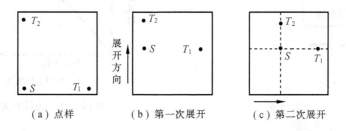

（a）点样　　　　　（b）第一次展开　　　　（c）第二次展开

图 13 – 12　双向展开定性法

如果样品的斑点 S 在标准品 T_1 及 T_2 的水平线与垂直线的交点(图 13 – 12(c)中所示)上,则样品与标准品系同一物质。

当用上述方法不能做出确切定性判断时,可以把斑点刮下收集起来,用其他方法分析(如紫外分光光度法,红外分光光度法)、验证。

(二)定量分析

薄层色谱法的定量分析采用仪器直接测定较为准确,且很方便。但一些简易的方法有利于薄层色谱法的普遍应用。

1. 目视比较法　将不同量的标准品做成系列的样品点在同一块薄层上,展开,显色后,以目视比较色斑的深度和面积大小,求出未知物含量的近似值。在严格控制操作条件下,各色斑深浅与面积的大小仅随溶质量的变化而变化。常规分析的精密度可达 ± 10%。

在同一薄层板上,点上不同量的样品及接近最低检出量的标准品,展开后用肉眼比较样品与标准品斑点的大小、深浅,取与标准品最相近的斑点,根据标准品含量来计算样品含量。计算公式为:

$$样品中某成分含量(\mu g/g) = \frac{V_2 \times 1000}{W \cdot \dfrac{V_1}{V_0}} \cdot \frac{W_S}{V_3}$$

式中 W 样品克数;V_0 为萃取时加入的溶剂毫升数;V_1 为纯化时吸取的萃取液毫升数;V_2 为纯化后浓缩定量的毫升数;V_3 为与标准相近的斑点所点入的样品溶液毫升数;W_S 为标准品质量(μg)。

2. 透射光法　此法根据紫外 – 可见分光光度法的原理,测量某组分对应的斑点对特定波长的单色光吸收多少以确定该组分的含量。透射光的测量装置如图 13 – 13 所示。单色光透过薄层板后被记录下来,薄层板从左往右移动,即对斑点扫描,测量其吸收度。把测量的吸收度与扫描量(可用比移值 R_f 来表示)的关系绘制成曲线,可得到图 13 – 14 所示曲线。

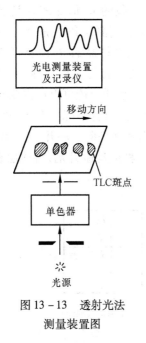

图 13 – 13　透射光法
测量装置图

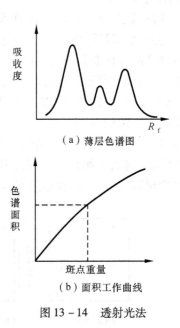

(a)薄层色谱图

(b)面积工作曲线

图 13 – 14　透射光法

图 13 – 14(a)所示的薄层色谱图,每一个色谱峰对应一个斑点,每一个峰面积与斑点所

对应的组分含量成比例或有确定的关系。对一系列已知质量关系曲线(工作曲线),如图13－14(b)所示。样品在相同条件下进行展开及吸收度测量。从测定的色谱峰面积值在工作曲线上可查得样品的质量(图13－14(b)中虚线所示)。

薄层厚度不均匀及斑点形状不规则会影响定量分析的准确性。采用双波长法及曲折扫描方法可消除它们所引起的误差。

3. 反射光法　一定波长的光照射薄层,穿进薄层内的光部分被薄层吸收,部分经过漫反射又折回表面成为反射光。根据薄层散射的 Kubelka－Munk 理论,反射吸收度($A_R = \lg R_0 / R$)与入射光波长、薄层中的物质含量、物质的性质等(R 与 R_0 分别为样品斑点与空白板的反射率)有关。当我们对薄层进行波长扫描时,测量其反射吸收度,可得到反射光谱。反射吸收度与薄层物质含量有确定的关系,物质含量高时,反射吸收度大。从测量反射吸收度可确定物质含量。对薄层色谱的定量分析与透射光法相同。选定斑点的反射吸收度大的波长为入射光波长,对薄层板上的斑点进行扫描测量。如果工作曲线已测定(与透射光法相同),仪器就得到标定。从斑点所对应的色谱峰面积可得到样品的含量。

4. 荧光测定法　可利用发射的荧光物质所发射荧光的强弱来进行定量分析,也可利用涂有荧光批示剂的薄层板上斑点的荧光熄灭来进行定量分析。

5. 洗脱法　在薄层的起始线上定量地点上样品溶液,并于两边点上已知纯品作为定位用。展开后斑点要集中,不应产生拖尾现象。定位时,如必须喷显色剂,则仅使对照点显色,借以确定对应的样品位置,如图13－15所示。

定位后,如为不粘合薄层,可将被测物的区带用捕集器(如图13－16)收集;如为粘合薄层,可用刀片将样品区带的吸附剂定量地刮下来,再以适当溶剂洗脱后进行定量分析。

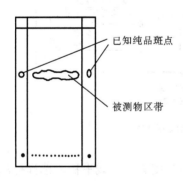

图13－15　样品斑点定位法

图13－16　斑点的捕集方法

洗脱时,一般选用极性较大而且对被测物质的溶解度较大的溶液浸泡,多次洗提以达到定量洗脱。一些物质吸附较强而不易洗脱时,可直接于吸附剂中加入显色剂,使其定量反应,然后离心分离或过滤,再进行(例如分光光度法)测定。

以上几种定量方法是根据斑点来进行定量分析的,如果在形成斑点前的步骤中已有误差,则总的定量准确度也受到影响。点样量的不准确性,斑点的不规则性,薄层的不均匀性,显色剂喷得不均匀或喷得过多造成斑点边缘扩散,以及展开剂的纯度等对定量分析都有影响。在操作中应尽量减少这些影响。

6. 双波长薄层扫描法　近年来薄层色谱定量分析的技术和仪器发展较快,有各种类型的仪器,双波长薄层色谱扫描仪(Dual wavelength TLC scanner)是其中较常应用的一种薄层色谱扫描仪器。它是适应薄层色谱的要求可以对斑点进行扫描的专用分光光度计。它的特点是双波长测定及对斑点直线或曲折扫描。可进行透射光法、反射光法及荧光法的测定。

双波长薄层扫描仪器的光学系统与双光束双波长分光光度计类似,其原理相同。图13-17为双波长薄层色谱扫描仪的方框图。从光源(氙灯或钨灯)发射出的光,通过两个单色器 MR 和 MS 后成为两个不同波长的光 λ_R 和 λ_S,经斩光器交替地遮断,最后合在同一光路上。薄层色谱板有直线扫描及曲折扫描,照射到薄层板上的光经透射或反射后分别接受光电倍增管 PMT 及 PMR 的检测。光电倍增管输出的讯号由对数放大器变换成吸收度讯号。此仪器可进行单波长双光束测量、双波长单光束测量以及荧光测量。其原理与分光光度计相同。信号分离调节器与斩光器同步,它将 λ_R 与 λ_S 的信号挑选分离出来并调节为直流信号 $\lg T_{\lambda R}$ 和 $\lg T_{\lambda S}$,最后输出信号。信号可以直接由记录仪记录,也可以经过积分后再记录。分别得到轮廓曲线及积分曲线。记录仪水平方向的移动与斑点扫描的水平方向移动同步。

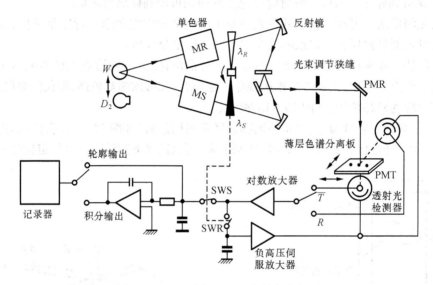

图 13-17　双波长型 TCL 扫描仪方框图

双波长测定法可消除薄层厚度不均匀所引起的误差,使测量基线平稳。选择样品以最小吸收度的波长为参比光束波长 λ_R,选择样品以最大吸收度的波长为样品测定光束波长 λ_S,这样灵敏度高些。为了选择波长可用单波长双光束方式进行波长扫描测量。薄层厚度的不均匀在测量中可被抵消,这与第十一章中所讲述的将双波长测定法应用到具有较大背景吸收的样品溶液中,可抵消背景吸收影响的道理一样,图 13-18 为双波长法测定的色谱图。选用 $\lambda_R = 600$ nm,$\lambda_S = 510$ nm,双波长进行直线扫描。曲线①是波长固定在 600 nm 对斑点进行的直线扫描的色谱曲线。曲线②是波长固定在 510 nm 对斑点扫描的色谱曲线。曲线③是双波长的色谱曲线。曲线①的上下波动是由于薄层厚度不均匀引起的。从曲线③可看到:双波长测定法可消除薄层厚度不均匀的影响。

薄层板上的斑点是不规则的,直线扫描不能消除斑点不规则的影响;曲折扫描(锯齿形扫描)可消除斑点不规则的影响。采用微小光束(光束的面积约 (1.25×1.25) mm^2)除了进行从右往左的水平移动外,还进行垂直方向的移动(比水平移动快得多),这种曲折扫描方式如图 13 – 19 所示。两种扫描方式其效果是不同的,图 13 – 20 为对斑点在不同方向用两种扫描方式的测定结果。从图中可以看到:直线扫描在不同方向有不同的积分值,曲折扫描几乎不受斑点不规则的影响。

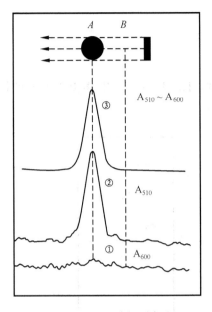

图 13 – 18　双波长测定法

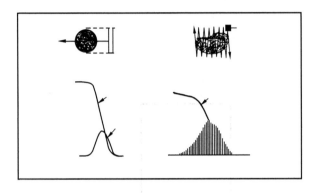

图 13 – 19　直线与曲折扫描
(左)直线扫描　(右)曲折扫描

在进行标定时,工作曲线一般不是直线,双波长 TLC 扫描仪有工作曲线线性化装置,使得曲线被补偿为直线,以校正由于斑点大小不同及展开距离不同引起的积分值误差。这对提高定量分析的精密度有好处。

斑点以外的薄层背景可能被污染,应用背景补偿装置可以对积分值的零点进行自动调节。

对于有紫外光吸收的样品斑点,不必进行显色,可以直接测量紫外光的反射与透射。一般采用反射光法、透射光法所引起的误差较大。

此仪器对纸色谱也可进行定量分析。

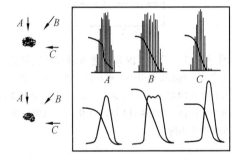

图 13 – 20　两种扫描方式的效果比较
上方示:曲折扫描,从 A、B、C 三个不同方向扫描,所得
积分值变动较小
下方示:直线扫描,从 A、B、C 三个不同方向扫描,所得
积分值变动较大

六、应用与示例

薄层色谱法广泛应用于各种天然和合成有机物的分离和鉴定,有时也用于小量物质的精制。用薄层色谱法对物质进行分离后,随之尚可对其中某一成分进行含量测定;在药学工作中,可用来鉴定药物的纯度及检查分解产物;在生产上可用来判断反应的终点,监视反应历程等。

(一)判断合成反应进行的速度

例 13 – 3　判断普鲁卡因合成反应进行的程度。

图 13 – 21 表明在普鲁卡因合成中,可用薄层色谱法判断反应终点。从图中可以看出,

将硝基卡因还原为普鲁卡因的反应只需要2小时即可实际完成。

色谱条件为：

吸附剂:硅胶 – CMC;

展开剂:环己烷∶苯∶二乙胺(8∶2∶0.4);

显色剂:碘化铋钾溶液。

(二)检查药物的纯度

例13 – 4 潘生丁纯度的检查。

目前国内生产的潘生丁,熔点可以反映产品的纯度。图13 – 22表明,熔点168 ℃的样品层析情况最好,低于168 ℃的有些杂质,层析斑点较多。

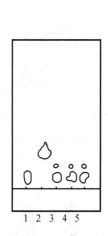

图13 – 21 硝基卡因和普鲁卡因的薄层色谱

样品:1—盐酸普鲁卡因对照品;2—硝基卡因;3—还原2小时取样(硝基卡因斑点消失);4—还原3小时取样;5—还原4小时取样(生产上原定还原时间为4小时)

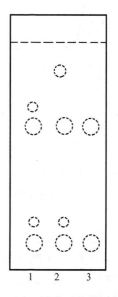

图13 – 22 潘生丁的薄层色谱

样品:1—潘生丁一般产品;

2—潘生丁 mp159 ℃;

3—潘生丁 mp168 ℃

色谱条件为：

吸附剂:硅胶 – CMC;

展开剂:环己烷∶丙酮∶浓氨水(20∶25∶0.5);

显色:紫外光灯下观察。

(三)中草药成分的分离提纯

在中草药的分离提纯工作中,可用薄层色谱法摸索柱色谱法的条件。如选择适宜的吸附剂和洗脱剂,以及监视分离提纯情况,对于设计进一步的提纯方案具有一定意义。

例13 – 5 洋金花注射剂中麻醉的成分为东莨菪碱,但不同批号效果不稳定。经薄层鉴定,发现只含一个斑点(东莨菪碱)的效果好,若有两个斑点,即有莨菪碱存在时副作用大,效果也减弱。以薄层色谱法探索东莨菪碱的提取分离条件,得用氨水碱化,以氯仿提取四次为好。因为用五次提取液展开出现莨菪碱的斑点,1～4次的提取液层析仅一个东莨菪碱的斑点。图 13 – 23 为洋金花提取液的层折谱图。

色谱条件为：

吸附剂：中性氧化铝 Ⅱ/Ⅲ 级；

展开剂：二甲苯：丙酮：无水乙醇：二乙胺（50：40 ：10：0.6）；

显色剂：改良碘化铋钾（甲）碘 – 碘化钾（乙）；

临用前取甲、乙试剂各 5 mL 混合后加冰醋酸 20 mL，再加蒸馏水 60 mL，混合即可。

（四）用于微量物持的测定

例 13 – 6 双波长薄层扫描法测定混合液中原儿茶醛和原儿茶酸的含量。

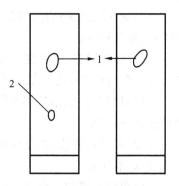

图 13 – 23　洋金花提取液的层析谱图
1—东莨菪碱；2—莨菪碱

在硅胶 CMC 板上，以苯 – 醋酸乙酯 – 甲酸（80：50：4）为展开剂，将原儿茶醛和原儿茶酸进行分离，然后用双波长薄层扫描仪进行测定。扫描条件：反射法，曲折扫描，$\lambda_S = 280$ nm，$\lambda_R = 400$ nm。

操作方法

（1）标准溶液的配制：分别用无水乙醇溶解并转移至 10 mL 容量瓶中，加无水乙醇稀释至刻度，摇匀，即得。

（2）标准曲线的绘制：精密量取原儿茶醛标准溶液 2.0，4.0，8.0 与 10.0 μL 分别点样于薄层板上，在相同的位置上，再分别点原儿茶酸标准溶液 2.0，4.0，8.0 与 10.0 μL，展开，取出晾干。得一层析谱。在扫描仪上扫描，以浓度为横坐标，斑点吸收度积分值为纵坐标，绘制标准曲线。

（3）样品测定：精密量取样品溶液 5.0 μL，点样于薄层板上，按与标准曲线的绘制相同条件，展开，晾干，扫描。求算样品中原儿茶醛和原儿茶酸的含量。

本章小结

1. 基本概念

（1）吸附色谱法：是利用吸附剂表面对不同组分吸附性能的差异，而进行分离的方法。

（2）分配色谱法：是利用不同组分在流动相和固定相之间的分配系数（或溶解度）不同，而使之分离的方法。

（3）离子交换色谱法：是利用不同组分对离子交换剂亲和力的不同，而进行分离的方法。

（4）分子排阻色谱法：是利用某些凝胶对不同组分因分子大小不同而阻滞作用不同，进行分离的方法。

（5）亲合色谱法：是利用不同组分与固定相（固定化分子）共价键合的高专属性反应进行分离的一种新技术。

（6）柱色谱法：是将固定相装于柱内，使样品沿一个方向移动而达到分离的方法。

（7）纸色谱法：用滤纸作液体的载体，点样后，用流动相展开，以达到分离鉴定的目的。

（8）薄层色谱法：将适当粒度的吸附剂涂铺成满层，以与纸色谱法类似的方法进行物质的分离和鉴定。

（9）薄膜色谱法：将适当的高分子有机吸附剂制成薄膜，以与纸色谱法类似的方法进行物质的分离和鉴定。

（10）吸附等温线：是在一定温度下，溶质组分在吸附剂上的吸附规律，可用在平衡状态时，组分在两相中浓度的相对关系的曲线。

（11）比移值 R_f：溶质移动距离与流动相之比，或原点至斑点中心的距离与原点至溶剂前沿的距离之比。

（12）相对比移值：组分与参考物质在同一条件下的 R_f 值（或移行距离）之比。

2. 基本理论

（1）色谱分离的原理：组分在固定相和流动相间进行反复多次的"分配"，由于分配系数 K 的不同而实现分离。各种色谱法的分离机制不同。

（2）薄层色谱是一种开放型色谱。在薄层色谱中，展开剂的流速是一变数。展开剂在薄层中的流速与展开剂的表面张力、粘度及吸附剂种类、粒度、均匀度等因素有关，也和展开距离有关。展开剂粘度越大，展开速度越慢；吸附剂颗粒越细、越均匀，展开速度越慢；展开距离越长，展开速度越慢；温度低使展开剂的粘度变大，而使展开速度越慢。

（3）吸附薄层色谱中展开剂的选择原则：是根据被测物质的极性进行选择的。当被测物质的极性大时，吸附剂的活性就要小一些，而流动相的极性就要大一些。反之则相反。分离极性物质，加大展开剂的极性，会使极性物质的比移值变大。

（2）薄层色谱的操作步骤：铺板、点样、展开、显色、定性、定量等。

3. 基本计算

$$K = \frac{\text{固定相中溶质的浓度}}{\text{流动相中溶质的浓度}} = \frac{C_s}{C_m}$$

$$\text{比移值 } R_f = \frac{\text{原点至斑点中心的距离}}{\text{原点至溶剂前沿的距离}}$$

R_f 值与分配系数的关系：
$$R_f = \frac{1}{1 + K\left(\dfrac{V_s}{V_m}\right)}$$

习　题

1. 解释下列名词

（1）交联度；（2）梯度洗脱；（3）R_f 值；（4）分配比；（5）选择性系数；（6）分离因子；（7）分配系数。

2. 在下列各项选择题中指出正确答案

（1）减少中性分子，如乙醇或蔗糖，进入阴离子交换树脂孔的方法是：A. 用一种阳离子置换；B. 用一种阴离子置换；C. 用另一种有机分子一对一的交换；D. 用水冲洗出来。

（2）在色谱分析中，某分配系数 K 为零的物质可用于测定：A. 柱中流动相的体积；B. 柱中填充物所占的体积；C. 填充物孔隙所占的体积；D. 柱的总体积。

（3）下列叙述哪个是错误的：A. 化合物的极性愈强从溶液中被吸附的力量愈强；B. 高分

子量有利于吸附;C.溶剂的极性愈大,溶质的吸附力愈强;D.吸附等温线常常是非线性的。

3.有两种性质相似的组分 A 和 B,共存于同一溶液中,用纸色谱法进行分离时,它们的比移值 R_f 分别为 0.45 和 0.63。欲使分离后斑点中心相距 2 cm,问滤纸条应截取多长?

（ >11 cm）

4.一个分配色谱柱的流动相、固定相和惰性载体的体积比为 V_m : V_s : V_g = 0.33 : 0.10 : 0.57,若溶质在固定相和流动相间的分配系数 K 为 0.5,试计算它的比移值。　　　　(0.38)

5.一根色谱柱长 10 cm,流动相流速为 0.01 cm/s,组分 A 的洗脱时间为 40 min,问 A 在流动相中存留多少时间,其 R 值为多大?

(16.7 min,0.42)

6.称取 1.5 kg 阳离子交换树脂做成交换柱,净化后用 NaCl 溶液冲洗,至洗脱液使甲基橙呈橙色为止,收集流出液,用甲基橙为指示剂,以 0.100 0 mol/L 的 NaOH 液滴定,用去 24.51 mL。试计算它的交换容量(毫摩尔数/克)。

7.有一 0.256 7 g 的 NaCl 和 NaBr 混合物试样,通过阳离子交换柱,流出液用 0.102 3 mol/L 的 NaOH 溶液滴定需要 34.56 mL。问混合物中每种盐的百分比是多少?

(NaCl:61.67% ,NaBr:38.33%)

8.一小孔度交联葡聚糖凝胶柱对高分子量聚糖的保留体积为 46.7 mL,蔗糖为 63.2 mL 和氯化钠为 75.7 mL。试估算三种物质的分配比。

9.化合物 A 薄层板上从样品原点迁移 7.6 cm,溶剂前沿迁移至样品原点以上 16.2 cm,(a)计算化合物 A 的 R_f 值;(b)在相同的薄层板上,溶剂前沿移动到样品原点以上 14.3 cm,化合物 A 的斑点应在此薄层板上何处?

10.一个化合物当用丙酮为流动相时,它从氧化铝柱上流出太快,如用氯仿为流动相,此化合物迁移较快还是较慢?

第十四章
气相色谱法

学习提要：

在本章中，了解气相色谱法（gas chromatography；GC）的分类，一般流程，特点，检测器的常用类型及基本原理。在熟悉气相色谱的基本概念的基础上，掌握色谱法的两个理论（塔板理论和速率理论），气相色谱常用的定性、定量分析方法及应用。熟悉色谱柱、固定相的分类及选择原则。

The brief summary of study：

In this chapter，know about the classification of GC，common process and characteristic，common types of detectors and basic principle. On the basis of familiarizing the basic conception of GC，grasp two chromatographic theories（plate theory and rate theory），qualitative and quantitative analysis of GC and its application. ，Be familiar with chromatographic column，classification of stationary phase and its selective principle.

第一节 概 述

以气体为流动相的色谱法，称为气相色谱法或气相层析法（Gas chromatography，缩写GC）。

（一）气相色谱法的分类

气相色谱法，就其操作形式而言，属于柱色谱。按固定相的聚集状态不同，分为气固色谱法（GSC）及气－液色谱法（GLC）两类。按柱的粗细不同，还可分为填充柱色谱法及毛细管柱色谱法两种。填充柱是将固定相填充在金属或玻璃管中（国产品常用内径4mm不锈钢管）。毛细管柱（内径0.1~0.5mm）可分为开口毛细管柱、填充毛细管柱及微填充柱等。

气相色谱法按分离原理，可分为吸附及分配色谱法两类。气－液色谱法属于分配色谱法。在气－固色谱中，固体固定相多为吸附剂，因此多属于吸附色谱法。当固体固定相为分子筛时（反筛子），分离是靠分子大小差异及吸附两种作用进行的。

（二）气相色谱法的一般流程

在图14－1中，载气由高压气瓶供给，经压力调节器降压，经净化器净化，由稳压阀调至适宜的流量而进入色谱柱，待流量、温度及基线稳定后，即可进样。液态样品用微量注射器吸取，由进样器注入，样品被载气带入色谱柱。

若色谱柱中的固定相为吸附剂且吸附剂对样品中各组分的吸附能力不同（用吸附平衡

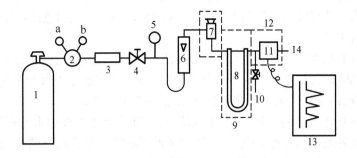

图 14 - 1　气相色谱仪示意图

1—载气瓶;2—压力调节器(a.瓶压,b.输出压力);3—净化器;4—稳压阀;
5—柱前压力表;6—转子流量计;7—进样器;8—色谱柱;9—色谱柱恒温箱;
10—馏分收集口(柱后分流阀);11—检测器;12—检测器恒温箱;13—记录
器;14—尾气出口

常数衡量),则可被分离。各组分按吸附平衡常数大小的顺序,依次被载气带出色谱柱(吸附平衡常数大的后流出)。

若色谱柱中装液态固定相,则样品中的各组分,在固定液及载气间分配,若各组分的分配系数不等,则可被分离。它们将按分配系数大小的顺序,依次被载气带出色谱柱(分配系数大的后流出)。

流出色谱柱的组分,被载气带入检测器,检测器是将物质的浓度或质量的变化,转变为电压(或电流)变化的装置。电压(或电流)随时间的变化由记录器记录,所记录的电压(或电流) – 时间曲线即浓度 – 时间曲线或质量 – 时间曲线,称为流出曲线。用流出曲线可以定性、定量。

由以上所述可以看出,色谱柱及检测器构成分离分析仪器——气相色谱仪的两个主要组成部分。

现代气相色谱仪都具有微型计算机,有处理实验数据及控制实验条件等功能。

(三)气相色谱法的特点

气相色谱法具有高效能、高选择性、高灵敏度、用样量少、分析速度快(几秒至几十分钟)及应用广等优点,还可分离制备高纯物质,纯度可达 99.99% 。它是分析复杂组分混合物的有力工具。

对于挥发性较差的液体、固体,需采用制备衍生物或裂解等方法,增加挥发性。据统计,能用气相色谱法直接分析的有机物,约占全部有机物的 20% 。但受样品蒸气压限制,是气相色谱法的一个弱点。

(四)气相色谱法的发展

气相色谱法是从 1952 年才迅速发展起来的一种分离分析方法。最早是用于分离分析石油产品,目前已广泛用于石油化学、化工、有机合成、医药及食品等工业的科学研究和生产等方面。不仅如此,气相色谱法还可用于生物化学、临床诊断和药理作用等方面的研究。特别有关环境保护,对水、空气等的监测工作,气相色谱法已成为一种重要手段。对中草药的挥发性成分研究,气相色谱也已成为必须的手段之一。

两谱联用仪、毛细管柱及顶空技术等是气相色谱技术的进展。气相色谱仪的智能化则是当前的发展趋势。

两谱联用仪是气相色谱仪与光谱仪器组成的联用仪,可解决气相色谱定性困难的问题。气相色谱法是当今分离效能最佳的方法之一,因而在联用仪中气相色谱可作为分离手段,光谱仪可作为分析工具。

当前最成熟的联用仪是气相色谱 – 质谱联用仪(GC – MS),它是混合物分析的重要工具。现代 GC – MS 联用仪都配有电子计算机,可自动控制实验条件及数据处理。有的仪器还配有数据库,贮存几万个化合物的质谱,可以自动检索定性。

气相色谱 – 傅里叶红外(GC – FTIR)联用仪是近几年才发展起来的联用仪器,已有商品出售。由于红外光谱具有特征性强、受测试条件影响很小等特点,对最复杂有机混合物的鉴定,气相色谱 – 傅里叶红外联用仪是很有前途的联用仪。

智能色谱仪不仅是全自动化仪器,而且仪器具有色谱工作者的部分智能,能解决分析工作中的关键问题或难题。如根据实验情况选择最佳条件及色谱定性等,都是基于色谱法的基础研究,利用计算技术来实现的。

顶空技术(GC headspace technique)或称液上气相色谱分析,是将固体或液体中挥发性成分的蒸气用于气相色谱分析的方法。这种方法对于固体样品(包括生物样品)可以不经萃取直接分析。

第二节　气相色谱法的基本理论

气相色谱理论可分为热力学及动力学理论两方面。

热力学理论是由相平衡观点来研究分离过程,以半经验理论——塔板理论为代表。

动力学理论是以动力学观点 – 速度来研究各种动力学因素对柱效的影响,以 Van Deemter 方程式为代表。

在叙述这两个理论前,先介绍有关基本概念。

一、基本概念

1. 色谱峰(流出峰)　前已述及,由电信号强度对时间作图,所绘制的曲线称为流出曲线。流出曲线(图 14 – 2)上的突起部分称为色谱峰(图 14 – 2)。

正常色谱峰为对称形正态分布曲线,也就是曲线有最高点,以此点的横坐标为中心,曲线对称地向两侧快速、单调下降。

不正常色谱峰有两种:拖尾峰及前延峰。拖尾峰:前沿陡峭后沿拖尾的不对称色谱峰称为拖尾峰(Tailing peak)。前延峰:前沿平缓后沿陡峭的不对称色谱峰称前延峰(Leading peak)。

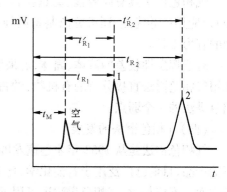

图 14 – 2　流出曲线

正常色谱峰与不正常色谱峰可用对称因子 f_s(Symmetry factor)来衡量(图 14 – 3)。

$$f_s = \frac{W_X}{2A}$$

$$W_X = A + B \qquad X = \frac{h}{20} \qquad\qquad (14-1)$$

对称因子在 0.95 ~ 1.05 之间为对称峰;小于 0.95 为前延峰;大于 1.05 为拖尾峰。

一个组分的色谱峰可用三项参数说明:峰高或峰面积用于定量,峰位(用保留值表示)用于定性,峰宽用于衡量柱效。

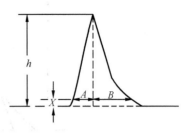

图 14 - 3 对称因子的求算

2. 基线　在操作条件下,色谱柱后没有组分流出时的流出曲线称为基线。稳定的基线就是一条平行于横轴的直线。基线反映仪器(主要是检测器)的噪音随时间的变化。

3. 保留值(滞流值)是定性参数

(1)保留时间(t_R):从进样开始,到某个组分的色谱峰顶点的时间间隔,称为该组分的保留时间(Retention time)。

如图 14 - 2 中,t_{R1} 及 t_{R2} 分别为组分 1 及组分 2 的保留时间。即从进样到柱后某组分出现浓度极大点的时间间隔。

(2)死时间(t_M 或 t_0):不被固定相溶解或吸附的组分的保留时间,称为死时间(Dead time)。通常把空气或甲烷视为此种组分,来测定死时间。

(3)调整保留时间(t'_R):又称为表观保留时间或校正保留时间。

$$t'_R = t_R - t_M \qquad\qquad (14-2)$$

某组分由于溶解或被吸附于固定相,比不溶解或不被附的组分在柱中多停留的时间,称为调整保留时间(Adjusted retention time)。由于实验条件(温度、固定相等)一定,调整保留时间决定于组分的性质,因此调整保留时间是定性的基本参数。

(4)保留体积(V_R):载气携带样品进入色谱柱,从进样开始,到某个组分在柱后出现浓度极大点时,所需要通过色谱柱的载气体积,称为该组分的保留体积(Retention volum)。对于正常峰的组分,即组分被载气带出色谱柱 1/2 量时,所消耗的载气体积。即:

$$V_R = t_R \cdot F_c \qquad\qquad (14-3)$$

式中 F_c 为载气流速(mL/min)。载气流速大,保留时间短,两者相乘为常数。因此 V_R 与载气流速无关。

(5)死体积(V_M):

$$V_M = t_M \cdot F_c \qquad\qquad (14-4)$$

由进样器至检测器的流路中,未被固定相占有的空间称为死体积。包括进样器至色谱柱导管的空间、色谱柱中固定相颗粒间间隙、柱出口导管及检测器内腔空间的总和。死体积大,色谱峰扩张(展宽)柱效降低。t_M 死时间相当于载气充满死体积的时间。

(6)调整保留体积(V'_R):保留体积中扣除死体积后的体积,称为调整保留体积。

$$V'_R = V_R - V_M = t'_R \cdot F_c \qquad\qquad (14-5)$$

式中 V'_R 与载气流速无关,是常用的色谱定性参数之一。

4. 色谱峰区域宽度　可用于衡量色谱柱效。区域宽度可用标准差、半峰宽或峰宽描述。

(1)标准差(σ)σ 为正态分布曲线上拐点间距离之半。

在气相色谱中,σ 的大小表示组分被带出色谱柱的分散程度。σ 越大,组分流出越分

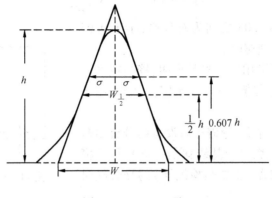

图 14 - 4 σ、$W_{1/2}$ 及 W

散;反之越集中。在 $t_R + \sigma$ 及 $t_R - \sigma$ 的峰面积中,占流出组分量的 68.3% 。σ 的大小与柱效有关,σ 小,柱效高。

对于正常峰,σ 为 0.607 倍峰高处的峰宽之半。证明如下:

$$\phi(x) = \frac{1}{\sqrt{2\pi}} e^{-\frac{x^2}{2}} \qquad (14-6)$$

(14 - 6)式为正态分布方程式,当 $x = 0$ 时,$\phi(x)$ 为峰高。将 $x = 0$ 代入上式,则 $\phi(x) = 0.398\ 9$。拐点在曲线上 $x = +1$ 或 -1 处,将 $x = 1$ 或 -1 代入(14 - 6)式,$\phi(x) = 0.242\ 0$。因为峰高 h 为 0.398 9,则 0.242 0 相当于 0.607 h。因此,拐点在峰高的 0.607 倍处。由于 0.607 h 不好测量,故区域宽度还常用半峰宽描述。

(2)半峰宽 $W_{1/2}$ 或 $Y_{1/2}$(Peak width at half - height):峰高一半处的峰宽称为半峰宽。半峰宽又称为半腰宽及半宽度等。

$$W_{1/2} = 2.355\sigma \qquad (14-7)$$

(3)峰宽:或称基线宽度,也可用 Y 表示。通过色谱峰两侧的拐点作切线,在基线上的截距称为峰宽。

$$W = 4\sigma \qquad (14-8a)$$

或 $$W = 1.699 W_{1/2} \qquad (14-8b)$$

$W_{1/2}$ 与 W 都是由 σ 派生而来的,除用它们衡量柱效外,还用它们与峰高来计算峰面积。

二、色谱过程——差速迁移

色谱过程是物质在相对运动着的两相间分配平衡的过程。若混合物中两个组分的分配系数不等,则被流动相携带移动的速度不等——差速迁移(Differential migration)而被分离。

1.分配系数与保留时间的关系　分配系数 K 与保留时间 t_R 有下述关系:

$$t_R = t_M \left(1 + K \frac{V_s}{V_m} \right) \qquad (14-9)$$

$$t'_R = t_M K \frac{V_s}{V_m} \qquad (14-10)$$

V_s 为色谱柱中固定相体积;V_m 为色谱柱中流动相体积,即固定相间隙体积。

由(14 - 10)式可以看出在实验条件一定时(温度、t_M、V_s、V_m 等),调整保留时间正比于分配系数。由于分配系数由组分性质决定,因此 t'_R 可用于定性。

$K \dfrac{V_s}{V_m}$ 项,还常用 k 来表示:

$$k = K \frac{V_s}{V_m} = \frac{C_s V_s}{C_m V_m} = \frac{W_s}{W_m} \qquad (14-11)$$

(14-9)式或(14-10)式用于吸附色谱时,K 为吸附平衡常数(吸附系数)。

K 值与色谱柱中固定相体积 V_s 与流动相体积 V_m 的比值有关,故称容量因子(Capacity factor)、柱容量、容量比等。又因 K 等于平衡后组分在固定相及流动相中的质量之比 $\left(\dfrac{W_s}{W_m}\right)$,故可称为质量分配系数。还称为分配容量(Partition capacity)、分配比(Partition ration)等。

根据(14-10)式:

$$k = \frac{t'_R}{t_M} \qquad (14-12)$$

上式说明容量因子 k 是组分的调整保留时间为死时间的多少倍。K 越大说明组分在柱中停留的时间越长,对此组分而言相当于柱容量大,这是容量因子另一层含义。容量因子的名称繁多,叫法不一,但它是衡量色谱柱对被分离组分保留能力的重要参数。

2. 容量因子不等是分离的先决条件 要想使二个组分通过色谱柱后能被分离,它们的保留时间必须不等,否则两者重叠而不能分开。因为:

$$\Delta t_R = t_{R2} - t_{R1} = t'_{R2} - t'_{R1} = t_M(k_2 - k_1) \qquad (14-13)$$

欲使 $\Delta t_R \neq 0$,必须使 $k_2 \neq k_1$(或 $K_2 \neq K_1$)。因此,容量因子(或分配系数)不等是分离的先决条件。

分离过程可用示意图(图14-5)说明。设 $K_A > K_B$。

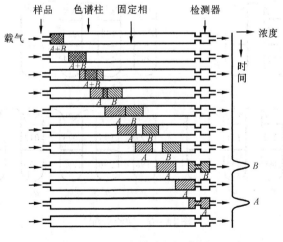

图14-5 色谱过程示意图

分配系数小的组分 B,被载气先带出色谱柱,当组分 B 进入检测器后,流出曲线突起,形成 B 峰。组分 B 完全通过检测器后,流出曲线恢复平直——基线。而后分配系数大的组分 A 流出色谱柱,进入检测器而形成 A 峰。分配系数大的组分,保留时间长的原因,需用塔板理论说明。

三、塔板理论

把色谱柱看做一个分馏塔,在每个塔板的间隔内,样品混合物在气液两相中达到分配平衡,经过多次的分配平衡后,分配系数小的组分(挥发性大的组分)先达到塔顶(先流出色谱柱)。由于色谱柱的塔板相当多,因此分配系数的微小差别,即可获得很好的分离效果。

(一)基本假设

组分被载体带入色谱柱后,在两相中分配。由于流动相移动,固定相不移动,组分不能在柱内各点瞬间达到分配平衡。但塔板理论假定:

(1)在柱内一小段长度 H 内,组分可以很快在两相中达到分配平衡。H 称为理论塔板高度(Heigt equivalent to a theoretical plate),用 HETP 或 H 表示,简称板高。

(2)载气通过色谱柱不是连续的前进,而是间歇式的,每次进气为一个塔板体积。

(3)样品都加在第 0 号塔板上,且样品沿色谱柱方向的扩散(纵向扩散)可以忽略。

(4)分配系数在各塔板上是常数。

塔板理论的假设,实际上是用分离过程的分解动作来说明色谱过程。

(二)二项式分布

塔板理论可先用一系列分液漏斗的液 – 液萃取过程来说明,一个分液漏斗相当于一层塔板。假设分离一个二组分的混合物,设一个组分的分配系数为 2,并假设上层(流动相)与下层(固定相)的体积相等。若溶质(样品)加至 0 号漏斗的量用 100% 表示,将此漏斗振摇,平衡后,上层含溶质33.3%,下层含 66.7%。将上、下二层分开,并将上层转移至 1 号漏斗。0 号及 1 号漏斗分别添加等体积的流动相及固定相,振摇、平衡、转移,如此三次,则溶质在各管中的含量的分布如图 14 – 6 所示。

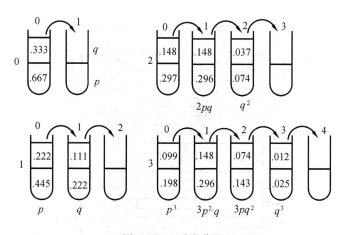

图 14 – 6 逆流分配

图 14 – 6 所示的萃取过程,相当于上层向右流动,下层(固定相)虽然不移动,但相当于相对地向左移动。溶质在逆向流动的两相中分配,故称逆流分配或反流分布(Countercurrent distribution)。

在逆流分配中,上层溶质含量 q 与下层溶质含量 p,经 N 次转移后,在各管中溶质含量的分布符合二项式的展开式,因此称为二项式分布。

$$(p+q)^N \tag{14-14a}$$

p、q 用百分数表示,则:

$$(p+q)^N = 1 \tag{14-14b}$$

用二项式定理计算三次转移后,各管中的溶质含量:

$$(p+q)^3 = (p^3 + 3qp^2 + 3q^2p + q^3) \tag{14-15}$$

将 $p=0.667, q=0.333$ 代入得:

$$(0.667+0.333)^2 = 0.297 + 0.444 + 0.222 + 0.037 = 1$$

$$\text{管号:} \quad\quad 0 \quad\quad 1 \quad\quad 2 \quad\quad 3$$

所计算出的四项数,正好是第 0,1,2 及 3 号管中上、下二层溶质百分数之和。

转移 N 次后第 r 号管中的含量 $^N X_r$,可由下述通式求出:

$$^N X_r = \frac{N!}{r!\ (N-r)!} \cdot p^{N-r} \cdot q^r \tag{14-16}$$

上例 $N=3$,0 号管 $(r=0)$ 的含量:

$$^3 X_0 = \frac{3!}{0!\ (3-0)!} \times 0.667^{(3-0)} \times 0.333^0 = 0.297$$

$N=3, r=3$ 时:

$$^3 X_3 = \frac{3!}{3!\ (3-3)!} \times 0.667^{(3-3)} \times 0.333^3 = 0.037$$

与上述计算一致。

需要说明一点,p、q 原为 $N=0$ 时,第 0 号管中上、下二层溶质的分别含量,但在 $N=1$ 时,q 转移到 1 号管,p 遗留在 0 号管。此时 p 和 q 则分别代表 0 号管及 1 号管中上、下层溶质含量之和。二项式展开后各项相当于各管中某一个组分溶质之总量。对于 N 次转移后,各管中上、下层溶质的各自含量 q' 与 p',则需用分配系数 K 计算。若上、下层体积相同,则:

$$K = \frac{p}{q}; \quad\quad q_r^1 = \frac{1}{K+1}{}^N X_r; \quad\quad p_r^1 = \frac{K}{K+1}{}^N X_r$$

上例

$$q_0^1 = \frac{1}{K+1}p^3 = \frac{1}{1+2} \times 0.297 = 0.099$$

$$p_0^1 = \frac{K}{K+1}p^3 = \frac{2}{2+1} \times 0.297 = 0.198$$

$$q_1^1 = \frac{1}{K+1} \times 3p^2q = \frac{1}{2+1} \times 0.444 = 0.148$$

$$p_1^1 = \frac{K}{K+1}3p^2q = \frac{2}{2+1} \times 0.444 = 0.296$$

余类推(可参看表 14-1)。

表 14-1 分配色谱过程模型

$K_A=2$, $K_B=0.5$

		塔板号 0		1		2		3		4		
	进气次数	A	B	A	B	A	B	A	B	A	B	
N=0	进样→	1.000	1.000									载 气
		↓	↓									固定液
	分配平衡	0.333	0.667									载 气
		0.667	0.333									固定液
N=1	进气→	↑	↑	0.333	0.667							载 气
		0.667	0.333	↓	↓							固定液
	分配平衡	0.222	0.222	0.111	0.445							载 气
		0.445	0.111	0.222	0.222							固定液
N=2	进气→	↑	↑	0.222	0.222	0.111	0.445					载 气
		0.445	0.111	0.222	0.222	↓	↓					固定液
	分配平衡	0.148	0.074	0.148	0.296	0.037	0.297					载 气
		0.297	0.037	0.296	0.148	0.074	0.148					固定液
N=3	进气→	↑	↑	0.148	0.074	0.148	0.296	0.037	0.297			载 气
		0.297	0.037	0.96	0.148	0.074	0.148	↓	↓			固定液
	分配平衡	0.099	0.025	0.148	0.148	0.074	0.296	0.012	0.198			载 气
		0.198	0.012	0.296	0.074	0.148	0.148	0.025	0.099			固定液
N=4	进气→	↑	↑	0.099	0.025	0.148	0.148	0.074	0.296	0.012	0.198	载 气
		0.198	0.012	0.296	0.074	0.148	0.148	0.025	0.099	↓	↓	固定液
	分配平衡	0.066	0.008	0.132	0.066	0.099	0.197	0.033	0.263	0.004	0.132	载 气
		0.132	0.004	0.263	0.033	0.197	0.099	0.066	0.132	0.008	0.066	固定液

现结合色谱柱进一步说明,并假设样品为两组分的混合物,$K_A=2$,$K_B=0.5$。根据塔板理论的假设,按逆流分配的解析方法,气液分配色谱过程,可用表 14 – 1 说明。表中各塔板中组分 A 和 B 的含量,可用二项式定理计算。气相与液相中组分 A 和 B 的含量是通过分配系数的计算而得的。

表 14 – 1 中,上格代表组分 A、B 在载气中的含量(用百分数表示),下格代表在固定液中的含量。根据塔板理论的假设,样品加在第 0 号塔板上。因为是间歇进气,载气将样品带入第 0 号塔板后,则进气停止。待分配达到平衡后,A、B 在二相中之浓度比为分配系数。再通入一个塔板体积的载气,将原第 0 号塔板中的载气,推入到第 1 号塔板中,停止进气。第 0 号及第 1 号塔板中重新分配,达平衡后,再通气转移。如此反复转移四次,可得表 14 – 1 所列数据。

由表 14 – 1 所示,分配系数大的组分 A,在转移四次后,它的浓度最高峰在第 1 号塔板(0.132 + 0.263)上。而分配系数小的组分 B 的浓度最高峰,则在第 3 号塔板(0.263 + 0.132)上。因此,可以说明分配系数小的组分迁移速度快。上述仅仅分析了五块塔板转移四次的分离情况。事实上,一个色谱柱的塔板数为 $10^3 \sim 10^6$,因此微小的分配系数差别,即能获得很好的分离效果。

(三)正态分布

用二项式定理可以计算各塔板上的溶质分布,用所得计算结果绘制流出曲线为不对称形(图 14 – 7),这是因为塔板数太少的缘故。当塔板数大于 50 时,则可得到对称曲线。而一根色谱柱的塔板数一般在 10^3 以上,用二项式定理已不能计算,须用正态分布方程式来讨论。流出曲线上浓度(c)与时间(t)的关系,可用流出方程式说明:

$$c = \frac{c_0}{\sigma \sqrt{2\pi}} e^{-\frac{(t-t_R)^2}{2\sigma^2}} \qquad (14-17)$$

σ 为标准差;t_R 为保留时间;c 为任意时间 t 时的浓度;c_0 为与进样量有关的常数,即组分的总量。

当 $t = t_R$ 时,(14 – 17)式中 e 的指数为零,此时浓度最大,用 c_{max} 表示:

$$c_{max} = \frac{c_0}{\sigma \sqrt{2\pi}} \qquad (16-18)$$

c_{max} 即流出曲线上的峰高,故也可用 h_{max} 表示,若 h_{max} 用长度为单位,则 c_0 为峰面积。

将(14 – 18)式代入(14 – 17)式得:

$$c = c_{max} e^{-\frac{(t-t_R)^2}{2\sigma^2}} \qquad (14-19a)$$

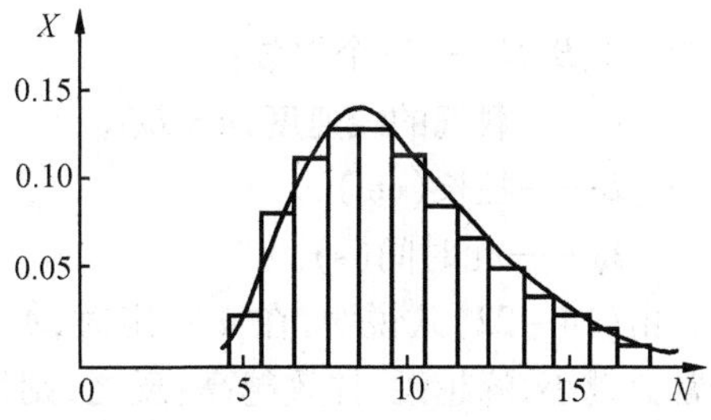

图 14 – 7 二项式分布曲线

或

$$h = h_{max} \cdot e^{-\frac{(t-t_R)^2}{2\sigma^2}} \qquad (14-19b)$$

由流出方程式说明,不论 $t > t_R$ 或 $t < t_R$,在 t 时间所对应的浓度 c 恒小于 c_{max}。c 随时间 t 向峰顶两侧下降的速率取决于 σ。σ 小,峰锐。

(四)理论塔板数

理论塔板数(n)为柱效指标。塔板数与标准差或半峰宽的关系如下:

$$n = \left(\frac{t_R}{\sigma}\right)^2 \quad \text{或} \quad n = 5.54\left(\frac{t_R}{W_{1/2}}\right)^2 \qquad (14-20)$$

$$H = \frac{L}{n} \qquad (14-21)$$

式中　L——色谱柱长；

　　　H——理论塔板高度。

由上式可以说明，σ 或 $W_{1/2}$ 越小，色谱柱的塔板数越多，塔板高度越小，柱效越高。若用 t'_R 代替 t_R 计算塔板数，则称为有效理论塔板数（n_{ef}）。

例 14-1　在 2 m、5% 阿皮松柱、柱温 100 ℃、记录纸速为 2.0 cm/min 的实验条件下，测得苯的保留时间为 1.5 min，半峰宽为 0.20 cm。求理论塔板数及塔板高度。

解
$$n_{苯} = 5.54 \left(\frac{1.5\ min}{0.20\ cm/2\ cm \cdot min^{-1}} \right)^2 = 1.2 \times 10^3$$

$$H = \frac{2\,000\ mm}{1\,200} = 1.6\ mm$$

四、Van Deemter 方程式

Van Deemter 方程式主要说明色谱峰扩张即柱效降低的影响因素。塔板理论，虽然在解释流出曲线的形状、浓度极大点的位置及评价柱效等方面是成功的，但由于它的某些假设，如分配系数与浓度无关、组分在每层塔板内能达到分配平衡，以及纵向扩散可以忽略等，与实际色谱过程不符，因此它无法解释柱效与载气流速有关，不能说明影响柱效有哪些主要因素。事实上，在色谱过程中，载气携带组分通过色谱柱，组分在固定相与载气间几乎没有真正的平衡状态。且组分在色谱柱中以"塞子"的形式移动，纵向扩散不能忽略。通过实验发现，在载气流速很低时，用塔板高度 H 对载气流速 u 作图，为二次曲线。曲线最低点时所对应的柱效最高，板高最小（$H_{最小}$），此时的流速称为最佳流速（$u_{最佳}$）。$H-u$ 曲线如图 14-8 所示。

Van Deemter 从动力学理论，导出影响塔板高度 H（使板高扩张）的三项主要因素：

$$H = A + \frac{B}{u} + Cu \qquad (14-22)$$

式中　A、B、C——三个常数；

　　　u——载气的线速度；$u = L/t_M$；

　　　L——柱长（cm）；

　　　t_M——死时间（s）。

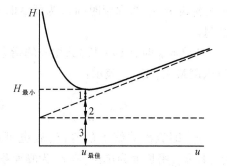

图 14-8　板高-流速曲线
1—B/u；2—Cu；3—A

由（14-22）式说明，在 u 一定时，A、B 及 C 三个常数越小，峰越锐，柱效越高；反之，则柱效低，峰扩张。A、B、C 为影响峰扩张的三项因素。

用 Van Deemter 方程式，可解释板高-流速曲线。u 越小，B/u 项越大，而 Cu 项越小。因此，在低速时（0～$u_{最佳}$ 之间），B/u 项起主导作用。此时 u 增加则 H 降低，柱效增高。在高速时（$u > u_{最佳}$），u 越大，Cu 越大，B/u 越小。此时 Cu 项起主导作用。u 增加，H 增加，柱效降低。

以下讨论各常数的含义。

1. 涡流扩散项 A　常数 A 称为多径扩散项或涡流扩散项，A 项说明填充柱由于填充不均匀，而引起的峰扩张（H 增大）。填充不均匀，使一个组分的分子经过不同长度的途径流出色谱柱，因此称为多径项。

填充不均匀引起的峰扩张示意图，如图 14 - 9 所示。

$$A = 2\lambda d_p \qquad (14 - 23)$$

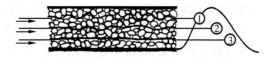

图 14 - 9　多径扩散示意图

式中　λ——填充不规则因子，填充越不均匀，则 λ 越大；

　　　d_p——填充物（固定相）的直径。

由(14 - 23)式可看出，填充不均匀，填充物直径大则峰扩张，柱效低。反之，则峰锐，柱效高。但是在气相色谱中 d_p 很小时，柱阻大，而且不易填匀。因此，一般采用粒度为 80 ~ 100 目或 60 ~ 80 目的填充物较好。空心毛细管柱 A 项为零。

2. 纵向扩散系数 B　常数 B 称为纵向扩散系数（或分子扩散系数）：

$$B = 2\gamma D_m \qquad (14 - 24)$$

式中　γ——与填充物有关的因数；

　　　D_m——组分在流动相中的扩散系数。

填充柱 $\gamma < 1$。硅藻土担体 γ 为 0.5 ~ 0.7。毛细管柱 $\gamma = 1$（因无扩散的阻碍）。

扩散，即浓度趋向均一的现象。扩散速度的快慢，用扩散系数衡量。由于样品组分被载气带入色谱柱后，是以"塞子"的形式存在于色谱柱的很小一段空间中，在"塞子"前后（纵向），存在着浓度差，而形成浓度梯度，势必导致运动着的分子产生纵向扩散。纵向扩散与分子在载气中停留的时间及扩散系数成正比。停留时间越长及 D_m 越大，由纵向扩散引起的峰扩张越大。组分在流动相中的扩散系数 D_m 则与载气分子量的平方根成反比，还决定于柱温。

为了减小组分分子在载气中的停留时间，可采用较高的载气流速（$u_{最佳}$），选择分子量大的重载气（如 N_2），可以降低 D_m，但分子量大时，粘度大，柱压降大。因此载气线速度较小时用 N_2，较大时用 H_2 或 H_e。

由上述讨论可说明，纵向扩散是使峰扩张、板高增加、柱效降低的第二个因素。

3. 传质阻抗系数 C　C 为液相传质阻抗系数（C_1）及气相传质阻抗系数（C_g）之和，$C = C_1 + C_g$。因 C_g 很小，故 $C \approx C_1$：

$$C \approx C_1 = \frac{2k}{3(1 + k)^2} \cdot \frac{d_f^2}{D_1} \qquad (14 - 25)$$

式中　k——容量因子；

　　　d_f——固定液液膜厚度（cm）；

　　　D_1——组分在固定液中的扩散系数。

在气液填充柱中，高沸点液体（固定液）涂在多孔性惰性微粒（担体）上，构成固定相。

样品混合物被载气带入色谱柱后，组分在气、液两相中分配。组分由于受固定相分子间的作用力，由气、液界面而溶入固定液，进而扩散到固定液内部，而后达到分配平衡。由于载气流动使这种平衡被破坏，当纯净载气或含有组分的载气（浓度比平衡时浓度低）来到后，则固定液中该组分的部分分子将回到气液界面，逸出，而被载气带走（相当于转移）。这种溶解、扩散、平衡及转移的整个过程称为传质过程。影响此过程进行的阻力，称为传质阻抗。传质阻抗 C，是描写影响在液相中传质速度的因素。由于传质阻抗的存在，增加了组分在液相中停留的时间，而晚回到气相中去。因此，这些组分的分子落后于原在气相中随同载气流动的分子，使峰扩张，如图 14 - 10 所示。

由公式(14-25)可知,使 C_1 减小的办法有三:

(1)降低固定液液膜厚度(d_f):d_f 越小,则 C_1 也越小。在能完全覆盖担体表面的前提下,可适当减少固定液的用量。近年来,主张固定液比例减少,就是从此理论得到的启发。但也不能太少,否则柱寿命短。d_f 还影响 k 值,d_f 小,k 小。

(2)增大 D_1:柱温影响较大,柱温增加,D_1 增大,但 k 值变小,因此,具体样品需具体分析。为了保持有较适宜的 D_1,固定液有最佳使用温度,如聚乙二醇-20M 为 70~120 ℃。

(3)k 值对 C_1 的影响:反映在 $k/(1+k)^2$ 上,当 $k>1$ 时,k 增大,C_1 减小。$K=1$ 时,$k/(1+k)^2$ 有极大值,柱效最低。此时:

$$C_1 = \frac{1}{6} \cdot \frac{d_f^2}{D_1} \qquad (14-26)$$

当 $k<1$ 时,k 减小,C_1 减小。一般情况 $k>1$。

由以上讨论可以看出,Van Deemter 方程式对于分离条件的选择具有指导意义。它可以说明,填充均匀程度、担体粒度、载气种类、载气流速、柱温、固定液层厚度,对柱效、峰扩张的影响。具体条件的选定见第五节。

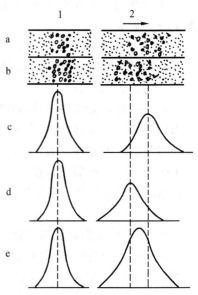

图 14-10　传质阻抗对峰展宽的影响
1—无传质阻抗;2—有传质阻抗;(a)流动相;(b)固定相;(c)流动相中组分的分布;(d)固定相中组分的分布;(e)色谱峰形状

第三节　色　谱　柱

色谱柱由固定相与柱管组成,固定相是色谱柱的关键。

色谱柱可按管柱的粗细、固定相的填充方法及分离原理分类。

按柱粗细可分为一般填充柱(简称填充柱)及毛细管柱两类。

填充色谱柱:国产色谱仪器,多用内径 4~6 mm 的不锈钢管制成螺旋形管柱,充填液态固定相(气-液色谱)或吸附剂(气-固色谱),则构成直充色谱柱。常用柱长为 2~4 m。

毛细管色谱柱:管柱为毛细管,常用内径 0.1~0.5 mm 的玻璃毛细管,柱长几十米至几百米。按填充方式可分空心毛细管柱、填充毛细管柱及微填充柱等。

按原理分类可分为分配柱及吸附柱等。它们的区别主要在于固定相。

分配柱:一般是将固定液(高沸点液体)涂渍在担体上,而构成液态固定相。是利用组分的分配系数差别分离。新型固定相,则是将固定液的官能团用化学键结合在担体表面,称为化学键合相(Chemical bonded phase),优点是不流失,并具有分配及吸附两种性能。

吸附柱:将吸附剂装入色谱柱而构成。利用组分的吸附平衡常数的差别而分离。

一、固定液

固定液一般都是一些高沸点的液体,在操作温度下为液态,在室温时为固态或液态。

（一）对固定液的要求

（1）在操作温度下,呈液体状态,蒸气压低,固定液流失慢,柱寿命长,检测器本底低。

（2）固定液对样品中各组分有足够的溶解能力,若分配系数太小,则起不到分离效果。

（3）选择性能高,对两个沸点或性质相同或相近的组分,有尽可能高的分辨能力,即分配系数存在差别。

（4）固定液与样品组分不产生化学反应。

（二）固定液的分类

固定液有四百余种。分类有利选择。化学分类与极性分类是常用的分类法。

1.化学分类法

（1）烃类:包括烷烃与芳烃。常用的有:沙鱼烷(异卅烷 $C_{30}H_{62}$)、阿皮松(apiezon $C_{36}H_{74}$),沙鱼烷是标准非极性固定液。

（2）硅氧烷类:是目前应用最广的固定液。其优点为温度粘度系数小、蒸气压低、流失少并且对大多数有机物都有很好的溶解能力等。是一种通用型固定液。包括从弱极性到极性固定液许多类别。这类固定液按化学结构分类如下:

①甲基硅氧烷。其基本结构为:

$$
(CH_3)_3Si-O(-\underset{\underset{CH_3}{|}}{\overset{\overset{CH_3}{|}}{Si}}-O-)_n-Si(CH_3)_3
$$

n 为链节数

按分子量不同可分为甲基硅油($n<400$)及甲基硅橡胶($n>400$)。甲基硅油的国产品如甲基硅油 I(230 ℃),进口品甲基硅橡胶胶如 SE-30(300 ℃)及 OV-1(350 ℃)等,是一类应用很多的高温、弱极性固定液。

②苯基硅氧烷。其基本结构为:

$$
(CH_3)_3Si-O-(\underset{\underset{R}{|}}{\overset{\overset{CH_3}{|}}{Si}}-O-)_n-Si(CH_3)_3
$$

R 为甲基或苯基

$n<400$ 为甲基苯基硅油;$n>400$ 为甲基苯基硅橡胶。又据含苯基与甲基的比例不同划分为:低苯基硅氧烷,如 SE-52(5% 苯基,300 ℃)、OV-7(20%,350 ℃);中苯基硅氧烷,如 OV-17(50%,350 ℃);高苯基硅氧烷,如 OC-25(75%,300 ℃)。其中 OV-17 是最常用的甲基苯基硅油。这类固定液因引入苯基,极性比甲基硅氧烷大,随着苯基含量增高,极性增大。

③氟烷基硅氧烷。其基本结构为:

$$
(CH_3)_3Si\left[O-\underset{\underset{\underset{CF_2}{|}}{\underset{(CH_2)_2}{|}}}{\overset{\overset{CH_3}{|}}{Si}}\right]_X\left[O-\underset{\underset{CH_3}{|}}{\overset{\overset{CH_3}{|}}{Si}}\right]_Y O-Si(CH_3)_2
$$

也可按分子量及含三氟丙基的比例,详细分类。常用的有三氟丙基甲基聚硅氧烷 QF - 1(300 ℃),含三氟丙基 50%,即 X = Y。这是一类中等极性固定液。因为在强碱作用下易解聚,故只能与酸洗担体配伍。

④氰基硅氧烷。其基本结构为:

$$(CH_3)_3 \!-\! Si \!-\! O \!-\!\!\left[\!\begin{array}{c} CH_3 \\ | \\ Si \!-\! O \\ | \\ (CH_2)_2 \\ | \\ CN \end{array}\!\right]_{\!n}\!\!-\! Si(CH_3)_3$$

同样可按分子量及含氰乙基的比例细分。氰基硅油,如 XF - 1150(含氰乙基 50%,215 ℃);氰基硅橡胶,如 XE - 60(含氰乙基 25%,275 ℃)都是极性很强,选择性很高的固定液。

(3)醇类:是一类氢键型固定液,可分为非聚合醇与聚合醇两类。非聚合醇为长链脂肪醇(如十六碳醇等)及多元醇(如甘油、乙六醇等)。聚合醇如聚乙二醇(Carbowax 或 polyethlyene glycol 缩写 PEG)结构为 $HO[\!-\!CH_2\!-\!CH_2\!-\!O\!-\!]_n H$。聚乙二醇的平均分子量范围为 300 ~ 20 000。分子量增大,醚键增多,羟基比例减小,固定液的极性减小,形成氢键能力降低。对于能形成氢键的组分,其保留体积与 PEG 分子量的倒数成线性关系。PEG - 20M(平均分子量 20 000,250 ℃)是最常用的固定液之一。PEG - 6 000(225 ℃)也较常用。

(4)酯类:分为非聚合酯与聚酯两类。

①非聚合酯:邻苯二甲酸酯是最常用的酯类固定液。

②聚酯类:多是二元酸及二元醇所生成的线型聚合物,如丁二酸二乙二醇聚酯或聚二乙二醇丁二酸酯(Diethlene glycol succinate,缩写 DEGS)。$HO(CH_2CH_2OCOCH_2CH_2COO)_n H$。DEGS 是应用很广的极性固定液。最高使用温度与聚合度有关,一般为 200 ℃。除此尚有乙二酸二乙二醇聚酯(DEGA,210 ℃)等也常用。

2. 极性分类法　可按固定液相对极性或特征常数分类。

1959 年 Rohrschneider 提出用相对极性(P)描述固定液的分离特征。规定极性最强的固定液 β,β' - 氧二丙腈的相对极性 $P = 100$;极性最小的鲨鱼烷的相对极性 $P = 0$。其他固定液与它们比较,测出相对极性。测定方法为:用一个"物质对"(常用苯与环己烷或丁二烯与正丁烷)为样品,分别在对照柱 β,β' - 氧二丙腈及鲨鱼烷柱上测定它们的相对保留值 q_1 及 q_2。然后再在待测柱上测同一物质对的相对保留值 q_x。代入下式计算待测固定液的相对极性(P_x):

$$P_x = 100\left(1 - \frac{q_1 - q_x}{q_1 - q_2}\right) \tag{14-27}$$

$$q = \lg\frac{t'_{R丁二烯}}{t'_{R正丁烷}} \quad 或 \quad q = \lg\frac{t'_{R苯}}{t'_{R环己烷}} \tag{14-28}$$

用丁二烯与正丁烷为物质对,在 β,β' - 氧二丙腈上测得的 $q_1 = 0.773$;在鲨鱼烷上测得的 $q_2 = -0.080$。固定液以每 20 个相对极性单位,分为一极,如表 14 - 2 所示。在 $P = 0 \sim 100$ 之间,分为五级(五级分法)。$P = 0 \sim 20$ 相对极性等级标为"+1";$P = 21 \sim 40$,"+2";$P = 41 \sim 60$,"+3";$P = 61 \sim 80$,"+4";$P = 81 \sim 100$,"+5"。

表 14 – 2   常用固定液的相对极性(P)分级

固定液	P	级别	固定液	P	级别
鲨鱼烷	0	+1	PEG – 20M	68	+3
阿皮松(APL)	7 ~ 8	+1	DEGA	72	+4
SE – 30,OV – 1	13	+1	DEGS		+4
OV – 17		+2			
DNP	25	+2	双甘油	89	+5
DOP,QF – 1	28	+2	β,β' – 氧二丙腈	100	+5
XE – 60	52	+3			

虽然相对极性分类是较老的分类法,因为它较简便仍然沿用。1966 年 Rohrschneider 又提出用固定液特征常数(简称罗氏常数)描述固定液的极性。1970 年 McReynolds 在罗氏常数基础上改进,提出麦氏固定液特征常数。麦氏常数比罗氏常数更能准确地反映固定液的极性及评价固定液。可参考有关文献或书籍。

(三)固定液的选择

一般认为可以根据"相似性原则"选择。按被分离组分的极性或官能团与固定液相似的原则来选择,这是因为相似相溶的缘故。组分在固定液中溶解度大,则分配系数大,保留时间长,分开的可能性大。由于分离的好坏还决定于柱温、载气流速等许多因素,因此"相似性原则"只是需要考虑的一个方面。

为了利用相似性原则选择固定相,把化合物(样品)按极性(形成氢键能力)分为五组,如表14 – 3 所示。

表 14 – 3   化合物极性分组

第一组 (极性极强)	第二组 (强极性)	第三组 (中等极性)	第四组 (弱极性)	第五组 (非极性)
水	醇类	醚类	氯仿	饱和碳氢化合物
二醇、甘油等	脂肪酸类	酮类	二氯甲烷	CS_2
氨基醇类	酚类	醛类		硫醇类
羧酸类	伯与仲胺类	酯类		硫化物
多酚类	肟类	叔胺类	CH_3CH_2Cl	
	含 α – 氢原子的硝基化物、含 α – 氢原子的腈化物、氨、HF、肼、HCN	不含 α – 氢原子的硝基化合物、及不含 α – 氢原子的腈类	$CH_2Cl – CH_2Cl$ 等	
二羧酸类			芳香烃类 烯烃类	不包括第四组中的卤化碳。如 CCl_4 等

第一组为强极性化合物,这类化合物形成氢键的能力最强。第二组为极性化合物,极性小于第一组,这类化合物的分子中含有氢键提供者原子(O、N、F 等)及活泼氢原子。第三组为中等极性化合物,这组化合物的分子只具有氢键提供者原子,但不含活泼氢原子。第四组为弱极性化合物,这组化合物的分子只含活泼氢原子,不含氢键提供者原子。第五组为非极性化合物,这类化合物无形成氢键的能力。固定液也可按此法分类。

1. 按极性选择

(1)样品属第五、第四组化合物,可首先选择 $P=0$ 或 $+1$ 的非极性固定液。组分与固定液分子间的作用力是色散力,组分基本上以沸点顺序流出色谱柱。若样品中有极性组分,相同沸点的极性组分先出柱。

(2)样品属第三组化合物,可先选用 $P=+2$ 或 $+3$ 的中等极性固定液。分子间作用力为色散力和诱导力,基本上仍按沸点顺序流出色谱柱,但对沸点相同的极性与非极性组分,诱导力起主导作用,极性成分后出柱。

(3)样品属第二组及第一组的化合物,先选用 $P=+4$ 或 $+5$ 的强极性固定液。分子间主要作用力为定向力,组分按极性顺序出柱。对极性与非极性混合物,非极性组分先出柱。

利用"极性相似"原则选固定液时,还要注意混合物中组分性质差别的主要矛盾。若沸点差别是主要矛盾,可选非极性固定液;若极性差别为主要矛盾,则选极性固定液。现举例说明如下:

例 14-2 分离苯与环己烷的混合物,二者沸点相差 0.6 ℃(苯 80.1 ℃,环己烷 80.7 ℃)。苯为弱极性化合物(第四组),环己烷为非极性化合物(第五组),二者极性差别虽然不大,但相对而言比沸点差别大,极性差别是主要矛盾。因此在用非极性固定液分离时,很难将苯与环己烷分开。改用中等极性的固定液,如用邻苯二甲酸二壬酯,则苯的保留时间是环己烷的 1.5 倍。若改用氢键型固定液如聚乙二聚-400,则苯的保留时间是环己烷的 3.9 倍。再选极性更强的固定液,保留时间的差别进一步增大。说明极性固定液分离样品时,能否被分离主要由被分离组分的极性差别决定,与沸点的关系不大。

2. 按化学官能团相似选择 例如,被分离化合物为酯,则选酯和聚酯固定液。化合物为醇可选醇类或聚乙二醇等,其他类推。

上述两种选择方法,适用于样品中多数组分的性质或化合物类别已知的样品。性质和类别未知的样品可用下述尝试法进行固定液的选择。

3. 尝试法 从最常用的五个色谱柱(SE-30(+1)、OV-17(+2)、QF-1(+3)、PEG-20M(+3)及 DEGS(+4))中,选择样品的最适色谱柱。这五个色谱柱中固定液的极性依次增大。

选择方法:未知样品先在 QF-1 柱上分离,然后更换 OV-17 柱。在同样实验条件下,观察样品在 OV-17 柱上被分离的情况。若比 QF-1 柱有所改善,但尚不满意,可进一步降低柱极性,更换 SE-30 或其他极性适宜柱或调整柱温等,至分离度合乎要求为止。

若由 QF-1 换为 OV-17 分离情况变差,则反向增大柱极性,更换 PEG-20M,以至于 DEGS。

尝试法是以改变柱极性来确定未知物组分性质的方法,主要矛盾以沸点或极性差别为基础。一般说来上述五个柱,再配合柱温调节,足可解决一般测试需要。

对于一些难分离样品,使用一种固定液达不到分离目的时,还可采用混合固定液(混合柱)。常用方法有三:混涂、混装及串联法。混涂是将两种固定液按一定比例先混合,而后涂在载体上。混装是将分别涂有一种固定液的担体,按一定比例混匀装入柱管中。串联是将装有不同固定相的色谱柱串联。

二、担体(载体)

填充色谱柱用担体,一般是化学惰性的多孔微粒。特殊担体如玻璃微珠,是化学惰性物质,但并非多孔。

1. 对一般担体的要求

(1)表面积大,孔分布均匀。

(2)表面没有吸附性能(或很弱)。

(3)不与被分离物质起化学反应。

(4)热稳定性好,有一定的机械强度。

2. 担体的分类　可分为两大类,硅藻土型担体与非硅藻土型担体。硅藻土型担体是天然硅藻土经锻烧等处理而获得的具有一定粒度的多孔性因体颗粒。非硅藻土型担体种类不一,用于特殊用途,如氟担体、玻璃微珠及素瓷等。下面主要介绍硅藻土类担体。

3. 硅藻土担体　是将天然硅藻土压成砖形,在 900 ℃锻烧,然后粉碎、过筛而成。这种担体因处理方法不同,分为红色担体及白色担体两种。

(1)红色担体:因煅烧后,天然硅藻土中所含的铁形成氧化铁,而使担体呈淡红色,故称红色担体,红色担体表面孔穴密集,孔径较小,比表面积约为 4.0 m^2/g,平均孔径为 1 μm,机械强度比白色担体大。如上试(上海试剂厂)201 担体及大连 6201 担体等。常与非极性固定液配伍。

(2)白色担体:是在煅烧前在原料中加入少量助熔剂,如 Na_2CO_3。煅烧后使氧化铁生成了无色的铁硅酸钠络合物,而使硅藻土呈白色。白色担体由于助熔剂的存在形成疏松颗粒,表面孔径较粗,约 8 ~ 9 μm。比表面积只有 1.0 m^2/g,比红色担体小。Na_2O 及 K_2O 的含量比红色担体高。白色担体如上试 101、102 等,常与极性固定液配伍。

4. 担体的钝化　除去或减弱担体表面的吸附性能,使表面结构钝化。钝化的方法有酸洗(AW)、碱洗(BW)、硅烷化及釉化等。

由于担体有较大的比表面积,且平面凹凸不平,在凸出的部分,常具有吸附性能而形成活性中心。以硅藻土担体为例,表面存在着硅醇基团及少量的金属氧化物。由于它们的存在,当被分析组分是能形成氢键的化合物或酸、碱时,则与它们作用,破坏了组分在气－液二相中的分配关系,而产生拖尾现象。故需将这些活性中心除去。

(1)酸洗法:用 6 mol/L 的 HCl 浸泡 20 ~ 30 min,除去担体表面的铁等金属氧化物。酸洗担体用于分析酸类化合物。

(2)碱洗法:用 5% 的 KOH－甲醇溶液浸泡或回流,除去担体表面的 Al_2O_3 等酸性作用点。用于分析胺类等碱性化合物。

(3)硅烷化法　将担体与硅烷化试剂反应,除去担体表面的硅醇基。常用硅烷化试剂有二甲基二氯硅烷(DMCS)及六甲基二硅胺(HMDS)等。

硅烷化担体主要用于分析具有形成氢键能力较强的化合物,如醇、酸及胺类等。

三、气－液色谱填充柱

（一）固定液的涂渍

将所需的担体过筛，使粒度分布不超过 20 目。称取一定量备用。

准确称取与担体重量一定比例的固定液，溶于适量的挥发性溶剂中（溶剂能刚淹没担体即可），待完全溶解后，将上述担体一次加入。仔细、迅速搅匀，并不时搅拌，放在通风处，待溶剂完全挥发后，则涂渍完毕。高温固定溶解性能差，可在红外灯下加热或回流涂渍。在涂渍过程中不可使溶剂挥发太快，否则涂不均匀。也不能猛力搅拌，以防担体破裂。乙醚、氯仿、丙酮、乙醇、苯等为常用溶剂。

固定液与量体的配比，主要由二个因素决定，即样品的沸点及担体的比表面积。分析气体与沸点低的液体，为了有较大的 t_R，可采用高固定液配比。分析高沸点样品，为了缩短 t_R，缩短分析周期，而采用低固定液配比。固定液与担体的配比是以能完全覆盖担体表面为下限。硅藻土担体的下限为 1%，但需回流涂渍，否则不易均匀。固定液与担体的比例一般为 3% ~ 20%。根据 Van Deemter 方程式的讨论，用固定液膜薄时，柱效高。因而在容量因子（k）适当的前提下，应尽量降低固定液的配比。

（二）固定相的老化

涂渍完毕的固定相，不能马上使用，必须加热老化。其目的有二：一是彻底除去残余的溶剂及挥发性杂质；二是促进固定液均匀地、牢固地分布在担体表面。在固定相加热后降温过程中，担体孔穴内产生负压，可使固定液进入深孔。

老化方法 可采用二步老化法。先放入烘箱老化（静态老化）。然后装入柱子再联在仪器上，用较低的载气流速，在略高于实验使用温度，低于固定液的最高使用温度的条件下，处理几小时至十几小时，至基线平直为止（动态老化）。

静态老化是防止残余溶剂及挥发性杂质污染检测器。静态老化后，放入干燥器中保存，以备装柱。

（三）色谱柱的填充

1. 空柱管的清洗 新不锈钢空柱管可用 5% NaOH、水（洗至中性）、醇、乙醚依次洗涤。洗毕放入烘箱烘干，在干燥器中保存，或将管口用滴管帽封死，以防潮气侵入，备用。在洗涤过程中，应量取空柱管的容量，以确定担体用量及在装柱时检查是否装满。

2. 填充法 螺旋柱可用抽气减压法填充。用玻璃棉将空柱的一端塞牢，经缓冲瓶与抽气机连接，柱的另一端装上漏斗，徐徐倒入装有固定液的担体，边抽、边轻敲柱，至装满为止。玻璃螺旋柱可以边抽气边观察。

四、气－固色谱填充柱

气－固色谱填充柱由固体固定相及管柱（常用内径 4 mm 柱）所组成。

固体固定相可为吸附剂、高分子多孔微球及化学键合相等。吸附剂常用活性炭、硅胶、氧化铝及分子筛等。分子筛在气相色谱中常用 4A、5A 及 13X。4，5 及 13 表示平均孔径（A），A 及 X 表示类型。分子筛是一种特殊吸附剂，具有吸附及分子筛两种作用。若不考虑吸附作用，则分子筛是一种反筛子，分离取决于分子筛孔穴的平均孔径与组分分子大小间的关系。在一定范围内，组分分子越大，保留时间越少。吸附剂多用于永久性气体及低分子量化合物的分离分析。在药物分析上远不如高分子多孔微球用途广。因而以下主要介绍高分子多孔微球。

高分子多孔微球(GDX)是一种人工合成的新型固定相,还可以作为担体涂渍固定液。它由苯乙烯(STY)和二乙烯苯(DVB)或乙基乙烯苯(EST)与二乙烯苯聚合而成。聚合物为非极性。若 STY 与含有极性基团的化合物聚合,则形成极性聚合物。

1. 优点

(1)改变制备条件及原料可以合成各种比表面及孔径的聚合物,因而可根据样品的性质选择适宜比表面及孔径的固定相,使分离处于最佳条件。

(2)具有较大的比表面,却无有害的吸附活性中心,因而极性组分也能获得正态峰。

(3)无流失现象,柱寿命长。

(4)具有强疏水性能,特别适于分析混合物中的微量水分。

(5)具有耐腐蚀性能,可用于分析有腐蚀性的样品。但不能分析 NO_2,因与其反应,会使固定相变质。

(6)热稳定性好,最高使用温度为 200 ℃ ~ 300 ℃。

(7)具有吸附、分配及分子筛三种作用,因而分离性能好。

(8)柱过负荷后,恢复快,还适用于制备色谱。

2. 老化与装柱　因高分子多孔微球在空气中加热易变质,只能在装柱后通载气(N₂、H₂等)动态老化,至基线平直。

因高分子多孔微球易荷静电而影响装柱,装柱器具有需用丙酮或乙醇湿润的纱布擦拭。装柱同气 - 液填充柱。

分析实例:用高分子多孔微球测定 AR 无水乙醇中微量水的含量。

实验条件:上试 401 有机载体或 GDX - 203 固定相,柱长 2 米。柱温 120 ℃,汽化到温度 160 ℃。检测器:TCD。载气:N₂,40 ~ 50 mL/min。内标物:甲醇。分析结果,含水量为 0.230%(g/g)。

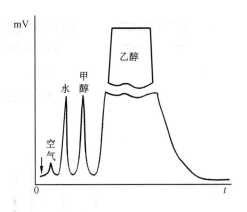

图 14 - 11　无水乙醇中的微量水分的测定

化学键合相是一种很好的固定相,具有分配、吸附性能,近年来发展很快,气相色谱与高效液相色谱用键合相基本相同,只是前者粒度较大,粒度分布要求较低而已。键合相将在高效液相色谱一章中介绍。

五、毛细管柱简介

色谱理论认为气 - 液色谱填充柱,相当于一束涂了固定液的毛细管,由于这束毛细管是弯曲多径,而引起峰扩张。还由于填充碎的传质阻抗大,而使柱效低。1957 年 Golay 根据这个观点,把固定液直接涂在毛细管壁上,而发明了 Golay 柱。后来称为空心色谱柱或开口色谱柱(Open tubular column)。

1. 毛细管柱与一般填充柱比较

(1)柱效高:一根毛细管柱理论塔板数可高达 10^6 片,而一根一般填充柱仅有 10^3 片。塔板数高有三方面原因:

①无多径项,$A=0$,$H=\dfrac{B}{u}+Cu$。

②传质阻抗 C 小。

③柱长长,毛细管柱一般为 30~100 m,而填充柱一般仅为 2~6 m。

(2)柱渗透性好:开口毛细管柱空心,对载气阻力小。可用很高的载气流速进行快速分析。

(3)缺点:柱容量小,对仪器性能要求高及重现性不如填充柱。

2. 分类　可分为开口毛细管柱、填充毛细管柱及微填充柱等类别。

开口毛细管柱又可分为涂壁毛细管柱(WCOT)及担体涂层毛细管柱(SCOT)两种。WCOT 柱是将固定液涂在毛细管壁或经过处理(加表面活性剂或硅烷化等)的毛细管壁上。这种柱因易流失,所以寿命短。SCOT 柱是先将担体(多用硅藻土)粘着在厚壁玻璃管内壁上,而后加热拉制成毛细管,担体均匀分布在毛细管内壁上,再涂上固定液构成 SCOT 柱。这种柱改善了 WCOT 柱的缺点,是当前应用最广的毛细管柱。若载体粒度与柱内径比 dp/dc 在 0.2~0.5 之间,则构成填充毛细管柱。dp/d$c \leqslant 0.2$ 称为微型填充柱(Micropacked column),它们的比较如图 14-12。

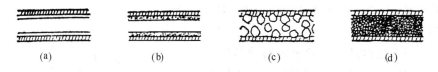

(a)　　　　　(b)　　　　　(c)　　　　　(d)

图 14-12　毛细管柱的分类

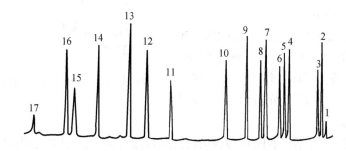

图 14-13　氨基酸 TMS 衍生物的气相色谱分析

1—乙醇胺;2—丙氨酸;3—甘氨酸;4—缬氨酸;5—苏氨酸;6—丝氨酸;7—氨酸;8—异亮氨酸;9—脯氨酸;10—蛋氨酸;11—苯丙氨酸;12—谷氨酸;13—组氨酸;14—赖氨酸;15—酪氨酸;16—精氨酸;17—胱氨酸

实验条件:

样品:0.1%氨基酸 TMS 衍生物溶液;进样量:0.1 μL;柱 SE-30 SCOT;柱温:120 至 240 ℃/min;进样器:275 ℃;检测器温:275 ℃。载气:He。

天津试剂二厂生产长 20~100 m,内径 0.2~0.4 mm,$n > 1$ 000 片/米各种固定液的 SCOT 柱。色谱图见 14-13。

第四节 检 测 器

检测器是将流出色谱柱的载气中被分离组分的浓度(或量)变化,转换为电信号(电压或电流)变化的装置。它与色谱柱构成气相色谱仪的两个主要部分。

气相色谱仪的检测器共有 30 余种之多。常用的检测器可分为浓度型和质量型两大类。

浓度型检测器:检测器给出的信号强度与进入检测器的载气中组分的浓度成正比。进样量一定时,峰面积与流速成反比。浓度型检测器包括:热导、电子捕获及截面积离子化检测器等。

质量型检测器:检测器给出的信号强度与单位时间内由载气引入检测器中组分的质量成正比,而与组分在载气中的浓度无关。因此,峰面积与载气的流速无关。质量型检测器包括氢焰离子化、氩离子化、氦离子化及火焰光度检测器等。

下面介绍三种最基本的检测器:热导检测器、氢焰离子化检测器及电子捕获检测器。

一、热导检测器

热导检测器是根据被检测组分与载气的热导率不同来检测组分的浓度变化的。具有构造简单、测定范围广、稳定性好、线性范围宽、样品不被破坏等优点。灵敏度低是其缺点。

(一)测定原理

在一个不锈钢块上钻上孔道,装入热敏元件,则构成热导池。构造如图 14 – 14 所示。热敏元件常用钨丝或铼钨丝等,它们的特点是温度升高,电阻增大,而且有较大的温度系数,故称为"热敏"元件。

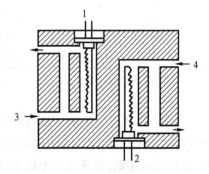

图 14 – 14　双臂热导池

1—测量臂;2—参考臂;3—载气＋样气;4—载气

将两个材质、电阻相同的热敏元件,装入一个双腔的池体中,构成双臂热导池(图 14 – 14)。一臂联接在色谱柱之前只通载气,称为参考臂;一臂联接在色谱柱之后,称为测量臂。两臂的电阻分别为 R_1 与 R_2。将 R_1 和 R_2,与两个阻值相等的固定电阻 R_3、R_4 组成桥式电路。

当载气以恒定的速度通入,并以恒定的电压给热导池通电时,钨丝因通电而温度升高,所产生的热量被载气带走,并通过载气传给池体。当热量的产生与散热建立热动平衡后,钨丝的温度恒定。若测量臂无样气通过,只通载气时,两个热导池钨丝的温度相等,则

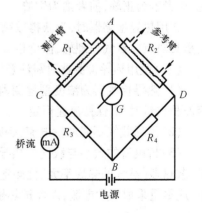

图 14 – 15　热导池检测原理图

$R_1 = R_2$。根据惠斯敦电桥原理,当 $\dfrac{R_1}{R_2} = \dfrac{R_3}{R_4}$ 时,A、B 两点间的电位差 $V_{AB} = 0$。因此,此时检流计 G 中无电流通过($I_G = 0$),检流计指针停在零点。

当样品由进样器注入,通过色谱柱分离后,某组分被载气带入测量臂时,若组分与载气

的热导率不等,则测量臂的热动平衡被破坏,钨丝的温度将改变。若组分的热导率小于载气的热导率,则散热少,钨丝的温度升高,电阻 R_1 增大。因 R_2 未变,所以 $R_1 > R_2$;$\dfrac{R_1}{R_2} \neq \dfrac{R_3}{R_4}$;$V_{AB} \neq 0$,$I_G \neq 0$,检流计指针偏转。当组分完全通过测量臂后,指针又恢复至零点。因此,若用记录器代替检流计,则可记录 mV – t 曲线,即流出曲线。

由于 V_{AB} 的大小决定于组分与载气的热导率之差,以及组分在载气中之浓度,因此在载气与组分一定时,峰高(V_{AB})或峰面积可用于定量。

（二）载气的选择

在其他条件一定时,检测器的灵敏度决定于载气与组分热导率之差,两者相差越大,电阻 R_1 改变越大,越灵敏。若 $\lambda_{组分} = \lambda_{载气}$,则不出峰。几种物质的热导率如表 14 – 4 所示。

表 14 – 4　几种载气与有机液体蒸汽在 373 K(100 ℃)热导率

化合物	$\lambda \times 10^2$	化合物	$\lambda \times 10^2$
氢气	22.36	乙烯	3.10
氦气	17.42	丙烷	2.64
空气	3.14	苯	1.84
氮气	3.14	乙醇	2.22
甲烷	4.56	丙酮	1.76

注:单位是 W/(m·K)

由表 14 – 4 可以看出,若用氮气为载气,样品为空气,因为 $\lambda_{氮气} = \lambda_{空气}$,则空气不出峰。氮气的热导率比较小,与多数有机物质的热导率(一般小于 3×10^2)相差较小,因此氮气为载气时,灵敏度低;它还有一个缺点,有时出倒峰。例如,若一个混合物中含有甲烷及丙烷被氮气先后带入热导池,当甲烷进入检测器后,因 $\lambda_{甲烷} > \lambda_{氮气}$,散热多,钨丝的温度降低,钨丝电阻减小;当丙烷进入检测器后,因 $\lambda_{氮气} > \lambda_{丙烷}$,散热少,钨丝温度升高,钨丝电阻增大。因此,后者若为正峰,前者则为倒峰。

在用热导检测器时,为获得较高的灵敏度,可选择氢气为载气,而且不出倒峰。但不安全是其缺点。氦气较理想,但价格太贵。

（三）使用热导检测器时需注意以下几个问题

(1)热导检测器为浓度型检测器,在进样量一定时,峰面积与载气流速成正比,因此用峰面积定量时,需保持流速恒定。

(2)不通载气不能加桥电流,否则热导池中的热敏元件易烧坏。

(3)桥电流的大小与载气的热导率及检测器恒温箱(检测室)的温度有关。选择的原则是:散热多(载气的热导率大、检测室温度低),可选择较大的桥电流。在灵敏度够用的情况下,应尽量采取低桥电流,以保护热敏元件。

二、氢焰离子化检测器

氢焰离子化检测器,是利用有机物质在氢焰的作用下,化学电离而形成离子流,借测定离子流强度进行检测。具有灵敏度高、响应快、线性范围宽等优点,是目前最常用的检测器之一。缺点是专属型检测器,一般只测定含碳有机物,检测时样品被破坏。

（一）检测原理

有机化合物进入氢火焰,在燃烧过程中,直接或间接产生离子。检测器(图14－16)的收集极(阳极)与极化环(阴极)间具有电位差,使离子在收集极与极化环间作定向流动而形成电流。离子流强度与进入检测器中组分的量及其含碳量有关,因此在组分一定时,测定电流强度(离子流强度)可以定量。

在没有有机物通过检测器时,氢气在空气中燃烧,在电场的作用下,也能产生极微弱的离子流,一般只有 $10^{-12} \sim 10^{-11}$ A,此电流称为检测器的本底。在有微量有机物引入检测器后,电流急剧增加,可达到 10^{-7} A。电流大小与有机物引入量成正比。虽然电流急剧增加,但仍然很小,用一般电流表不能测量此微小电流的变化。在实际仪器中,是将电流表 G 拆去,代之以高电阻 $(10^8 \sim 10^{11}$ Ω),并在高电阻的两端(A、B 两点)与微电流放大器的输入端并联。当电流产生威胁变化时,则在高电阻上产生很大的电压变化,电压变化经微电流放大器

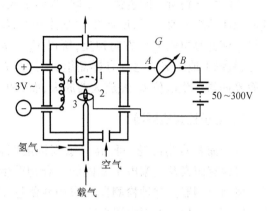

图 14－16　氢焰检测器示意图之一
1—收集极;2—极化环;3—氢火焰;4—点火线圈

放大,然后有记录器(电子电位差计)记录电压随时间的变化而得出流出曲线。

（二）离子化机理

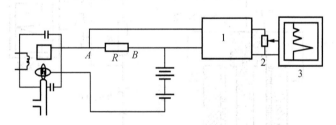

图 14－17　氢焰检测器示意图之二
1—微电流放大器;2—衰减器;3—记录器

有机化合物在氢火焰中的离子化机理至今还不完全清楚。有几种说法,其中化学电离理论能较好地解释烃类的离子化机理,有一定的参考价值。该理论认为有机物在氢火焰中,先形成自由基,而后与氧产生正离子,再与水反应生成离子。由这些离子形成的离子流而产生电信号。

（三）使用氢焰检测器的几个注意事项

（1）氢焰检测器为质量型检测器,峰高取决于单位时间引入检测器中组分的质量。在进样量一定时,峰高与载气流速成正比。在用峰高定量时,需保持载气流速恒定。而用峰面积定量时,则与载气流速无关。

（2）用氢焰检测器时,多用氮气为载气。通常为 N_2: H_2(燃气) = 1: 1 ~ 1.5: 1,H_2:空气(助燃气)= 1: 5 ~ 1: 10。

（3）用氢焰检测器时,若用硅油为固定相,则需选分子量较大的硅油,并在较低的柱温

下使用。否则常因硅油流失，在收集极表面形成一层绝缘层，而不产生信号。此时，需要擦洗后才能恢复正常。

具有程序升温的仪器，为了消除由于柱温改变而引起的基线波动，采用双气路、双氢焰检测器，两个气路各有一个色谱柱。一个作为测量柱，则另一个为参考柱。两者各接一个检测器，两个检测器极性反相并联，相互抵偿，使基线不因温度的变化而波动。

若两个气路所接的色谱柱相同，当两个氢焰中只有载气而无样品组分通过时，所产生的基流相等，$i_1 = i_2$。因为i_1与i_2流经高电阻R的方向相反，所以$V_{AB} = R(i_1 - i_2) = 0$。当氢焰1或氢焰2之一有样品组分时，则$i_1 \neq i_2$，$V_{AB} \neq 0$，而$R$两端产生电位差，经放大器放大，而产生色谱峰。

三、电子捕获检测器

电子捕获检测器是一种高灵敏度浓度型检测器。但它只对含有卤素及其亲电子基团的化合物产生信号，因而是专属型检测器。这种检测器在农药残留量、环境保护以及某些药物分析等方面应用很广。

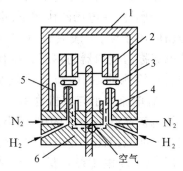

图14-18 双氢焰检测器
1—罩;2—收集极;3—极化环;
4—喷嘴;5—点火线圈;6—底座

（一）检测器的结构

一般电子捕获检测器的结构有两种:平行电极及圆筒状同轴电极型,目前多用后者。圆筒状同轴(图14-19)是在池体内装有一个圆筒状β放射源作为阴极,常用放射源为Ni-63

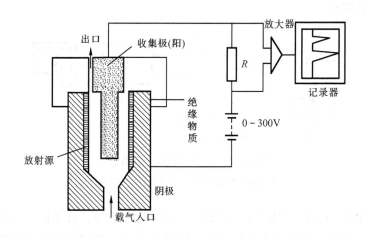

图14-19 电子捕获检测器

圆筒中央的金属棒为收集极(阳极)。在两极间加直流或脉冲极化电压,载气由两极通过。常用纯度为99.99%的高纯氮或氩气为载气。

（二）检测原理

设用N_2为载气,当载气通过检测器时,由放射源辐射出的β射线,使载气分子电离,而产生慢速自由电子及阳离子,β射线失去部分能量(β^*):

$$N_2 + \beta \rightarrow N_2^+ + e + \beta^*$$

由于阴极与阳极之间,加有一定的极化电压(U),使慢速电子及正离子向两极定向运动,而产生电流——基流。在一定极化电压范围内,基流与极化电压成正比。电压超过某数值时,基流不再增大,此最大基流称为饱和基流(I_0)。I_0是检测器的性能指标之一。I_0大,检测器灵敏(图14-20)。

当样品中的某组分通过检测器时,若该组分是电负性分子AB,则捕获慢速电子,而使基流降低,则在电流-时间曲线上出现高峰(图14-21)。

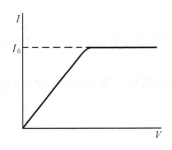

图14-20 电子捕获检测器的饱和基流(I_0)的测定

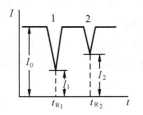

图14-21 用电子捕获检测器测得的色谱图

$$AB + e \rightarrow AB^-$$

即

$$AB + e \rightarrow A\cdot + B^- 或 A^- + B\cdot$$

电子捕获检测器所产生的信号(电流I)与电负性组分在载气中的浓度(C)的关系类似于比耳定律:

$$I = I_0 e^{-KC} \quad 或 \quad \ln\frac{I_0}{I} = KC \tag{14-29}$$

式中 I_0——基流;

K——电子吸收系数,不同组分的电子吸收系数如表14-5所示。

表14-5 不同组分的电子吸收系数(以氯苯为1)

组　　　分	电子吸收系数
烷、烯、炔烃、二烯烃、苯、环戊二烯等	~0.01
脂肪族醚类、酯类、萘等	0.01~0.1
烯醇、乙二酸酯、1,2-二苯乙烯、偶氮苯、苯乙酮 二氯化物、一溴化物等	1~10
蒽、酸酐类、苯甲醛、三氯化物、酰基氯等	10~100
环辛四烯、肉桂醛、二苯甲酮、一碘、二溴、一硝基 化合物等	100~1000
醌类、1,2-二甲酮类、反丁二烯酯类、 二碘、三溴、多氯和多氟化合物	~10000

第五节　分离条件的选择与样品的预处理

一、分离条件的选择

主要有三方面:固定相、柱温及载气流速。衡量分离效果的指标是分离度(Resolution)。

(一)分离度

分离度又称为分辨率,用 R 表示。其定义为,相邻两组分色谱峰的保留时间之差与两组分色谱峰的基线宽度总和之半的比值。即:

$$R = \frac{t_{R_2} - t_{R_1}}{(W_1 + W_2)/2} = \frac{2(t_{R_2} - t_{R_1})}{W_1 + W_2} \qquad (14-30)$$

式中　t_{R_1}, t_{R_2} ——组分 1,2 的保留时间;

　　　W_1, W_2 ——组分 1,2 的色谱峰基线宽度。

分子项中两保留时间相差越大,即两峰相距越远;分母项目越小,即两峰愈窄,则分离度 R 愈大,相邻两组分分离越好。正常色谱峰 $R = 1$ 时,峰基稍有重叠,分离面积略大于 95.4%($t_R \pm 2\sigma$),两峰尖距离为 4σ,称为 4σ 分离。$R = 1.5$ 时,分离面积略大于 99.7%($t_R \pm 3\sigma$),称 6σ 分离。$R > 1.5$ 时,完全分开。

分离度与柱效、分配系数比(α)及容量因子(k)间关系如下:

$$R = \left(\frac{\sqrt{n}}{4}\right) \cdot \left(\frac{\alpha - 1}{\alpha}\right) \cdot \left(\frac{k_2}{k_2 + 1}\right) \qquad (14-31)$$
$$\text{a}\text{b}\text{c}$$

a 为柱效项;n 为理论塔板数;b 项称为柱选择项;$\alpha = \frac{K_2}{K_1} = \frac{k_2}{k_1}$;$K_1$、$K_2$ 为色谱图上相邻二组分的分配系数,α 称为分配系数比。c 项称为容量因子项,k_2 为第二种组分的容量因子。

$$K_1 = K_2 \cdot V_s / V_m$$

由 $\alpha = \frac{K_2}{K_1} = \frac{k_2}{k_1}$ 式可知,若 $K_1 = K_2$,$\alpha = 1$,则 $\frac{\alpha - 1}{\alpha} = 0$;$R = 0$ 无法分离。这也证明了分配系数不等是分离的前提。在 $K_1 \neq K_2$ 的前提下,柱效项 a 及容量因子项 c 越大时,分离度越大。

(14-31)式中 a、b、c 三项对分离结果的影响,可由图 14-22 说明

从图 14-22 中可以看出:

(a)分离度很低,因为柱效低(n 小),即 a 项小所至。

(b)分离度好,因为柱效高,选择性好,即 a 项大,b 项大。

(c)分离度好,因为选择性好,α 大,b 项大。但柱效不高。

(d)分离度低,因为柱容量低,c 项小。

(二)实验条件选择

主要是色谱柱与柱温选择,根据(14-31)式及 Van Deemter 方程式来讨论。

1.色谱柱的选择　主要是选择固定相。固定相选择需注意两方面:极性及最高使用温度。柱温不能超过最高使用温度,因此在分析高沸点化合物时,需选择高温固定相。固定相

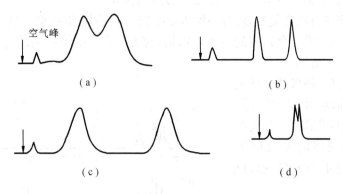

图 14 - 22 n、α 及 k 对 R 的影响

按极性相似原则选择。在气-液色谱法中,以沸点差别为主的样品,选非极性固定液;以极性差别为主的样品,选极性固定液。气-液色谱法还要注意担体的选择。担体的钝化处理应符合样品要求,粒度为 80~100 目或 60~80 目,高沸点样品用比表面小的担体,低固定液配比。低沸点样品则相反,详见第三节。

固体固定相(吸附剂)药物分析常用 GDX 固定相。如 GDX - 103,203(非极性)及上试 401 有机担体等,可分析高沸点化合物及微量水分。最高使用温度约为 250 ℃。

难分离样品用毛细管柱。

2. 柱温选择 柱温对分离度影响很大,经常是条件选择的关键。选择的基本原则是:在使最难分离的组分有尽可能好的分离度的前提下,应尽可能采取较低柱温。但以保留时间适宜及不拖尾为度。低柱温可增大分配系数,减少固定液流失,具有柱寿命长及检测器成本低等优点。但由 Van Deemter 方程式可知,温度降低,使液相的传质阻抗增加,从而使峰扩张;太低则拖尾,故以不拖尾为度。

柱温与样品沸点间的关系:

(1)高沸点混合物(300 ℃~400 ℃)若希望在较低的柱温下分析,可采用低固定液配比(1%~3%),用高灵敏检测器,柱温可比沸点低 100 ℃~150 ℃。即在 200 ℃~250 ℃的柱温下分析。

(2)沸点<300 ℃的样品 可用 5%~25%固定液配比。沸点越低,所用配比可以越高。柱温可以在比平均沸点低 50 ℃至平均沸点的温度范围内选择。

(3)宽沸程样品 混合物中高沸点组分与低沸点组分的混点之差,称为沸程。对宽沸程组分,选择一个恒定柱温常不能兼顾两头,需采取程序升温方法。程序升温可以是线性的,也可以是非线性的,按需要选择。

现举例说明程序升温与恒定柱温分离沸程为 225 ℃的烷烃与卤代烃九个组分的混合物的差别。

图 14 - 23(a)为恒定柱温(T_c),T_c = 45 ℃,记录 30 min 只有五个组分流出色谱柱,但低沸点组分分离较好。

图 14 - 23(b)仍为恒定柱温,但 T_c = 120 ℃,因柱温升高,保留时间缩短,低混点成分峰密集,分离度降低。

图 17 - 23(c)为程序升温。由 30 ℃起始,升温速度为 5 ℃/min。使低沸点及高沸点组

分都能在各自适宜的温度下分离。因此峰形、分离度都好。

需要说明,程序升温重复性差,常用保留温度(T_R)代替保留时间(t_R)定性。

恒温色谱与程序升温色谱图的主要差别是,前者色谱峰的半峰宽随 t_R 的增大而增大,后者的半峰宽与 t_R 无关。

3. 载气的选择　载气的选择从三方面考虑:对峰形扩张(与载气分子量及流速有关)、柱压降(与载气的粘度有关)及对检测器的灵敏度影响(热导系数对热导池的影响)已讨论。简要归纳如下。

载气采用低线速时,宜用氮气为载气;高线速宜用氢气为载气。色谱柱较长时,在柱内产生较大的压力降,此时采用氢气较合适,因粘度小,压力降小。H_2 最佳线速度约为 $10 \sim 12$ cm/s;N_2 $7 \sim 10$ cm/s。通常实验室中载气流速(Fc)用 mL/min 为单位,可在 $20 \sim 30$ mL/min 内通过实验确定最佳流速。线速度可通过计算确定。

用热导池检测器以氢气为载气,不但灵敏度高而且不出倒峰。从安全考虑,需严格检查管路的密封性。

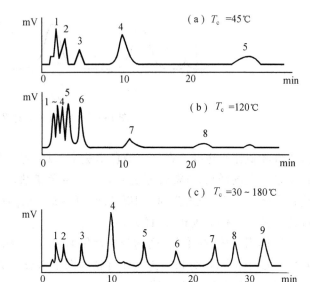

图 14 - 23　宽沸程混合物在恒定柱温与
程序升温时,分离效果的比较

1—丙烷(-42 ℃);2—丁烷(-0.5 ℃);3—戊烷(36 ℃);4—己烷(68 ℃);5—庚烷(98 ℃);6—辛烷(126 ℃);7—溴仿(150.5 ℃);8—间氯甲苯(161.6 ℃);9—间溴甲苯(18 ℃)

4. 其他条件选择

(1)气化室温度:选择气化温度取决于样品的挥发性、沸点、稳定性及进样量。一般可等于样品的沸点或稍高于沸点,以保证迅速完全气化。但一般不要超过沸点 50 ℃以上,以防分解。对于稳定性差的样品可用高灵敏度检测器可降低进样量,在远低于沸点温度气化。

(2)检测室温度:为了使色谱柱的流出物不在检测器中冷凝,污染检测器,因此,检测室温度需高于柱温。一般可高于柱温 30 ℃左右或等于气化室温。检测室温度若太高,用热导检测器时,则灵敏度降低。

(3)进样量:内径 $4 \sim 6$ mm,柱长 $2 \sim 4$ m,固定相配比在 $15\% \sim 30\%$ 的色谱柱,液体以不超过 10 μL;气体不超过 10 mL 为宜。柱超载时峰宽增大,峰形不正常。通常以柱效降低≤10% 作为最大进样量的限度。固定液少于上述配比则最大进样量必须减少。在灵敏度足够的情况下,尽量采取低进样量。通常液体样品为 $0.1 \sim 2$ μL,多组分样品可适当增加。固体样品可用挥发性溶剂配成溶液进样,每次进样固体含量 <1 mg 为宜。毛细管柱需分流。

二、样品的预处理

对于一些挥发性或热稳定性很差的物质,采用比表面小的担体,降低固定液配比等方法仍不能达到目的时,则需预处理,以改变样品的物理化学性质,以便在较低的气化温度和较低的柱温下即可进行实验,否则将因蒸气压太低,色谱峰面积太小而不便分析。

预处理方法通常可分为二类:一是分解法,二是衍生物法。

（一）分解法

即将高分子化合物分解为低分子量化合物(单体等)的方法,借分析低分子量化合物来对高分子化合物定性、定量。这种方法又可分为热解及水解法两种。热解法主要用于高聚物,如合成纤维、合成橡胶、塑料等的分析。所得热降解色谱称为指纹谱,对高聚物的定性鉴别很有意义。水解法多用于蛋白质等高分子化合物,水解成低分子的氨基酸。因氨基酸挥发性也差,还需再制备衍生物。

（二）衍生物法

利用化学方法制备衍生物,可增加样品的挥发性或增加热稳定性,常用的方法有酯化法及硅烷化法。

1. 酯化法　是高级脂肪酸分析的最常用方法,是将高级脂肪酸甲酯化,脂肪酸甲酯有很好的挥发性,可用相对保留时间定性,用归一化或内标法定量。甲酯化常用 BF3 – 甲醇试剂,方法简便。

2. 硅烷化法(Silanization method)　三甲基硅烷(TMS)化法,简称为硅烷化法,可用于含有羟基、羧基及氨基的有机高沸点或热不稳定化合物。硅烷化后样品的挥发性及稳定性大大增加,而极性降低。这种方法曾广泛应用于多元醇、糖类、氨基酸、高级脂肪酸、芳香酸、维生素、抗生素以及甾体药物。临床上还利用硅烷化方法测定尿中的激素含量,诊断疾病以及检查血液中药物的浓度,进行药理研究等。

（1）硅烷化反应:

—OH + TMS 化试剂———→—O—Si(CH$_3$)$_3$(三甲基硅醚)

—COOH + TMS 化试剂———→—COO—Si(CH$_3$)$_3$(三甲基硅酯)

—NH$_2$ + TMS 化试剂———→—NH—Si(CH$_3$)$_3$(三甲基硅胺)

生成的衍生物,总称为三甲基硅烷(TMS)衍生物,简称硅烷化衍生物。

（2）常用的硅烷化试剂有:

双 – (三甲基硅烷基)乙酰胺(BSA)(CH$_3$)$_3$Si—O—C(CH$_3$) = N—Si(CH$_3$)$_3$

双 – (三甲基硅烷基)三氟乙酰胺(BS TFA)(CH$_3$)$_3$Si—O—C(CF$_3$) = N—Si(CH$_3$)$_3$

六甲二硅胺(HMDS)(CH$_3$)$_3$Si—NH—Si(CH$_3$)$_3$ 及三甲基一氯硅烷(TMCS)等。

以 BSA 及 BSTFA 效果好。由于硅烷化反应需在无水条件下进行,且有些物质的硅烷化反应具有需时较长等缺点,使有些样品的分析已逐渐为高效液相色谱法所代替。但对于高效液相色谱不易检测的样品,或需用毛细管色谱法分离的复杂混合物,硅烷化法仍不失为有用的方法。

第六节　定性分析和定量分析方法

气相色谱法是一种分离分析方法,因此,特别适合于多组分混合物的定性、定量分析。

一、定性分析

对于一个已知范围的混合物,用气相色谱法定性很容易。但对一个范围未知的混合物,单纯气相色谱法定性则很困难。常需化学分析及其他仪器分析方法配合。

1. 利用保留值定性　有五、六种方法,方法虽多,但对于全未知物定性,实用的方法却较少,且多数方法只能提供未知物的范围。现就其中常用的已知物对照法及相对保留值法介绍如下。

(1)已知物对照法:是根据同一种物质在同一根色谱柱上保留时间相同的原理来定性的方法。

定性方法:取样品各可能组分的纯物质备用。取几滴样品,将适量的纯物质之一加入其中,混匀进样。对比加入前及加入后的色谱图,若某色谱峰相对增高,则该色谱峰的组分与纯物质可能为同一物质。由于所用的色谱柱不一定适合于纯物质及特定性组分的分离,虽为二种物质,色谱峰也可能产生叠加现象。在把握不大时,需再选一只与上述色谱柱极性差别较大的色谱柱,进一步验证。若在这两个柱子上,该色谱峰都产生叠加现象,一般可认定是同一物质。

已知物对照法定性,对于已知组分的复方药物分析、工厂的定型生产,尤为实用。

(2)利用相对保留值定性:对于一些组分比较简单的已知范围的混合物,或无已知物的场合,可用此法定性。将所得各组分的相对保留时间(或体积)$\gamma_{1,2}$与色谱手册数据对比定性。

$$\gamma_{1,2} = \frac{t'_{R(1)}}{t'_{R(2)}} = \frac{K_1}{K_2} \qquad (14-32)$$

式中　(1)——未知物;

(2)——标准物。

由上式可以看出 $\gamma_{1,2}$ 的数值仅决定于它们的分配系数 K_1 与 K_2 之比。而分配系数,只决定于组分的性质、柱温与固定液的性质,与固定液的用量、柱长、流速及填充情况等无关。因此多数手册及文献都登载相对保留值。例如,高级脂肪酸甲酯的气相色谱分析。实验条件:10%1,4 丁二酸丁二醇聚酯柱,柱温 198 ℃。相对保留时间以硬脂酸甲酯为基准:豆酸甲酯0.3、软脂酸甲酯0.56、硬脂酸甲酯1.00、油酸甲酯1.09、亚油酸甲酯1.30 及花生酸甲酯1.82 等。利用相对保留时间可以对脂肪酸混全物的组分定性。

利用此法时,先查手册,根据手册的实验条悠扬及所用标准物进行实验。取所规定的标准物加入被测样品中,混匀、进样,求出 $\gamma_{1,2}$,再与手册数据对比定性。

也可将此法与已知物对照,用此法缩小范围,用已知物对照进一步认定。

(3)利用 Kovats 保留指数定性:把一个组分的保留行为换算成相当于含有几个碳的正构烷烃的保留行为来描述,这个相对数称为保留指数,定义式如下:

$$I_x = 100\left(z + n\frac{\lg t'_{R(x)} - \lg t'_{R(z)}}{\lg t'_{R(z+n)} - \lg t'_{R(z)}}\right) \qquad (14-33)$$

式中　I_x——待测组分的保留指数;

z 与 $z+n$——正构烷烃对的碳数,$n=1,2,\cdots$,通常 $n=1$。

规定正己烷、正庚烷及正辛烷等的保留指数为 600,700 及 800,其他类推。且多数同系物每增加一个—CH_2—,保留指数约增加 100,较少例外。

保留指数的计算例在 Apiezon L 柱柱温 100 ℃时测乙酸正丁酯的保留指数,用正庚烷及正辛烷为参考物质对,测定结果:$n-C_7$ 的 $t_R=174''$,乙酸正丁酯的 $t_R=310''$ 及 $n-C_8$ 的 $t_R=373.4''$(图 14-24)。

乙酸正丁酯的

$$I_x = 100\left(7 + 1 \times \frac{\lg 310 - \lg 174}{\lg 373.4 - \lg 174}\right) = 775.6$$

计算说明乙酸正丁酯在 Apiezon L 柱上,100 ℃时的保留行为相当于 7.756 个碳的正构烷烃的保留行为。

许多手册上都刊载各种化合物的保留指数,实验条件相同时,可以利用手册数据定性。由于保留指数为 3~4 位有效数字,测定重复性及准确性都较好(相对误差 <1%),因而是用色谱参数定性的最重要方法,但涉及内容较多,可以参考有关书籍。

2.官能团分类测定法　是利用化学反应定性的方法之一。把色谱柱的流出物(欲鉴定的组分)通进官能团分类试剂中,通过观察试剂是否发生反应(颜色变化或产生沉淀),来判断该组分含什么官能团属于那类化合物。再参考保留值,便可粗略定性。

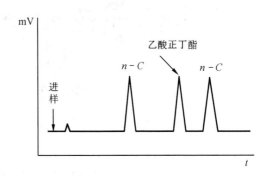

图 14-24　保留指数测定示意图

若用热导检测器时,可将尾气出口接一根短而细的导管,管端接一个细玻璃尖管。当记录器上某欲定性之组分开始起峰时,将玻璃尖管插入装有官能团分类试剂的试管中,待该峰将出完时,将玻璃尖管拔出,观察试剂是否反应。有时一次进样,尾气中某组分含量太小,低于检查限量,则可多次进样接收。所用导管必须短而细,否则死体积大,不灵敏。

若用氢火焰检测器时,必须在色谱柱及检测器间有柱后分流阀(图 14-1 的 10),由柱后分流阀接收组分(馏分)。因为样品在氢焰中被破坏,故不能用尾气检查。

例如,检查醛、酮可用 2,4 二硝基苯肼试剂。产生橙色沉淀,则说明组分为 1~8 个碳原子的酮或醛,检查极限为 20 μg。检查各类官能团的试剂及配制方法可参考有关书籍。

3.两谱联用定性　气相色谱对于多组分复杂混合物的分离效率很高,定性却很困难。红外吸收光谱、质谱及核磁共振谱等是鉴别未知物结构的有力工具,但要求所分析的样品尽可能单一。因此,把气相色谱仪作为分离手段,把质谱仪、红外分光光度计等充当鉴定工具,两者取长补短,这种方法称为色谱-光谱联用,简称两谱联用。联用方式有两种,一种是联合制成一件完整的仪器称为联用仪,如气相色谱-质谱联用仪(GC-MS)等。另外一种是收集气相色谱分离后的各组分,而后用光谱仪器测定它们的光谱进行定性,称为两谱联用法。

(1)气相色谱-质谱联用仪(GC-MS)(见图 14-25):由于质谱具有灵敏度高(需样量仅为 $10^{11}~10^{-8}$ g)、扫描时间快(0~1 000 质量数,扫描时间可小于 1 s)的特点,因而用联用仪测定,在获得色谱图的同时,可得到对应于每个色谱峰的质谱图。根据质谱可对每个色谱组分(峰)定性。具体分析实例参考有关资料。

(2)气相色谱-红外光谱联用(GC-IR):虽然已有 GC-FTIR 联用仪商品,但尚不普及。只介绍简单可行的 GC-IR 联用法。用气相色谱制备纯组分,而后再用红外分光光度计测定红外吸收光谱,定性。收集的方法有下述几种:

①溴化钾收集法:收集方法同官能团分类测定法的区别,是将尾气导管或柱后分流阀导管插入溴化钾粉末中(图 14-26),组分冷凝在溴化钾收集管中,随即附着在溴化钾粉末上,收集完毕,压片。测定它的红外吸收光谱,定性。该法适用于收集高沸点的物质,对腐蚀性样品也适用,操作简单。

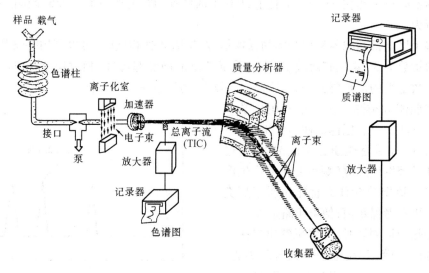

图 14-25　GC-MS 联用仪示意图

②直接冷凝法:许多中草药挥发油主要成分可以用此法收集。用热导检测器时,将一个小型玻璃弯管(图 14-27),插入仪器尾气出口,较容易收集到毫克级的主成分纯品,而后用糊剂法、薄膜法、夹片法或 ATR 法等测定红外吸收光谱,定性,方法简便可行。

图 14-26　KBr 收集法　　　　　　　　图 14-27　冷凝弯管

具体分析实例见本章第七节,中药材细辛油 GC-IR 分析。

二、定量分析

气相色谱法对于多组分混合物既能分离,又能提供定量数据,迅速方便,定量精密度为 CV1% ~3%。在实验条件恒定时,峰面积与组分的含量成正比,因此可利用峰面积定量。正常峰可用峰高定量。

(一)峰面积测量

峰面积测量的准确度直接影响定量结果,不同峰形的色谱峰必须采用不同的测量方法。

(1)峰高乘半峰宽法:适用于正常峰。

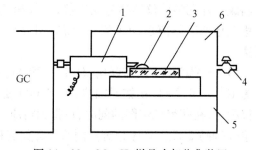

图 14-28　GC-IR 样品冷却收集装置
1—保温导管;2—样品液滴;3—KBr 或 NaCl 窗片;
4—干燥空气或氮气通入阀门;5—半导体冷却台;
6—有机玻璃罩

$$A = 1.065\ h\ W_{1/2} \tag{14-34}$$

式中 A——峰面积；

      h——峰高；

      $W_{1/2}$——半峰宽。

在各种操作条件(色谱柱、温度、流速等)不变时,在一定进样量范围内,色谱峰的半峰宽与进样量无关。而峰高、峰面积则随进样量或样品浓度而变化,因此正常峰也可用峰高代替峰面积求含量。

在用峰面积求含量时,对于较锐的峰,误差主要来源于半峰宽的测量。最好用读数显微镜(测高仪)测量半峰宽,测量误差可控制在1%以下(读数显微镜最小分度为1/1 000 cm)。

(2)1/2 底乘高法:适用于等腰三角形的锐峰。

$$A = \frac{1}{2} \cdot W \cdot h \tag{14-35}$$

式中 W——峰宽；

      h——峰高。

(3)峰高乘平均峰宽法:适用于不对称峰。

$$A = h \cdot \frac{1}{2}(W_{0.15} + W_{0.85}) \tag{14-36}$$

式中 $W_{0.15}$ 与 $W_{0.85}$ 分别为 $0.15h$ 及 $0.85h$ 处的宽度。

(4)自动求积法:具有计算机(或称数据站、微处理机等),能自动打印或显示出峰面积及峰高。准确度为 0.2% ~1%,线性范围宽(>106),而且可根据峰型确定切割方式。如分离不完全的相邻峰及大峰尾部的小峰等的切割方式。还可以根据选用的分析方法,打印出分析结果。

(二)定量方法

分为归一化法、外标法、内标法、内标对比法及内加法等。

1.归一化法(Normalization method)   组分的含量与其峰面积成正比,因此对于含 n 个组分的混合物中组分 i 的百分浓度,等于它的色谱峰面积在总峰面积中所占的百分比。$i = 1,2,3,\cdots,n$。

$$C_i\% = \frac{A_i}{A_1 + A_2 + A_3 + \cdots + A_n} \times 100\% \tag{14-37}$$

(14-37)式只在被分析各组分的性差别较小的情况下成立。例如碳数接近的同系物或结构异构体等。但多数情况,由于检测器对各种组分的灵敏度不同,使相同质量的不同组分在色谱图上呈现的面积并不相同,因而(14-37)式需要校正。

$$C_i\% = \frac{A_i f_i}{A_1 f_1 + A_2 f_2 + A_3 f_3 + \cdots + A_n f_n} \times 100\% \tag{14-38}$$

$$C_i\% = \frac{A_i f_i}{\sum A_i f_i} \times 100\% \tag{14-39}$$

(14-38)式称为校正面积归一化计算式。$C_i\%$ 为 i 组分的重要百分含量或摩尔百分含量。f_i 为 i 组分的相对校正因子。

相对校正因子,通常又分为重量校正因子(f_g)及摩尔校正因子(f_M)等,也有用它们的倒数灵敏度(应答值)来校正的。但通常多用 f_g 进行校正。它的定义:被测物质(i)单位峰面积所相当物质的量,是标准物质(S)单位峰面积相当标准物质量的几倍。可用公式表明:

$$f_g = \frac{m_i/A_i}{m_g/A_g} \qquad (14-40)$$

例 14-3 氢焰检测器,以正庚烷为标准物,它的 f_g 定为 1.00,戊烷的 $f_g = 0.96$。说明戊烷 1 cm² 峰面积所代表的戊烷量是正庚烷 1 cm² 峰面积所代表正庚烷量的 0.96 倍。单位峰面积所代表的物质量越少(f_g 小),检测器对它的灵敏度越大。

例 14-4 用热导检测器分析乙醇、庚烷、苯及醋酸乙酯的混合物。

实验测得它们的色谱峰面积各为 5.0,9.0,4.0 及 7.0 cm²,由手册查得它们的相对重量校正因子 f_g 分别为 0.64,0.70,0.78 及 0.79。按归一化法,分别求它们的重量百分浓度。

解:

$$乙醇\% = \frac{5.0 \times 0.64}{5.0 \times 0.64 + 9.0 \times 0.70 + 4.0 \times 0.78 + 7.0 \times 0.79} \times 100\%$$

$$= \frac{3.20}{18.15} \times 100\% = 17.6\%$$

$$庚烷\% = \frac{9.0 \times 0.70}{18.15} \times 100\% = 34.7\%$$

$$苯\% = \frac{4.0 \times 0.78}{18.15} \times 100\% = 17.2\%$$

$$醋酸\% = \frac{7.0 \times 0.79}{18.15} \times 100\% = 30.5\%$$

归一化法的优点:简便,定量结果与进样量无关(在色谱柱不超载的范围内),操作条件变化时对结果影响较小。缺点:所有组分必须在一个分析周期内都能流出色谱柱,而且检测器对它们都产生信号,否则算出的分析结果不准确。也不能用于微量杂质的含量测定。

2. 外标法(Exteral standardization) 可分为工作曲线法及外标一点法等。工作曲线法是用标准液测定工作曲线求出斜率、截距,而后在相同的条件下,测定样品,求出样品含量的方法。通常截距为零,若不等于零说明存在系统误差,应消除。若工作曲线的截距为零时,可用外标一点法(直接比较法)定量。

外标一点法是用一种浓度的 i 组分的标准溶液,进样一次或同样体积进样多次,取峰面积平均值,与样品溶液在相同条件下进样,所得峰面积的平均值,用下式计算样品含量的方法。

$$m_i = \frac{A_i}{(A_i)_s}(m_i)_s \qquad (14-41)$$

式中 m_i 与 A_i 分别代表在样品溶液进样体积中,所含 i 组分的重量及相应的峰面积;$(m_i)_s$ 及 $(A_i)_s$ 分别代表 i 组分纯品标准溶液,在进样体积中所含 i 组分的重量及相应峰面积。

外标一点法方法简便,但要求进样量准确及实验条件恒定。为了降低实验误差,应尽量使配制的标准溶液的浓度与样品中 i 组分的浓度相近,进样体积最好相等。若进样体积相等,则(14-41)式也可写成 $C_i = \frac{A_i}{(A_i)_s}(C_i)_s$。$C_i$、$(C_i)_s$ 分别为样品中 i 组分的浓度和标准溶液的浓度。

3. 内标法 在一个分析周期内,若混合物样品中所有组分不能全部流出色谱柱(如不气化组分等)或检测器不能对每个组分都产生信号或只需要测定混合物中某几个组分的含量时,可采用内标法。准确称量 m 克样品溶液,取一纯物质(内标物)适量,加入其中,并准确称量内标物重量为 m_s 克,混匀、进样。测量色谱图上需定量的 i 组分的峰面积 A_i 及内标物的峰面积 A_s,则 i 组分在样品 m 中所含的重量 m_i 与内标物重量 m_s,有下述关系:

$$m_i/m_s = A_i f_i/A_s f_s \qquad (14-42)$$

上述关系的成立,是因为用重量校正因子 f_i 及 f_s 校正后的峰面积之比相当于重量之比,因此由(14-42)式可求出 m_i。但通常定量,多是测定 i 组分在样品中的百分含量 $C_i\%$。将 $C_i\%$ 代入(14-42)式,整理得:

$$C_i\% = \frac{A_i f_i}{A_s f_s} \cdot \frac{m_s}{m} \times 100\% \qquad (14-43)$$

(14-43)式是内标法最重要的公式。对内标物的要求:

(1)内标物是原样品中所不含有的组分,否则会使峰重叠而无法准确测量内标物的峰面积 A_s;

(2)内标物的保留时间应与待测成分相近,分离度 R 需大于 1.5;

(3)内标物必须是纯度合乎要求的纯物质,若得不到纯品,已知含量的内标物如杂质峰不干扰时,也可用,但 m_s 需校正。

内标法具备归一化法的优点,而且只要被测组分与内标物产生信号即可定量。这种方法很适于中药及复方药物的某些有效成分的含量测定,还特别适用于微量杂质检查。由于杂质与主要成分含量相差悬殊,无法用归一化法测定杂质含量,但用内标法则很方便。加一个与杂质量相当的内标物,加大进样量突出杂质峰,测定杂质峰与内标峰面积之比,则可求出杂质含量。样品配制比归一化法麻烦,内标物有时不易找寻是其缺点。

例 14-5 无水乙醇中的微量水的测定。

样品配制:准确量取被检无水乙醇 100 mL,称重为 79.37 g。用减重法加入无水甲醇约 0.25 g,精密称定为 0.257 2 g,混匀待用。

实验条件:柱:上试 401 有机担体(或 GDX-203),柱长 2m;柱温:120 ℃;气化室温:160 ℃;检测器:热导池;载气:H_2;流速 40~50 mL/min;实验所得色谱图见图 14-11。

测得数据:水:$h=4.60$ cm,$W_{1/2}=0.130$ cm(用测高仪测得);甲醇:$h=4.30$ cm,$W_{1/2}=0.187$ cm(用测高仪测得)。

计算:

(1)质量百分含量

①用以峰面积表示的相对质量校正因子 $f_{H_2O}=0.55$;$f_{甲醇}=0.58$ 计算:

$$H_2O\% = \frac{1.065 \times 4.60\ \text{cm} \times 0.130\ \text{cm} \times 0.55}{1.065 \times 4.30\ \text{cm} \times 0.187\ \text{cm} \times 0.58} \times \frac{0.257\ 2\ \text{g}}{79.37\ \text{g}} \times 100\% =$$
$$0.228\% = 0.23\%$$

②用以峰高表示的质量校正因子 $f_{H_2O}=0.224$;$f_{甲醇}=0.340$ 计算:

$$H_2O\% = \frac{4.60\ \text{cm} \times 0.224 \times 0.257\ 2}{4.30\ \text{cm} \times 0.340 \times 79.37} \times 100\% = 0.230\%$$

(2)比容百分含量

$$H_2O\% = \frac{4.60\ \text{cm} \times 0.224}{4.30\ \text{cm} \times 0.340} \times \frac{0.257\ 2}{100} \times 100\% = 0.180\%$$

4. 内标对比法(已知浓度样品对照法) 该法是内标法的一种应用。在药物分析中,校正因子经常不知,则可用此法。先配制已知浓度的标准样品,加入一定量内标物,再将内标

物按相同量加入同体积检品溶液中,分别进样,由下式计算检品含量:

$$\frac{\left(\dfrac{A_i}{A_s}\right)_{检品}}{\left(\dfrac{A_i}{A_s}\right)_{标准}} = \frac{(C_i\%)_{检品}}{(C_i\%)_{标准}}$$

$$(C_i\%)_{检品} = \frac{(A_i/A_s)_{检品}}{(A_i/A_s)_{标准}} \times (C_i\%)_{标准} \tag{14-44}$$

对于正常峰,则可用峰高 h 代替面积 A 计算含量:

$$(C_i\%)_{检品} = \frac{(h_i/h_s)_{检品}}{(h_i/h_s)_{标准}} \cdot (C_i\%)_{标准} \tag{14-45}$$

配制标准样品相当于测定相对校正因子。

例 14-6 曼陀罗酊剂含醇量测定,见图 14-29。中国药典规定其含醇量为 40% ~ 50%。

(1)标准溶液配制:准确吸取无水乙醇 5 mL 及丙醇(内标物)5 mL,置 100 mL 容量瓶中,加水稀释至刻线。

(2)样品溶液配制:准确吸收样品 10 mL 及丙醇 5 mL,置 100 mL 容量瓶中,用水稀释至刻线。

(3)标准溶液与样品溶液分别进样三次,每次 4 ~ 6 μL。测得它们的峰高比的平均值分别为 13.3 cm/6.1 cm 及 11.4 cm/6.3 cm。酊剂中的醇含量为:

$$乙醇\% = \frac{(11.4\ \text{cm}/6.3\ \text{cm})_{检品} \times 10}{(13.3\ \text{cm}/6.1\ \text{cm})_{标准}} \times 5.00\% = 42\%(V/V)$$

式中"10"是稀释倍数。具体实验条件与无水乙醇中微量水测定类似。

5. 校正因子的测定及引用　组分的校正因子查不到时,也可自己测定。方法与内标法相同,只是样品为待测物质 i 的纯品。选一与它保留时间相近的纯物质为内标物。按下式计算待测物质的相对重量校正因子(f_i):

$$f_i = \frac{A_s f_s}{A_i} \cdot \frac{m_i}{m_s} \tag{14-46}$$

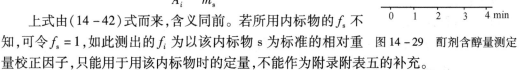

图 14-29　酊剂含醇量测定

上式由(14-42)式而来,含义同前。若所用内标物的 f_s 不知,可令 $f_s = 1$,如此测出的 f_i 为以该内标物 s 为标准的相对重量校正因子,只能用于用该内标物时的定量,不能作为附录附表五的补充。

手册上的校正因子,原则上是一个通用常数,其数值与检测器的类型有关(热导不同于氢焰),而与检测器结构及操作条件(柱温、流速、固定液性质等)无关。对于热导检测器,载气的热导率与样品的热导率相差较大时,氢与氮为载气的校正因子可以通用,误差不超过 3%。用 N_2 为载气与用 H_2 为载气的校正因子相差很大,不能通用。氢焰检测器的校正因子实测值与手册值有时相差较大,引用时应先在所用仪器上核对。校正因子的表示方法很多,符号也不统一,引用时必须注意。本书一律用相对重量校正因子。

第七节　应用与示例

气相色谱法在药学领域中的应用,可归纳为下述几方面:微量水分测定、杂质检查、药物的含量测定、化学反应进行程度、收得率、制剂分析、中药成分分析、制备纯物质、体液分析及临床诊断等方面,下面举几例说明。

一、微量水分的测定

气相色谱法可以测定许多有机溶剂或药物中微量水分。由冰醋酸中微量水分测定证明完全可以代替 Karl Fischer 法。准确度相当,省去了配制卡氏试剂的麻烦,而且不受环境湿度影响。除柱温为 140 ℃ 外,与本章第六节无水乙醇中微量水分的实验条件及实验方法完全一致。还可用类似的条件测定抗生素类药物中的微量水分。

二、有机溶剂残留量的测定

例 14 – 7　强力霉素含醇量测定。

(1)实验条件:色谱柱:上试 401 有机担体或 GDX – 203 固定相,柱长 2 m,柱内径 4 mm;柱温:135 ℃ ~ 150 ℃;检测器:氢火焰;载气:N_2,40 mL/min。

(2)乙醇的相对重量校正因子的测定:吸取无水乙醇 5.00 mL 及丙酮 5.00 mL(内标物),置 100 mL 容量瓶中,加水至刻线,摇匀,进样 1 μL。按(14 –45)式计算以丙酮为标准物($f_{丙酮} = 1$)的相对重量校正因子。正常峰,可用峰高计算:

$$f_{乙醇} = \frac{h_{丙酮}}{h_{乙醇}} \cdot \frac{5.00 \text{ mL} \times d_{乙醇}}{5.00 \text{ mL} \times d_{丙酮}}$$

$d_{乙醇} = 0.789\,3(20\,℃/4\,℃)\,;d_{丙酮} = 0.789\,9(20\,℃/4\,℃)\,;d_{乙醇} \approx d_{丙酮}$

$$f_{乙醇} = \frac{h_{丙酮}}{h_{乙醇}} \quad \text{或} \quad f'_{乙醇} = \frac{A_{丙酮}}{A_{乙醇}}$$

(3)样品测定:取样品约 1 g,精密称定为 m 克,并吸取丙酮 5.00 mL 加至 100 mL 容量瓶中,加水至刻线,摇匀,进样 1 μL。

$$乙醇\% = \frac{h_{乙醇} f_{乙醇}}{h_{丙酮}} \cdot \frac{5.00 \text{ mL} \times 0.7899}{m} \times 100\%$$

文献报道用类似的实验条件测定巴比妥、磺胺嘧啶钠盐、VB_6、四环素盐酸盐及氯霉素等 21 种药物中的残留有机溶剂:甲醇、乙醇、醋酸乙酯、异丙醇、二氯乙烷及丙酮的残留量,方法简便、灵敏。

在做药物中的杂质限量检查时,可用峰高比作为限量指标,勿需求出数值。

三、药品的含量测定

沸点在 450 ℃ 以下的药品,原则上都可用气相色谱法测定。但沸点较高时灵敏度低,需制备衍生物。

肝炎新药,α – 联苯双酯的含量测定及异构体分析。

α – 联苯双酯在合成中,若原料用粗品则有可能产生 β 及 γ 异构体,可以用 Dexsil300

（碳硼烷－甲基硅氧烷聚合物）柱分离鉴定,以邻苯二甲酸二壬酯(DOP)为内标物,用内标法测定 α－联苯双酯的含量。

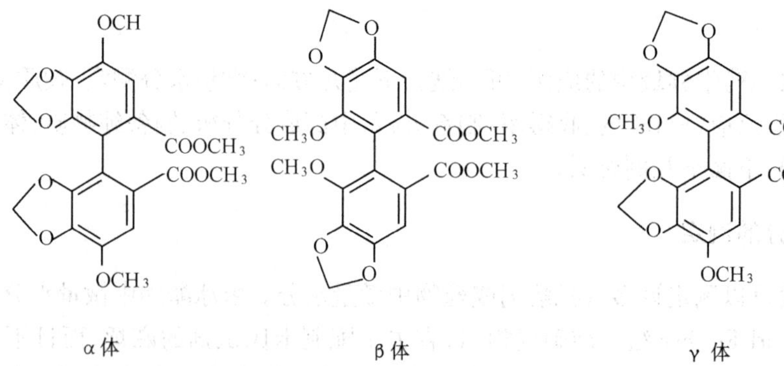

α 体   β 体   γ 体
联苯双酯三种异构体

1. 异构体分析　实验条件:

柱:30% Dexsil 300/chromosorb W AW,柱内径 3 mm,柱长 1 m;柱温:200 ℃ ~270 ℃,10 ℃/min,并保持 5 min;检测器:FID,310 ℃;进样器温度:260 ℃;载气:高纯 N_2。

分离色谱图见图 14 – 30。

2. α－联苯双酯的含量测定　实验条件同上。

(1)标准溶液的配制:精密称取约 25 mg 的 DOP,置于 25 mL 容量瓶中,加氯仿溶解,并加至刻度。

(2)试样溶液的配制:精密称取样品约 10 mg,置于 5 mL 容量瓶,加氯仿溶解,并加至刻度。

(3)样品的测定　精密量取试样溶液 150 μL 置 1 mL 容量瓶中,加入标准液 100 μL,再加氯仿 50 μL,摇匀,取 3.4 ~ 3.6 μL 混合液(约相当于 α－联苯双酯 3.4 ~ 3.6 μg,DOP1.20 μg),注入色谱仪中。由色谱图 14 – 33 求出 A_i/A_s,用随行所测的校正因子 f_i(约为1.93)及 m_s/m 代入内标公式(14 – 43),计算样品含量。计算结果(三个批号)含量为69.56% ~89.90%,CV 为0.63%。

四、中药成分分析

中药一般都是多组分的混合物,虽然受到挥发性的限制,但气相色谱法在中药成分等方面的研究上,仍然是一个很好的方法,应用很广。诸如对挥发油、有机酸及酯、生物碱、香豆素、黄酮、植物甾醇、单糖、甾体皂甙元等植物成分的分析,都有过很多报道,以及动物中药麝香、蟾酥等也有报道。气相色谱法对中药成分的研究或对比,可以解决品种鉴定、找寻代用品、中药制剂的质量,以及产地、采制季节、炮制方法对成分影响等方面的问题。还可制备纯品,用两谱联用测定某些成分的结构。

例 14 – 8 中药细辛油 GC – IR 分析。

用气相色谱仪及图 14 – 27 所示的收集弯管,收集细辛油的主成分(图 14 – 32 的 6 号峰),而后测定红外光谱,经光谱分析并与标准光谱对照,证明 6 号色谱组分为丁香油酚甲醚。

实验条件与方法:

(1)气相色谱:4 mm × 2 m 柱,柱温 220 ℃,检测器 TCD,检测室温 230 ℃,汽化室温 230 ℃,100 型气相色谱仪。

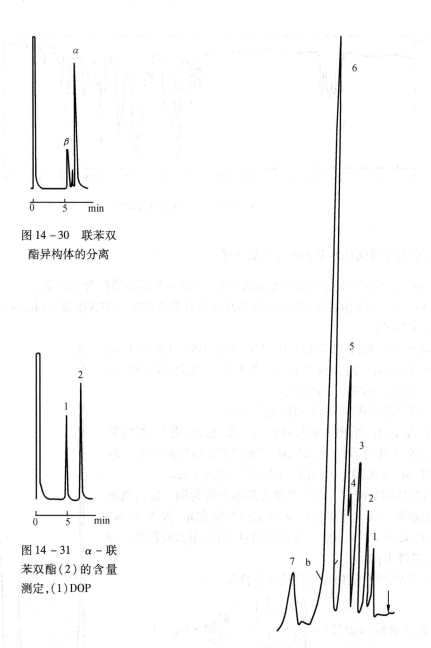

图 14 – 30　联苯双酯异构体的分离

图 14 – 31　α – 联苯双酯（2）的含量测定，（1）DOP

图 14 – 32　细辛油的气相色谱图

　　收集方法：当 6 号峰起峰至 a 箭头处时，插入收集弯管。峰降至 b 箭头处时，拔出弯管，每次可进纯油 5 ~ 10 μL，进样 3 ~ 4 次，重复收集 6 号组分，弯管中能看出明显油滴为止，备用。

　　（2）红外光谱分析：将所得的 6 号组分，涂在一块溴化钾空白片上。若样品少可用薄膜法，而后测定其红外吸收光谱，如图 14 – 33 所示，与 Sadtler 标准红外光谱 15 608K 对照，两者完全一致，说明细辛油 6 号成分为丁香油酚甲醚。方法简便易行。

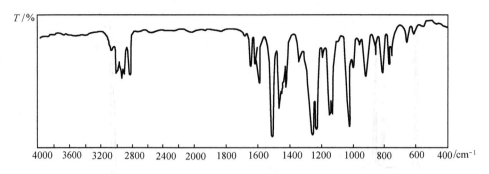

图14-33　6号色谱组分的红外光谱

五、中药片剂或丸剂中的冰片含量测定

中成药中挥发性成分可用气相色谱分析,如冰片及麝香等的含量测定。

例14-9　牛黄解毒片、冠心苏合丸及复方丹参片中冰片的含量测定(图14-34)。

(1)实验条件:

色谱柱:1%聚乙二醇酸酯/101AW担体(100~120目),内径3 mm,长2 m,柱温:100 ℃;进样:220 ℃;检测器FID;载气:N220 mL/min;内标物:正十五烷。

(2)样品溶液配制:以牛黄解毒片为例。

取样品10片,精密称重求出平均片重,粉碎,混匀,精密称取平均片重4片量药粉,加25 mL乙酸乙酯,振摇后静置。取上清液2 mL与0.20%内标液2 mL混匀,进样1 μL。

(3)标准溶液配制　以牛黄解毒片的分析为例。按药典取4片牛黄解毒片所含冰片量(4×25 mg)精密称定,放入50 mL容量瓶中,加入25 mL的0.2%内标溶液,而后用乙酸乙酯稀释至刻度,进样1 μL。

(4)含量计算:用内标对比法计算含量。

$$冰片含量(mg/片) = \frac{\left(\dfrac{A_1 + A_2}{A_s}\right)_{样}}{\left(\dfrac{A_1 + A_2}{A_s}\right)_{标}} \cdot \frac{W_{平均}}{W_{样}} \cdot C_{标} \cdot V$$

式中　A_1 及 A_2——冰片中异龙脑及龙脑的峰面积;

A_s——内标物(十五烷)的峰面积;

$W_{样}$——样品质量(g);

$W_{平均}$——平均片质量或丸质量(g);

$C_{标}$——冰片标准溶液浓度(mg/mL);

V——样品提取液体积(本实验相当于50 mL)。

冠心苏合丸、丹参片分析方法相同。

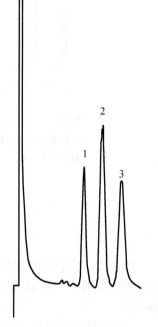

图14-34　牛黄解毒片
中的冰片含量测定
1—异龙脑;2—龙脑;
3—内标物(十五烷)

本章小结

1. 基本概念

保留值、t_R、t_R'、t_0、V_R、V_R'、V_0、色谱峰区域宽度、$W_{1/2}$、σ、h、A、K、k、α、R、n、H 等。

2. 基本理论

(1)差速迁移:在色谱柱中,不同组分要有不同的迁移速度,应有不同的分配系数或容量因子。调整保留时间与分配系数成正比关系。要改变分配系数、分配系数比,主要通过选择合适的固定相和流动相来达到目的。在气相色谱中,载气的选择余地不大,主要通过选择合适的固定相。

(2)GC 中速率理论:以 Van Deemter 方程式来表示,填充柱:

$$H = 2\lambda d_p + \frac{2\gamma D_g}{u} + \left[\frac{0.01k^2}{(1+k)^2} \cdot \frac{d_p^2}{D_g} + \frac{2kd_f^2}{3(1+k)^2 D_1} \right]u$$

开管柱:
$$H = \frac{B}{u} + C_g u + C_1 u$$

重点了解简式中各项符号的含义,熟悉填充柱详细式各符号的含义,从而理解分离条件的选择即填充均匀程度,填料的平均颗粒直径、液膜厚度、载气的性质和流速、柱温等对柱效分离的影响。

从范氏曲线理解最小板高和最佳流速的含义,为了减少分析时间,常用最佳使用线速度,其数值大于最佳线速度。

(3)色谱柱分为填充柱及毛细管柱两类,填充柱又分气－固色谱柱及气－液固色谱柱。固定液按极性分类可分成非极性、中等极性、极性以及氢键型固定液。固定液的选择按相似性原则。

检测器分浓度型及质量型两类。氢焰检测器是质量型检测器,具有灵敏度高、检测线小、死体积小等优点。热导检测器是一种浓度型检测器,组分与载气的热导率有差别即能检测。电子捕获检测器也是一种浓度型检测器,检测含有电负性强的元素物质,具有高选择性和高灵敏度。

(4)柱温的选择原则:在使最难分离的组分有尽可能好的分离度的前提下,要尽可能采用较低的柱温,但以保留时间适宜及不脱尾度。对宽沸点样品,采用程序升温方式,用保留温度来定性。

(5)定性与定量:定性方法有已知物对照法,相对保留值,保留值数,利用化学方法配合,两谱联用定性。

定量法常用归一化法和内标法,在没有校正因子的情况下,使用内标对比法较好。

3. 基本计算

(1)固定液的相对极性

$$P_x = 100\left(1 - \frac{q_1 - q_x}{q_1 - q_2}\right)$$

(2)分离方程式

$$R = \frac{\sqrt{n}}{4}\left(\frac{k_2}{1+k_2}\right)\left(\frac{\alpha-1}{\alpha}\right)$$

（3）相对质量校正因子

$$f_g = \frac{m_i}{m_s} \cdot \frac{A_s}{A_i}$$

归一化法

$$C_i\% = \frac{A_i}{A_1 + A_2 + A_3 + \cdots + A_n}100\%$$

外标法

$$m_i = \frac{A_i}{(A_i)_s}(m_i)_s$$

内标法

$$C_i\% = \frac{A_i f_i}{A_s f_s} \cdot \frac{m_s}{m}100\%$$

内标对比法

$$(C_i\%)_{检品} = \frac{(A_i/A_s)_{检品}}{(A_i/A_s)_{标准}}(C_i\%)_{标准}$$

第十五章
高效液相色谱法

学习提要：

了解高效液相色谱法（high performance liquid chromatography；HPLC）与经典液相色谱法（liquid chromatography；LC）的区别，高效液相色谱法的特点；熟悉固定相的种类选择，流动相的一般要求及固定相和流动相的选择原则；掌握高效液相色谱法的分类与基本原理，理论塔板数、分离度与分配系数的关系，HPLC的定性、定量分析方法及应用。

The brief summary of study：

Acquaint with the differences between HPLC and LC, the characteristic of HPLC. Be familiar with types of stationary phase, common requirement of selecting mobile phase as well as selective principle between stationary phase and mobile phase. Grasp the classification and basic principle of HPLC, the relationship of theoretical plate numbers, resolution and partition coefficient, qualitative and quantitative analysis of HPLC as well as its application.

第一节 概　述

高效液相色谱法是由经典的液相色谱法发展而来的。经典的液相色谱法，流动相在常压下输送，传质速度慢；所用固定相颗粒粗、柱效低；分离所需时间长。20世纪60年代末期，在气相色谱的理论基础上，液体流动相改用高压输送，最高可达7 840 Pa/cm^2；又研制了新型固定相，理论塔板数大大提高，克服了经典液相色谱法的缺点，形成了柱效高、分离快速的高效液相色谱法（High performance liquid chromatography, HPLC）。这个方法在它的发展过程中亦有称做高速液相色谱法（High speed liquid chromatography），高压液相色谱法（High pressure liquid chromatography）或高分辨液相色谱法（High resolution liquid chromatography）的。

气相色谱法虽也有快速、分离效率高、用样量少等优点，但它要求样品能够气化，常受到样品的挥发性限制。在约300万个有机化合物中，可以直接用气相色谱法分析的仅占20%。对于挥发性差或热稳定性好的化合物，虽然可以采取裂解、硅烷化等方法，但毕竟增

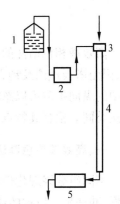

图15-1　高效液相
色谱仪示意图

1—溶剂贮瓶；2—泵；
3—进样器；4—柱；5—检测器

加了操作上的麻烦,且常改变了原来的面目,不利于分析测定。

高效液相色谱法,只要求将样品制成溶液,而不需要气化。因此不受样品挥发性的约束。对于挥发性低、热稳定性差、分子量大的高分子化合物以及离子型化合物尤为有利,如氨基酸、蛋白质、生物碱、核酸、甾体、类脂、维生素、抗生素等。分子量较大、沸点较高的合成药物以及无机盐类,都可用高效液相色谱法进行分离分析。

高效液相色谱仪器装置如图 15-1 所示。高效液相色谱法与经典液相色谱法可作如下对比:

	经典液相色谱法	高效液相色谱法
固定相	一般规格	特殊规格
固定相粒度(单位)	75~590	5~10
固定相粒度分布(变异系数)	20%~30%	<5%
柱长(cm)	10~100	10~50
柱内径(cm)	2~5	0.1~8.0
柱入口压强(Pa/cm^2)	0.098~9.8	196~2 940
柱效(每米理论塔板数)	2~50	10^3~10^4
样品用量(g)	1~10	10^{-7}~10^{-2}
分析所需时间(h)	1~20	0.05~1
装置	非仪器化	仪器化

高效液相色谱法的特点:①适用范围广;②分离效率高;③速度快;④流动相可选择范围宽;⑤灵敏度高;⑥色谱柱可反复使用;⑦流出组分容易收集;⑧安全。

高效液相色谱法的分类,与经典液相色谱法的分类相同。按固定相的聚集状态可分为液-液色谱(LLC)及液-固色谱(LSC)二大类。按分离机制可分为分配色谱、吸附色谱、离子交换色谱、分子排阻色谱与亲和色谱五种类型。

第二节 基本原理

高效液相色谱法的分离机制与经典液相色谱法一致。由于流程、柱效与气相色谱法类似,因而塔板理论及动力理论都可用于高效液相色谱,所不同者流动相为液体,溶质在流动相中的纵向扩散可以忽略。所以,高效液相色谱法的基本原理与经典液相色谱法及气相色谱法类同。根据其特点概括如下。

一、高效液相色谱法的保留值

不同组分因理化性质差异而有不同的平衡常数 K 值。在固定相中存在量多的组分,流出慢,冲洗出柱所需的流动相容积较多;流动相中存在量少的组分,流出快,冲洗出柱所需的流动相容积就少。这个事实称为色谱过程中的保留作用。与气相色谱法中一样,组分的保留作用可用保留时间 t_R、保留体积 V_R 及容量因子 k 表示。这些参数的意义可参考气相色谱法一章。

这三种参数都与各种类型的高效液相色谱法中的 K 值有关。K 值愈大，组分在固定相中的保留时间 t_R 愈长，组分被冲洗出柱所需时间 t'_R 也长。同样，K 值愈大，组分在固定相上保留容积 V_R 愈大，用于冲洗组分出柱所需流动相容积 V_R 也较大，组分的容量因子也大，它在固定相中滞留的量也较多，流出当然也较慢。

在实际工作中，k 可由 t_R 及 t_M 的实验数据求得。t_M 的数据，一般采用与流动相相似的溶剂或寻找一个 k 接近于零的物质如空气来测定 t_M。

在高效液相色谱法中，流动相的流速常用线性流速 u（mm/s 或 cm/s）表示，它与柱长 L 及 t_M 有以下关系：

$$u = L/t_M \tag{15-1}$$

二、高效液相色谱法的分离度 R 及其影响因素

和气相色谱法一样，由色谱柱分离后流出的组分，当其量一定时，浓度随流动相容积变化而变化，称为流出峰，符合高斯分布曲线。如果有两个以上的组分，得到两个以上流出峰，它们之间的分离是否安全，可用分离度 R 表示：

$$R = \frac{t_{R_2} - t_{R_1}}{\dfrac{W_2 + W_1}{2}} \tag{15-2}$$

式中 W_1、W_2 为两峰的峰宽，两峰的保留时间相差越大或峰宽和之半越小，则 R 值越大，分离越完全。若有二组分的流出峰符合高斯曲线且峰高相等时，$(W_1 + W_2)/2 = 4\sigma$，$R = 1$，则两组分的分离可达 98%。若 $R = 1.25$，分离可达 99.2%；$R = 1.50$，两组分几乎完全分离（99.7%）；而 $R = 0.6$ 时，分离程度只有 88%。分离情况见图 15-2

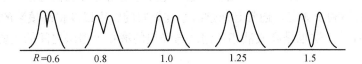

图 15-2　不同分离度 R 两峰的分离情况

分离度又可用 k、α 及 n 三个参数表示：

$$R = \frac{\sqrt{n}}{4}\left(\frac{\alpha-1}{\alpha}\right)\left(\frac{k_2}{k_2+1}\right) \tag{15-3}$$

详细推导见气相色谱法一章。欲提高分离度，可通过改变 k、α 及 n 来实现，今分别讨论如下。

1. 容量因子　当色谱柱的固定相、流动相、柱温一定，进样量不超载的情况下，k 是常数，它是和试样的理化性质有关的热力学参数。在完全相同的实验条件下，用已知化合物做对照，如具有完全相同的 k 值，则可对被测组分作出鉴定。因此，k 为色谱组分的定性参数。在分离方面，增加 k 值可以提高分离度。不过，当 $k > 5$ 以后，它对 R 的影响就越来越小，k 值增加，延长分离时间，组分的 t_R 增加，峰形变宽。因此，k 值的改变，其有效范围以 $1 < k < 5$ 为宜。k 值可以通过调节流动相的极性来改变。对正相色谱，流动相极性增加，k 值减小；反相色谱则相反，流动相极性增加，k 值增大。

2. 分离系数　它可用下列关系表示：

$$\alpha = k_2/k_1 = t'_{R2}/t'_{R1} \tag{15-4}$$

式中 α 代表两个组分在相同色谱条件下的分离选择性。物质的化学性质或结构上的差异，反映在与固定相和流动相之间的作用力也有所不同，这就是色谱分离的基础。改变 α 值就是改变两个组分的相对保留时间。当 α 值较小时，增加 α 值使 R 值增加。α 的改变可以选择不同的固定相或流动相来实现。在高效液相色谱法中，通常是改变流动相的极性。例如采用连续改变流动相极性的梯度洗脱（Gradient elution）或温度程序、流量程序等方法来提高分离选择性。

3. 理论塔板数　理论塔板数 n 是反映组分在固定相和流动相中动力学特性的重要色谱参数，它代表色谱柱分离效能的指标。在气相色谱法一章中已讲过，理论塔板数可由下式计算：

$$n = 16\left(\frac{t_R}{W}\right)^2$$

$$n = 5.54\left(\frac{t_R}{W_{1/2}}\right)^2 \tag{15-5}$$

式中，在给定的色谱柱和流动相组成恒定等条件下，若 n 值保持不变，则 t_R 越大，色谱峰越宽，这就是一般色谱规律。

通过增加理论塔板数来提高分离度能使色谱峰变窄，从而将两个相邻的峰分开。由表 15-1 可见，n 值增加一倍，R 值只提高 0.4 倍。α 值越小，达到给定的 R 值所需要的 n 值越大。随着 α 的减少，这种趋势越加明显。由此可以说明，适当增大 α 值，可降低所要求的 n 值，亦即可减少柱长，并可加快分离速度。例如，要求 $R = 1.0$，当 α 从 1.01 增加到 1.10 时，则 n 值可从 163 000 减少到 1 940。要想增加 n 值，可用增加柱长的办法；但此法延长分离时间，升高柱效，不利于测定。通常是通过减小柱填料的粒度以及提高填装的均匀性来增加 n 值，从而提高柱效。这也是高效液相色谱法与经典的液相色谱法之间的主要区别。

表 15-1　理论塔板数、分离度与分离系数的关系

α ＼ n/R	0.8	1.0	1.25	1.5
1.01	104 000	163 000	255 000	367 000
1.02	26 600	41 600	64 900	93 600
1.03	12 100	18 900	29 500	42 500
1.05	4 600	70 600	11 000	15 900
1.07	2 390	3 940	5 840	8 420
1.10	1 240	1 940	3 020	4 360
1.15	602	941	1 470	2 120
1.20	309	576	899	1 300
1.30	193	301	469	677

理论塔板数是以 t_R 计算的，但往往不能真实反映色谱柱的分离效能。为了能真实地反映柱的分离效能，应以 t'_R 来计算柱效：

$$N_{ef} = 16\left(\frac{t'_R}{W}\right)^2 = 16\left(\frac{t'_R}{W} \cdot \frac{t_R}{t_R}\right)^2 = 16\left(\frac{t_R}{W}\right)^2\left(\frac{t'_R}{t_R}\right)^2 = n\left(\frac{k}{k+1}\right)^2 \tag{15-6}$$

$(15-6)$式中，N_{ef}称为有效塔板数。若t'_R越接近t_R，则$N_{ef}=n$；但，如果k越大，N_{ef}也较大。

应用塔板数来表示柱效必须说明柱长多少。为此，可用理论塔板高度H或有效板高H_{ef}表示柱效，即：

$$H=L/n; \qquad H_{ef}=L/N_{ef} \qquad (15-7)$$

综上所述，影响分离度的因素有n、α及k，它们的关系，可由图15-3表示。

由图15-3可见，当要求较大的R时，N_{ef}随α的减小而急剧增加。例如$R=1.5$时，若$\alpha=1.4$，需要$N_{ef}=400$；而$\alpha=1.1$时，则N_{ef}要增加10倍以上。影响R的三个因素亦可通过二个组分分离过程示意，见图15-4。

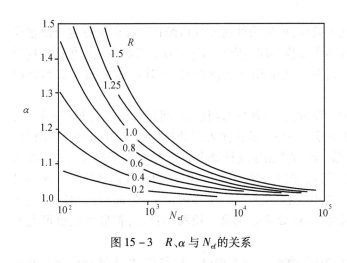

图15-3　R、α与N_{ef}的关系

图15-4　影响分离度的色谱示意图(二组分)

三、高效液相色谱峰展宽和柱效

由于柱内、柱外各因素引起色谱峰展宽或变形，从而造成柱效降低。

1. 柱内展宽　柱内使峰展宽主要是由于固定相的粒度大小，填装的紧密程度以及流动相带着组分在柱内的动力学过程影响板高所致。其中动力学过程包括涡流扩散(A)，纵向扩散(B/u)和传质速率(Cu)。传质速率又包括组分分子在流动相中的传质过程、在固定相孔隙内滞留的流动相中的传质过程以及在分配色谱的固定相液膜内的传质过程。把这些因素所引起的板高变化归纳起来，就成为板高方程。亦就是气相色谱法中所讨论的 Van Deemter 方程。在液相色谱法中，流动相为液体，组分在液体中的扩散系数远远小于在气相中的扩散系数。大约小于百万分之一，因而在液相色谱过程中，当流动相的线速度大于10 mm/s时，分子的纵向扩散可以忽略不计。板高方程可简化为：

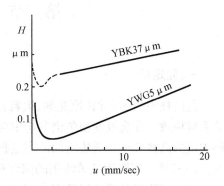

图15-5　不同类型填料的$H-u$曲线

$$H=A+Cu \qquad (15-8)$$

如果一支色谱柱的涡流扩散(A)固定，在流速大于最佳流速时，流速小板高亦小，但流速太慢要延长色谱时间。所以在实际应用中，一般把流速提高到某一值，既可加速色谱过

程,又能保持一定低的板高,以达到最佳的分离效果。总之,流速不能太大,否则板高也随之而增高,柱效就降低。

在气相色谱法一章中已讲过,板高 H 近似地与填料的粒径平方(d_p^2)成正比。因此,减小粒径是提高柱效最有利的途径。据此可用于指导实际工作。早期由于装柱技术的困难,小于 10 μm 的填料没有得到推广。1973 年开始,采用湿法匀浆高压装柱,5 μm 的填料可达到 5 万塔板数以上的柱效,板高较小,见图 15-5。

除以上各项外,柱内展宽因素尚有柱内径向扩散和管壁效应等。柱越长,填料粒度越大,流动相流速越慢,容易产生径向扩散。如管径不够大,流动相在管壁区的流速反比柱管中心要快,也会使峰形扩散。

2. 柱外展宽　柱外展宽又叫柱外效应,可分为柱前和柱后两种。柱前展宽主要由进样所引起;柱后展宽是由接管、流动池体积及检测器响应时间等导致。经典的液相色谱柱柱效不很高,柱外展宽的影响不突出。自从高效液相仪问世以后,柱外展宽的因素必须加以考虑。

液相色谱法中的进样大都采用两类方式,一种是阀门进样,将试样由流动相带入柱内;另一种是注射进样。注射进样也有两种,一是将试样注入到液流中(On stream);二是将试样注入到填料顶端(On column)。前一种方法由于进样器内的死体积,以及进样时液体扰动而引起的扩散,使得试样在填料顶端以扩散方式进入固定相,从而造成色谱峰展宽和不对称。后者如能将试样直接注入到填料顶端的中心点,或中心内深 1~2 mm 处,可减少试样在柱前的扩散,峰的不对称性得到改善,柱效显著提高。用阀门进样,扩散现象也可大大减少。

克服柱后展宽主要是减少接管和检测器流动池容积以及检测器、放大器及记录器的时间常数。通常,流动相在空管中心流速最大,管壁方向流速逐渐减小,组分浓度也按此分布。管中心组分将比管壁部分的先到达检测器,因此引起了区带展宽。检测器、放大器和记录器的时间常数过大(即组分在各部件上的响应较慢),则描绘到的色谱峰宽增加,峰高降低,柱效差。这种情况,对保留体积小的组分影响尤为突出。

第三节　固定相与流动相

一、固定相

色谱柱中的固定相(填充剂、填料)是高效液相色谱分析的最重要的组成部分,它直接关系到柱效。在高效液相色谱分析中对固定相的要求比气相色谱分析要求高得多。现按四种类型的高效液相色谱法所用的固定相分述如下。

(一)液-固吸附色谱法用的固定相

液-固吸附色谱法用的固定相,多是具有吸附活性点位的吸附剂。常用的有硅胶或氧化铝及高分子有机胶。其他还有分子筛及聚酰胺等。

1. 硅胶　常制备成薄壳玻珠、无定形全多孔硅胶、球形全多孔硅胶及堆积硅珠等类型,见图 15-6。

薄壳玻珠是用有机黏合剂粘上数层硅溶胶或氧化铝,烧结,除去粘合剂而制成的,厚度

| (a) | (b) | (c) | (d) |

图 15 – 6　各种类型硅胶示意图

(a)表孔硅胶;(b)无定形全多孔硅胶;(c)球形全多孔硅胶;(d)堆积硅珠

为 1 ~ 2 μm。由于样品容量低,柱效不够高,目前基本不用。

无定形全多孔硅胶及球形全多孔硅胶使用较多。无定形全多孔硅胶的粒径一般为 5 ~ 10 μm,理论塔板数每米在 8 万以上,柱效高,它不仅可作为吸附色谱的固定相,还可作为分配色谱的载体。无定形全多孔硅胶的型号很多,我国青岛海洋化工厂生产的 YWG(Y 为液相,W 为无定型,G 为硅胶)型高效液相色谱用硅胶,理论塔板数高,分离效果好,已达到国际同类产品的水平。

堆积珠硅胶亦属全多孔型,与球型全多孔型硅胶类似,它们的粒径为 5 μm,理论塔板数每米在 8 万以上,传质阻抗小,样品容量大,是一种理想的高效能填料。

2.高分子多孔微球　也称有机胶,常用的有机胶为苯乙烯与二乙烯苯交联而成。可用于分离芳烃、杂环、甾体、生物碱、油溶性维生素、芳胺、酚、酯、醛、醚等化合物以及能分离分子量较小的高分子化合物。其分离机制多数被认为属于吸附作用,也有人认为是吸附与分配兼有。

(二)液 – 液分配色谱法用的固定相

液 – 液分配色谱法用的固定相是由载体与固定液二者构成的。早期是将固定液涂在载体上,此种技术称为机械涂渍或物理涂渍。在使用时,固定液容易流失。因此,近年来采用化学反应的方法,将固定液结合在载体上。这种填料,克服了固定相容易流失的缺点。化学键合相填料一般不受强酸分解,它在各种溶剂中都有很好的化学稳定性。因此,使用寿命长,可选用的流动相范围较广。它还有很好的热稳定性,一般在 70 ℃ 以下不受破坏。化学键合相填料键合在担体表面的有机基团,可根据试样的类型加以改变,使达到提高分离选择性的目的。到目前为止,化学键合相填料在高效液相色谱法中占有极高的地位。它可以键合极性较大的有机基团,采用极性较小的溶剂作流动相。亦可键合极性较小的有机基团,采用极性较大的如甲醇、水等作流动相。

由于键合固定相的作用并非只是分配,也有一定的吸附作用,因此,不少书上将它单列一节,称为键合相色谱。

化学键合固定相一般都用薄壳型或全多孔型硅胶作基体,将此硅胶进行酸洗、中和、干燥活化,使表面保持一定的活性的硅羟基,然后再进行键合反应。

化学键合固定相从表面结构看可以分为单分子和聚合分子键合两种类型;从键合反应的性质又可分为Si—O—C、Si—O—Si—C、及Si—O—Si—N等几种;从键合后固定相的色谱性质又可分为非极性、极性、离子性三种。

(三)离子交换色谱法用的固定相

离子交换色谱法,早期都采用高分子聚合物,如以苯乙烯 – 二乙烯苯为基体的离子交换树脂作固定相。在高效液相离子交换色谱法中这种固定相由于溶胀性、不耐压,以及表面的微孔型结构影响传质速率,所以被离子性键合相所代替。

最常见的离子性键合相是以薄壳型或全多孔微粒为基体,表面再经化学键合成离子交换基团。离子性键合相交换基团一般有下列各种类型:

阳离子性键合相交换基团属酸性基团有:

强阳离子　—SO_3H

弱阳离子　—$COOH$,　—CH_2COOH,　—$CH(OH)CH_2(OH)$

阴离子性键合相交换基团属碱性基团有:

强阴离子　—$CH_2N(CH_3)_3Cl$,　—$CH_2N(C_2H_5)_3Cl$

弱阴离子　—$CH_2N(CH_3)_2C_2H_4OHCl$,　—$CH_2NH(CH_3)_2Cl$—CH_2NH_2

两性离子性键合相交换基团有:

—$CH(COOH)$—CH_2—CH_2—NH_2,　$(CH_2)_3O$—CH_2—$CH(OH)$—$CH_2(OH)$

薄壳型离子性键合相的柱效及样品容量都较小,全多孔无定型微粒硅胶所键合的离子性键合相柱效高,样品容量大。这类离子交换固定相具有较高的耐压性、化学和热稳定性,可以采用高压匀浆法装柱,但它在 pH >9 的流动相中,硅胶容易溶解。特别是未流动相的 pH 值、离子强度(盐的浓度)对被测组分的容量因子和分离系数有很大影响。在实际应用中流动相大都采用 pH 值和一定浓度的缓冲液,并严格控制其离子强度。

在强酸或强碱的分离中,流动相的 pH 值直接影响 K 值。例如当在 Lichrosorb Si – 100 SCX 强阳离子键合固定相上分离尿嘧啶、鸟嘌呤、胞嘧啶及线嘌呤时,使用 0.1 mol/L 磷酸缓冲液作流动相,就要注意流动相的 pH 值对 K 有很大影响。当 pH >6 时,强阳离子键合固定相,已转变为 Na^+ 型。这时以游离碱形式存在的上述四种被测组分在固定相上几乎不能分离。pH 降低,固定相以 H^+ 型存在;而四种被测组分,亦不同程度地形成离子形化合物,不同程度地与 H^+ 交换而达到分离目的。又如,在强阴离子键合固定相上分离弱酸性有机阴离子,当 pH >7 时,被测的有机弱酸已完全离解,容易与阴离子(Cl^- 或 OH^-)交换,并且都牢固地吸附在固定相上,也未能达到分离的目的。像这种情况,流动相的 pH 值最好调节在被分离的弱酸的 pK_a 值附近,其分离效果最佳。在用强阳离子键合固定相分离弱碱时,亦需将流动相的 pH 值调节在弱碱的 pK_b 值附近。在分离不同 pK_a 值的多种有机酸或不同 pK_b 值的多种有机碱时,可采用在不同 pH 值梯度流动相中进行层析,能得到很好的分离效果。用这种流动相进行洗脱称为梯度洗脱,可参见下节内容。

离子性键合相的交换容量与固定相表面积有关,即与有效离子交换基团的数目有关。通常用一克干燥的氢型或氯型的离子键合固定相以酸碱滴定方法测定每克固定相能交换的毫克分子或微克分子数表示。等于色谱柱的总交换容量乘以装色谱柱用固定相的克数,当其他条件固定时,总交换容量大,保留时间长。全多孔型微粒型键合固定相的交换容量一般在毫克分子数的水平。薄壳型由于表面较小,一般只有微克分子数水平。

国内常用的离子性化学键合固定相有 YWG – SO_3H、YWG – R_4NCl、YSG – SO_3Na 及 YSG – R_4NCl。进口品中有 Permaphase – AAX 及 Zipax – SAX(均系薄壳载体强阴离子键合固定相)、Lichrosorb Si 100 SCX(全多孔无定型强阳离子键合固定相)、Zipax – SCX(薄壳型强阳离子键合固定相)、Zipax – EAX 及 Zipax – WCX(分别为薄壳载体弱阴离子及弱阳离子键合固定相)等。

(四)分子排阻高效液相色谱法用的固定相

分子排阻高效液相色谱法常用的固定相为具有一定孔径范围的多孔性凝胶。根据耐压程度,这类凝胶可分为软质、半硬质及硬质三种。软质凝胶在压强 $9.8\ Pa/cm^2$ 左右即被压坏,因此这类凝胶只用于常压下的分子排阻色谱法。如在前面所讲到的各种葡聚糖凝胶及聚丙稀酰胺凝胶,适用于以水为流动相的常压液相色谱法。

半硬质凝胶是由苯乙烯和二乙烯苯交联的聚合物,能耐较高的压力,适用于以有机溶剂为流动相的高效液相色谱法作填料。这种胶的优点是具有压缩性,可填得紧密,柱效高。缺点是在有机溶剂中稍有溶胀,当流动相流经时,随时改变着柱的填充状态。常用的各种型号的苯乙烯二乙烯苯交联共聚物凝胶有 Styragel 39720 ~ 39731、-Styragel -100A(500A、10^3A、10^4A、10^5A、10^6A)和 Bio – Beads S – XI – X8 等。国内天津化学试剂二厂也有生产,型号为 NGX -01 ~08 系列。

硬质凝胶有多孔硅胶及多孔玻璃球等,属于无机凝胶。其优点是在溶剂中不变形,孔径尺寸固定溶剂互换性好。其缺点是装柱时较易碎,不易装紧,因此柱效较差,一般为有机凝胶的 1/3 ~1/4。它的吸附性较强,有时易拖尾。凝胶为具有一定孔径分布的多孔性填料,当流动相携带不同大小的溶质分子流经时,小分子进入固定相凝胶的孔中;中等分子只能渗入凝胶的少量大孔中;大分子不能进入孔中。这样,小分子保留时间长,中等分子的保留时间较短,大分子的保留时间最短。因此,不同大小的分子在通过凝胶色谱柱时可达到分离目的。对于相同化学组成的高分子化合物,其分子大小与分子量成正比,因此,用分子排阻色谱可以研究高分子化合物的分子量分布。

二、流动相

1. 一般要求　在气相色谱法中,可共选择的载气只有三四种,它们的性质相差也不大,因而以选择固定相为主。在液相色谱法中,流动相选择余地很大,在固定相一定时流动相的种类配比能大大改变组分的分离效果。在高效液相色谱法中对流动相有下述要求:

(1)与固定相不互溶;

(2)不与固定相发生化学反应;

(3)样品要有适当的溶解度,溶解度太大,k 值小;溶解度太小,又会使样品在流动相中产生沉淀。

(4)必须与检测器相适应,例如用紫外检测器时,不能选用对紫外光有吸收的溶液。

(5)溶剂的黏度要小,这样可以降低色谱柱的阻力,例如乙醇的黏度比甲醇大,选用流动相时以甲醇较好。

2. 溶剂的极性　根据极性相似相溶的原则,常用溶剂的极性来衡量溶质的溶解度。溶剂、固定相与样品三者之间极性的相对关系决定了 k 与 a 的数值。

在液 – 固吸附色谱法中,常用的吸附剂是硅胶,其次是氧化铝和聚酰胺。这三者都是极性较强的固定相。欲使样品能很好地分离,主要靠合适的流动相来实现。极性大的试样需用极性较强的流动相来洗脱;反之,则用低极性的流动相洗脱。溶剂的极性强弱可用 Snyder 所提出的溶剂强度参数 $\varepsilon°$ 来表示。$\varepsilon°$ 值越大,表示溶剂的洗脱能力越大,见表 15 – 2。

在液 – 液分配色谱法中,常用极性键合相作填料,流动相的极性小于固定相的极性,称它为正相色谱法。流动相的选择和液 – 固吸附色谱法中相似,表 15 – 2 中的溶剂同样可以选择使用。选择的方法是先选择中等强度的溶剂,若组分的保留时间太短,则改用强度较弱的溶剂;若组分的保留时间太长,则选用强度介乎两溶剂之间的溶剂。如此多次实验,可选出最适宜的溶剂作流动相。

表 15 - 2　各种溶剂的强度参数 $\varepsilon°$ (以正戊烷强度参数 $\varepsilon° = 0$) 为参比

溶剂	$\varepsilon°$	溶剂	$\varepsilon°$	溶剂	$\varepsilon°$	溶剂	$\varepsilon°$
氟烷	-0.25	四氯化碳	0.18	二氯甲烷	0.42	二乙胺	0.63
正 - 戊烷	0.00	二甲苯	0.26	二氯乙烯	0.44	硝基甲烷	0.64
异辛烷	0.01	异丙醚	0.28	甲乙酮	0.51	乙腈	0.65
石油醚	0.01	异氯丙烷	0.29	1 - 硝基丙烷	0.53	吡啶	0.71
癸烷	0.04	甲苯	0.29	三乙胺	0.54	二甲基亚砜	0.75
环己烷	0.04	正氯丙烷	0.30	丙酮	0.56	异丙醇	0.82
环戊烷	0.05	苯	0.32	二氧六环	0.56	乙醇	0.88
1 - 戊稀	0.08	溴乙烷	0.35	四氢呋喃	0.57	甲醇	0.95
二硫化碳	0.15	氯仿	0.40	乙酸乙酯	0.58	乙二醇	1.1

反相色谱法都用极性较强的溶剂配制流动相,常用的溶剂及参数见表 15 - 3。

表 15 - 3　反相色谱法常用溶剂及参数

溶剂	沸点/℃	波长极限	$\varepsilon°$	溶剂	沸点/℃	波长极限	$\varepsilon°$
丙酮	56	330	0.56	异丙醇	82	205	0.82
乙腈	82	190	0.65	正丙醇	97	205	0.82
二氧六环	101	215	0.56	四氢呋喃	66	210	0.57
乙醇	78	205	0.88	水	100	170	—
甲醇	65	205	0.95				

3. 混合溶剂　为了获得更合适强度的溶剂作流动相,常采用二元或多元组合的溶剂系统。例如在化学键合固定相上对苯、蒽、芘及 α - 苯并蒽混合物作反相色谱分离,以不同配比二元极性溶剂作流动相,结果见图 15 - 7。

从图中可以看出,随着流动相含水量的增加,分离效果逐步得到改进,但保留时间延长,峰明显展宽。为了克服这个缺点,既希望提高分离效果,又要求缩短保留时间,则最合理的办法是采取下面所述的梯度洗脱方式。

4. 洗脱方式

(1)恒组成溶剂洗脱:这种溶剂是由有机溶剂、缓冲溶液或盐类组成的,它的配比恒定,自层析开始到结束,溶剂的配比不易改变。一般应尽量采用这种溶剂作流动相,因为在每次层析完毕后,色谱柱比较容易再生。

(2)梯度洗脱:此法又称梯度淋洗或程序洗提。在气相色谱法中,为了改善对宽沸程样品的分离和缩短分析周期,广泛采用程序升温的方法。而在液相色谱法中则采用梯度洗脱的方法,使溶剂强度在层析过程中逐渐增加。在同一分析周期中,按一定程序不断改变流动相的浓度配比,从而可以使一个复杂样品中的性质差异较多的组分,能按适宜的容量因子 k 达到很好分离。特别当一个色谱峰和最后一个色谱峰的 k 的比值超过 1 000 时,用梯度洗

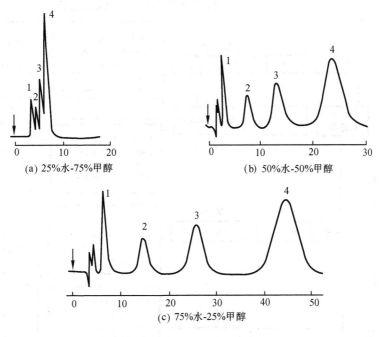

图 15 - 7　溶剂比例对分离度的影响

1—萘;2—蒽;3—芘;4—α 苯并蒽

脱的效果特别明显。采用梯度洗脱的优点有:

①缩短总的层析周期;

②提高分离效能;

③峰形得到改善,很少拖尾;

④灵敏度增加,但有时引起基线漂移。

梯度洗脱可分为分级的及连续(线性)的两种方法。前者流动相浓度配比分级进行,而后者是连续进行。也可分为外梯度洗脱(又称为低压梯度洗脱)及内梯度洗脱(又称高压梯度洗脱)。前者是将溶剂在常压下,通过程序控制器使各溶剂按一定比例混合后再输入高压泵;后者是将溶剂经高压泵加压后再混合。

梯度洗脱在吸附色谱法与离子交换色谱法中已被广泛应用,在液 - 固吸附色谱法中可逐步增加溶剂的极性;在离子交换色谱法中可逐步改变流动相的离子强度或 pH 值;在反相色谱法中也有使用,可通过逐步增加甲醇的配比来进行。梯度洗脱不适用于分子排阻色谱法。

三、固定相与流动相的选择

固定相与流动相的选择列于表 15 - 4 加以说明。

表 15-4 固定相与流动相的选择

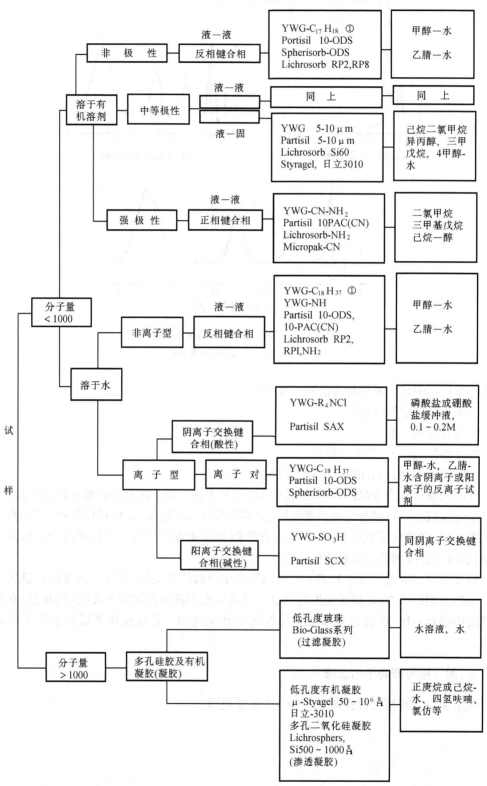

第四节　定性、定量分析及其应用

一、定性分析

液相色谱的定性方法与气相色谱有很多相似之处,可分为色谱鉴定法及非色谱鉴定法两类。

1. 色谱鉴定法　此法是利用纯物质和样品的保留时间或相对保留时间相互对照进行,可参见气相色谱法一章

2. 非色谱鉴定法　此法有两种类型。一类是化学定性法,利用专属性化学反应对分离后收集的组分定性;一类是两谱联用定性,当组分分离度足够大时,将分离后收集的溶液,除去流动相,即可获得该组分的纯品。如果反复进样及收集,可得到 1 mg 左右的纯组分。于是,可利用红外光谱、质谱或核磁共振谱等手续作鉴定。由于高效液相法进样量较大,流出的纯组分比气相色谱法容易收集,容易展开色谱联用技术,因此,此法不但可以定性,也可以推断未知物的结构。

二、定量分析

液相色谱法的定量分析方法与气相色谱法相同,也可用归一化法、外标法及内标法进行。

1. 外标法　以试样的标准品作为对照物质,相对比较以求得试样的含量。

(1)工作曲线法:用试样的标准品,配制一系列浓度不同的标准溶液$(C_i)_{标准}$准确进样,测量峰面积(A_i)或峰高(h_i),与$(C_i)_{标准}$绘制工作曲线,利用此曲线或它的回归方程,计算样品溶液的含量。

(2)外标一点法:可用气相色谱法一章中所述的公式计算。公式为:

$$(C_i)_{样品} = \frac{(A_i)_{样品}}{(A_i)_{标准}} \times (C_i)_{标准} \tag{15-9}$$

2. 内标法　内标物的选择要求同气相色谱法。总之,选择一个化学结构与待测物质相似,理化性质也接近的内标物纯品,加到待测样品溶液中,经过前处理后进样。

(1)工作曲线法:与外标法相同,就是在各种浓度的标准溶液中,加入相同量的内标物,经前处理后,准确进样,分别测量标准物与内标物的峰面积或峰高,以标准物与内标物峰面积的比值(A_i/A_s)与(C_i)标准绘制工作曲线,或做出回归方程。

样品的测定,同上。即将相同量的内标物加至样品试管中,用相同方法做前处理后,准确进样,分别测量样品与内标物峰面积或峰高,以此两者的峰面积之比查出或计算出样品中的组分的量。

(2)校正因子法:与气相色谱法一样,将一定量的(m_i)的被测组分的标准物,加一定量(m_s)的内标物,经前处理后进样,从两者峰面积比求出校正因子$\dfrac{f_i}{f_s}$:

$$\frac{f_i}{f_s} = \frac{m_i}{m_s} \cdot \frac{A_s}{A_i}$$

等号的右边各值已知，$\dfrac{f_i}{f_s}$ 即可求出。

样品的测定,同上。即将相同量的内标物加至样品试管中,用相同方法作前处理后,准确进样,分别测量样品与内标物峰面积,以此两者的峰面积之比 A_i/A_s,代入下式中,可计算出待测组分 C_i 在样品中 m 的量。m 一般是以 mg 或 mL 为单位:

$$C_i = \frac{A_i}{A_s} \cdot \frac{f_i}{f_s} \cdot \frac{m_s}{m_i} \tag{15-10}$$

用内标法测出校正因子。测定样品含量时,如果仪器条件稳定,则不需每个试样都做校正因子。一般,一个新做的校正值可用于几个样品的计算,甚至在同一天内只使用一个校正值也是可行的。

三、应用与示例

高效液相色谱法主要用于有机化合物的分离。许多低沸点的、高沸点的、各种极性的、对热稳定的、分子量大小不限的有机化合物都可用高效液相色谱法测定,操作较简便。因此,它的适用范围较气相色谱法为广。ng 水平以上的绝大多数有机物都能达到分离检测目的。下面就高效液相色谱法应用于药物的分离检测方面,略述某些实践规律。

大部分有机药物属于分子量小于 1000 的强酸、强碱、弱酸、弱碱以及中性的可溶于有机溶剂的物质。强酸强碱可用离子对或离子交换色谱法,弱酸弱碱中极性较强的可用离子对及反相色谱法,而中等极性以下的只可用反相色谱法及正相色谱法,中性药物大多数用反相色谱法及正相色谱法进行分离分析。

1. 正相色谱法　正相色谱法过程是将待测的溶质分子及流动相分子竞争固定相表面活性点位的过程,因此保留时间随着流动相组成改变而变化。为了减少拖尾,在疏水性流动相中常加入少量醋酸或氨水甚至少量盐类如硝酸铵等以缓冲固定相表面的活性点:①常用的流动相在低波长紫外区有强烈的吸收;②混合物中如有极性较药物强的杂质,例如血样提取液中的代谢产物或内源性杂质,保留时间常较药物为长,必须等这些杂质出峰完全后才能进第二个样品。分析周期长,也容易造成柱的污染。因此,在药物的复杂混合物分析中应用不十分广泛。

2. 反相色谱法　在此法的过程中组分的流出次序是极性大的为先,因此,混合物中一些极性大的杂质大都和极性流动相一起流出,合并在溶剂峰中,只要等原形药物出峰完毕即可进第二个样品。分析周期大大缩短。流动相大都由甲醇和水组成,不干扰紫外分光或荧光法的检测。为了得到更好的分离度,常在流动相中加入少量有机溶剂,或加入缓冲溶液,调节流动相的 pH 值,有时还可调节流动相的离子强度,这些措施都可改变组分的保留时间。对碱性药物,常将流动相调节到 pH7~8;对酸性药物,常将流动相调节到 pH3~4。硅胶键合相在偏酸偏碱溶液中容易被破坏或变性,因此,流动相的 pH 值上限不得超过 8,下限不得超过 2。常用的是 pH2.1~8.0 的枸橼酸盐、醋酸盐及磷酸盐缓冲溶液。反相硅胶键合相在合成过程中,硅胶表面的残留极性点位常使药物拖尾。为此,在流动相中常加入极少量的盐,如硝酸铵、醋酸铵等,或有机碱,如三乙胺、异丁胺等,它们首先占据残留点位而使药物峰形减少拖尾,增加对称性。这种溶剂常称为改性溶剂。

3. 离子对色谱法　一些强酸、强碱药物以及容易成盐的胺类药物,用吸附色谱法分离往往需用很强极性的洗脱液,即使能洗脱下来,由于药物在固定相上吸附力大而使峰形严重拖尾,分离效果差。所以,除可选用离子交换色谱法外,更方便的是选用离子对色谱法。离子对色谱法是以正相或反相色谱条件为基础,在实践中以反相色谱条件进行离子对色谱法,效果较好,使用亦较多。今以碱性药物为例,使用非极性键合固定相,如 WYG – $C_{18}H_{37}$ 或 μ – bondapak C_{18} 或 ODS 等。将流动相调节到一定 pH 值,使碱性药物成盐,然后加入带负电荷的抗衡离子试剂或称相反离子试剂,如烷基磺酸盐等,它在流动相中以 RSO_3^- 形式存在,与碱性药物的铵盐 RNH_3^+ 形成离子对化合物,增加了药物在固定相中的保留值,使与其他极性物质更好地分离。离子对化合物的形成与在两相中的分配过程,简单表示如下:

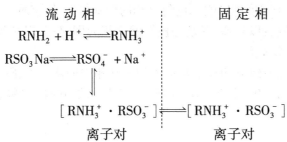

上述过程,称为反相离子对色谱过程。常用的烷基磺酸钠试剂为正戊烷、正己烷、正庚烷及正辛烷磺酸钠,这类试剂对紫外光无吸收,不妨碍药物的检测。此外也有用高氯酸、枸橼酸的。

分离酸类药物常用季胺盐,如用四丁基磷酸盐等作为抗衡离子试剂。反相离子对色谱近年来有了很大发展,分离效果好、应用广泛,可省去离子性化学键合相的使用但却能达到离子交换色谱法的效果。尤其在测定人体内碱性药物的血药浓度时,对某些极性强的碱性药物,更有利于与其代谢产物和内源性酸性杂质的分离。因此,离子对色谱法大有取代离子交换色谱法的趋势。

由于反相色谱法的流动相价廉易购,不干扰紫外吸收法、荧光法及电化学法的检测,分析周期较短,适用范围广。因此,除强酸、强碱性药物以外的 80% 以上的药物都可用反相色谱法测定。为了使柱效不发生大的改变,在经过多次层析后,需用纯乙腈、二甲亚砜或四氢呋喃冲洗色谱柱。这样,一支反相色谱柱可使用 2 000~5 000 分析次数。

本章小结

1. 基本概念
(1)化学键合相:利用化学反应将官能团键合在载体表面形成的固定相。
(2)化学键合相色谱法:以化学键合相为固定相的色谱法。
(3)正(反)相色谱法:流动相极性小(大)于固定相极性的液相色谱法。
(4)手性色谱法:利用手性固定相或手性流动相添加剂分离分析手性化合物的对映异构体的色谱法。
(5)亲合色谱法:利用或模拟生物分子之间的专一性作用,从复杂生物试样中分离和分析特殊物质的色谱方法。
(6)梯度洗脱:在一个分析周期内程序控制改变流动相的组成,如溶剂的极性、离子强度和 pH 值等。

2. 基本理论

(1)速率理论在 HPLC 中的表达式为:$H = A + C_m u + C_{sm} u$ 用于指导实验条件的选择。A、C_m 和 C_{sm} 均随固定相粒度 d_p 变小,因此保证 HPLC 高柱效的主要措施是使用小粒度的固定相。此外,要求粒度和柱填充均匀、使用低粘度流动相、适当的流速和柱温。

(2)反相键合相色谱法保留机制:可用"疏溶剂理论"说明,即溶质的保留值是其分子受到溶剂的斥力,而与键合相的烃基发生疏水缔合的结果。反相键合相色谱法的 k 受下列因素影响:①溶质的极性越强,k 越小;②流动相的含水量越高,使组分的 k 越大;③流动相的 pH(离子抑制作用)和离子强度都影响 k;④键合相的烃基越长,使溶质 k 增大。

(3)正相键合相色谱法:以氨基、氰基等极性键合相为固定相,以烷烃加少量极性调节剂为流动相,极性强的组分 k 大。

(4)反相离子对色谱法:组分的离子与加入到流动相中的离子对试剂的反离子生成中性离子对,增加在反相固定相的保留。容量因子受离子对试剂的种类和浓度、流动相的 pH 等影响。

3. 基本计算

(1)混合溶剂强度的计算:一点法。

(2)HPLC 的定量分析常用外标法和内标法。其计算与 GC 相同。

此外还可用标准加入法:$w_i = \dfrac{\Delta w_i}{\dfrac{A'_i(h'_i)}{A_i(h_i)} - 1}$

w_i 为欲测组分 i 在样品中的含量;Δw_i 为所加入的欲测组分(i)的量;A_i 和 A'_i 或 h_i 和 h'_i,为加入欲测组分前后两次测定的峰面积或峰高。

4. HPLC 仪器的主要部件

(1)输液泵;

(2)检测器:紫外、荧光、蒸发光散射检测器等;

(3)蒸发光散射检测器:适用于挥发性低于流动相的组分,是通用型检测器。

散射光强(I)与组分的质量(m)有关:

$$\lg I = b \lg m + \lg k$$

附　　录

附录一　常用分子量表

（以 1991 年公布的原子量计算）

分　子　式	分子量	分　子　式	分子量
$AgBr$		乙二胺四乙酸	
$AgCl$	187.772	$(H_4C_{10}H_{12}O_8N_2)$	292.2457
AgI	143.321	$H_2C_2O_4$	
$AgNO_3$	234.772	$H_2C_2O_4 \cdot 2H_2O$	90.0355
Al_2O_3	169.873	HCl	126.0660
$Al(OH)_3$	101.9612	$HClO_4$	36.4606
$Al_2(SO_4)_3 \cdot 18H_2O$	78.0036	HNO_3	100.4582
As_2O_3	666.4288	H_2O	63.0129
$BaCO_3$	197.8414	HI	18.0153
$BaCl_2 \cdot 2H_2O$	197.336	H_3PO_4	127.9124
BaO	244.263	H_2S	97.9953
$Ba(OH)_2 \cdot 8H_2O$	153.326	H_2SO_4	34.0819
$BaSO_4$	315.467	I_2	98.0795
$CaCO_3$	233.391	$KAl(SO_4) \cdot 12H_2O$	253.809
$CaC_2O_4 \cdot H_2O$	100.0872	KBr	474.3904
$CaCl_2$	146.1129	$KBrO_3$	119.0023
CaO	110.9834	K_2CO_3	167.0005
$Ca(OH)_2$	56.0774	$K_2C_2O_4 \cdot H_2O$	138.206
CO_2	74.093	KCl	184.231
CuO	44.0100	$KClO_4$	74.551
$Cu(OH)_2$	79.545	K_2CrO_4	138.549
Cu_2O	97.561	$K_2Cr_2O_7$	194.194
$CuSO_4 \cdot 5H_2O$	143.091	$KHC_4H_4O_6$（酒石酸氢钾）	294.188
$FeCl_2$	249.686	$KHC_8H_4O_4$	188.178
$FeCl_3$	126.75		204.224
FeO	162.2051	（邻苯二甲酸氢钾）	
Fe_2O_3	71.846	KH_2PO_4	136.086
$Fe(OH)_3$	159.69	K_2HPO_4	174.176
$FeSO_4 \cdot 7H_2O$	106.869	$KHSO_4$	136.170
$FeSO_4 \cdot (NH_4)_2SO_4 \cdot 6H_2O$	278.0176	KI	166.003
H_3AsO_4	392.1429	KIO_3	214.001
H_3BO_3	141.9430	$KMnO_4$	158.034
HBr	61.8330	KNO_3	101.103
$HBrO_3$	80.9119	KOH	56.106
醋酸（$HC_2H_3O_2$）	128.9101	K_3PO_4	212.266
HCN	60.0526	$KSCN$	97.182
H_2CO_3	27.0258	K_2SO_4	174.260
	62.0251	$K(SbO)C_4H_4O_6 \cdot 1/2H_2O$	333.928

分　子　式	分子量	分　子　式	分子量
（酒石酸锑钾）		$Na_2CO_3 \cdot 10H_2O$	386.142
$MgCO_3$	84.314	$Na_2C_2O_4$	134.000
$MgCl_2$	95.211	$NaCl$	58.443
$MgNH_4PO_4 \cdot 6H_2O$	245.407	$Na_2H_2C_{10}H_{12}O_8N_2 \cdot 2H_2O$	372.240
MgO	40.304	（EDTA 二钠二水合物）	
$Mg(OH)$	58.320	$NaHCO_3$	84.0071
$Mg_2P_2O_7$	222.553	$NaHC_2O_4 \cdot H_2O$	130.033
$MgSO_4$	120.369	$NaH_2PO_4 2H_2O$	156.008
$MgSO_4 \cdot 7H_2O$	246.476	$Na_2HPO_4 \cdot 12H_2O$	358.143
NH_3	17.0306	$NaNO_3$	84.9947
NH_4Br	97.948	Na_2O	61.9790
$(NH_4)CO_3$	96.0865	$NaOH$	39.9972
NH_4Cl	53.492	$Na_2SO_4 \cdot 10H_2O$	322.1961
NH_4F	37.0370	$Na_2S_2O_3$	58.110
NH_4OH	35.0460	$Na_2S_2O_3 \cdot 5H_2O$	248.186
$(NH_4)_3PO_4 \cdot 12MoO_3$	1876.35	P_2O_5	141.945
NH_4SCN	76.122	PbO_2	239.20
$(NH_4)_2SO_4$	132.141	$PbSO_4$	303.26
NO_2	45.0055	SO_2	64.065
NO_3	62.004	SO_3	80.064
$Na_2B_4O_7 \cdot 10H_2O$	381.372	SiO_2	60.085
$NaBr$	102.894	ZnO	81.39
Na_2CO_3	105.9890	$Zn(OH)_2$	99.40
		$ZnSO_4$	161.46
		$ZnSO_4 \cdot 7H_2O$	287.56

附录二　国际原子量表（1995）

序号	元素符号	名称	原子量	序号	元素符号	名称	原子量
1	H	氢	1.00794(7)	10	Ne	氖	20.1797(6)
2	He	氦	4.002602(2)	11	Na	钠	22.989770(2)
3	Li	锂	6.941(2)	12	Mg	镁	24.3050(6)
4	Be	铍	9.012182(3)	13	Al	铝	26.981538(2)
5	B	硼	10.811(7)	14	Si	硅	28.0855(3)
6	C	碳	12.0107(8)	15	P	磷	30.973761(2)
7	N	氮	14.00676(7)	16	S	硫	32.066(6)
8	O	氧	15.9994(3)	17	Cl	氯	35.4527(9)
9	F	氟	18.9984032(5)	18	Ar	氩	39.948(1)

序号	元素		原子量	序号	元素		原子量
	符号	名称			符号	名称	
19	K	钾	39.0983(1)	57	La	镧	138.9055(2)
20	Ca	钙	40.078(4)	58	Ce	铈	140.116(1)
21	Sc	钪	44.955910(8)	59	Pr	镨	140.90765(3)
22	Ti	钛	47.867(1)	60	Nd	钕	144.24(3)
23	V	钒	50.9415(1)	61	Pm	钷	[145]
24	Cr	铬	51.9961(6)	62	Sm	钐	150.36(3)
25	Mn	锰	54.938049(9)	63	Eu	铕	151.964(1)
26	Fe	铁	55.845(2)	64	Gd	钆	157.25(3)
27	Co	钴	58.933200(9)	65	Tb	铽	158.92534(2)
28	Ni	镍	58.6934(2)	66	Dy	镝	162.50(3)
29	Cu	铜	63.546(3)	67	Ho	钬	164.93032(2)
30	Zn	锌	65.39(2)	68	Er	铒	167.26(3)
31	Ga	镓	69.723(1)	69	Tm	铥	168.93421(2)
32	Ge	锗	72.61(2)	70	Yb	镱	173.04(3)
33	As	砷	74.921560(2)	71	Lu	镥	174.967(1)
34	Se	硒	78.96(3)	72	Hf	铪	178.49(2)
35	Br	溴	79.904(1)	73	Ta	钽	180.9479(1)
36	Kr	氪	83.80(1)	74	W	钨	183.84(1)
37	Rb	铷	85.4678(3)	75	Re	铼	186.207(1)
38	Sr	锶	87.62(1)	76	Os	锇	190.23(3)
39	Y	钇	88.90585(2)	77	Ir	铱	192.217(3)
40	Zr	锆	91.224(2)	78	Pt	铂	195.078(2)
41	Nb	铌	92.90638(2)	79	Au	金	196.96654(2)
42	Mo	钼	95.94(1)	80	Hg	汞	200.59(2)
43	Tc	锝	[98]	81	Tl	铊	204.3833(2)
44	Ru	钌	101.07(2)	82	Pb	铅	207.2(1)
45	Rh	铑	102.90550(2)	83	Bi	铋	208.98038(2)
46	Pd	钯	106.42(1)	84	Po	钋	[209]
47	Ag	银	107.8682(2)	85	At	砹	[210]
48	Cd	镉	112.411(8)	86	Rn	氡	[222]
49	In	铟	114.818(3)	87	Fr	钫	[223]
50	Sn	锡	118.710(7)	88	Ra	镭	[226]
51	Sb	锑	121.760(1)	89	Ac	锕	[227]
52	Te	碲	127.60(3)	90	Th	钍	232.0381(1)
53	I	碘	126.90447(3)	91	Pa	镤	231.03588(2)
54	Xe	氙	131.29(2)	92	U	铀	238.0289(1)
55	Cs	铯	132.90545(2)	93	Np	镎	[237]
56	Ba	钡	137.327(7)	94	Pu	钚	[244]

注:( )表示原子量数值最后一位的不确定性,[ ]中的数值为没有稳定同位素元素半衰期最长同位素的质量数

附录三　常用基准物质的干燥条件和应用

基准物质		干燥后组成	干燥条件 /℃	标定对象
名　称	分子式			
碳酸氢钠	$NaHCO_3$	Na_2CO_3	270~300	酸
碳酸钠	Na_2CO_3	Na_2CO_3	270~300	酸
硼砂	$Na_2B_4O_7 \cdot$	$Na_2B_4O_7 10H_2O$	干燥器中①	酸
草酸	$10H_2O$	$H_2C_2O_4 \cdot$	室温空气干燥	碱或 $KMnO_4$
邻苯二甲酸氢钾	$H_2C_2O_4 \cdot$	$2H_2O$	110~120	碱
重铬酸钾	$2H_2O$	$KHC_8H_4O_4$	140~150	还原剂
溴酸钾	$KHC_8H_4O_4$	$K_2Cr_2O_7$	130	还原剂
碘酸钾	$K_2Cr_2O_7$	$KBrO_3$	130	还原剂
铜	$KBrO_3$	KIO_3	室温空气干燥	还原剂
三氧化二砷	KIO_3	Cu	室温空气干燥	氧化剂
草酸钠	Cu	As_2O_3	130	氧化剂
碳酸钙	As_2O_3	$Na_2C_2O_4$	110	EDTA
锌	$Na_2C_2O_4$	$CaCO_3$	室温干燥器保存	EDTA
氧化锌	$CaCO_3$	Zn	900~1000	EDYA
氯化钠	Zn	ZnO	500~600	$AgNO_3$
氯化钾	ZnO	$NaCl$	500~600	$AgNO_3$
硝酸银	$NaCl$	KCl	280~290	卤化物

①放在含有 NaCl 和蔗糖饱和溶液的干燥器 $AgNO_3$ 中

附录四　常用酸碱的密度和浓度

试剂名称	密　度	含量/%	浓度/(mol/L)
盐酸	1.18~1.19	36~38	11.6~12.4
硝酸	1.39~1.40	65.0~8.0	14.4~15.2
硫酸	1.83~1.84	95~98	17.8~18.4
磷酸	1.69	85	14.6
氨水	0.88~0.90	25.0~28.0	13.3~14.8
冰醋酸	1.05	99.8~99.0	17.4
醋酸	1.01	36	6.0
高氯酸	1.68	70.0~72.0	11.7~12.0

附录五 常用缓冲溶液的配制

缓冲溶液组成	pKa	缓冲液 pH 值	缓冲溶液配制方法
氨基乙酸—HCl	2.35 pKa_1	2.3	取氨基乙酸 150g 溶于 500 mL 蒸馏水中后,加浓盐酸 80 mL,蒸馏水稀释至 1L。
H_3PO_4—柠檬酸盐		2.5	取 $Na_2HPO_4 \cdot 12H_2O$ 113g 溶于 200 mL 蒸馏水后,加柠檬酸 387g,溶解、过滤后,稀释至 1L。
一氯乙酸—NaOH	2.86	2.8	取 200g 一氯乙酸溶于 200 mL 蒸馏水中,加 NaOH 40g,溶解后,稀释至 1L。
邻苯二甲酸氢钾——HCl	2.95 pKa_1	2.9	取 500g 邻苯二甲酸氢钾溶于 500 mL 蒸馏水中,加浓 HCl 80 mL,稀释至 1L。
甲酸——NaOH	3.76	3.7	取 95g 甲酸和 NaOH 40g 于 500 mL 蒸馏水中,溶解,稀释至 1L。
NH_4Ac——HAc		4.5	取 NH_4Ac 77g 溶于 200 mL 蒸馏水中,加冰 HAc 59 mL,稀释至 1L。
NaAc—HAc	4.74	4.7	取无水醋酸钠 83g 溶于蒸馏水中,加冰醋酸 60 mL,稀释至 1L。
NaAc—HAc	4.74	5.0	取无水醋酸钠 160g 溶于蒸馏水中,加冰醋酸 60 mL,稀释至 1L。
NH_4Cl—HAc		5.0	取 NH_4Ac 250g 溶于蒸馏水中,加冰 HAc 25 mL,稀释至 1L。
六次甲基四胺——HCl	5.15	5.4	取六次甲基四胺 40g 溶于 200 mL 蒸馏水中,加浓 HCl 10 mL,稀释至 1L。
NH_4Cl—HAc		6.0	取 NH_4Ac 600g 溶于蒸馏水中,加冰 HAc 20 mL,稀释至 1L。
$NaAc$—H_3PO_4 盐		8.0	取无水 NaAc 50g 和 $Na_2HPO_4 \cdot 12H_2O$ 50g,溶于蒸馏水中,稀释至 1L。
NH_3——NH_4Cl	9.26	9.2	取 NH_4Cl 54g 溶于蒸馏水中,加浓氨水 63 mL,稀释至 1L。
NH_3——NH_4Cl	9.26	9.5	取 NH_4Cl 54g 溶于蒸馏水中,加浓氨水 126 mL,稀释至 1L。
NH_3——NH_4Cl	9.26	10.0	取 NH_4Cl 54g 溶于蒸馏水中,加浓氨水 350 mL,稀释至 1L。

注:(1)缓冲溶液配制后可用 pH 试纸检查。如 pH 值不对,可用共轭酸或共轭碱调节。pH 值欲调节精确时,可用 pH 计调节。

(2)若需增加或减少缓冲溶液的缓冲容量时,可相应增加或减少共轭酸碱对物质的量,再调节之。

附录六 常用指示剂

(一)酸碱指示剂

指示剂名称	变色pH范围	颜色变化	溶液配制方法
甲基紫(第一变色范围)	0.13 ~ 0.5	黄——绿	0.1%或0.05%的水溶液
甲基紫(第二变色范围)	1.0 ~ 1.5	绿——蓝	0.1%水溶液
甲基紫(第三变色范围)	2.0 ~ 3.0	蓝——紫	0.1%水溶液
二甲基黄	2.9 ~ 4.0	红——黄	0.1或0.01g指示剂溶于100 mL 90%乙醇中
甲基橙	3.1 ~ 4.4	红——橙黄	0.1%水溶液
溴酚蓝	3.0 ~ 4.6	黄——蓝	0.1g指示剂溶于100 mL 20%乙醇中
刚果红	3.0 ~ 5.2	蓝紫——红	0.1%水溶液
溴甲酚绿	3.8 ~ 5.4	黄——蓝	0.1g溶于100 mL 20%乙醇中
甲基红	4.4 ~ 6.2	红——黄	0.1或0.2g溶于100 mL 60%乙醇中
溴百里酚蓝	6.0 ~ 7.6	黄——蓝	0.05g溶于100 mL 20%乙醇中
中性红	6.8 ~ 8.0	红——亮黄	0.1g溶于100 mL 60%乙醇溶液中
酚红	6.8 ~ 8.0	黄——红	0.1g溶于100 mL 20%乙醇溶液中
甲酚红	7.2 ~ 8.8	亮黄——紫红	0.1g溶于100 mL 50%乙醇溶液中
酚酞	8.0 ~ 10.0	无色——粉红	0.1g溶于100 mL 60%乙醇溶液中
百里酚酞	9.4 ~ 10.6	无色——蓝色	0.1g溶于100 mL 90%乙醇溶液中
茜素红S(第一变色范围)	3.7 ~ 5.2	黄——紫	0.1%水溶液
茜素红S(第二变色范围)	10.0 ~ 12.0	紫——淡黄	0.1%水溶液
茜素红R(第二变色范围)	10.1 ~ 12.1	黄——淡紫	0.1%水溶液

(二)混合指示剂

指示剂溶液的组成	变色点（pH）	颜色 酸色	颜色 碱色	备注
一份 0.1%甲基橙溶液 一份 0.25%靛蓝(二磺酸)水溶液	4.1	紫	黄绿	
三份 0.1%溴甲酚绿乙醇溶液 一份 0.2%甲基红乙醇溶液	5.1	酒红	绿	
一份 0.1%溴甲酚绿钠盐水溶液 一份 0.1%次氯酚红钠盐水溶液	6.1	黄绿	蓝紫	pH5.4 蓝紫色 pH5.8 蓝色 pH6.0 蓝带紫
一份 0.1%中性红乙醇溶液 一份 0.1%次甲基蓝乙醇	7.0	蓝紫	绿	pH7.0 紫蓝
一份 0.1%甲酚红钠盐水溶液 三份 0.1%百里酚蓝钠盐水溶液	8.3	黄	紫	pH8.2 玫瑰红 pH8.4 紫色

(三)金属离子指示剂

指示剂	离解平衡和颜色变化	溶液配制方法
铬黑 T （EBT）	$H_2In^- \xrightleftharpoons{pK_{a2}=6.3} HIn^{2-} \xrightleftharpoons{pK_{a3}=11.5} In^{3-}$ 紫红 　　　　　橙 　　　　　蓝	1g 铬黑 T 与 100g NaCl 混匀研细
二甲酚橙 （XO）	$H_3In^{4-} \xrightleftharpoons{pK_a=6.3} H_2In^{5-}$ 黄 　　　　　　　红	0.2%水溶液
K—B 指示剂	$H_2In^- \xrightleftharpoons{pK_{a2}=8} HIn^{2-} \xrightleftharpoons{pK_{a3}=13} In^{3-}$ 红 　　　　　蓝 　　　　　紫红	0.2g 酸性铬蓝 K 与 0.4g 奈酚绿 B 溶于 100 mL 水中
钙指示剂	$H_2In^- \xrightleftharpoons{pK_{a2}=7.4} HIn^{2-} \xrightleftharpoons{pK_{a3}=13.5} In^{3-}$ 酒红 　　　　蓝 　　　　酒红	0.5%乙醇溶液或钙指示剂：NaCl(固) = 1: 100
Cu—PAN （Cuy－PAN）	$CuY + PAN + M^{n+} \rightleftharpoons MY + Cu-PAN$ 浅绿 　　　　　　　　红色	将 0.5mol/LCu²⁺ 液 10 mL, 加 pH5~6 的 HAc 缓冲液 5 mL,1 滴 PAN 指示剂,加热至 60 ℃ 左右,用 EDTA 滴至绿色,使用时取 2 mL 加数滴 PAN 液
钙镁试剂 （Calmagite）	$H_2In^- \xrightleftharpoons{pK_{a2}=8.1} Hin^{2-} \xrightleftharpoons{pK_{a3}=12.4} In^{3-}$ 红 　　　　　蓝 　　　　　红橙	0.5%水溶液

(四)氧化还原指示剂

指示剂名称	φ'/V $[H^+]=1mol/L$	颜色变化		溶液配制方法
		氧化态	还原态	
中性红	0.24	红	无色	0.05%的60%乙醇溶液
次甲基蓝	0.36	蓝	无色	0.05%水溶液
二苯胺	0.76	紫	无色	1%的浓硫酸溶液
二苯胺磺酸钠	0.85	紫红	无色	0.5%水溶液
N-邻苯氨基苯甲酸	1.08	紫红	无色	0.1g指示剂加20 mL 5%的 Na_2CO_3 溶液,用水稀至100 mL
邻二氮菲-Fe(Ⅱ)	1.06	浅蓝	红	1.485g邻二氮菲加0.965g $FeSO_4$,溶于100 mL水中

(五)沉淀滴定用吸附指示剂

指示剂	被测离子	滴定剂	滴定条件	溶液配制方法
荧光黄	Cl^-	Ag^+	pH 7~10(一般7~8)	0.2%乙醇溶液
二氯荧光黄	Cl^-	Ag^+	pH 4~10(一般5~8)	0.1%水溶液
曙红	Br^-	Ag^+	pH 2~10(一般3~8)	0.5%水溶液
溴甲酚绿	SCN^-	Ag^+	pH 4~5	0.1%水溶液
甲基紫	Ag^+	Cl^-	酸性溶液	0.1%水溶液
罗丹明6G	Ag^+	Br^-	酸性溶液	0.1%水溶液
钍试剂	SO_4^{2-}	Ba^{2+}	pH105~3.5	0.5%水溶液
溴酚蓝	Hg_2^{2+}	Cl^-、Br^-	酸性溶液	0.1%水溶液

附录七　络合物的稳定常数

（18 ℃ ~ 25 ℃）

金属离子	$I/(\text{mol} \cdot \text{L}^{-1})$	n	$\lg\beta_n$
氨络合物	0.5	1.2	3.24,7.05
Ag^+	2	1,…,6	2.65,4.75,6.19,12,6.80,5.14
Cd^{2+}	2	1,…,6	2.11,3.74,4.79,5.55,5.73,5.11
Co^{2+}	2	1,…,6	6.7,14.0,20.1;25.7,30.8,35.2
Cu^+	2	1,2	5.93,10.86
Cu^{2+}	2	1,…,4	4.31,7.98,11.02,13.32
Ni^{2+}	2	1,…,6	2.80,5.04,6.77,7.96,8.71,8.74
Zn^{2+}	2	1,…,4	2.37,4.81,7.31,9.46
溴络合物			
Ag^+	0	1,…,4	4.38,7.33,8.00,8.73
Bi^{3+}	2.3	1,…,6	4.30,5.55,5.89,7.82,—,9.70
Cd^{2+}	3	1,…,4	1.75,2.34,3.32,3.70
Cu^+	0	2	5.89
Hg^{2+}	0.5	1,…,4	9.05,17.32,19.74,21.00
氯络合物			
Ag^+	0	1,…,4	3.04,5.04,5.04;5.30
Hg^{2+}	0.5	1,…,4	6.74,13.22,14.07,15.07
Sn^{2+}	0	1,…,4	1.51,2.24,2.03,1.48
Sb^{3+}	4	1,…,6	2.26,3.49,4.18,4.72,4.72,4.11
氰络合物			
Ag^+	0	1,…,4	—,21.1,21.7,20.6
Cd^{2+}	3	1,…,4	5.48,10.60,15.23,18.78
Co^{2+}		6	19.09
Cu^+	0	1,…,4	—,24.0,28.59,30.3
Fe^{2+}	0	6	35
Fe^{3+}	0	6	42
Hg^{2+}	0	4	41.4
Ni^{2+}	0.1	4	31.3
Zn^{2+}	0.1	4	16.7
氟络合物			
Al^{3+}	0.5	1,…,6	6.31,11.15,15.00,17.75

金属离子	$I/(\text{mol} \cdot \text{L}^{-1})$	n	$\lg\beta_n$
			19.37,19.84
Fe^{3+}	0.5	1,…,6	5.28,9.30,12.06,—,15.77,–
Th^{4+}	0.5	1,…,3	7.65,13.46,17.97
TiO_2^{2+}	3	1,…,4	5.4,9.8,13.7,18.0
ZrO_2^{2+}	2	1,…,3	8.80,16.12,21.94
碘络合物			
Ag^+	0	1,…,3	6.58,11.74,13.68
Bi^{3+}	2	1,…,6	3.63,—,—,14.95,16.80,18.80
Cd^{2+}	0	1,…,4	2.10,3.43,4.49,5.41
Pb^{2+}	0	1,…,4	2.00,3.15,3.92,4.47
Hg^{2+}	0.5	1,…,4	12.87,23.82,27.60,29.83
磷酸络合物			
Ca^{2+}	0.2	CaHL	1.7
Mg^{2+}	0.2	MgHL	1.9
Mn^{2+}	0.2	MnHL	2.6
Fe^{3+}	0.66	FeL	9.35
硫氰酸络合物			
Ag^+	2.2	1,…,4	—,7.57,9.08,10.08
Au^+	0	1,…,4	—,23,—,42
Co^{2+}	1	1	1.0
Cu^+	5	1,…,4	—,11.00,10.90,10.48
Fe^{3+}	0.5	1,2	2.95,3.36
Hg^{2+}	1	1,…,4	—,17.47,—,21.23
硫代硫酸络合物			
Ag^+	0	1,…,3	8.82,13.46,14.15
Cu^+	0.8	1,2,3	10.35,12.27,13.71
Hg^{2+}	0	1,…,4	—,29.86,32.26,33.61
Pb^{2+}	0	1,3	5.1,6.4
乙酰丙酮络合物			
Al^{3+}	0	1,2,3	8.60,15.5,21.30
Cu^{2+}	0	1,2	8.27,16.34

金属离子	$I/(\text{mol} \cdot \text{L}^{-1})$	n	$\lg\beta_n$
Fe^{2+}	0	1,2	5.07,8.67
Fe^{3+}	0	1,2,3	11.4,22.1,26.7
Ni^{2+}	0	1,2,3	6.06,10.77,13.09
Zn^{2+}	0	1,2	4.98,8.81
柠檬酸络合物			
Ag^+	0	Ag_2HL	7.1
Al^{3+}	0.5	$AlHL$	7.0
		AlL	20.0
		$AlOHL$	30.6
Ca^{2+}	0.5	CaH_3L	10.9
		CaH_2L	8.4
		$CaHL$	3.5
Cd^{2+}	0.5	CdH_2L	7.9
Cd^{2+}	0.5	$CdHL$	4.0
		CdL	11.3
Co^{2+}	0.5	CoH_2L	8.9
		$CoHL$	4.4
		CoL	12.5
Cu^{2+}	0.5	CuH_3L	12.0
	0	$CuHL$	6.1
	0.5	CuL	18.0
Fe^{2+}	0.5	FeH_3L	7.3
柠檬酸络合物			
Fe^{2+}	0.5	$FeHL$	3.1
		FeL	15.5
Fe^{3+}	0.5	FeH_2L	12.2
		$FeHL$	10.9
		FeL	25.0
Ni^{2+}	0.5	NiH_2L	9.0
		$NiHL$	4.8
		NiL	14.3

金属离子	$I/(\mathrm{mol \cdot L^{-1}})$	n	$\lg\beta_n$
Pb^{2+}	0.5	PBH_2L	11.2
		PbHL	5.2
		PbL	12.3
Zn^{2+}	0.5	ZnH_2L	8.7
		ZnHL	4.5
		ZnL	11.4
草酸络合物			
Al^{3+}	0	1,2,3	7.26,13.0,16.3
Cd^{2+}	0.5	1,2	2.9,4.7
Co^{2+}	0.5	CoHL	5.5
		CoH_2L	10.6
		1,2,3,	4.79,6.7,9.7
CO^{3+}	0	3	~20
Cu^{2+}	0.5	CuHL	6.25
		1,2	4.5,8.9
Fe^{2+}	0.5~1	1,2,3,	2.9,4.52,5.22
Fe^{3+}	0	1,2,3	9.4,16.2,20.2
Mg^{2+}	0.1	1,2	2.76,4.38
Mn(Ⅲ)	2	1,2,3	9.98,16.57,19.42
Ni^{2+}	0.1	1,2,3	5.3,7.64,8.5
Th(Ⅳ)	0.1	4	24.5
TiO^{2+}	2	1,2	6.6,9.9
Zn^{2+}	0.5	ZnH_2L	5.6
		1,2,3	4.89,7.60,8.15
磺基水杨酸络合物			
Al_{3+}	0.1	1,2,3	13.20,22.83,28.89
Cd^{2+}	0.25	1,2	16.68,29.08
Co^{2+}	0.1	1,2	6.13,9.82
Cr^{3+}	0.1	1	9.56
Cu^{2+}	0.1	1,2	9.52,16.45
Fe^{2+}	0.1~0.5	1,2	5.90,9.90

金属离子	$I/(\text{mol} \cdot \text{L}^{-1})$	n	$\lg\beta_n$
Fe^{3+}	0.25	1,2,3	14.64,25.18,32.12
Mn^{2+}	0.1	1,2	5.24,8.24
Ni^{2+}	0.1	1,2	6.42,10.24
Zn^{2+}	0.1	1,2	6.05,10.65
酒石酸络合物			
Bi^{3+}	0	3	8.30
Ca^{2+}	0.5	CaHL	4.85
	0	1,2	2.98,9.01
Cd^{2+}	0.5	1	2.8
Cu^{2+}	1	1,$\cdots$,4	3.2,5.11,4.78,6.51
Fe^{3+}	0	3	7.49
Mg^{2+}	0.5	MgHL	4.65
		1	1.2
Pb^{2+}	0	1,2,3	3.78,—,4.7
Zn^{2+}	0.5	ZnHL	4.5
		1,2	2.4,8.32
乙二胺络合物			
Ag^+	0.1	1,2	4.70,7.70
Cd^{2+}	0.5	1,2,3	5.47,10.09,12.09
Co^{2+}	1	1,2,3	5.91,10.64,13.94
Co^{3+}	1	1,2,3	18.70,34.90,48.69
Cu^+		2	10.8
Cu^{2+}	1	1,2,3	10.67,20.00,21.0
Fe^{2+}	1.4	1,2,3	4.34,7.65,9.70
Hg^{2+}	0.1	1,2	14.30,23.3
Mn^{2+}	1	1,2,3	2.73,4.97,5.67
Ni^{2+}	1	1,2,3	7.52,13.80,18.06
Zn^{2+}	1	1,2,3	5.77,10.83,14.11
硫脲络合物			
Ag^+	0.03	1.2	7.4,13.1
Bi^{3+}		6	11.9

金属离子	$I/(\mathrm{mol \cdot L^{-1}})$	n	$\lg\beta_n$
Cu^+	0.1	3,4	13,15.4
Hg^{2+}		2,3,4	22.1,24.7,26.8
氢氧基络合物			
Al^{3+}	2	4	33.3
		$Al_6(OH)_{15}^{3+}$	163
Bi^{3+}	3	1	12.4
		$Bi_6(OH)_{12}^{6+}$	168.3
Cd^{2+}	3	$1,\cdots,4$	4.3,7.7,10.3,12.0
Co^{2+}	0.1	1,3	5.1,—,10.2
Cr^{3+}	0.1	1,2	10.2,18.3
Fe^{2+}	1	1	4.5
Fe^{3+}	3	1,2	11.0,21.7
		$Fe_2(OH)_2^{4+}$	25.1
Hg^{2+}	0.5	2	21.7
Mg^{2+}	0	1	2.6
Mn^{2+}	0.1	1	3.4
Ni^{2+}	0.1	1	4.6
Pb^{2+}	0.3	1,2,3	6.2,10.3,13.3
		$Pb_2(OH)^{3+}$	7.6
Sn^{2+}	3	1	10.1
Th^{4+}	1	1	9.7
Ti^{3+}	0.5	1	11.8
TiO^{2+}	1	1	13.7
VO^{2+}	3	1	8.0
Zn^{2+}	0	$1,\cdots,4$	4.4,10.1,14.2,15.5

说明:

(1)β_n 为络合物的累积稳定常数,即

$$\beta_n = K_1 \times K_2 \times K_3 \times \cdots \times K_n$$

例如 Ag^+ 与 NH_3 的络合物:

$\lg\beta_1 = 3.24$ 即 $\lg K_1 = 3.24$

$\lg\beta_2 = 7.05$ 即 $\lg K_1 = 3.24$　　$\lg K_2 = 3.81$

(2)酸式、碱式络合物及多核氢氧基络合物的化学式标明于 n 栏中。

附录八 氨羧络合剂类络合物的稳定常数

$(18\ ℃\sim25\ ℃,I=0.1\ mol\cdot L^{-1})$

金属离子	lgK					NTA	
	EDTA	DCyTA	DTPA	EGTA	HEDTA	$lg\beta_1$	$lg\beta_2$
Ag^+	7.32			6.88	6.71	5.16	
Al^{3+}	16.3	19.5	18.6	13.9	14.3	11.4	
Ba^{2+}	7.86	8.69	8.87	8.41	6.3	4.82	
Be^{2+}	9.2	11.51				7.11	
Bi^{3+}	27.94	32.3	35.6		22.3	17.5	
Ca^{2+}	10.69	13.20	10.83	10.97	8.3	6.41	
Cd^{2+}	16.46	19.93	19.2	16.7	13.3	9.83	14.61
Co^{2+}	16.31	19.62	19.27	12.39	14.6	10.38	14.39
Co^{3+}	36				37.4	6.84	
Cr^{3+}	23.4					6.23	
Cu^{2+}	18.8	22.00	21.55	17.71	17.6	12.96	
Fe^{2+}	14.32	19.0	16.5	11.87	12.3	8.33	
Fe^{3+}	25.1	30.1	28.0	20.5	19.8	15.9	
Ga^{3+}	20.3	23.2	25.54		16.9	13.6	
Hg^{2+}	21.7	25.00	26.70	23.2	20.30	14.6	
In^{3+}	25	28.8	29.0		20.2	16.9	
Li^+	2.79					2.51	
Mg^{2+}	8.7	11.02	9.30	5.21	7.0	5.41	
Mn^{2+}	13.87	17.48	15.60	12.28	10.9	7.44	
$Mo(V)$	~28						
Na^+	1.66						1.22
Ni^{2+}	18.62	20.3	20.32	13.55	17.3	11.53	16.42
Pb^{2+}	18.04	20.38	18.8	14.71	15.7	11.39	
Pd^{2+}	18.5						
Sc^{3+}	23.1	26.1	24.5	18.2			24.1
Sn^{2+}	22.1						
Sr^{2+}	8.73	10.59	9.77	8.50	6.9	4.98	
Th^{4+}	23.2	25.6	28.78				
TiO^{2+}	17.3						
Tl^{3+}	37.8	38.3				20.9	32.5
U^{4+}	25.8	27.6	7.69				
VO^{2+}	18.8	20.1					
Y^{3+}	18.09	19.85	22.13	17.16	14.78	11.41	20.43
Zn^{2+}	16.50	19.37	18.40	12.7	14.7	10.67	14.29
Zr^{4+}	29.5		35.8			20.8	
稀土元素	16~20	17~22	19		13~16	10~12	

EDTA:乙二胺四乙酸

DCyTA(或 DCTA,CyDTA):1,2—二胺基环乙烷四乙酸

DTPA:二乙基三胺五乙酸

EGTA:乙二醇二乙醚二胺四乙酸

HEDTA:N-β 羟基乙基乙二胺三乙酸　　NTA:氨三乙酸

附录九 EDTA 的 lgα_{Y(H)} 值

pH	$\lg\alpha_{Y(H)}$	pH	$\lg\alpha_{Y(H)}$	pH	$\lg\alpha_{Y(H)}$	pH	$\lg\alpha_{Y(H)}$	pH	$\lg\alpha_{Y(H)}$
0.0	23.64	2.5	11.90	5.0	6.45	7.5	2.78	10.0	0.45
0.1	23.06	2.6	11.62	5.1	6.26	7.6	2.68	10.1	0.39
0.2	22.47	2.7	11.35	5.2	6.07	7.7	2.57	10.2	0.33
0.3	21.89	2.8	11.09	5.3	5.88	7.8	2.47	10.3	0.28
0.4	21.32	2.9	10.84	5.4	5.69	7.9	2.37	10.4	0.24
0.5	20.75	3.0	10.60	5.5	5.51	8.0	2.27	10.5	0.20
0.6	20.18	3.1	10.37	5.6	5.33	8.1	2.17	10.6	0.16
0.7	19.62	3.2	10.14	5.7	5.15	8.2	2.07	10.7	0.13
0.8	19.08	3.3	9.92	5.8	4.98	8.3	1.97	10.8	0.11
0.9	18.54	3.4	9.70	5.9	4.81	8.4	1.87	10.9	0.09
1.0	18.01	3.5	9.48	6.0	4.65	8.5	1.77	11.0	0.07
1.1	17.49	3.6	9.27	6.1	4.49	8.6	1.67	11.1	0.06
1.2	16.98	3.7	9.06	6.2	4.34	8.7	1.57	11.2	0.05
1.3	16.49	3.8	8.85	6.3	4.20	8.8	1.48	11.3	0.04
1.4	16.02	3.9	8.65	6.4	4.06	8.9	1.38	11.4	0.03
1.5	15.55	4.0	8.44	6.5	3.92	9.0	1.28	11.5	0.02
1.6	15.11	4.1	8.24	6.6	3.79	9.1	1.19	11.6	0.02
1.7	14.68	4.2	8.04	6.7	3.67	9.2	1.10	11.7	0.02
1.8	14.27	4.3	7.84	6.8	3.55	9.3	1.01	11.8	0.01
1.9	13.88	4.4	7.64	6.9	3.43	9.4	0.92	11.9	0.01
2.0	13.51	4.5	7.44	7.0	3.32	9.5	0.83	12.0	0.01
2.1	13.16	4.6	7.24	7.1	3.21	9.6	0.75	12.1	0.01
2.2	12.82	4.7	7.04	7.2	3.10	9.7	0.67	12.2	0.005
2.3	12.50	4.8	6.84	7.3	2.99	9.8	0.59	13.0	0.0008
2.4	12.19	4.9	6.65	7.4	2.88	9.9	0.52	13.9	0.0001

附录十 一些络合剂的 lgα_{L(H)} 值

pH	0	1	2	3	4	5	6	7	8	9	10	11	12
DCTA *	23.77	19.79	15.91	12.54	9.95	7.87	6.07	4.75	3.71	2.70	1.71	0.78	0.18
EGTA	22.96	19.00	15.31	12.48	10.33	8.31	6.31	4.32	2.37	0.78	0.12	0.01	0.00
DTPA	28.06	23.09	18.45	14.61	11.58	9.17	7.10	5.10	3.19	1.64	0.62	0.12	0.01
氨三乙酸	16.80	13.80	10.84	8.24	6.75	5.70	4.70	3.70	2.70	1.71	0.78	0.18	0.02
乙酰丙酮	9.0	8.0	7.0	6.0	5.0	4.0	3.0	2.0	1.04	0.30	0.04	0.00	
草酸盐	5.45	3.62	2.26	1.23	0.41	0.06	0.00						
氰化物	9.21	8.21	7.21	6.21	5.21	4.21	3.21	2.21	1.23	0.42	0.06	0.01	0.00
氟化物	3.18	2.18	1.21	0.40	0.06	0.01	0.00						

* 又称 CDTA 或 CyDTA,为氨羧络合剂的一种。

附录十一 金属离子的 $\lg\alpha_{M(OH)}$ 值

		pH													
		1	2	3	4	5	6	7	8	9	10	11	12	13	14
Ag(Ⅰ)	0.1											0.1	0.5	2.3	5.1
Al(Ⅲ)	2					0.4	1.3	5.3	9.3	13.3	17.3	21.3	25.3	29.3	33.3
Ba(Ⅱ)	0.1													0.1	0.5
Bi(Ⅲ)	3	0.1	0.5	1.4	2.4	3.4	4.4	5.4							
Ca(Ⅱ)	0.1													0.3	1.0
Cd(Ⅱ)	3									0.1	0.5	2.0	4.5	8.1	12.0
Ce(Ⅳ)	1.2	1.2	3.1	5.1	7.1	9.1	11.1	13.1							
Cu(Ⅱ)	0.1								0.2	0.8	1.7	2.7	3.7	4.7	5.7
Fe(Ⅱ)	1									0.1	0.6	1.5	2.5	3.5	4.5
Fe(Ⅲ)	3			0.4	1.8	3.7	5.7	7.7	9.7	11.7	13.7	15.7	17.7	19.7	21.7
Hg(Ⅱ)	0.1			0.5	1.9	3.9	5.9	7.9	9.9	11.9	13.9	15.9	17.9	19.9	21.9
La(Ⅲ)	3										0.3	1.0	1.9	2.9	3.9
Mg(Ⅱ)	0.1											0.1	0.5	1.3	2.3
Ni(Ⅱ)	0.1									0.1	0.7	1.6			
Pb(Ⅱ)	0.1							0.1	0.5	1.4	2.7	4.7	7.4	10.4	13.4
Th(Ⅳ)	1				0.2	0.8	1.7	2.7	3.7	4.7	5.7	6.7	7.7	8.7	9.7
Zn(Ⅱ)	0.1									0.2	2.4	5.4	8.5	11.8	15.5

附录十二 校正酸效应、水解效应及生成酸式或碱式络合物效应后 EDTA 络合物的条件稳定常数

	0	1	2	3	4	5	6	7	8	9	10	11	12	13	14
Ag^+					0.7	1.7	2.8	3.9	5.0	5.9	6.8	7.1	6.8	5.0	2.2
Al^{3+}			3.0	5.4	7.5	9.6	10.4	8.5	6.6	4.5	2.4				
Ba^{2+}				1.3	3.0	4.4	5.5	6.4	7.3	7.7	7.8	7.7	7.3		
Bi^{3+}	1.4	5.3	8.6	10.6	11.8	12.8	13.6	14.0	14.1	14.0	13.9	13.3	12.4	11.4	10.4
Ca^{2+}					2.2	4.1	5.9	7.3	8.4	9.3	10.2	10.6	10.7	10.4	9.7
Cd^{2+}		1.0	3.8	6.0	7.9	9.9	11.7	13.1	14.2	15.0	15.5	14.4	12.0	8.4	4.5
Co^{2+}		1.0	3.7	5.9	7.8	9.7	11.5	12.9	13.9	14.5	14.7	14.1	12.1		
Cu^2		3.4	6.1	8.3	10.2	12.2	14.0	15.4	16.3	16.6	16.6	16.1	15.7	15.6	15.6

离子															
Fe^{2+}			1.5	3.7	5.7	7.7	9.5	10.9	12.0	12.8	13.2	12.7	11.8	10.8	9.8
Fe^{3+}	5.1	8.2	11.5	13.9	14.7	14.8	14.6	14.1	13.7	13.6	14.0	14.3	14.4	14.4	14.4
Hg^{2+}	3.5	6.5	9.2	11.1	11.3	11.3	11.1	10.5	9.6	8.8	8.4	7.7	6.8	5.8	4.8
La^{3+}			1.7	4.6	6.8	8.8	10.6	12.0	13.1	14.0	14.6	14.3	13.5	12.5	115
Mg^{2+}					2.1	3.9	5.3	6.4	7.3	8.2	8.5	8.2	7.4		
Mn^{2+}			1.4	3.6	5.5	7.4	9.2	10.6	11.7	12.6	13.4	13.4	12.6	11.6	10.6
Ni^{2+}		3.4	6.1	8.2	10.1	12.0	13.8	15.2	16.3	17.1	17.4	16.9			
Pb^{2+}		2.4	5.2	7.4	9.4	11.4	13.2	14.5	15.2	15.2	14.8	13.9	10.6	7.6	4.6
Sr^{2+}					2.0	3.8	5.2	6.3	7.2	8.1	8.5	8.6	8.5		80
Th^{4+}	1.8	5.8	9.5	12.4	14.5	15.8	16.7	17.4	18.2	19.1	20.0	20.4	20.5	20.5	20.5
Zn^{2+}		1.1	3.8	6.0	7.9	9.9	11.7	13.1	14.2	14.9	13.6	11.0	8.0	4.7	1.0

附录十三　铬黑 T 和二甲酚橙的 $\lg\alpha_{In(H)}$ 及有关常数

（一）铬黑 T

pH	红	$pK_{a2}=6.3$		蓝		$pK_{a3}=11.6$	橙
		6.0	7.0	8.0	9.0	10.0	11.0
$\lg\alpha_{In(H)}$		6.0	3.6	2.6	1.6	0.7	
pCa_{ep}（至红）				1.8	2.8	3.8	4.7
pMg_{ep}（至红）		1.0	2.4	3.4	4.4	5.4	6.3
pMn_{ep}（至红）		3.6	5.0	6.2	7.8	9.7	11.5
pZn_{ep}（至红）	6.9	8.3	9.3	10.5	12.2	13.9	

对数常数：$\lg K_{CaIn}=5.4$，$\lg K_{MgIn}=7.0$；$\lg K_{MnIn}=9.6$；$\lg K_{ZnIn}=12.9$；$c_{In}=10^{-5}\,mol\cdot L^{-1}$

（二）二甲酚橙

pH	黄			$pK_{a4}=6.3$		红			
	0	1.0	2.0	3.0	4.0	4.5	5.0	5.5	6.0
$\lg\alpha_{In(H)}$	35.0	30.0	25.1	20.7	17.3	15.7	14.2	12.8	11.3
pBi_{ep}（至红）		4.0	5.4	6.8					
pCd_{ep}（至红）						4.0	4.5	5.0	5.5
pHg_{ep}（至红）							7.4	8.2	9.0
pLa_{ep}（至红）						4.0	4.5	5.0	5.6
pPb_{ep}（至红）				4.2	4.8	6.2	7.0	7.6	8.2
pTh_{ep}（至红）		3.6	4.9	6.3					
pZn_{ep}（至红）						4.1	4.8	5.7	6.5
pZr_{ep}（至红）	7.5								

附录十四　标准电极电势

（18 ℃ ~ 25 ℃）

半　反　应	φ/V
$F_2(气) + 2H^+ + 2e \Longrightarrow 2HF$	3.06
$O_3 + 2H^+ + 2e^- \Longrightarrow O_2 + H_2O$	2.07
$S_2O_8^{2-} + 2e^- \Longrightarrow 2SO_4$	2.01
$H_2O_2 + 2H^+ + 2e^- \Longrightarrow 2H_2O$	1.77
$MnO_4^- + 4H^+ + 3e^- \Longrightarrow MnO_2(固) + 2H_2O$	1.695
$PbO_2(固) + SO_4 + 4H^+ + 2e \Longrightarrow PbSO_4(固) + 2H_2O$	1.685
$HClO_2 + 2H^+ + 2e^- \Longrightarrow HClO + H_2O$	1.64
$HClO + H^+ + e^- \Longrightarrow 1/2Cl_2 + H_2O$	1.63
$Ce^{4+} + e \Longrightarrow Ce^{3+}$	1.61
$H_5IO_6 + H^+ + 2e^- \Longrightarrow IO_3^- + 3H_2O$	1.60
$HBrO + H^+ + e \Longrightarrow 1/2Br_2 + H_2O$	1.59
$BrO_3 + 6H^+ + 5e^- \Longrightarrow 1/2Br_2 + 3H_2O$	1.52
$MnO_4 + 8H^+ + 5e^- \Longrightarrow Mn^{2+} + 4H_2O$	1.51
$Au(Ⅲ) + 3e^- \Longrightarrow Au$	1.50
$HClO + H^+ + 2e^- \Longrightarrow Cl^- + H_2O$	1.49
$ClO_3^- + 6H^+ + 5e \Longrightarrow 1/2Cl_2 + 3H_2O$	1.47
$PbO_2^-(固) + 4H^+ + 2e^- \Longrightarrow Pb^{2+} + 2H_2O$	1.455
$HIO + H^+ + e^- \Longrightarrow 1/2I_2 + H_2O$	1.45
$ClO_3^- + 6H^+ + 6e^- \Longrightarrow Cl^- + 3H_2O$	1.45
$BrO_3^- + 6H^+ + 6e \Longrightarrow Br^- + 3H_2O$	1.44
$Au(Ⅲ)2e^- \Longrightarrow Au(Ⅰ)$	1.41
$Cl_2(气) + 2e^- \Longrightarrow 2Cl^-$	1.359 5
$ClO_4^- + 8H^+ + 7e^- \Longrightarrow 1/2Cl_2 + 4H_2O$	1.34
$Cr_2O_7^{2-} + 14H^+ + 2e^- \Longrightarrow 2Cr^{3+} + 7H_2O$	1.33
$MnO_2(固) + 4H^+ + 2e^- \Longrightarrow Mn^{2+} + 2H_2O$	1.23
$O_2(气) + 4H^+ + 4e^- \Longrightarrow 2H_2O$	1.229
$IO_3 + 6H^+ + 5e^- \Longrightarrow 1/2I_2 + 3H_2O$	1.20
$ClO_4^- + 2H^+ + 2e^- \Longrightarrow ClO_3 + H_2O$	1.19
$Br_2(水) + 2e^- \Longrightarrow 2Br$	1.087
$NO_2 + H^+ + e^- \Longrightarrow HNO_2$	1.07
$Br_3^- + 2e^- \Longrightarrow 3Br^-$	1.05
$HNO_2 + H^+ + e - \Longrightarrow NO(气) + H_2O$	1.00
$VO_2^+ + 2H^+ + e - \Longrightarrow VO^{2+} + H_2O$	1.00
$HIO + H^+ + 2e^- \Longrightarrow I^- + H_2O$	0.99
$NO_3 + 3H^+ + 2e^- \Longrightarrow HNO_2 + H_2O$	0.94
$ClO^- + H_2O + 2e^- \Longrightarrow Cl^- + 2OH^-$	0.89
$H_2O_2 + 2e^- \Longrightarrow 2OH^-$	0.88
$Cu^{2+} + I^- + e^- \Longrightarrow CuI(固)$	0.86
$Hg^{2+} + 2e^- \Longrightarrow Hg$	0.845

半 反 应	φ/V
$NO_3^- + 2H^+ + e^- \rightleftharpoons NO_2 + H_2O$	0.80
$Ag^+ + e^- \rightleftharpoons Ag$	0.799 5
$Hg_2^{2+} + 2e \rightleftharpoons 2Hg$	0.793
$Fe^{3+} + e^- \rightleftharpoons Fe^{2+}$	0.771
$BrO^- + H_2O + 2e^- \rightleftharpoons Br^- + 2OH^-$	0.76
$O_2(气) + 2H^+ + 2e^- \rightleftharpoons H_2O_2$	0.682
$AsO_2^- + 2H_2O + 3e^- \rightleftharpoons As + 4OH^-$	0.68
$2HgCl_2 + 2e^- \rightleftharpoons Hg_2Cl_2(固) + 2Cl^-$	0.63
$Hg_2SO_4(固) + 2e^- \rightleftharpoons 2Hg + SO_4^{2-}$	0.615 1
$MnO_4^- + 2H_2O + 3e^- \rightleftharpoons MnO_2(固) + 4OH^-$	0.588
$MnO_4^- + e^- \rightleftharpoons MnO_4$	0.564
$H_3AsO_4 + 2H^+ + 2e^- \rightleftharpoons HAsO_2 + 2H_2O$	0.559
$I_3^- + 2e^- \rightleftharpoons 3I^-$	0.545
$I_2(固) + 2e^- \rightleftharpoons 2I^-$	0.534 5
$Mo(Ⅵ) + e^- \rightleftharpoons Mo(Ⅴ)$	0.53
$Cu^+ + e^- \rightleftharpoons Cu$	0.52
$4SO_2(水) + 4H^+ + 6e^- \rightleftharpoons S_4O_6^{2-} + 2H_2O$	0.51
$HgCl_4^{2-} + 2e^- \rightleftharpoons Hg + 4Cl^-$	0.48
$2SO_2(水) + 2H^+ + 4e^- \rightleftharpoons S_2O_3^{2-} + H_2O$	0.40
$Fe(CN)_6^{3-} + e^- \rightleftharpoons Fe(CN)_6^{4-}$	0.36
$Cu^{2+} + 2e^- \rightleftharpoons Cu$	0.337
$VO^{2+} + 2H^+ + e^- \rightleftharpoons V^{3+} + H_2O$	0.337
$BiO^+ + 2H^+ + 3e^- \rightleftharpoons Bi + H_2O$	0.32
$Hg_2Cl_2(固) + 2e^- \rightleftharpoons 2Hg + 2Cl^-$	0.267 6
$HAsO_2 + 3H^+ + 3e^- \rightleftharpoons As + 2H_2O$	0.248
$AgCl(固) + e^- \rightleftharpoons Ag + Cl^-$	0.222 3
$SbO^+ + 2H^+ + 3e^- \rightleftharpoons Sb + H_2O$	0.212
$SO_4^{2-} + 4H^+ + 2e^- \rightleftharpoons SO_2(水) + H_2O$	0.17
$Cu^{2+} + e^- \rightleftharpoons Cu^+$	0.159
$Sn^{4+} + 2e^- \rightleftharpoons Sn^{2+}$	0.154
$S + 2H^+ + 2e^- \rightleftharpoons H_2S(气)$	0.141
$Hg_2Br_2 + 2e^- \rightleftharpoons 2Hg + Br^-$	0.139 5
$TiO^{2+} + 2H^+ + e^- \rightleftharpoons Ti^{3+} + H_2O$	0.1
$S_4O_6^{2-} + 2e^- \rightleftharpoons 2S_2O_3^{2-}$	0.08
$AgBr(固) + e^- \rightleftharpoons Ag + Br^-$	0.071
$2H^+ + 2e^- \rightleftharpoons H_2$	0.000
$O_2 + H_2O + 2e^- \rightleftharpoons HO_2^- + OH^-$	-0.067
$TiOCl^+ + 2H^+ + 3Cl^- + e^- \rightleftharpoons TiCl_4^- + H_2O$	-0.09
$Pb^{2+} + 2e^- \rightleftharpoons Pb$	-0.126
$Sn^{2+} + 2e^- \rightleftharpoons Sn$	-0.136
$AgI(固) + e^- \rightleftharpoons Ag + I^-$	-0.152

半 反 应	φ/V
$Ni^{2+} + 2e^- = Ni$	-0.246
$H_3PO_4 + 2H^+ + 2e^- = H_3PO + H_2O$	-0.276
$Co^{2+} + 2e^- = Co$	-0.277
$Tl^+ + e^- = Tl$	$-0.336\ 0$
$In^{3+} + 3e^- = In$	-0.345
$PbSO_4(固) + 2e^- = Pb + SO_4^{2-}$	$-0.355\ 3$
$SeO_3^{2-} + 3H_2O + 4e^- = Se + 6OH^-$	-0.366
$As + 3H^+ + 3e^- = AsH_3$	-0.38
$Se + 2H^+ + 2e^- = H_2Se$	-0.40
$Cd^{2+} + 2e^- = Cd$	-0.403
$Cr^{3+} + e^- = Cr^{2+}$	-0.41
$Fe^{2+} + 2e^- = Fe$	-0.440
$S + 2e^- = S^{2-}$	-0.48
$2CO_2 + 2H^+ + 2e- = H_2C_2O_4$	-0.49
$H_3PO_3 + 2H^+ + 2e^- = H_3PO_2 + H_2O$	-0.50
$Sb + 3H^+ + 3e^- = SbH_3$	-0.51
$HPbO_2^- + H_2O + 2e^- = Pb + 3OH^-$	-0.54
$Ga^{3+} + 3e^- = Ga$	-0.56
$TeO_3^{2-} + 3H_2O + 4e^- = Te + 6OH^-$	-0.57
$2SO_3^{2-} + 3H_2O + 4e^- = S_2O_3^{2-} + 6OH^-$	-0.58
$SO_3^{2-} + 3H_2O + 4e^- = S + 6OH^-$	-0.66
$AsO_4^{3-} + 2H_2O + 2e^- = AsO_2^- + 4OH^-$	-0.67
$Ag_2S(固) + 2e^- = 2Ag + S^{2-}$	-0.69
$Zn^{2+} + 2e^- = Zn$	-0.763
$2H_2O + 2e^- = H_2 + 2OH^-$	-0.828
$Cr^{2+} + 2e^- = Cr$	-0.91
$HSnO_2^- + H_2O + 2e^- = Sn + 3OH^-$	-0.91
$Se + 2e^- = Se^{2-}$	-0.92
$Sn(OH)_6^{2-} + 2e^- = HSnO_2^- + H_2O + 3OH^-$	-0.93
$CNO^- + H_2O + 2e^- = CN^- + 2OH^-$	-0.97
$Mn^{2+} + 2e^- = Mn$	-1.182
$ZnO_2^{2-} + H_2O + 2e^- = Zn + 4OH^-$	-1.216
$Al^{3+} + 3e^- = Al$	-1.66
$H_2AlO_3^- + H_2O + 3e^- = Al + 4OH^-$	-2.35
$Mg^{2+} + 2e^- = Mg$	-2.37
$Na^+ + e^- = Na$	-2.714
$Ca^{2+} + 2e^- = Ca$	-2.87
$Sr^{2+} + 2e^- = Sr$	-2.89
$Ba^{2+} + 2e^- = Ba$	-2.90
$K^+ + e^- = K$	-2.925
$Li^+ + e^- = Li$	-3.042

附录十五　某些氧化还原电对的条件电势(φ')

半　反　应	φ'/V	介　　质
$Ag(\text{II}) + e^- \rightleftharpoons Ag^+$	1.927	$4mol \cdot L^{-1}HNO_3$
$Ce(\text{IV}) + e^- \rightleftharpoons Ce(\text{III})$	1.74	$1mol \cdot L^{-1}HClO_4$
	1.44	$0.5mol \cdot L^{-1}H_2SO_4$
	1.28	$1mol \cdot L^{-1}HCl$
$Co^{3+} + e^- \rightleftharpoons Co^{2+}$	1.84	$3mol \cdot L^{-1}HNO_3$
$Co(乙二胺)_3^{3+} + e^- \rightleftharpoons Co(乙二胺)_3^{2+}$	-0.2	$0.1mol \cdot L^{-1}KNO_3 +$
		$0.1mol \cdot L^{-1}乙二胺$
$Cr(\text{III}) + e^- \rightleftharpoons Cr(\text{II})$	-0.40	$5mol \cdot L^{-1}HCl$
$Cr_2O_7^{2-} + 14H^+ + 6e^- \rightleftharpoons 2Cr^{3+} + 7H_2O$	1.08	$3mol \cdot L^{-1}HCl$
	1.15	$4mol \cdot L^{-1}H_2SO_4$
	1.025	$1mol \cdot L^{-1}HClO_4$
$CrO_4^{2-} + 2H_2O + 3e^- \rightleftharpoons CrO_2^- + 4OH^-$	-0.12	$1mol \cdot L^{-1}NaOH$
$Fe(\text{III}) + e^- \rightleftharpoons Fe^{2+}$	0.767	$1mol \cdot L^{-1}HClO_4$
	0.71	$0.5mol \cdot L^{-1}HCl$
	0.68	$1mol \cdot L^{-1}H_2SO_4$
	0.68	$1mol \cdot L^{-1}HCl$
	0.46	$2mol \cdot L^{-1}H_3PO_4$
	0.51	$1mol \cdot L^{-1}HCl - 0.25$
		$mol \cdot L^{-1}H_3PO_4$
$Fe(EDTA)^- + e^- \rightleftharpoons Fe(EDTA)^{2-}$	0.12	$0.1mol \cdot L^{-1}EDTA$
		$pH = 4 \sim 6$
$Fe(CN)_6^{3-} + e^- \rightleftharpoons Fe(CN)_6^{4-}$	0.56	$0.1mol \cdot L^{-1}HCl$
$FeO_4^{2-} + 2H_2O + 3e^- \rightleftharpoons FeO_2^- + 4OH^-$	0.55	$10mol \cdot L^{-1}NaOH$
$I_3^- + 2e^- \rightleftharpoons 3I^-$	0.5446	$0.5 \ mol \cdot L^{-1}H_2SO_4$
$I_2(水) + 2e^- \rightleftharpoons 2I^-$	0.6276	$0.5 \ mol \cdot L^{-1}H_2SO$
$MnO_4^- + 8H^+ + 5e^- \rightleftharpoons Mn^{2+} + 4H_2O$	1.45	$1 \ mol \cdot L^{-1}HClO_4$
$SnCl_6^{2-} + 2e^- \rightleftharpoons SnCl_4^{2-} + 2Cl^-$	0.14	$1 \ mol \cdot L^{-1}HCl$
$Sb(\text{V}) + 2e^- \rightleftharpoons Sb(\text{III})$	0.75	$3.5 \ mol \cdot L^{-1}HCl$
$Sb(OH)_6^- + 2e^- \rightleftharpoons SbO_2^- + 2OH^- + 2H_2O$	-0.428	$3 \ mol \cdot L^{-1}NaOH$
$SbO_2^- + 2H_2O + 3e^- \rightleftharpoons Sb + 4OH^-$	-0.675	$10 \ mol \cdot L^{-1}KOH$
$Ti(\text{IV}) + e^- \rightleftharpoons Ti(\text{III})$	-0.01	$0.2 \ mol \cdot L^{-1}H_2SO_4$
	0.12	$2 \ mol \cdot L^{-1}H_2SO_4$
	-0.04	$1 \ mol \cdot L^{-1}HCl$
	-0.05	$1 \ mol \cdot L^{-1}H_3PO_4$
$Pb(\text{II}) + 2e^- \rightleftharpoons Pb$	-0.32	$1 \ mol \cdot L^{-1}NaAc$

附录十六　微溶化合物的溶度积($18\ ℃\sim25\ ℃,I=0$)

微溶化合物	K_{SP}	pK_{SP}	微溶化合物	K_{SP}	pK_{SP}
AgAc	2×10^{-3}	2.7	$Cd_2[Fe(CN)_6]$	3.2×10^{-17}	16.49
Ag_3AsO_4	1×10^{-22}	22.0	$Cd(OH)_2$ 新析出	2.5×10^{-14}	13.60
AgBr	5.0×10^{-13}	12.33	$CdC_2O_4\cdot3H_2O$	9.1×10^{-8}	7.04
Ag_2CO_3	8.1×10^{-12}	11.09	CdS	8×10^{-27}	26.1
AgCl	1.8×10^{-10}	9.75	$CoCO_3$	1.4×10^{-13}	12.84
Ag_2CrO_4	2.0×10^{-12}	11.71	$Co_2[Fe(CN)_6]$	1.8×10^{-15}	14.74
AgCN	1.2×10^{-16}	15.92	$Co(OH)_2$ 新析出	2×10^{-15}	14.7
AgOH	2.0×10^{-8}	7.71	$Co(OH)_3$	2×10^{-44}	43.7
AgI	9.3×10^{-17}	16.03	$Co[Hg(SCN)_4]$	1.5×10^{-8}	5.82
$Ag_2C_2O_4$	3.5×10^{-11}	10.46	$\alpha-CoS$	4×10^{-21}	20.4
Ag_3PO_4	1.4×10^{-16}	15.84	$\beta-CoS$	2×10^{-25}	24.7
Ag_2SO_4	1.4×10^{-5}	4.48	$Co_3(PO_4)_2$	2×10^{-35}	34.7
Ag_2S	2×10^{-49}	48.7	$Cr(OH)_3$	6×10^{-31}	30.2
AgSCN	1.0×10^{-12}	12.00	CuBr	5.2×10^{-9}	8.28
$Al(OH)_3$ 无定形	1.3×10^{-33}	32.9	CuCr	1.2×10^{-3}	5.92
As_2S_3*	2.1×10^{-22}	21.68	CuCN	3.2×10^{-20}	19.49
$BaCO_3$	5.1×10^{-9}	8.29	CuI	1.1×10^{-12}	11.96
$BaCrO_4$	1.2×10^{-10}	9.93	CuOH	1×10^{-14}	14.0
BaF_2	1×10^{-5}	6.0	Cu_2S	2×10^{-48}	47.7
$BaC_2O_4\cdot H_2O$	2.3×10^{-8}	7.64	CuSCN	4.8×10^{-15}	14.32
$BaSO_4$	1.1×10^{-10}	9.96	$CuCO_3$	1.4×10^{-10}	9.86
$Bi(OH)_3$	4×10^{-31}	30.4	$Cu(OH)_2$	2.2×10^{-20}	19.66
$Bi(OH)_2$**	4×10^{-10}	9.4	CuS	6×10^{-36}	35.2
BiI_3	8.1×10^{-19}	18.09	$FeCO_3$	3.2×10^{-11}	10.50
BiOCl	1.8×10^{-31}	30.75	$Fe(OH)_2$	8×10^{-16}	15.1
$BiPO_4$	1.3×10^{-23}	22.89	FeS	6×10^{-18}	17.2
Bi_2S_3	1×10^{-97}	97.0	$Fe(OH)_3$	4×10^{-38}	37.4
$CaCO_3$	2.9×10^{-9}	8.54	$FePO_4$	1.3×10^{-22}	21.89
CaF_2	2.7×10^{-11}	10.57	Hg_2Br_2*	5.8×10^{-23}	22.24
$CaC_2O_4\cdot H_2O$	2.0×10^{-9}	8.70	Hg_2CO_3	8.9×10^{-17}	16.05
$Ca_3(PO_4)_2$	2.0×10^{-29}	28.70	Hg_2Cl_2	1.3×10^{-18}	17.88
$CaSO_4$	9.1×10^{-6}	5.04	$Hg_2(OH)_2$	2×10^{-24}	23.7
$CaWO_4$	8.7×10^{-9}	8.06	Hg_2I_2	4.5×10^{-29}	28.35
$CdCO_3$	5.2×10^{-12}	11.28	Hg_2SO_4	7.4×10^{-7}	6.13

* 为下列平衡的平衡常数 $As_2S_3+4H_2O\quad 2HAsO_2+3H_2S$

** BiOOH $K_{SP}=[BiO^+][OH^-]$

* $(Hg_2)_mX_n;K_{SP}=[Hg_2^{2+}]_m[X^{-2m/n}]_n$

微溶化合物	K_{SP}	pK_{SP}	微溶化合物	K_{SP}	pK_{SP}
Hg_2S	1×10^{-47}	47.0	$Sb(OH)_3$	4×10^{-42}	41.4
$Hg(OH)_2$	3.0×10^{-25}	25.52	Sb_2S_3	2×10^{-93}	92.8
HgS 红色	4×10^{-53}	52.4	$Sn(OH)_2$	1.4×10^{-23}	27.85
黑色	2×10^{-52}	51.7	SnS	1×10^{-25}	25.0
$MgNH_4PO_4$	2×10^{-13}	12.7	$Sn(OH)_4$	1×10^{-56}	56.0
$MgCO_3$	3.5×10^{-3}	7.46	SnS_2	2×10^{-27}	26.7
MgF_2	6.4×10^{-9}	8.19	$SrCO_3$	1.1×10^{-10}	9.96
$Mg(OH)_2$	1.8×10^{-11}	10.74	$SrCrO_4$	2.2×10^{-5}	4.65
$MnCO_3$	1.8×10^{-11}	10.74	SrF_2	2.4×10^{-9}	8.61
$Mn(OH)_2$	1.9×10^{-13}	12.72	$SrC_2O_4 \cdot H_2O$	1.6×10^{-7}	6.80
MnS 无定形	2×10^{-10}	9.7	$Sr_3(PO_4)_2$	4.1×10^{-28}	27.39
MnS 晶体	2×10^{-13}	12.7	$SrSO_4$	3.2×10^{-7}	6.49
$NiCO_3$	6.6×10^{-9}	8.18	$Ti(OH)_3$	1×10^{-40}	40.0
$Ni(OH)_2$ 新析出	2×10^{-15}	14.7	$TiO(OH)_2^*$	1×10^{-29}	29.0
$Ni_3(PO_4)_2$	5×10^{-31}	30.3	$ZnCO_3$	1.4×10^{-11}	10.84
$\alpha - NiS$	3×10^{-19}	18.5	$Zn_2[Fe(CN)_6]$	4.1×10^{-16}	15.39
$\beta - NiS$	1×10^{-24}	24.0	$Zn(OH)_2$	1.2×10^{-17}	16.92
$\gamma - NiS$	2×10^{-26}	25.7	$Zn_3(PO_4)_2$	9.1×10^{-33}	32.04
$PbCO_3$	7.4×10^{-14}	13.13	ZnS	2×10^{-22}	21.7
$PbCl_2$	1.6×10^{-5}	4.79			
$PbClF$	2.4×10^{-9}	8.62			
$PbCrO_4$	2.8×10^{-13}	12.55			
PbF_2	2.7×10^{-8}	7.57			
$Pb(OH)_2$	1.2×10^{-15}	14.93			
PbI_2	7.1×10^{-9}	8.15			
$PbMoO_4$	1×10^{-13}	13.0			
$Pb_3(PO_4)_2$	8.0×10^{-43}	42.10			
$PbSO_4$	1.6×10^{-8}	7.79			
PbS	8×10^{-28}	27.9			
$Pb(OH)_4$	3×10^{-66}	65.5			

$* \ TiO(OH)_2 : K_{SP} = [TiO^{2+}][OH^-]^2$

参考文献

1. 孙毓庆. 分析化学. 北京:人民卫生出版社,1999

2. 武汉大学主编. 分析化学. 北京:高等教育出版社,2000

3. 李俊义等. 分析化学学习指导. 北京:高等教育出版社,2001

4. 漆德瑶等. 理化分析数据处理手册. 北京:中国计量出版社,1990

5. 胡育筑. 化学计量学简明教程. 北京:中国医药科技出版社,1992

6. 孙毓庆. 分析化学. 北京:人民卫生出版社,1992

7. 赵藻藩等. 仪器分析. 北京:高等教育出版社,1993

8. 陈定一. 分析化学(下册). 北京:学苑出版社,1995

9. 陈国珍等. 紫外—可见分光光度法. 北京:原子出版社,1983

10. 黄量等. 紫外光谱在有机化学中的应用(上册). 北京:科学出版社,1998

11. 孙毓庆. 现代色谱法及其在医药中的应用. 北京:现代出版社,1998

12. 达世禄. 色谱学导论. 武汉:武汉大学出版社,1988

13. Harris D C. Quantitative chemical Analysis 4th ed. ,Saunders,1995

14. 方禹之. 仪器分析. 上海:华东师范大学出版社,1990